职业教育机电类专业系列教材

机械工业出版社精品教材

机械制造工艺学

第 2 版

主　编　朱焕池　魏康民

副主编　刘恒义

参　编　刘书军　周宏甫　零梅勇

主　审　王庚新

机械工业出版社

本书是根据职业院校重点建设专业——机械制造类各专业的基本要求编写的。全书从培养学生综合职业能力出发，以机械加工工艺规程编制为主线，从工艺系统角度将轴类零件、模具工作零件等典型零件的加工、机械加工质量及机械装配工艺基础有机地结合起来，注重培养学生综合的工程实践应用能力。

本书共分九章，主要内容有机械加工工艺规程的制订、轴类零件加工、模具工作零件加工、箱体类零件加工、圆柱齿轮加工、机械加工精度、机械加工表面质量、机械装配工艺基础和现代加工工艺简介。为使学生在学习本课程时能更深入地理解教材内容，加强分析问题能力的培养，除本书课后习题外，另按本书内容顺序配有练习册，附夹于书中。为便于教学，本书还配有电子课件，选择本书作为教材的教师可登录 www.cmpedu.com 网站注册，免费下载。

本书适合职业院校机械制造与自动化、模具设计与制造、机电一体化等机械类专业使用，也可供职工培训用，还可供有关工程技术人员参考。

图书在版编目（CIP）数据

机械制造工艺学/朱焕池，魏康民主编. —2 版. —北京：机械工业出版社，2016.3（2024.2 重印）

职业教育机电类专业系列教材　机械工业出版社精品教材

ISBN 978-7-111-53007-7

Ⅰ.①机…　Ⅱ.①朱…②魏…　Ⅲ.①机械制造工艺-高等职业教育-教材
Ⅳ.①TH16

中国版本图书馆 CIP 数据核字（2016）第 033147 号

机械工业出版社（北京市百万庄大街 22 号　邮政编码 100037）
策划编辑：齐志刚　责任编辑：齐志刚　杨　璇　版式设计：霍永明
责任校对：张　薇　封面设计：张　静　责任印制：张　博
北京建宏印刷有限公司印刷
2024 年 2 月第 2 版第 8 次印刷
184mm×260mm · 20.75 印张 · 495 千字
标准书号：ISBN 978-7-111-53007-7
定价：49.00 元

电话服务　　　　　　　　网络服务
客服电话：010-88361066　机　工　官　网：www.cmpbook.com
　　　　　010-88379833　机　工　官　博：weibo.com/cmp1952
　　　　　010-68326294　金　书　网：www.golden-book.com
封底无防伪标均为盗版　机工教育服务网：www.cmpedu.com

第2版前言

本书自出版以来，深受广大读者欢迎，至今已印刷数十次，被评为机械工业出版社精品教材。为了适应技术的进步和当前职业教育发展的需要，根据教育部关于职业教材建设的最新精神，在对《机械制造工艺学》第1版教材的使用情况进行调研、分析的基础上，组织了本次教材的修订。本次修订除保留了原书的特点外，对原书的部分内容和插图进行了更新。按照现代制造技术发展的新要求，本书增加了典型零件数控加工工艺和模具工作零件加工等相关内容，删减了理论性较强的相关内容。

本书结合了近几年各职业院校教学改革的经验，力求反映新技术、新工艺，结合生产实际，突出应用性，实现易教易学的职业教材特色。同时，本书强调素质教育和以能力为本位的教育理念。全书按最新国家标准编写，内容简练，图文并茂，通俗易懂。

本书配有练习册，练习册基本上按照本书编写顺序编排，主要内容包括工艺规程的制订（66题）、典型零件加工工艺（43题）、机械加工精度和表面质量（63题）、机械装配工艺基础（25题）以及现代加工工艺简介（11题）五个部分。在习题形式上有思考题、分析题、讨论题和计算题；在习题内容上尽量不与书中习题相重复；在习题中，为帮助学生明确分析和计算的方法、步骤，将部分习题列出解题示例，以供参考。本练习册由原重庆机器制造学校杨晓兰编，后由陕西工业职业技术学院魏康民教授修订。

本书由朱焕池和魏康民担任主编。参加编写修订的还有刘恒义、刘书军、周宏甫、零梅勇，全书最终由魏康民统稿，王庚新主审。在本书编写修订过程中得到了有关院校领导和同行们的大力支持，谨此表示衷心感谢。

限于编者水平，书中难免有欠妥之处，敬请各位读者批评指正。

编　者

第1版前言

本书是根据机械工业部中专机械制造专业教学指导委员会1994年制订的"机械制造专业教学计划与大纲"编写的,为"八五"规划教材。

本书内容包括机械制造工艺原理及典型零件加工两部分。工艺原理部分主要讲述机械加工工艺规程与装配工艺规程编制的原则和方法,机械加工精度及表面质量,机械加工的生产率与经济性分析;典型零件加工部分主要讲述轴、套、箱体、齿轮等典型零件的工艺分析与加工方法。本书还编入了超精密加工、成组技术、计算机辅助制造、数控加工等现代制造技术。

按照中等专业教育注重培养实践技能的要求,本书在基本理论的论述中,注意联系实际。在机械加工工艺规程编制及机械装配工艺基础等部分,举了实例加以说明,各章后面还附有习题。全书贯彻了国家的最新标准,内容简练,图文并茂,通俗易懂。

本书为机械制造专业招收初中毕业生四年制、三年制和招收高中毕业生两年制的专业教材,也可供其他专业选用及有关工程技术人员参考。

全书共分十章,其中绪论、第一、六章由广东省机械学校朱焕池编写;第二、三、七、八章由山东省机械工业学校刘书军编写;第四、五、九、十章由福建机电学校周宏甫编写。全书由朱焕池任主编,北京机械工业学校王庚新任主审。

在本书的编写过程中,得到了赵志修的大力支持和帮助;承蒙夏泽国、凌志芳、周卫平、林绍中、蔡盘根、贾建华和阎志等提出了许多宝贵的意见,谨此表示衷心的感谢!

限于编者水平,书中难免有缺点和错误,恳请广大读者指正。

编 者

目　　录

绪　　论

一、机械制造业在国民经济中的地位及其发展

（一）机械制造业在国民经济中的地位

1. 制造业

制造业是所有与制造有关的行业的总体。制造业为国民经济各部门和科技、国防提供技术装备，是整个工业、经济与科技、国防的基础，是现代化的动力源，是现代文明的支柱。人类从原始社会使用石器到现在应用现代化的机器装备和先进的工艺技术，逐步加强了控制自然、开发和利用自然的能力。制造业为人类创造着辉煌的物质文明。

制造业是一个国家的立国之本。工业化国家中以各种形式从事制造活动的人员约占全国从业人数的 1/4。美国约 68% 的财富来源于制造业，日本国民生产总值约 50% 由制造业创造，我国的制造业在工业总产值中约占 40%。2015 年，国务院公布了强化制造业发展的国家战略规划《中国制造 2025》，是我国实施制造强国战略第一个十年的行动纲领。

2. 机械制造业

机械制造业是制造业最主要的组成部分。它是为用户创造和提供机械产品的行业，包括了机械产品的开发、设计、制造生产、流通和售后服务全过程。

在整个制造业中，机械制造业占有特别重要的地位。因为机械制造业是国民经济的装备部，以各种机器设备供应国民经济的各个部门，并使其不断发展。国民经济各部门的生产水平和经济效益在很大程度上取决于机械制造业所提供的设备的技术性能、质量和可靠性。国民经济的发展速度，在很大程度上取决于机械制造业技术水平的高低和发展速度。从总体上来讲，机械制造业是国民经济中的一个重要组成部分。因而，各发达国家都把发展机械制造业放在突出的位置。

机械制造技术水平的提高与进步将对整个国民经济的发展及科技、国防实力产生直接的作用和影响，是衡量一个国家科技水平的重要标志之一，在综合国力竞争中具有重要的地位。

纵观世界各国，任何一个经济强大的国家，无不具有强大的机械制造业，许多国家的经济腾飞，机械制造业功不可没。其中，日本最具有代表性。第二次世界大战后，日本先后提出"技术立国"和"新技术立国"的口号，对机械制造业的发展给予全面的支持，并抓住机械制造的关键技术——精密工程、特种加工和制造系统自动化，使日本在战后短短 30 年里，一跃成为世界经济大国。与此相反，美国自 20 世纪 50 年代后，在相当一段时间内忽视了制造技术的发展。美国政府历来认为生产制造是企业界的事，政府不必介入。而美国学术界则只重视理论成果，忽视实际应用，一部分学者还错误地主张应将经济重心由制造业转向高科技产业和第三产业，结果导致美国经济严重衰退，竞争力明显下降，在汽车、家电等行业被日本赶超。直到 20 世纪 80 年代初，美国开始认识到问题的严重性。白宫的一份报告指出：美国政府在进行深刻反省之后，重新树立制造业的地位，并对制造业给予实质性的和强有力的支持，制订并实施了一系列振兴美国制造业的计划，效果十分明显，至 1994 年，美

国汽车产量重新超过日本，并重新占领了欧美市场。

（二）机械制造业的发展

人类文明的发展与制造业的进步密切相关。早在石器时代，人类就开始利用天然石料制作工具，用其猎取自然资源为生。到了青铜器和铁器时代，人们开始采矿、冶金、铸锻工具，并开始制作纺织机械、水利机械、运输车辆等。

直至 18 世纪 70 年代，以瓦特改进蒸汽机为代表引发了第一次工业革命，产生了近代工业化的生产方式，机器生产方式逐步取代手工劳动方式，机械制造业逐渐形成规模。19 世纪中叶，电磁场理论的建立为发电机和电动机的产生奠定了基础，从而迎来了电气化时代。以电力作为动力源，使机械结构发生了重大变化。与此同时，互换性原理和公差制度应运而生。所有这些使机械制造业发生了重大变革，机械制造业进入快速发展时期。

20 世纪初，内燃机的发明，使汽车开始进入欧美家庭，引发了机械制造业的又一次革命。流水生产线的出现和泰勒科学管理理论的产生，标志机械制造业进入"大批量生产"（mass production）时代。以汽车工业为代表的大批量自动化生产方式使得生产率获得极大提高，机械制造业有了更迅速的发展，并开始成为国民经济的支柱产业。

第二次世界大战后，电子计算机和集成电路的出现，以及运筹学、现代控制论、系统工程等软科学的产生和发展，使机械制造业产生了一次新飞跃。传统的大批量生产方式难以满足市场多变的需要，多品种、中小批量生产日渐成为制造业的主流生产方式。传统的自动化生产方式只有在大批量生产的条件下才能实现，而数控机床的出现使中、小批量生产自动化成为可能，科学技术的高速发展，促进了生产力的进一步提高。

伴随着计算机出现，机械制造自动化从刚性自动化向柔性自动化方向发展：自动化专机→自动化生产线（automatic production line）→数控机床（CNC）→加工中心（MC）→柔性加工单元（FMC）→柔性制造系统（FMS）。同时机械设计、工艺规程编制、计算机辅助数控加工编程、车间调度、车间和工厂管理、成本核算等都用计算机管理，这样出现了计算机辅助设计/制造（CAD/CAM）一体化。

20 世纪 80 年代以来，信息产业的崛起和通信技术的发展加速了市场的全球化进程，市场竞争呈现新的方式，更加激烈。为了适应新的形势，在机械制造领域提出了许多新的制造哲理和生产模式，如计算机集成制造（CIM）、精益生产（LP）、快速原型制造（RPM）、并行工程（CE）等。

20 世纪 90 年代，随着互联网的出现及应用，提出了敏捷制造（或网络制造）的新制造模式。应用互联网，可使不同地区的单位间实现快速大信息量的传输交流，可以将不同地区的工厂、设计单位和研究所通过互联网组合在一起，分工协作，发挥各单位的特长，共同开发、研制并生产大型新产品。敏捷制造是多单位的协作生产（有一个单位是主持的主导单位），可以包含基层单位中的局部的计算机控制管理自动化（CIMS）、FMS、CAD/CAM，可以灵活机动地采用虚拟制造、虚拟装配、并行工程等各种先进工艺和管理方法，最终达到快速、优质、低成本地进行生产或研制新产品的目的。

波音 777 大型民用客机的研制是综合应用敏捷制造的实例。美国研制波音 777 大型民用客机是以西雅图为中心，集中南北 11 个地区的多个工厂、研究所协作研制，参加人员包含制造商、供应商、用户等共 7000 多人。全部研制工作中实现无图样生产，采用各种计算机控制管理、虚拟设计和虚拟制造、并行工程、CAD/CAM 一体化技术等一切能采用的自动化设计、制造、管理等生产办法。最后，波音 777 大型民用客机一次研制试飞成功，全部设计研制周期仅 27 个月。而此前，同样复杂程度的波音 767 大型民用客机的研制周期为 40 个月。

计算机技术的发展，提出了计算机仿真和虚拟制造，CAD/CAM 技术得到加强，可以在计算机上进行加工过程碰撞仿真、加工精度仿真、调度仿真、制造过程仿真（虚拟制造）和装配过程仿真（虚拟装配），对机械制造业中的设计、制造、调度管理都有极大帮助。

进入 21 世纪，机械制造业向自动化、柔性化、集成化、智能化和清洁化的方向发展。现代机械制造技术发展的总趋势是机械制造技术与材料科学、电子科学、信息科学、生命科学、环保科学、管理科学等交叉、融合。在机械制造业，综合考虑社会、环境、资源等可持续发展因素的绿色制造技术将朝着能源与原材料消耗最小、所产生的废弃物最少并尽可能回收利用、在产品的整个生命周期中对环境无害等方面发展。

二、我国机械制造业面临的挑战和机遇

我国是一个世界文明古国，机械制造具有悠久的历史。考古研究发现，早在 50 万年以前的远古时代就已开始使用石器和钻木取火的工具。图 0-1 所示弓形钻，由钻头 4、钻杆 3、窝座 1 和弓弦 2 组成。往复拉动弓弦便可使钻杆转动，用来钻孔、扩孔和取火。公元前 16 世纪—公元前 11 世纪的商代，我国已出现可转动的琢玉工具。钻床雏形在我国出现早于欧洲近千年，如图 0-2 所示。到了明代（1368—1644 年），在古天文仪器加工中，已采用铣削和磨削加工方法（图 0-3），并出现了铣床、磨床和刀片刃磨机（图 0-4）的雏形。公元 2 世纪六七十年代，创造了木制齿轮，应用了轮系原理，成功地研制了以水为动力的机械，用于加工谷物。但是，近代近两个世纪帝国主义的侵入和腐朽半封建、半殖民地社会制度，严重束缚了中国社会的发展，至中华人民共和国成立前夕，中国的机械制造业几乎为零。

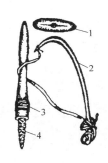

图 0-1　弓形钻
1—窝座　2—弓弦　3—钻杆　4—钻头

图 0-2　古代钻床

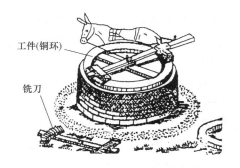

工件(铜环)

铣刀

图 0-3　古天文仪器上铜环的铣削和磨削

新中国成立以来，我国建立了自主独立、门类齐全的轻工业、重工业和机械制造业，机床装备制造业、汽车工业、航天航空工业等技术难度较大的机械制造工业得到快速发展，取得了举世瞩目的成就。2003 年以来，我国先后自行设计制造发射了神舟载人飞船。2011 年 9 月 29 日在酒泉卫星发射中心发射我国第一个目标飞行器——天宫一号，如图 0-5 所示。2011 年 11 月 3 日顺利实现与神舟八号飞船的对接任务。2012 年、2013 年，神舟九号、神舟

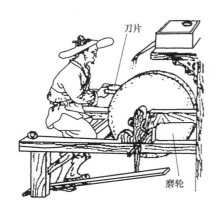

图 0-4　刀片刃磨机

图 0-5　天宫一号发射的场景

十号飞船依次与天宫一号完成自动和人工交会对接任务。2013 年 12 月 14 日，我国嫦娥 3 号登月探测器成功实现在月球表面的软着陆。图 0-6 所示为嫦娥 3 号着陆器与月球车互拍照片。这些标志着我国制造技术已经发展到新的水平。

图 0-6　嫦娥 3 号着陆器与月球车互拍照片

　　目前我国机械工业无论是行业规模、产业结构、产品水平，还是国际竞争力都有了大幅度的提升。我国的机械制造业已具有相当规模和一定的技术基础，成为我国工业体系中最大的产业之一。

　　2010 年机械工业增加值占全国 GDP 的比重已超过 9%；在全国工业中的比重从 16.6% 提高到 20.3%；规模以上企业已达 10 万多家，比"十五"末增加了近 5 万家，从业人员达到 1752 万人，资产总额已达到 10.4 万亿元，比"十五"末翻了一番。2009 年，我国机械工业销售额达到 1.5 万亿美元，超过日本的 1.2 万亿美元和美国的 1 万亿美元，跃居世界第一，成为全球机械制造第一大国。但是，中国的制造业大而不强，仍然是一个制造技术水平较低的国家。与工业发达国家相比，我国机械制造业的水平还存在明显的差距，主要表现为产品质量和技术水平不高，自主知识产权的产品少，而且制造技术落后，基础零部件和基础工艺不过关，技术创新能力落后，制造业的劳动生产率低，市场竞争力不强，产业主体技术仍然依赖国外，产品开发能力和科技投入不足，装备制造业缺乏核心技术，低水平的生产能力过剩、高水平的生产能力不足等。由于产品结构和生产技术相对落后，致使我国许多高精尖设备和成套设备仍需要大量进口，我国机械制造业人均产值仅为发达国家的几十分之一。

随着科技、经济、社会的日益进步和快速发展，日趋激烈的国际竞争及不断提高的人民生活水平对机械产品在性能、价格、质量、服务、环保及多样性、可靠性、准时性等方面提出的要求越来越高，对先进的生产技术装备、科技与国防装备的需求越来越大，机械制造业面临着新的发展机遇和挑战。当今，制造业的世界格局呈现欧、亚、美三分天下的局面，世界经济重心和制造中心开始向亚洲转移，制造业的产品结构、生产模式在迅速变革之中。所有这些又给我国的机械工业带来了难得的发展机遇。挑战与机遇并存，面对挑战，我们应当抓住机遇，励精图治，奋发图强，提高中国机械制造工业企业的"核心竞争力"，建立起在企业核心资源基础之上的企业智力、技术、产品、管理、文化的综合优势，使企业在市场上长期保持竞争优势，使我国的机械制造业在不太长的时间内，赶上世界先进水平。

三、本课程介绍

在我国目前的教学体系中，将本课程的主要研究内容划分为以金属切削和机器装配过程为主的工艺过程；而机械制造过程中的热加工工艺部分则在"工程材料与热加工基础"课程中去研究。机械制造工艺学的研究对象就是针对机械零件冷加工及机械产品装配中的共同规律。

（一）本课程的内容

本课程主要介绍机械产品的生产过程及生产活动的基本知识、机械加工和机械装配过程，机械制造过程及其基本规律。本课程的主要内容有：

（1）机械制造过程的基础知识　介绍有关机械加工工艺过程和机械装配工艺过程的基本概念，机械加工工序与余量，零件结构工艺性等。

（2）机械加工工艺过程　介绍机械加工工艺过程设计的原则与方法，重点论述工艺过程设计中的主要问题，包括定位基准的选择，机械加工工艺路线的拟订，工序尺寸及公差的确定，加工过程工艺尺寸链的有关知识，机械加工工艺过程中的经济性问题等。

（3）数控加工工艺技术　介绍数控加工的工艺特点，制订数控加工工艺规程的基本思路及方法等。

（4）典型零件机械加工　主要介绍典型零件的加工工艺路线的特点，定位基准选择、加工方法的确定、加工顺序安排及加工过程中关键加工工艺问题，典型零件数控加工等方面的规律性等。

（5）机械加工精度及加工质量　包括加工质量的概念，影响加工精度因素的分析与控制，影响加工质量因素的分析与控制，机械加工中的振动与预防，提高机械加工质量的途径与方法。

（6）机械装配工艺基础　主要介绍机械装配的基本概念，基于装配尺寸链的装配方法和装配工艺过程设计的主要问题，并简要介绍装配工艺规程的编制。

（7）非常规加工技术　主要介绍制造过程中常用的非常规加工技术。

（二）本课程的性质和学习要求

"机械制造工艺学"课程是机械制造与自动化专业的重要主干专业课程。机械制造工艺是研究如何优质、高产、低耗地制造机器的方法和过程的学科，其研究机械制造领域中的基本工艺技术和基本原理；研究机械加工工艺装备（包括专用机床、夹具、专用量具）构成、使用条件及使用场合；研究机械制造工艺理论、加工及装配工艺等。它为本专业培养适应社会主义市场经济特点的高级技术技能人才服务，并为后续专业选修课打下基础。

本课程的主要任务是通过本课程的教学过程和教学环节的配合，使学生初步具有利用各种基础理论知识，综合分析和解决工艺问题的能力。

通过本课程学习，要求学生：

1）对制造活动有一个总体、全貌的了解与把握。

2）掌握机械加工的基本知识，能正确选择加工方法与机床、刀具、夹具及加工参数。

3）具有编制零件加工工艺规程和运用数控加工工艺设计的初步能力。

4）掌握机械制造工艺、机械加工精度和表面质量的基本理论和基本知识，具有分析、解决现场生产过程中的质量、生产效率、经济性问题的初步能力。

5）了解当今先进制造技术。

（三）本课程的特点及学习方法

本课程的理论和工艺知识具有很强的实践性，如果没有足够的实践基础很难准确地理解与把握。因此，学习本课程时，除了参考大量的书籍之外，更加重要的是必须重视实践环节，即通过实验、实习、设计及工厂调研，更好地体会、加深理解。

根据本课程的特点及针对这些特点在学习方法上应注意以下几点。

（1）综合性　机械制造是一门综合性很强的技术，要用到多种学科的理论和方法，包括物理学、化学的基本原理，数学、力学的基本方法以及机械学、材料科学、电子学、控制论、管理科学等多方面的知识。现代机械制造技术有赖于计算机技术、信息技术和其他高技术的发展，而机械制造技术的发展又极大地促进了这些高技术的发展。

针对机械制造技术综合性强的特点，在学习本课程时，要特别注意紧密联系和综合应用以往所学过的知识，注意应用多种学科的理论和方法来解决机械制造过程中的实际问题。

（2）实践性　机械制造技术本身是机械制造生产实践的总结，因此具有极强的实践性。机械制造技术要求对生产实践活动不断地进行综合，并将实际经验条理化和系统化，使其逐步上升为理论；同时又要及时地将其应用于生产实践之中，用生产实践检验其正确性和可行性；并用经检验过的理论和方法对生产实践活动进行指导和约束。一方面，我们应看到生产实践中蕴藏着极为丰富的知识和经验，其中有很多知识和经验是书本中找不到的。对于这些知识和经验，我们要虚心学习，更要注意总结和提高，使之上升到理论。另一方面，我们在生产实践中还会看到一些与技术发展不同步、不协调的情况，需要不断加以改进和完善。

配合本课程的学习，应在本课程学习之前或中期安排一定时间的生产学习，并在本课程学习之后安排一次专业课程设计。这两个实践性环节与本课程的学习相辅相成。要充分利用好这两个实践环节，善于运用所学的专业知识，去分析和处理实践中的技术问题。

（3）灵活性　生产活动是极其丰富的，同时又是各异的和多变的。机械制造工艺技术总结的是机械制造生产活动中的一般规律和原理，将其应用于生产实际要充分考虑企业的具体状况，如生产规模的大小，技术力量的强弱，设备、资金、人员的状况等。生产条件的不同，所采用的生产方法和生产模式可能完全不同。而在基本相同的生产条件下，针对不同的市场需求和产品结构以及生产进行的实际情况，也可以采用不同的工艺方法和工艺路线。

在学习本课程时，要特别注意充分理解机械制造技术的基本概念，牢固掌握和灵活应用机械制造工艺技术的基本理论和基本方法。要注意向生产实际学习，积累和丰富实际知识和经验。

第一章 机械加工工艺规程的制订

第一节 基本概念

一、机械的生产过程和工艺过程

（一）生产过程

机械产品的生产过程是将原材料转变为成品的全过程。它包括生产技术准备、毛坯制造、机械加工、热处理、装配、测试检验以及涂装等过程。上述过程中凡使被加工对象的尺寸、形状或性能产生一定变化的过程均称为直接生产过程。

机械生产过程还包括工艺装备的制造、原材料的供应、工件的运输和储存、设备的维修及动力供应等。这些过程不使被加工对象产生直接的变化，故称为辅助生产过程。

（二）工艺过程

在生产过程中改变生产对象的形状、尺寸、相对位置和性质等，使其成为成品或半成品的过程，称为工艺过程。如毛坯制造、机械加工、热处理、装配等过程均为工艺过程。工艺过程是生产过程的重要组成部分。

采用机械加工方法，直接改变毛坯的形状、尺寸和表面质量，使之成为合格零件的过程称为机械加工工艺过程。

把零件装配成机器并达到装配要求的过程称为装配工艺过程。

机械加工工艺过程与装配工艺过程是"机械制造工艺学"研究的两项主要内容。

二、机械加工工艺过程的组成

机械加工工艺过程是由一个或若干个顺序排列的工序组成的，而工序又可分为安装、工位、工步和走刀。

（一）工序

一个或一组工人，在一个工作地对同一个或同时对几个工件所连续完成的那一部分工艺过程，称为工序。

区分工序的主要依据，是设备（或工作地）是否变动和完成的那一部分工艺内容是否连续。零件加工的设备变动后，即构成了另一工序。如图 1-1 所示的阶梯轴，当单件小批生产时，其加工工艺及工序划分见表 1-1。当中批生产时，其加工工艺及工序划分见表 1-2。

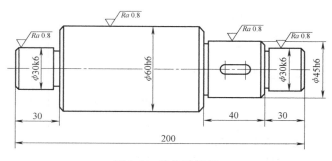

图 1-1　阶梯轴简图

工序不仅是制订工艺过程的基本单元，也是制订时间定额、配备工人、安排作业计划和进行质量检验的基本单元。

表 1-1　阶梯轴加工工艺及工序划分（单件小批生产）

工序号	工　序　内　容	设　备
1	车端面,钻中心孔、车全部外圆、车槽与倒角	车床
2	铣键槽、去毛刺	铣床
3	磨外圆	外圆磨床

表 1-2　阶梯轴加工工艺及工序划分（中批生产）

工序号	工序内容	设备	工序号	工序内容	设备
1	铣端面、钻中心孔	铣端面钻中心孔机床	4	去毛刺	钳工台
2	车外圆、车槽与倒角	车床	5	磨外圆	外圆磨床
3	铣键槽	铣床			

（二）工步与走刀

在一个工序内，往往需要采用不同的工具对不同的表面进行加工。为了便于分析和描述工序的内容，工序还可以进一步划分工步。工步是指加工表面（或装配时的联接表面）和加工（或装配）工具不变的条件下所完成的那部分工艺过程。一个工序可以包括几个工步，也可以只包括一个工步，例如在表 1-2 的工序 2 中，包括车各外圆表面及车槽等工步，而工序 3 当采用键槽铣刀铣键槽时，就只包括一个工步。

构成工步的任一因素（加工表面、刀具）改变后，一般即为另一工步。但对于那些在一次安装中连续进行的若干相同工步，如图 1-2 所示零件上四个 $\phi15$mm 孔的钻削，可写成一个工步——钻 $4 \times \phi15$mm 孔。

为了提高生产率，用几把刀具同时加工几个表面的工步，称为复合工步（图 1-3）。在工艺文件上，复合工步应视为一个工步。

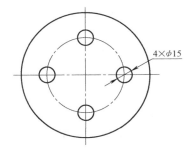

图 1-2　包括四个相同表面加工的工步

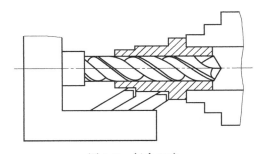

图 1-3　复合工步

在一个工步内，若被加工表面需要切去的金属层很厚，需要分几次切削，则每进行一次切削就是一次走刀。一个工步可包括一次或几次走刀。

（三）安装与工位

工件在加工之前，在机床或夹具上先占据一正确位置（定位），然后再予以夹紧的过程称为装夹。工件（或装配单元）经一次装夹后所完成的那一部分工序内容称为安装。在一个工序中，工件可能只需一次安装，也可能需要几次安装。例如在表 1-2 的工序 3 中，一次安装即可铣出键槽，而工序 2 中，为了车出全部外圆则最少需要两次安装。工件加工中应尽量减少安装的次数，因为多一次安装就造成多一次的安装误差，而且还增加了辅助时间。

为了完成一定的工序内容，一次装夹工件后，工件（或装配单元）与夹具或设备的可动部分一起相对刀具或设备的固定部分所占据的每一个位置称为工位。为了减少工件安装的次数，在大批量生产时，常采用各种回转工作台、回转夹具或移位夹具，使工件在一次安装中先后处于几个不同位置进行加工。此时，工件在机床上占据每一个加工位置均称为工位。图 1-4 所示为一种用回转工作台在一次安装中顺序完成装卸工件、钻孔、扩孔和铰孔四个工位加工的实例。

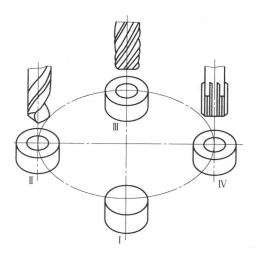

图 1-4　多工位加工
工位 I —装卸工件　工位 II —钻孔
工位 III —扩孔　工位 IV —铰孔

三、生产类型及工艺特点

（一）生产纲领

企业在计划期内应当生产的产品数量和进度计划称为生产纲领。零件的生产纲领可按下式计算：

$$N = Qn(1 + a\% + b\%)$$

式中　　N——零件的生产纲领；

　　　　Q——产品的生产纲领；

　　　　n——每台产品中该零件的数量；

　　　　$a\%$——备品的百分率；

　　　　$b\%$——废品的百分率。

生产纲领的大小对生产组织和零件加工工艺过程起着重要的作用。它决定了各工序所需专业化和自动化的程度，决定了所应选用的工艺方法和工艺装备。

（二）生产类型及其工艺特点

企业（或车间、工段、班组、工作地）生产专业化程度的分类称为生产类型。一般可分为单件生产、成批生产和大量生产三种类型。

1. 单件生产

单件生产的基本特点是生产的产品品种繁多，每种产品仅制造一个或少数几个，而且很少再重复生产。重型机械产品制造和新产品试制等都属于单件生产。

2. 成批生产

成批生产是分批地生产相同的零件，生产成周期性重复。机床制造、机车制造等多属于成批生产。

一次投入或产出的同一产品（或零件）的数量称为批量。根据产品的特征和批量的大小，成批生产可分为小批生产、中批生产和大批生产。

3. 大量生产

大量生产的基本特点是产品的产量大、品种少，大多数工作地长期重复地进行某一零件的某一工序的加工。汽车、拖拉机、轴承、自行车等的制造多属于大量生产。

生产类型的划分一方面要考虑生产纲领，即年产量；另一方面还必须考虑产品本身的大小和结构的复杂性。例如一台重型龙门铣床比一台台钻要大而且复杂得多，每年生产 20 台台钻只能属单件生产，而生产 20 台重型龙门铣床则属于小批生产了。

表 1-3 所列为生产类型与生产纲领的关系，可供确定生产类型时参考。

表 1-3　生产类型与生产纲领的关系

生产类型		零件的年生产纲领（件）		
		重型零件（30kg 以上）	中型零件（4～30kg）	轻型零件（4kg 以下）
单件生产		<5	<10	<100
成批生产	小批生产	5～100	10～200	100～500
	中批生产	100～300	200～500	500～5000
	大批生产	300～1000	500～5000	5000～50000
大量生产		>1000	>5000	>50000

不同生产类型零件的加工工艺有很大的不同。产量大、产品固定时，有条件采用各种高生产率的专用机床和专用夹具，以提高劳动生产率和降低成本。但在产量小、产品品种多时，目前多采用通用机床和通用夹具，生产率较低；当采用数控技术加工时，生产率将有较大的提高。各种生产类型的工艺特征见表 1-4。

表 1-4　各种生产类型的工艺特征

工艺特征	生产类型		
	单件小批	中批	大批大量
零件的互换性	用修配法，钳工修配，缺乏互换性	大部分具有互换性。装配精度要求高时，灵活应用分组装配法和调整法，同时还保留某些修配法	具有广泛的互换性。少数装配精度较高外，采用分组装配法和调整法
毛坯的制造方法与加工余量	木模手工造型或自由锻造。毛坯精度低，加工余量大	部分采用金属型铸造或模锻。毛坯精度和加工余量中等	广泛采用金属型机器造型、模锻或其他高效方法。毛坯精度高，加工余量小
机床设备及其布置形式	通用机床。按机床类别采用机群式布置	部分通用机床和高效机床。按零件类别分工段排列设备	广泛采用高效专用机床及自动机床。按流水线和自动线排列设备
工艺装备	大多采用通用夹具、标准附件、通用刀具和万能量具。靠划线和试切法达到精度要求	广泛采用夹具，部分靠找正装夹，达到精度要求。较多采用专用刀具和量具	广泛采用专用高效夹具、复合刀具、专用量具或自动检验装置。靠调整法达到精度要求
对工人技术要求	需技术水平较高的工人	需一定技术水平的工人	对调整工的技术水平要求高，对操作工的技术水平要求较低
工艺文件	有工艺过程卡，关键工序要工序卡	有工艺过程卡，关键工序要工序卡	有工艺过程卡和工序卡，关键工序要调整卡和检验卡
成本	较高	中等	较低

（三）生产组织形式

产品的生产类型确定以后，就可确定相应的生产组织形式。生产组织形式一般分自动线生产组织形式、流水线生产组织形式和机群式生产组织形式三种。通常：大量生产时采用自动线生产组织形式；成批生产时采用流水线生产组织形式；单件生产时采用机群式生产组织形式。

四、机械加工工艺规程

（一）机械加工工艺规程的作用

机械加工工艺规程是规定零件机械加工工艺过程和操作方法等的工艺文件。它是机械制造厂最主要的技术文件，一般包括零件加工的工艺路线、各工序的具体内容及所用的设备和工艺装备、零件的检验项目及检验方法、切削用量、时间定额等。

工艺规程有以下几方面的作用。

1. 工艺规程是指导生产的主要技术文件

对于大批大量生产的工厂，由于生产组织严密，分工细致，要求工艺规程比较详细，才能便于组织和指挥生产。对于单件小批生产的工厂，工艺规程可以简单些。但无论生产规模大小，都必须要有工艺规程，否则生产调度、技术准备、关键技术研究、器材配置等都无法安排，生产将陷入混乱。同时，工艺规程也是处理生产问题的依据，如产品的质量问题，可按工艺规程来明确各生产单位的责任。按照工艺规程进行生产，可以保证产品质量，获得较高的生产效率和经济效果。

但是，工艺规程也不是固定不变的，它可以根据生产实际情况进行修改，但必须要有严格的审批手续。

2. 工艺规程是生产组织和管理工作的基本依据

由工艺规程所涉及的内容可以看出，在生产的组织和管理中，产品投产前原材料及毛坯的供应、通用工艺装备的准备、机械负荷的调整、专用工艺装备的设计和制造、作业计划的编排、劳动力的组织以及生产成本的核算等，都是以工艺规程为依据的。

3. 工艺规程是新建或扩建工厂或车间的基本资料

在新建或扩建工厂或车间时，只有依据工艺规程才能确定：生产所需要的机床和其他设备的种类、数量和规格；车间的面积；机床的布置；生产工人的工种、技术等级及数量；辅助部门的安排。

工艺规程是生产工人和技术人员在生产过程中的实践总结，在实施工艺过程中，还必须不断总结及积累经验，使它不断改进和完善。

（二）工艺文件的格式

将工艺规程的内容填入一定格式的卡片，即成为生产准备和施工依据的工艺文件。常用的工艺文件格式有下列几种。

1. 机械加工工艺过程卡片

这种卡片以工序为单位，简要地列出了整个零件加工所经过的工艺路线（包括毛坯制造、机械加工和热处理等）。它是制订其他工艺文件的基础，也是生产技术准备，编排作业计划和组织生产的依据。

在这种卡片中，由于各工序的说明不够具体，故一般不能直接指导工人操作，而多作生产管理方面使用。但是，在单件小批生产中，通常不编制其他较详细的工艺文件，而是以这种卡片指导生产。机械加工工艺过程卡片见表1-5。

2. 机械加工工艺卡片

机械加工工艺卡片是以工序为单位，详细说明整个工艺过程的工艺文件。它是用来指导工人生产和帮助车间管理人员和技术人员掌握整个零件加工过程的一种主要技术文件，广泛用于成批生产的零件。工艺卡片内容包括零件的材料、毛坯的种类、工序号、工序内容、工艺参数、操作要求以及采用的设备和工艺装备等。机械加工工艺卡片见表1-6。

3. 机械加工工序卡片

机械加工工序卡片是根据工艺卡片为每一道工序制订的。它更详细地说明整个零件各个工序的加工要求，是用来具体指导工人操作的工艺文件。在这种卡片上，要画出工序图，注明该工序每一工步的内容、工艺参数、操作要求以及所用的设备和工艺装备。这种卡片用于大批量生产的零件。机械加工工序卡片见表1-7。

表1-5　机械加工工艺过程卡片

工厂			产品型号		零(部)件图号			共　页	
			产品名称		零(部)件名称			第　页	
材料牌号		毛坯种类		毛坯外形尺寸		每毛坯件数		每台件数	备注
工序号	工序名称	工序内容			车间	工段	设备	工艺装备	工时
									准终　单件
					编制(日期)	审核(日期)	会签(日期)		
标记	处记	更改文件号	签字	日期	标记	处记	更改文件号	签字	日期

表1-6　机械加工工艺卡片

工厂			产品型号	零(部)件图号	共　页
			产品名称	零(部)件名称	第　页

材料牌号				毛坯种类	毛坯外形尺寸		每毛坯件数		每台件数	备注	

工序	装夹	工步	工序内容	同时加工零件数	切削用量				设备名称及编号	工艺装备名称及编号			技术等级	工时定额	
					背吃刀量 /mm	切削速度 /(m/min)	每分钟转数或往复次数	进给量 /(mm或mm/双行程)		夹具	刀具	量具		单件	准终
										编制(日期)	审核(日期)		会签(日期)		
标记	处记	更改文件号	签字	日期	标记	处记	更改文件号	签字	日期						

表 1-7　机械加工工序卡片

工厂		产品型号		零(部)件图号		共　页	
		产品名称		零(部)件名称		第　页	
材料牌号		毛坯种类	毛坯外形尺寸	每毛坯件数	每台件数	备注	

	车间	工序号	工序名称	材料牌号
	毛坯种类	毛坯外形尺寸	每坯件数	每台件数
(工序图)	设备名称	设备型号	设备编号	同时加工件数
	夹具编号		夹具名称	切削液
				工序工时
				准终	单件

工步号	工步内容	工艺装备	主轴转速/(r/min)	切削速度/(m/min)	进给量/(mm/r)	背吃刀量/mm	进给次数	工时定额	
								机动	辅助
					编制(日期)	审核(日期)	会签(日期)		
标记	处记	更改文件号	签字	日期	标记	处记	更改文件号	签字	日期

五、数控加工中常用工艺文件

数控加工工艺文件是数控加工、产品验收的依据,也是操作者要遵守、执行的规程,同时还为零件的重复生产积累和储备必要的技术工艺资料。

数控加工工艺文件的内容、格式及详细程度是根据被加工零件所需要的加工操作的复杂性以及工厂车间的组织情形准备的。加工复杂零件时,通常需较多的刀具,而零件往往需要在机床工作台上进行多次装夹才能加工完成。这时应准备较详尽的文件,明确说明每次装夹中所要进行的加工操作内容。下面简要介绍数控加工工艺文件的典型格式、内容和形式。

(一)操作计划卡片

操作计划卡片简称操作卡,它给出某一零件整个数控加工过程及有关的信息。生产一个零件所需的加工操作主要是由零件的结构特征以及尺寸精度、表面粗糙度要求来决定的。在确定数控加工刀路顺序时,必须避免各个特征表面、结构之间的相互干扰和干涉。换言之,某些特征表面可能必须在加工其他的特征面之前加工完成。表 1-8 给出一种简易操作计划卡片。对刚开始做这项工作的人来说,这种卡片是非常有用的,其详细列出了编程员在准备零件的加工程序时所须遵循的步骤。

表1-8　简易操作计划卡片

数控加工操作计划		机床：		零件名称：			共　页　第　页		
项目编号：		零件编号：		设计：			审核：		
装夹号	操作号	简图描述	刀具	余量	主轴转速	进给量	切削速度	背吃刀量	说明

（二）数控加工刀具选用计划卡片

制订加工某一零件的刀具选用计划，是与制订加工操作计划并行进行的。制订刀具选用计划时，需要制订刀具选用统计卡片、刀具尺寸偏值卡片以及刀具组装和预先标定卡片。

1. 刀具选用统计卡片

刀具选用统计卡片可以看作是刀具选用计划的目录册，可称为刀具目录卡片。它顺序列出零件数控加工中所需要的全部刀具。如果仅需要几种刀具，那么该卡片可以省略。若所需刀具数量超过8种，一般需要这种卡片。表1-9给出一种简洁型的刀具选用统计卡片。

表1-9　刀具选用统计卡片

产品名称			零件名称		程序编号		
操作号	刀具号	刀具名称	刀具组件规格	刀片型号	刀尖半径	装刀方式	备注
1							
2							
⋮							
编制		审核		批准			

2. 刀具尺寸偏值卡片

通常数控刀具实际尺寸与其加工程序编制时选用刀具的尺寸之间有差异，其差值应如实记录在案，并输入到零件加工程序中指定的相应偏值寄存器中，以便在加工过程中由计算机数字控制器自动补偿刀具尺寸参数的改变。由于铣削机床与车削机床所使用的刀具不同，因此，其处理方法也不同。表1-10给出了一种典型的用于铣削类型数控机床的刀具尺寸偏值卡片。

表1-10　刀具尺寸偏值卡片

数控刀具尺寸偏值卡片			零件号：			零件名称：		
			项目编号：			零件材料：		
机床编号：			程序路径：		设计：		审核：	
操作号	刀具号	刀具名称	刀具尺寸		偏置寄存器		备注	
			直径/mm	长度/mm	H	D		
P001								
P002								
⋮								

3. 刀具组装和预先设定卡片

数控加工对刀具的要求十分严格，一般要在机外对刀仪上，事先调整好刀具直径和长度。刀具组装和预先设定卡片，又称刀具调整卡，主要反映刀具编号、刀具结构、尾柄规格、组合件名称代号、刀片型号和材料等，是组装刀具和调整刀具的依据，其为在刀具库中进行刀具预先设定提供信息，由工艺计划员或零件编程员准备完成。每种刀具需一张卡片。刀具组装和预先设定卡片，见表1-11。

表 1-11　刀具组装和预先设定卡片

零件图号			数控刀具卡片			使用设备	
刀具名称	镗刀						
刀具编号		换刀方式	自动		程序编号		
	序号	编号	名称	规格	数量	备注	
刀具组成	1		拉钉		1		
	2		刀柄		1		
	3		镗刀杆		1		
	4		镗刀体		1		
	5		精镗单元		1		
	6		刀片		1		

备注							
编制		审核		批准		共　页	第　页

（三）数控编程任务书

数控编程任务书阐明了工艺人员对数控加工工序的技术要求和工序说明以及数控加工前应保证的加工余量。数控编程任务书是编程人员和工艺人员协调工作和编制数控程序的重要依据之一，其格式详见表 1-12。

表 1-12　数控编程任务书

工艺处	数控编程任务书	产品零件图号		任务书编号	
		零件名称			
		使用数控设备		共　页　第　页	

主要工序说明及技术要求：

			编程收到日期	月　日	经手人	
编制		审核		编程	审核	批准

（四）数控加工人工编程表

数控加工人工编程表为准备零件数控加工程序提供了一种便于使用、条理清晰的方法，其有助于组织所有必要信息：操作顺序、刀具编号、刀具运动坐标、进给量、主轴转速及各种辅助功能，并简化了零件加工程序编程过程，并可减少错误发生。表 1-13 给出一种能用于铣削和车削两种机床的数控加工人工编程表。

表 1-13　数控加工人工编程表

零件名称：				零件号：			产品图号：				共　页　第　页			
机床：				程序编号：			编程员：				日期：			
序号	代码	线性坐标			圆心坐标定义				F 进给量	M 功能	T 功能	S 主轴转速	H/D	说明	
					IJK 坐标法			R 法							
		X	Y	Z	I	J	K	R							
		X U	Y V	Z W											
1															
2															
3															

（五）零件装夹设定卡片

数控加工零件装夹和原点设定卡片（简称零件装夹设定卡片）应表示出数控加工原点定位方法和装夹方法，并注明加工原点设置位置和坐标方向，使用夹具名称和编号等，见表1-14。

表1-14　工件装夹设定卡片

零件图号		工件装夹设定卡片	工序号	
零件名称	行星架		装夹次数	

说明：			3	梯形槽螺栓	
			2	压板	
			1	镗铣夹具板	
			序号	夹具名称	夹具　图号
编制（日期）	审核（日期）	批准（日期）	程序名称	程序路径	第　页
					共　页

零件装夹设定卡片是数控现场操作最基本的指导性文件。它指明被加工零件在计算机数控机床工作台面上的摆放位置和状态，在机床上的定位装夹方法。零件装夹设定卡的主要内容包括：被加工零件的定位基准位置；零件坐标系的位置；被加工零件夹紧部位；零件数控加工的部位；零件在工作台上装夹所采用的夹紧方法；定位装置、元件和夹紧装置的统计列表；特殊的夹紧装置（如采用液压夹紧装置），特殊的夹紧力和夹紧压力要求等。

（六）数控加工工序卡片

数控加工工序卡片与普通加工工序卡片有许多相似之处，所不同的是应注明编程原点与对刀点，要进行简要编程说明（如所用机床型号、程序编号、刀具半径补偿、镜向对称加工方式等）及切削参数（即程序编入的主轴转速、进给速度、最大背吃刀量或宽度等）的选择。该卡片中应反映使用的辅具、刃具切削参数、切削液等。它是操作人员配合数控程序进行数控加工的主要指导性工艺文件。工序卡片应按已确定的操作或工步顺序填写。典型数控加工工序卡片见表1-15。

若在数控机床上只完成零件的一个加工工步时，不需要填写工序卡片。在工序加工内容不十分复杂时，可把零件草图反映在工序卡片上，并注明编程原点和对刀点等。

（七）数控加工程序单

数控加工程序单是编程人员通过对被加工零件的工艺分析，经过数值计算，按照所使用数控机床的编程规则编制的。它记录数控加工工艺过程、工艺参数、位移数据。不同的数控机床，不同的数控系统，程序单的格式不同。

表1-15　典型数控加工工序卡片

（单位名称）	数控加工工序卡片		产品名称	零件名称	材料	零件图号	
工序号	程序路径	夹具名称		夹具编号	使用设备	加工车间	
工步号	工步内容		刀具号	主轴转速/(r/min)	进给量/(mm/min)	背吃刀量/mm	备注
P001							
P002							
P003							
编制：		审核：		批准：		共　页	第　页

在数控加工程序单中，对于较复杂轨迹的数控铣削、零件的切入/切出方式等，还应同时绘制刀具轨迹图，即刀具路径示意图。

（八）数控加工走刀路线图

在数控加工中，常常要注意并防止刀具在运动过程中与夹具或零件发生意外碰撞，为此必须设法告诉操作者关于编程中的刀具运动路线（如从哪里下刀，在哪里抬刀，哪里是斜下刀等）。为简化走刀路线图，一般可采用统一约定的符号来表示。不同的机床可以采用不同的图例与格式。图1-5所示为一种常用的数控加工走刀路线图格式和内容。

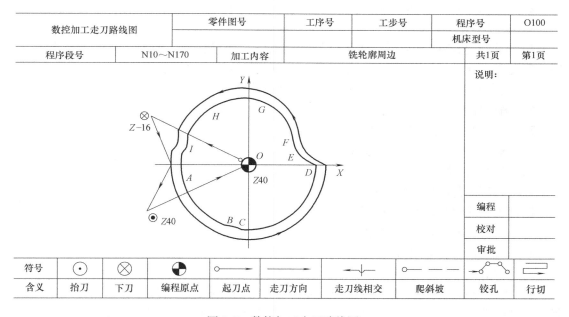

图1-5　数控加工走刀路线图

不同的机床或不同的加工目的可能会需要不同形式的数控加工专用技术文件。在工作中，可根据具体情况设计文件格式。

第二节　工艺规程制订的原则、步骤和原始资料

一、工艺规程制订的原则

工艺规程制订的原则是优质、高产、低成本，即在保证产品质量的前提下，争取最好的经济效益。在制订时，应注意下列问题。

1. 技术上的先进性

在制订工艺规程时，要了解国内外本行业工艺技术的发展水平，通过必要的工艺试验，积极采用适用的先进工艺和工艺装备。

2. 经济上的合理性

在一定的生产条件下，可能会出现几种能够保证零件技术要求的工艺方案。此时应通过核算或相互对比，选择经济上最合理的方案，使产品的能源、材料消耗和生产成本最低。

3. 有良好的劳动条件

在制订工艺规程时，要注意保证工人操作时有良好而安全的劳动条件。因此，在工艺方案上要注意采取机械化或自动化措施，以减轻工人繁杂的体力劳动。

二、制订工艺规程的步骤

制订零件机械加工工艺规程的步骤如下。

1）计算年生产纲领，确定生产类型。

2）分析零件图及产品装配图，对零件进行工艺分析。

3）选择毛坯。

4）拟订工艺路线。主要工作是选择定位基准，确定各表面的加工方法，安排加工顺序，确定工序分散与集中的程度，安排热处理以及检验等辅助工序。

5）确定各工序的加工余量，计算工序尺寸及公差。

6）确定各工序所用的设备及刀、夹、量具和辅助工具。

7）确定切削用量及时间定额。

8）确定各主要工序的技术要求及检验方法。

9）填写工艺文件。

三、制订工艺规程的原始资料

制订工艺规程时，通常应具备下列原始资料。

1）产品的全套装配图和零件工作图。

2）产品验收的质量标准。

3）产品的生产纲领（年产量）。

4）毛坯资料。毛坯资料包括各种毛坯制造方法的技术经济特征，各种型材的品种和规格，毛坯图等。在无毛坯图的情况下，需实地了解毛坯的形状、尺寸及力学性能。

5）现场的生产条件。为了使制订的工艺规程切实可行，一定要考虑现场的生产条件。如了解毛坯的生产能力及技术水平、加工设备和工艺装备的规格及性能、工人技术水平以及专用设备与工艺装备的制造能力等。

6）国内外工艺技术发展的情况。工艺规程的制订，要经常研究国内外有关工艺技术资料，积极引进适用的先进工艺技术，不断提高工艺水平，以获得最大的经济效益。

7）有关的工艺手册及图册。

第三节　零件的工艺分析

一、分析研究产品的零件图和装配图

制订工艺规程时，首先应分析产品的零件图和所在部件的装配图，熟悉该产品的用途、性能及工作条件，明确该零件在产品中的位置和作用，了解并研究各项技术条件制订的依据，找出其主要技术要求和技术关键，以便在拟订工艺规程时采取适当的措施加以保证。

对零件图的具体分析内容有以下几点。

1）零件的视图、尺寸、公差和技术要求等是否齐全。了解零件的各项技术要求，找出主要技术要求和加工关键，以便制订相应的加工工艺。

2）零件图所规定的加工要求是否合理。图 1-6 所示的汽车钢板弹簧吊耳，使用时钢板弹簧与吊耳的内侧面是不接触的，所以吊耳内侧面的表面粗糙度，可由原设计要求的 3.2μm 增大到 12.5μm，这样就可以在铣削时增大进给量，以提高生产率。

3）零件的选材是否恰当，热处理要求是否合理。图 1-7 所示方头销，方头部分要求淬火硬度为 55～60HRC，所选材料为 T8A，零件上有一个孔 φ2H7 要求装配时配作。由于零件全长只有 15mm，方头部分长为 4mm，所以用 T8A 材料局部淬火势必使全长均被淬硬，以至装配时 φ2H7 孔无法加工。若材料改用 20Cr 钢，局部渗碳淬火，便能解决问题。

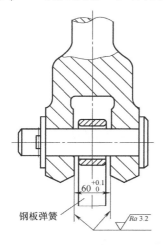

图 1-6　汽车钢板弹簧吊耳

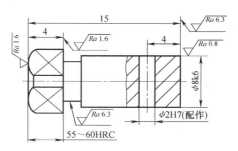

图 1-7　方头销

二、零件的结构工艺性分析

机械零件的结构，由于使用要求不同而具有各种形状和尺寸。但是，各种不同的零件都是由一些基本的典型表面和特形表面组成的。在分析零件结构时，应根据组成该零件各种表面的尺寸、精度、组合情况，选择适当的加工方法和加工路线。

零件的结构工艺性对其工艺过程的影响很大。使用性能相同而结构不同的两个零件，它们的加工方法与制造成本可能有很大的差别。所谓良好的结构工艺性，是指所设计的零件在保证产品使用性能的前提下，根据已定的生产规模，能采用生产效率高和成本低的方法制造出来。表1-16列出了一些零件机械加工工艺性的实例。

表1-16　零件机械加工工艺性实例

序号	(A)工艺性不好的结构	(B)工艺性好的结构	说　　明
1			键槽的尺寸、方位相同,则可在一次装夹中加工出全部键槽,以提高生产率
2			结构A的加工不便引进刀具
3			结构B的底面接触面积小,加工量小,稳定性好
4			结构B有退刀槽保证了加工的可能性,减少刀具(砂轮)的磨损
5			加工结构A上的孔,钻头容易引偏
6			结构B避免了深孔加工,节约了零件材料
7			结构B凹槽尺寸相同,可减少刀具种类,减少换刀时间

三、数控加工工艺分析

规定零件制造工艺过程和操作方法等的工艺文件,称为工艺规程,用于指导生产。在数控机床上加工零件时,要把被加工的全部工艺过程、工艺参数等编制成程序,整个加工过程是自动进行的,因此程序编制前的工艺分析是一项十分重要的工作。数控加工工艺分析包括下列内容:选择适合数控加工的零件;确定数控加工的内容;数控加工零件的工艺性分析。

(一) 选择适合数控加工的零件

随着中国作为世界制造中心地位的日益显现,数控机床在制造业的普及率不断提高,但不是所有的零件都适合于在数控机床上加工。根据数控加工的特点和国内外大量应用实践经验，一般可按适应程度将零件分为三类。

1. 最适应类

1）形状复杂，加工精度要求高，通用机床无法加工或很难保证加工质量的零件。

2）具有复杂曲线或曲面轮廓的零件。

3）具有难测量、难控制进给、难控制尺寸型腔的壳体或盒型零件。

4）必须在一次装夹中完成铣、镗、锪、铰或攻螺纹等多工序的零件。

对于此类零件，首要考虑的是能否加工出来，只要有可能，应把采用数控加工作为首选方案，而不要过多地考虑生产率与成本问题。

2. 较适应类

1）零件价值较高，在通用机床上加工时容易受人为因素（加工人技术水平高低、情绪波动等）干扰而影响加工质量，从而造成较大经济损失的零件。

2）在通用机床上加工时必须制造复杂专用工装的零件。

3）需要多次更改设计后才能定形的零件。

4）在通用机床上加工需要进行长时间调整的零件。

5）用通用机床加工时，生产率很低或工人体力劳动强度很大的零件。

此类零件在分析其可加工性的基础上，还要综合考虑生产效率和经济效益，一般情况下可把它们作为数控加工的主要选择对象。

3. 不适应类

1）生产批量大的零件（不排除其中个别工序采用数控加工）。

2）装夹困难或完全靠找正定位来保证加工精度的零件。

3）加工余量极不稳定、而且数控机床上无在线检测系统可自动调整零件坐标位置的零件。

4）必须用特定的工艺装备协调加工的零件。

这类零件采用数控加工后，在生产率和经济性方面一般无明显改善，甚至有可能得不偿失，一般不应该把此类零件作为数控加工的选择对象。

另外，数控加工零件的选择，还应该结合本单位拥有的数控机床的具体情况来选择加工对象。

（二）确定数控加工的内容

在选择并决定某个零件进行数控加工后，并不是说零件所有的加工内容都采用数控加工，数控加工可能只是零件加工工序中的一部分。因此，有必要对零件图样进行仔细分析，选择那些最适合、最需要进行数控加工的内容和工序。同时，还应结合本单位的实际情况，立足于解决难题、攻克关键、提高生产效率和充分发挥数控加工的优势，一般可按下列原则选择数控加工内容。

1）通用机床无法加工的内容应作为优先选择的内容。

2）通用机床难加工，质量也难以保证的内容应作为重点选择的内容。

3）通用机床加工效率低、工人手工操作劳动强度大的内容，可在数控机床尚存富余能力的基础上进行选择。

通常情况下，上述加工内容采用数控加工后，产品的质量、生产率与综合经济效益等指标都会得到明显的提高。相比之下，下列内容不宜选择采用数控加工。

1）需要在机床上进行较长时间调整的加工内容，如以毛坯的粗基准定位来加工第一个精基准的工序。

2）数控编程取数困难、易于和检验依据发生矛盾的型面、轮廓。

3）不能在一次安装中完成加工的其他零星加工表面，采用数控加工又很麻烦，可采用通用机床补加工。

4）加工余量大而又不均匀的粗加工。

此外，选择数控加工的内容时，还应该考虑生产批量、生产周期、生产成本和工序间周转情况等因素，杜绝把数控机床当作普通机床来使用。

（三）数控加工零件的工艺性分析

在选择并决定数控加工零件及其加工内容后，应对零件的数控加工工艺性进行全面、认真、仔细的分析。主要分析内容包括产品的零件图分析、结构工艺性分析和零件安装方式的选择等内容。

1. 零件图分析

首先应熟悉零件在产品中的作用、位置、装配关系和工作条件，明确各项技术要求对零件装配质量和使用性能的影响，找出主要的和关键的技术要求，然后对零件图进行分析。

（1）尺寸标注方法分析　零件图上尺寸标注方法应适应数控加工的特点。如图 1-8a 所示，在数控加工零件图上，应以同一基准标注尺寸或直接给出坐标尺寸。这种标注方法既便于编程，又有利于设计基准、工艺基准、测量基准和编程原点的统一。由于零件设计人员一般在尺寸标注中较多地考虑装配等使用方面特性，而不得不采用如图 1-8b 所示的局部分散的标注方法，这样就给工序安排和数控加工带来许多不便。由于数控加工精度和重复定位精度都很高，不会因产生较大的累积误差而破坏零件的使用特性，因此，可将局部分散标注法改为同一基准标注或直接给出坐标尺寸的标注法。

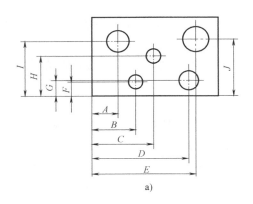
a)

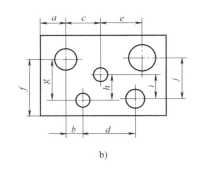
b)

图 1-8　零件尺寸标注方法分析

（2）零件图的完整性与正确性分析　构成零件轮廓的几何元素（点、线、面）的条件（如相切、相交、垂直和平行等）是数控编程的重要依据。手工编程时，要依据这些条件计算每一个节点的坐标；自动编程时，则要根据这些条件才能对构成零件的所有几何元素进行定义，无论哪一条件不明确，编程都无法进行。因此，在分析零件图时，务必要分析几何元素的给定条件是否充分，发现问题及时与设计人员协商解决。

（3）零件技术要求分析   零件的技术要求主要是指尺寸精度、形状精度、位置精度、表面粗糙度及热处理等。这些要求在保证零件使用性能的前提下，应经济合理。过高的精度和表面粗糙度要求会使工艺过程复杂、加工困难、成本提高。

（4）零件材料分析   在满足零件功能的前提下，应选用廉价、切削性能好的材料。而且，材料选择应立足国内，不要轻易选用贵重或紧缺的材料。

2. 零件的结构工艺性分析

良好的结构工艺性，可以使零件加工容易，节省工时和材料。较差的结构工艺性，会使加工困难，浪费工时和材料，有时甚至无法加工。因此，零件各加工部件的结构工艺性应符合数控加工的特点。

1）零件的内腔和外形最好采用统一的几何类型和尺寸，这样可以减少刀具规格和换刀次数，使编程方便，提高生产效率。

2）转角圆弧的大小决定着刀具直径的大小，所以转角圆弧半径不应太小。对于图1-9所示零件，其结构工艺性的好坏与被加工轮廓的高低、转角圆弧半径的大小等因素有关。图1-9b与图1-9a相比，转角圆弧半径大，可以采用较大直径的立铣刀来加工；加工平面时，进给次数也相应减少，表面加工质量也会好一些，因而工艺性较好。通常 $R < 0.2H$ 时，可以判定零件该部位的工艺性不好。

3）零件铣槽底平面时，槽底圆角半径 r 不要过大。如图1-10所示，铣刀端面刃与铣削平面的最大接触直径 $d = D - 2r$（D 为铣刀直径），当 D 一定时，r 越大，铣刀端面刃铣削平面的面积越小，加工平面的能力就越差，效率越低，工艺性也越差。当 r 大到一定程度时，甚至必须用球头铣刀加工，这是应该尽量避免的。

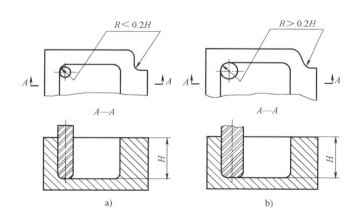

图1-9   结构工艺性对比

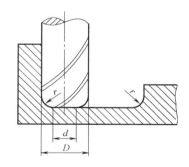

图1-10   零件槽底平面圆角对
加工工艺的影响

4）应采用统一的基准定位。在数控加工中若没有统一的定位基准，则会因零件的二次装夹而造成加工后两个面上的轮廓位置及尺寸不协调现象。另外，零件上最好有合适的孔作为定位基准孔。若没有，则应设置工艺孔作为定位基准孔。若无法制出工艺孔，最起码也要用精加工表面作为统一基准，以减少二次装夹产生的误差。

3. 选择合适的零件安装方式

数控机床加工时，应尽量使零件能够一次安装，完成零件所有待加工面的加工。要合理选择定位基准和夹紧方式，以减少误差环节；应尽量采用通用夹具或组合夹具，必要时才设计专用夹具。夹具设计的原理和方法与普通机床相同，但应使其结构简单，便于装卸，操作灵活。

此外，还应分析零件所要求的加工精度、尺寸公差等是否可以得到保证，有没有引起矛盾的多余尺寸或影响加工安排的封闭尺寸等。

第四节 毛坯的选择

选择毛坯的基本任务是选定毛坯的种类和制造方法，了解毛坯的制造误差及其可能产生的缺陷。正确选择毛坯具有重大的技术经济意义。因为毛坯的种类及其不同的制造方法，对零件的质量、加工方法、材料利用率、机械加工劳动量和制造成本等都有很大的影响。

一、机械零件常用毛坯的种类

1. 型材

常用型材截面形状有圆形、方形、六角形和特殊断面形状等。型材有热轧和冷拉两种。热轧型材尺寸范围较大，精度较低，用于一般机器零件。冷拉型材尺寸范围较小，精度较高，多用于制造毛坯精度要求较高的中小零件。在自动机床或转塔车床上加工时，为使送料和夹料可靠，多采用冷拉型材。

2. 铸件

形状复杂的毛坯宜采用铸造方法制造。铸件毛坯的制造方法有砂型铸造、金属型铸造、精密铸造、压力铸造、离心铸造等。各种铸造方法及工艺特点见表1-17。

表1-17 各种毛坯制造方法的工艺特点

毛坯制造方法	最大质量/kg	最小壁厚/mm	形状的复杂性	材料	生产方式	公差等级/IT	尺寸公差值/mm	表面粗糙度值/μm	其他
手工砂型铸造	不限制	3~5	最复杂	铁碳合金、非铁金属及其合金	单件生产及小批生产	14~16	1~8	✓	余量大，一般为1~10mm；由砂眼和气泡造成的废品率高；表面有结砂硬皮，且结构颗粒大；适于铸造大件；生产率很低
机械砂型铸造	至250	3~5	最复杂			14左右	1~3	✓	生产率比手工砂型高数倍至十数倍；设备复杂；但要求工人的技术低；适于制造中小型铸件
永久型铸造	至100	1.5	简单或平常		大批生产及大量生产	11~12	0.1~0.5	12.5	生产率高，因免去每次制型；单边余量一般为1~3mm；结构细密，能承受较大压力；占用的生产面积小
离心铸造	通常200	3~5	主要是旋转体			15~16	1~8	12.5	生产率高，每件只需2~5min；力学性能好且少砂眼；壁厚均匀；不需泥芯和浇注系统
压铸	10~16	0.5(锌)1.0(其他合金)	由模子制造难易而定	锌、铝、镁、铜、锡、铅各金属的合金		11~12	0.05~0.15	6.3	生产率最高，每小时可制50~500件；设备昂贵；可直接制取零件或仅需少许加工

（续）

毛坯制造方法	最大质量/kg	最小壁厚/mm	形状的复杂性	材料	生产方式	公差等级/IT	尺寸公差值/mm	表面粗糙度值/μm	其他
熔模铸造	小型零件	0.8	非常复杂	适于切削困难的材料	单件生产及成批生产		0.05 ~ 0.2	25	占用的生产面积小，每套设备约需 30 ~ 40m²；铸件机械性能好；便于组织流水线生产；铸造延续时间长，铸件可不经加工
壳模铸造	至 200	1.5	复杂	铸铁和非铁金属	小批至大量	12 ~ 14		12.5 ~ 6.3	生产率高，一个制砂工班产为 0.5 ~ 1.7t；外表面余量为 0.25 ~ 0.5mm；孔余量最小为 0.08 ~ 0.25mm；便于机械化与自动化；铸件无硬皮
自由锻造	不限制	不限制	简单	碳素钢、合金钢	单件及小批生产	14 ~ 16	1.5 ~ 2.5	∨	生产率低且需高级技工；余量大，为 3 ~ 30mm；适用于机械修理厂和重型机械厂的锻造车间
模锻（利用锻锤）	通常至 100	2.5	由锻模制造难易而定	碳素钢、合金钢及合金	成批及大量生产	12 ~ 14	0.4 ~ 2.5	12.5	生产率高且不需高级技工；材料消耗少；锻件力学性能好，强度增高
精密模锻	通常 100	1.5	由锻模制造难易而定	碳素钢、合金钢及合金	成批及大量生产	11 ~ 12	0.05 ~ 0.1	6.3 ~ 3.2	光压后的锻件可不经机械加工或直接进行精加工

3. 锻件

锻件毛坯由于经锻造后可得到金属纤维组织的连续性和均匀分布，从而提高了零件的强度，适用于对强度有一定要求、形状比较简单的零件。锻件有自由锻件、模锻件和精锻件三种，其制造方法及工艺特点见表 1-17。

4. 焊接件

用焊接的方法而得到的结合件。焊接件的优点是制造简便，生产周期短，节省材料，减轻重量。但其抗振性较差，变形大，需经时效处理后才能进行机械加工。

5. 其他毛坯

其他毛坯类型包括冲压、粉末冶金、冷挤、塑料压制等毛坯。

二、毛坯选择应注意的问题

在选择毛坯种类及制造方法时，应考虑下列因素。

1. 零件材料及其力学性能

零件的材料大致确定了毛坯的种类。例如材料为铸铁和青铜的零件应选择铸件毛坯；钢质零件当形状不复杂、力学性能要求不太高时可选型材；重要的钢质零件，为保证其力学性能，应选择锻件毛坯。

2. 零件的结构形状与外形尺寸

形状复杂的毛坯，一般用铸造方法制造。薄壁零件不宜用砂型铸造；中小型零件可考虑用先进的铸造方法；大型零件可用砂型铸造。一般用途的阶梯轴，如各阶直径相差不大，可用圆棒料；如各阶直径相差较大，为减少材料消耗和机械加工的劳动量，则宜选择锻件毛坯。尺寸大的零件一般选择自由锻造；中小型零件可选择模锻件。

3. 生产类型

大量生产的零件应选择精度和生产率都比较高的毛坯制造方法，用于毛坯制造的昂贵费用可由材料消耗的减小和机械加工费用的降低来补偿。如铸件采用金属模机器造型或精密铸造；锻件采用模锻、精锻；采用冷轧和冷拉型材。零件产量较小时应选择精度和生产率较低的毛坯制造方法。

4. 现有生产条件

确定毛坯的种类及制造方法，必须考虑具体的生产条件，如毛坯制造的工艺水平、设备状况以及对外协作的可能性等。

5. 充分考虑利用新工艺、新技术的可能性

随着机械制造技术的发展，毛坯制造方面的新工艺、新技术和新材料的应用也发展很快。如精铸、精锻、冷挤压、粉末冶金等在机械中的应用日益增加。采用这些方法可大大减少机械加工量，有时甚至可以不再进行机械加工，其经济效果非常显著。

三、毛坯形状与尺寸

通过毛坯的精化可使其形状和尺寸尽量与零件相接近，以达到减少机械加工的劳动量，力求实现少或无切削加工。但是，由于现有毛坯制造技术及成本的限制，产品零件的加工精度和表面质量的要求越来越高，所以毛坯的某些表面仍需留有一定的加工余量，以便通过机械加工达到零件的技术要求。毛坯制造尺寸与零件相应尺寸的差值称为毛坯加工余量，毛坯制造尺寸的公差称为毛坯公差。毛坯的加工余量及毛坯公差与毛坯的制造方法有关。在制造方法相同的情况下，其加工余量又与毛坯的尺寸、部位及形状有关。如铸造毛坯的加工余量，是由铸件最大尺寸、公称尺寸（两相对加工表面的最大距离或基准面到加工面的距离）、毛坯浇注时的位置（顶面、底面或侧面）、铸孔等因素所决定。生产中可参照有关工艺手册确定。毛坯的加工余量确定后，其形状和尺寸的确定，除了将加工余量附加在零件相应的加工表面之外，有时还要考虑到毛坯的制造、机械加工及热处理等工艺因素的影响。在这种情况下，毛坯的形状则与零件的形状有所不同。例如，为了加工时工件安装的方便，有的铸件毛坯需要铸出必要的工艺凸台，如图1-11所示。工艺凸台在零件加工后一般应切去。又如车床的开合螺母外壳，它由两个零件组成（图1-12）。为了保证加工质量和加工方便，毛坯做成整体的，待加工到一定阶段后再切开。

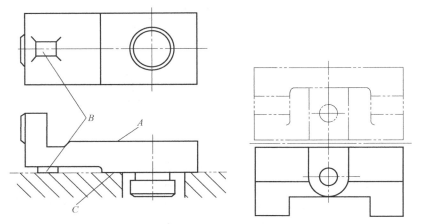

图1-11　工艺凸台　　　　　　　图1-12　车床开合螺母外壳简图

第五节　工件的定位及定位基准的选择

在制订加工工艺规程时，正确选择定位基准对保证加工表面的尺寸精度和相互位置精度的要求，以及合理安排加工顺序都有重要的影响。选择定位基准不同，工艺过程也随之而异。

一、基准的概念及其分类

所谓基准就是零件上用以确定其他点、线、面的位置所依据的点、线、面。基准根据其功用不同可分为设计基准与工艺基准两大类，前者用在产品零件的设计图上，后者用在机械制造的工艺过程中。

1. 设计基准

在零件图上用以确定其他点、线、面位置的基准称为设计基准。

如图 1-13a 所示的钻套，轴线 $O\text{-}O$ 是各外圆表面及内孔的设计基准；端面 A 是端面 B、C 的设计基准；内孔表面 D 的轴心线是 $\phi40h6$ 外圆表面的径向跳动和端面 B 的端面跳动的设计基准。同样，图 1-13b 中的 F 面是 C 面及 E 面尺寸的设计基准，也是两孔垂直度和 C 面平行度的设计基准；A 面为 B 面尺寸及平行度的设计基准。作为设计基准的点、线、面在工件上不一定具体存在，如表面的几何中心、对称线、对称平面等。

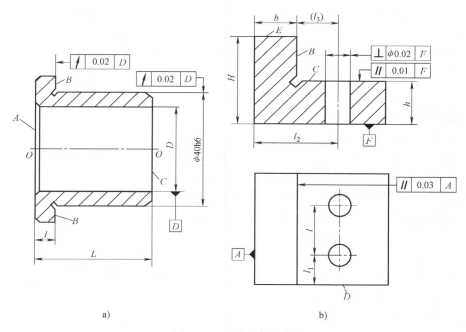

a) b)

图 1-13　基准分析示例

2. 工艺基准

工件在工艺过程中所使用的基准称为工艺基准。工艺基准按用途不同又可分为工序基准、定位基准、测量基准和装配基准。

（1）工序基准　在工序图上，用以标注本工序被加工表面加工后的尺寸、形状、位置的基准称为工序基准，其所标注的加工面位置尺寸称为工序尺寸。

在图 1-14a 中，A 为被加工表面，B 面至 A 面的距离 h 为工序尺寸，位置要求为 A 面对 B 的平行度（没有特殊标出时包括在 h 的尺寸公差内）。所以，母线 B 为本工序的工序基准。

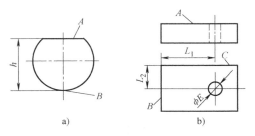

有时确定一个表面就需要数个工序基准。如图 1-14b 所示，ϕE 孔为加工表面，要求其中心线与 A 面垂直，并与 B 面及 C 面保持距离 L_1、L_2，因此表面 A、B、C 均为本工序的工序基准。

图 1-14　工序基准及工序尺寸

（2）定位基准　加工时，使工件在机床或夹具中占据一正确位置所用的基准称为定位基准。例如将图 1-13a 所示工件的内孔套在心轴上加工 $\phi 40h6$ 外圆时，内孔即为定位基准。加工一个表面时，往往需要数个定位基准同时使用。如图 1-14b 所示，加工 ϕE 孔时，为保证孔对 A 面的垂直度，要用 A 面作定位基准，为保证 L_1、L_2 的距离尺寸，要用 B、C 面作定位基准。

定位基准除了是工件的实际表面外，也可以是表面的几何中心、对称线或对称面，但必须由相应的实际表面来体现。如内孔（或外圆）的中心线由内孔表面（外圆表面）来体现，V 形架的对称面用其两斜面来体现。这些面通称为定位基面。

（3）测量基准　工件检验时，用以测量已加工表面尺寸及位置的基准称为测量基准。如图 1-14a 所示，检验 h 尺寸时，B 为测量基准；如图 1-13a 所示，以内孔套在检验心轴上去检验 $\phi 40h6$ 外圆的径向跳动和端面 B 的端面跳动时，内孔即为测量基准。

（4）装配基准　装配时，用以确定工件或部件在机器中位置所用的基准称为装配基准。图 1-13a 所示的钻套，$\phi 40h6$ 外圆及端面 B 为装配基准；图 1-13b 所示的支承块，底面 F 为装配基准。

二、工件定位的概念及定位方法

1. 定位的概念与定位要求

工件加工的尺寸、形状和表面间的相互位置精度是由刀具与工件的相对位置来保证的。加工前，确定工件在机床或夹具中的正确位置就称为定位。

在实际生产中，关于定位的概念还要进行如下说明。

（1）工件应该有一个实在的元件来限定它的位置　如将工件直接装在机床的工作台上，它的上下位置就由工作台所限定，工作台就是一个实在的元件。这时，工件的前后、左右方向的位置就没有定位，因为没有实在的元件去限制它。如果在工作台上装上两个互相垂直

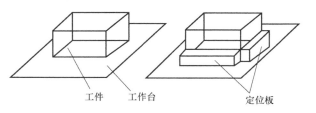

图 1-15　由定位元件对工件的定位

的定位板（图 1-15），则工件的前后、左右方向都定位了。

（2）所谓定位应该是有一定精度要求的　如果定位精度较低，则只能是粗定位。而高的定位精度则要求定位面有高的几何精度及低的表面粗糙度。

（3）定位精度的概念通常是指一批工件的限定位置的分布范围　对于某一个工件来说，它的定位精度是某一个数值；对于另一个工件来说，它的定位精度可能是另一个数值。对于

一个工件来说，它的定位精度是一个误差的分布带。例如一个工件的位置是通过其上的孔与夹具上的定位销相配合来决定的，如图1-16所示，在水平面上的定位精度则是两倍的配合间隙。

工件定位时有以下两点要求。

1）为了保证加工表面与其设计基准间的相对位置精度（同轴度、平行度、垂直度等），工件定位时应使加工表面的设计基准相对于机床占据一正确位置。

如图1-13a所示，为了保证加工外圆表面 $\phi40h6$ 的径向跳动要求，工件定位时必须使其设计基准（内孔轴线 $O\text{-}O$ ）与机床主轴的回转轴心线 $O'\text{-}O'$ 重合，如图1-17a所示；如图1-13b所示，为了保证加工面 B 与其设计基准 A 的平行度要求，工件定位时必须使设计基准 A 与机床工作台的纵向直线运动方向相平行，如图1-17b所示；加工孔时为了保证孔与其设计基准（底面 F ）的垂直度要求，工件定位时必须使设计基准 F 面与机床主轴轴心线垂直，如图1-17c所示。

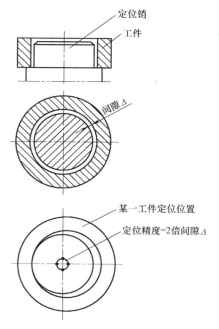

图1-16 一个工件的定位精度

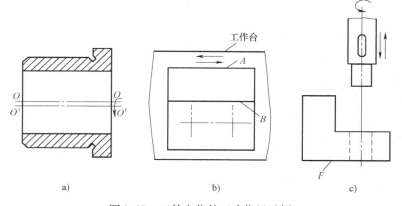

图1-17 工件定位的正确位置示例

2）为了保证加工表面与其设计基准间的距离尺寸精度，当采用调整法进行加工时，位于机床或夹具上的工件，相对于刀具必须有一确定的位置。

距离尺寸精度的获得通常有两种方法，即试切法和调整法。

试切法是通过试切—测量加工尺寸—调整刀具位置—试切的反复过程来获得尺寸精度的。由于这种方法是在加工过程中，通过多次试切才能获得距离尺寸精度，所以加工前工件相对于刀具的位置可不必确定。如图1-18a所示，为获得尺寸 l ，加工前工件在自定心卡盘中的轴向位置不必严格规定。试切法多用于单件小批生产。

调整法是一种加工前按规定尺寸调整好刀具与工件相对位置及进给行程，从而保证在加工时自动获得所需尺寸的加工方法。这种方法在加工时不再试切，生产率高，其加工精度决定于机床、夹具的精度和调整误差，用于大批量生产。图1-18b、c所示为按调整法获得距离尺寸精度的两个实例：图1-18b所示为通过三爪反装和挡铁来确定工件与刀具的相对位置；图1-18c所示为通过夹具中的定位元件与导向元件的位置来确定工件与刀具的相对位置。

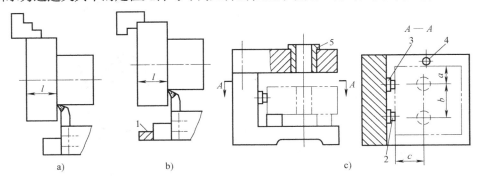

图1-18　获得距离尺寸精度的方法示例
1—挡铁　2、3、4—定位元件　5—导向元件

2. 工件定位的方法

工件在机床上定位有如下三种方法。

（1）直接找正法　直接找正法是用百分表、划针或目测在机床上直接找正工件，使其获得正确位置的一种方法。例如在磨床上磨削一个与外圆表面有同轴度要求的内孔时，加工前将工件装在单动卡盘上，用百分表直接找正外圆表面，即可获得工件的正确位置（图1-19a）。又如在牛头刨床上加工一个同工件底面及侧

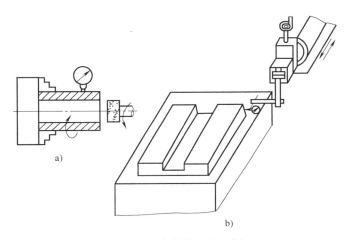

图1-19　直接找正法示例

面有平行度要求的槽时，用百分表找正工件的右侧面（图1-19b），即可使工件获得正确的位置。槽与工件底面的平行度，由机床的几何精度保证。

直接找正法的定位精度与找正的快慢，取决于找正精度、找正方法、找正工具及工人技术水平。此法多用于单件小批生产或位置精度要求特别高的工件。

（2）划线找正法　划线找正法是在机床上用划针按毛坯或半成品上所划的线找正工件，使其获得正确位置的一种方法（图1-20）。由于受到划线精度及找正精度的限制，此法多用于生产批量较小、毛坯精度较低以及大型工件等不便于使用夹具的粗加工中。

（3）夹具定位法　此法是用夹具上的定位元件使工件获得正确位置的一种方法（图1-18c）。采用夹具定位使工件定位迅速方便，定位精度也比较高，广泛用于成批和大量生产。

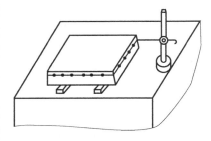

图1-20　划线找正法示例

三、定位的基本原理

工件在空间位置的自由度，用直角坐标来表示时，共有六个，即沿 x、y、z 轴三个方向的移动，用 $\vec{x}$、$\vec{y}$、$\vec{z}$ 来表示，以及绕 x、y、z 轴的转动，用 $\widehat{x}$、$\widehat{y}$、$\widehat{z}$ 表示（图 1-21a）。

要使工件在空间处于相对固定不变的位置，就必须限制其六个自由度。限制方法如图 1-21b 所示，用相当于六个支

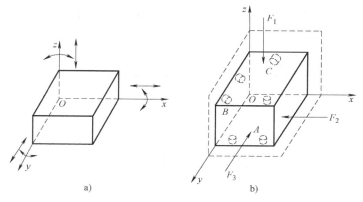

图 1-21 工件的六点定位

承点的定位元件与工件的定位基面接触来限制。此时：在 xoy 平面内，用三个支承点限制了 $\vec{x}$、$\vec{y}$、$\vec{z}$ 三个自由度；在 yoz 平面内，用两个支承点限制了 $\vec{x}$、$\vec{z}$ 两个自由度；在 xoz 平面内，用一个支承点限制了 $\widehat{y}$ 一个自由度。

上述用六个支承点限制工件的六个自由度的方法，称为六点定位原理。

图 1-21 中工件的 A 面与三个支承点接触，限制了三个自由度，称为主要定位基准。显然，三个支承点之间的面积越大，支承工件就越稳定；工件的表面越平整，定位越可靠。所以，在满足加工表面位置精度的前提下，一般应选择工件上大而平整的表面作为主要定位基准。B 面与两个支承点接触，限制了两自由度，称为导向定位基准。C 面与一个支承点接触，限制了一个自由度，称为止推定位基准。

在机械加工中，定位与夹紧是两个不同的概念。定位是使工件在机床或夹具中占据一正确位置，而夹紧是使工件的这一正确位置在加工过程中保持不变。所以夹紧是不能代替定位的。也就是说，认为"工件被夹紧了，它的自由度也被限制了"这一概念是错误的。

在生产实践中，工件定位时需要限制的自由度数目应根据加工表面的尺寸及位置要求来确定。

图 1-22 所示为加工压板导向槽的示例。由于要求槽深方向的尺寸 A_2，故要限制 z 方向的移动自由度 $\vec{z}$；由于要求槽底面与 C 面平行，故绕 x 轴的转动自由度 $\widehat{x}$ 及绕 y 轴的转动自由度 $\widehat{y}$ 要限制；由于要保证槽长 A_1，故在 x 方向的移动自由度 $\vec{x}$ 要限制；由于导向槽要在压板的中心，与长圆孔一致，故在 y 方向的移动自由度 $\vec{y}$ 和绕 z 轴的转动自由度 $\widehat{z}$ 要限制。这样，压板在加工导向槽时，六个自由度都被限制了，称为完全定位。

以平面磨床上磨一平板为例。加工要求保证板厚，同时加工表面要与底面平行。这时，只要限制 $\vec{z}$、$\widehat{x}$ 和 $\widehat{y}$ 就可以了。这种根据加工表面要求限制少于六个自由度的方法称为不完全定位。

工件在某工序加工时，根据加工面的尺寸和位置要求定位而未能满足其限制的自由度数目时，称为欠定位。图 1-22 所示的压板导向槽加工，减少限制任何一个自由度都是欠定位。欠定位是不允许的，因为工件在欠定位的情况下，将不能保证其加工的精度要求。

如果某一个自由度同时由多于一个的定位元件来限制，称为过定位，或称重复定位。图 1-23 所示为一工件在 $\vec{x}$ 自由度上有左右两个支承点限制，这就产生了过定位。

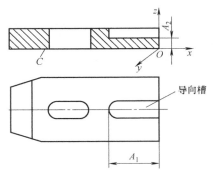

图 1-22　加工压板导向槽的示例

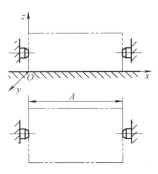

图 1-23　过定位示例

图 1-24 所示为齿轮毛坯定位的示例。图 1-24a 所示为短销、大平面定位。短销限制了 $\vec{x}$、$\vec{y}$ 两个自由度，大平面限制了 $\vec{z}$、$\hat{x}$、$\hat{y}$ 三个自由度，无过定位。图 1-24b 所示为长销、小平面定位。长销限制了 $\vec{x}$、$\vec{y}$、$\hat{x}$、$\hat{y}$ 四个自由度，小平面限制了 $\vec{z}$ 一个自由度，也无过定位。图 1-24c 所示为长销、大平面定位。长销限制了 $\vec{x}$、$\vec{y}$、$\hat{x}$、$\hat{y}$ 四个自由度，大平面限制了 $\vec{z}$、$\hat{x}$、$\hat{y}$ 三个自由度。因为 $\hat{x}$、$\hat{y}$ 有两个定位元件限制，所以产生了过定位。

过定位一般是不允许的，因为它可能产生破坏定位、工件不能装入、工件变形或夹具变形（图 1-24d、e）等后果。但如果工件与夹具定位面的精度都较高，过定位是允许的。

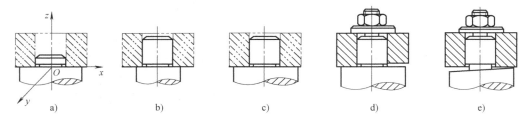

图 1-24　齿轮毛坯定位的示例

四、定位基准选择

定位基准有粗基准与精基准之分。在加工的起始工序中，只能用毛坯上未经加工的表面作定位基准，则该表面称为粗基准。利用已经加工过的表面作定位基准，称为精基准。

（一）粗基准的选择

选择粗基准时，主要考虑两个问题：一是合理地分配各加工面的加工余量；二是保证加工面与不加工面之间的相互位置关系。具体选择时参考下列原则。

1）对于同时具有加工表面与不加工表面的工件，为了保证不加工表面与加工表面之间的位置要求，应选择不加工表面作粗基准（图 1-25a）。如果工件上有多个不加工表面，则应以其中与加工面相互位置要求较高的表面作粗基准。如图 1-25b 所示，该工件有三个不加工表面，若表面 4 与表面 2 所组成的壁厚均匀度要求较高时，则应选择表面 2 作为粗基准来加工台阶孔。

2）对于具有较多加工表面的工件，选择粗基准时，应考虑合理地分配各表面的加工余量。在加工余量的分配上应该注意下列两点。

① 应保证各主要加工表面都有足够的余量。为满足这个要求，应选择毛坯余量最小的表面作粗基准，如图 1-25c 所示的阶梯轴，应选择 φ55mm 外圆表面作粗基准。

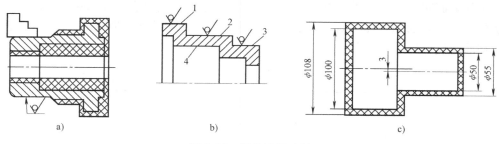

图 1-25　粗基准的选择

② 对于工件上的某些重要表面（如导轨和重要孔等），为了尽可能使其加工余量均匀，则应选择重要表面作粗基准。如图 1-26 所示的车床床身，导轨表面是重要表面，要求耐磨性好，且在整个导轨表面内具有大体一致的力学性能。因此，加工时应选导轨表面作为粗基准加工床腿底面（图 1-26a），然后以床腿底面为基准加工导轨表面（图 1-26b）。

3）粗基准应避免重复使用。在同一尺寸方向上，粗基准通常只允许使用一次，以免产生较大的定位误差。如图 1-27 所示的小轴加工，如重复使用 B 面去加工 A、C 面，则必然会使 A 面与 C 面的轴线产生较大的同轴度误差。

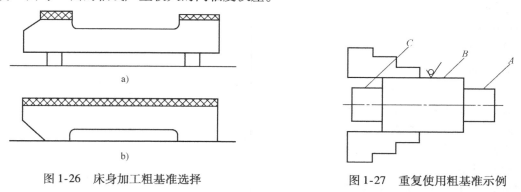

图 1-26　床身加工粗基准选择　　　　图 1-27　重复使用粗基准示例

4）选作粗基准的表面应平整，没有浇口、冒口或飞边等缺陷，以便定位可靠。

（二）精基准的选择

精基准的选择应从保证工件加工精度出发，同时考虑装夹方便，夹具结构简单。选择精基准一般应遵循以下原则。

（1）"基准重合"原则　为了较容易地获得加工表面对其设计基准的相对位置精度要求，应选择加工表面的设计基准为定位基准。这一原则称为"基准重合"原则。例如，当工件表面间的尺寸如图 1-28a 所示标注时，表面 B 和表面 C 的加工，根据"基准重合"原则，应选择设计基准 A 为定位基准。加工后，表面 B、C 相对 A 的平行度取决于机床的几何精度。

按调整法加工表面 B 和 C 时，虽然刀具相对定位基面 A 的位置是按照工序尺寸 a 和 b 预先调定，而且在一批工件的加工过程中是保持不变的，但是由于工艺系统中一系列因素的影响，一批工件加工后的尺寸 a 和 b 仍然会产生误差 Δ_a 和 Δ_b，这种误差称为加工误差。在基准重合的情况下，只要这种误差不大于 a 和 b 的尺寸公差，即 $\Delta_a \leqslant T_a$，$\Delta_b \leqslant T_b$，加工的工件就不会报废。

当工件表面间的尺寸如图 1-28b 所示标注时，如果仍然选择表面 A 为定位基准，并按照调整法分别加工 B 面和 C 面。对于 B 面来说，是符合"基准重合"原则的；对于 C 面来说，则定位基准与设计基准不重合。

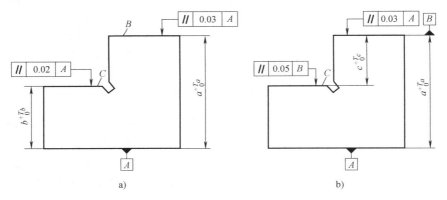

图 1-28　零件的两种尺寸注法

表面 C 的加工情况如图 1-29a 所示。加工尺寸 c 的误差分布如图 1-29b 所示。在加工尺寸 c 时，不仅包含本工序的加工误差 Δ_c，而且还包含尺寸 a 的加工误差，这是由于基准不重合所造成的，这个误差称基准不重合误差 Δ_{ch}，其最大值为定位基准（A 面）与设计基准（B 面）间位置尺寸 a 的公差 T_a。为了保证尺寸 c 的精度要求，上述两个误差之和应小于或等于尺寸 c 的公差：

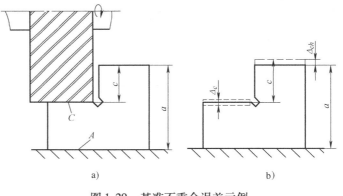

图 1-29　基准不重合误差示例

$$\Delta_c + \Delta_{ch}(T_a) \leqslant T_c$$

从上式看出，在 T_c 为一定值时，由于 Δ_{ch} 的出现，势必要减小 Δ_c 值，即需要提高本工序的加工精度。因此，在选择定位基准时，应尽可能遵守"基准重合"原则。应当指出"基准重合"原则对于保证表面间的相互位置精度（如平行度、垂直度、同轴度等）也完全适用。

（2）"基准统一"原则　当工件以某一组精基准定位可以比较方便地加工其他各表面时，应尽可能在多数工序中采用此组精基准定位，这就是"基准统一"原则。例如，轴类零件的大多数工序都以顶尖孔为定位基准；齿轮的齿坯和齿形加工多采用齿轮的内孔及基准端面为定位基准。

采用"基准统一"原则可减少工装设计及制造的费用，提高生产率，并且可以避免基准转换所造成的误差。

（3）"自为基准"原则　当精加工或光整加工工序要求余量尽可能小而均匀时，应选择加工表面本身作为定位基准，这就是"自为基准"原则。例如磨削床身的导轨面时，就是以导轨面本身作定位基准（图1-30）。此外，用浮动

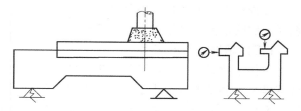

图1-30　机床导轨面自为基准示例

铰刀铰孔，用圆拉刀拉孔，用无心磨床磨外圆表面等，均为以加工表面本身作定位基准的实例。

（4）"互为基准"原则　为了获得均匀的加工余量或较高的位置精度，可采用"互为基准"的原则。例如加工精密齿轮时，先以内孔定位切出齿形面，齿面淬硬后需进行磨齿。因齿面淬硬层较薄，所以要求磨齿余量小而均匀。这时就得先以齿面为基准磨内孔，再以内孔为基准磨齿面，从而保证余量均匀，且孔与齿面又能得到较高的相互位置精度。

（5）保证工件定位准确、夹紧可靠、操作方便的原则　如图1-28b所示，当加工表面 C 时，如果采用"基准重合"原则，则应该选择 B 面为定位基准，工件装夹如图1-31所示。这样不但工件装夹不便，夹具结构也较复杂。但如果采用如图1-29a所示的以 A 面定位、虽然夹具结构简单，装夹方便，但又会产生基准不重合误差 Δ_{ch}。在这种情况下，首先分析 T_c、Δ_c 及 Δ_{ch} 三者的数量关系，然后再决定定位基准的选取。

当加工尺寸的公差 T_c 值较大，而表面 B 和 C 的加工误差又比较小时，即 $T_c \geqslant \Delta_c + \Delta_{ch}$ 时，应优先考虑工件方便装夹的要求，选择 A 面定位。

当加工尺寸的公差 T_c 较小，而表面 B 和 C 的加工误差比较大时，即 $T_c < \Delta_c + \Delta_{ch}$ 时，可考虑以下三种方案。

1）改变加工方法或采取其他工艺措施，提高 B 和 C 面的加工精度，即减少 Δ_c 与 Δ_{ch}，使 $T_c \geqslant \Delta_c + \Delta_{ch}$。这样仍可选择 A 面为定位基准。

2）以表面 B 定位，消除基准不重合误差 Δ_{ch}，这样会使装夹不便和夹具复杂一些，但为了保证加工精度，有时也不得不采用这种方法。

3）采用组合铣刀铣削，以 A 面定位，同时加工 B 面和 C 面（图1-32）。这样可使 B、C 面间的位置精度和尺寸精度都与定位表面无关，两表面的尺寸主要取决于铣刀直径的差值。

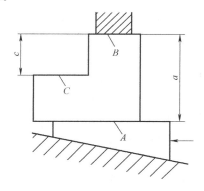

图1-31　基准重合工件装夹示例

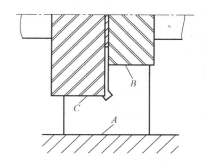

图1-32　组合铣削加工

应该指出，上述粗、精基准的选择原则中，常常不能全部满足，实际应用时往往会出现相互矛盾的情况，这就要求综合考虑，分清主次，着重解决主要矛盾。

（三）辅助基准的应用

工件定位时，为了保证加工表面的位置精度，多优先选择设计基准或装配基准为主要定位基准，这些基准一般为工件上的重要工作表面。但有些工件的加工，为装夹方便或易于实现基准统一，人为地制造一种定位基准，如图1-11所示工艺凸台和轴类零件加工时的中心孔。这些表面不是工件上的工作表面，只是由于工艺需要而加工出来的，这种基准称为辅助基准或工艺基准。此外，工件上的某些次要表面（非配合表面），因工艺上宜作定位基准而提高它的加工精度和表面质量以便定位时使用，这种表面也称为辅助基准。例如丝杠的外圆表面，从螺旋副的传动看它是非配合的次要表面。但在丝杠螺纹的加工中，外圆表面是导向基面，它的圆度和圆柱度直接影响到螺纹的加工精度，所以要提高其加工精度，并降低其表面粗糙度值。

第六节 工艺路线的拟订

机械加工工艺规程的制订，大体可分为两个部分：拟订加工的工艺路线；确定各道工序的工序尺寸及公差、所用设备及工艺装备、切削规范和时间定额等。

工艺路线的拟订是制订工艺规程的关键，其主要任务是选择各个表面的加工方法和加工方案，确定各个表面的加工顺序以及工序集中与分散等。关于工艺路线的拟订，目前还没有一套普遍而完善的方法，而多是采取经过生产实践总结出的一些综合性原则。在应用这些原则时，要结合具体的生产类型及生产条件灵活处理。

一、加工方法的选择

加工方法选择的原则是保证加工质量和生产率与经济性。为了正确选择加工方法，应了解各种加工方法的特点和掌握经济精度及经济粗糙度的概念。

（一）经济精度与经济粗糙度

加工过程中，影响精度的因素很多。每种加工方法在不同的工作条件下所能达到的精度是不同的。例如，在一定的设备条件下，操作精细、选择较低的进给量和切削深度，就能获得较高的加工精度和较低的表面粗糙度。但是这必然会使生产率降低，生产成本增加。反之，提高了生产率，虽然成本降低，但会增大加工误差，降低加工精度。

经济精度是指在正常的加工条件下（采用符合质量的标准设备、工艺装备和标准技术等级的工人，不延长加工时间）所能保证的加工精度。

经济粗糙度的概念类同于经济精度的概念。

各种加工方法所能达到的经济精度和经济粗糙度等级，以及各种典型的加工方法均已制成表格，在机械加工的各种手册中均能查到。表1-18、表1-19、表1-20中分别摘录了外圆柱面、孔和平面的加工方法以及所能达到的经济精度和经济粗糙度（经济精度以公差等级表示）。表1-21摘录了用各种加工方法加工轴线平行的孔的位置精度（用距离误差表示），供选用时参考。

必须指出，经济精度的数值不是一成不变的。随着科学技术的发展，工艺技术的改进，经济精度会逐步提高。

表 1-18　外圆柱面加工方法

序号	加工方法	经济精度 （公差等级表示）	经济粗糙度值 Ra/μm	适用范围
1	粗车	IT11～IT13	12.5～50	适用于淬火钢以外的各种金属
2	粗车—半精车	IT8～IT10	3.2～6.3	
3	粗车—半精车—精车	IT7～IT8	0.8～1.6	
4	粗车—半精车—精车—滚压（或抛光）	IT7～IT8	0.025～0.2	
5	粗车—半精车—磨削	IT7～IT8	0.4～0.8	主要用于淬火钢，也可用于未淬火钢，但不宜加工有色金属
6	粗车—半精车—粗磨—精磨	IT6～IT7	0.1～0.4	
7	粗车—半精车—粗磨—精磨—超精加工（轮式超精磨）	IT5	0.012～0.1（或 Rz0.1）	
8	粗车—半精车—精车—精细车（金刚车）	IT6～IT7	0.025～0.4	主要用于要求较高的有色金属加工
9	粗车—半精车—粗磨—精磨—超精磨（或镜面磨）	IT5 以上	0.006～0.025（或 Rz0.05）	极高精度的外圆柱面加工
10	粗车—半精车—粗磨—精磨—研磨	IT5 以上	0.006～0.1（或 Rz0.05）	

表 1-19　孔加工方法

序号	加工方法	经济精度 （公差等级表示）	经济粗糙度值 Ra/μm	适用范围
1	钻	IT11～IT13	12.5	加工未淬火钢及铸铁的实心毛坯，也可用于加工有色金属。孔径小于 15～20mm
2	钻—铰	IT8～IT10	1.6～6.3	
3	钻—粗铰—精铰	IT7～IT8	0.8～1.6	
4	钻—扩	IT10～IT11	6.3～12.5	加工未淬火钢及铸铁的实心毛坯，也可用于加工有色金属。孔径大于 15～20mm
5	钻—扩—铰	IT8～IT9	1.6～3.2	
6	钻—扩—粗铰—精铰	IT7	0.8～1.6	
7	钻—扩—机铰—手铰	IT6～IT7	0.2～0.4	
8	钻—扩—拉	IT7～IT9	0.1～1.6	大批大量生产（精度由拉刀的精度而定）
9	粗镗（扩孔）	IT11～IT13	6.3～12.5	除淬火钢外各种材料，毛坯有铸出孔或锻出孔
10	粗镗（粗扩）—半精镗（精扩）	IT9～IT10	1.6～3.2	
11	粗镗（粗扩）—半精镗（精扩）—精镗（铰）	IT7～IT8	0.8～1.6	
12	粗镗（粗扩）—半精镗（精扩）—精镗—浮动镗刀精镗	IT6～IT7	0.4～0.8	
13	粗镗（扩）—半精镗—磨孔	IT7～IT8	0.2～0.8	主要用于淬火钢，也可用于未淬火钢，但不宜用于有色金属
14	粗镗（扩）—半精镗—粗磨—精磨	IT6～IT7	0.1～0.2	
15	粗镗—半精镗—精镗—精细镗（金刚镗）	IT6～IT7	0.05～0.4	主要用于精度要求高的有色金属加工
16	钻—（扩）—粗铰—精铰—珩磨；钻—（扩）—拉—珩磨；粗镗—半精镗—精镗—珩磨	IT6～IT7	0.025～0.2	精度要求很高的孔
17	以研磨代替上述方法中的珩磨	IT5～IT6	0.006～0.1	

表 1-20　平面加工方法

序号	加工方法	经济精度 （公差等级表示）	经济粗糙度值 $Ra/\mu m$	适用范围
1	粗车	IT11 ~ IT13	12.5 ~ 50	端面
2	粗车—半精车	IT8 ~ IT10	3.2 ~ 6.3	
3	粗车—半精车—精车	IT7 ~ IT8	0.8 ~ 1.6	
4	粗车—半精车—磨削	IT6 ~ IT8	0.2 ~ 0.8	
5	粗刨（粗铣）	IT11 ~ IT13	6.3 ~ 25	一般不淬硬平面（端铣表面粗糙度 Ra 值较小）
6	粗刨（粗铣）—精刨（精铣）	IT8 ~ IT10	1.6 ~ 6.3	
7	粗刨（粗铣）—精刨（精铣）—刮研	IT6 ~ IT7	0.1 ~ 0.8	精度要求较高的不淬硬平面，批量较大时宜采用宽刃精刨方案
8	以宽刃精刨代替上述刮研	IT7	0.2 ~ 0.8	
9	粗刨（粗铣）—精刨（精铣）—磨削	IT7	0.2 ~ 0.8	精度要求高的淬硬平面或不淬硬平面
10	粗刨（粗铣）—精刨（精铣）—粗磨—精磨	IT6 ~ IT7	0.025 ~ 0.4	
11	粗铣—拉	IT7 ~ IT9	0.2 ~ 0.8	大量生产，较小的平面（精度视拉刀精度而定）
12	粗铣—精铣—磨削—研磨	IT5 以上	0.006 ~ 0.1 （或 Rz0.05）	高精度平面

表 1-21　轴线平行的孔的位置精度（经济精度）　　　　　　　　（单位：mm）

加工方法	工具的定位	两孔轴线间的距离误差或从孔轴线到平面的距离误差	加工方法	工具的定位	两孔轴线间的距离误差或从孔轴线到平面的距离误差
立钻或摇臂钻上钻孔	用钻模	0.1 ~ 0.2	卧式镗床上镗孔	用镗模	0.05 ~ 0.08
	按划线	1.0 ~ 3.0		按定位样板	0.08 ~ 0.2
立钻或摇臂钻上镗孔	用镗模	0.05 ~ 0.03		按定位器的指示读数	0.04 ~ 0.06
车床上镗孔	按划线	1.0 ~ 2.0		用块规	0.05 ~ 0.1
	用带有滑座的角尺	0.1 ~ 0.3		用内径规或用塞尺	0.05 ~ 0.25
坐标镗床上镗孔	用光学仪器	0.004 ~ 0.015		用程序控制的坐标装置	0.04 ~ 0.05
金刚镗床上镗孔	—	0.008 ~ 0.02		用游标尺	0.2 ~ 0.4
多轴组合机床上镗孔	用镗模	0.03 ~ 0.05		按划线	0.4 ~ 0.6

（二）平面轮廓和曲面轮廓加工方法的选择

1）平面轮廓常用的加工方法有数控铣、线切割及磨削等。对如图 1-33a 所示的内平面轮廓，当曲率半径较小时，可采用数控线切割方法加工。若选择铣削的方法，因铣刀直径受最小曲率半径的限制，直径太小，刚性不足，会产生较大的加工误差。对图 1-33b 所示的外平面轮廓，可采用数控铣削方法加工，常用粗铣—精铣方案，也可采用数控线切割方法加工。对精度及表面粗糙要求较高的轮廓表面，在数控铣削加工之后，再进行数控磨削加工。数控铣削加工适用于除淬火钢以外的各种金属，数控线切割加工适用于各种金属，数控磨削加工适用于除有色金属以外的各种金属。

2）立体曲面加工方法主要是数控铣削，多用球头铣刀，以"行切法"加工，如图 1-34 所示。根据曲面形状、刀具形状以及精度要求等通常采用二轴半联动或三轴半联动。对精度和表面粗糙度要求高的曲面，当用三轴联动的"行切法"加工不能满足要求时，可用模具铣刀，选择四坐标或五坐标联动加工。

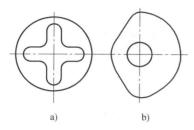

图 1-33　平面轮廓类工件

a）内平面轮廓　b）外平面轮廓

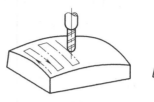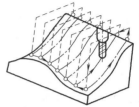

图 1-34　立体曲面的行切法加工

（三）　选择加工方法时考虑的因素

选择加工方法，一般是根据经验或查表来确定，再根据实际情况或工艺试验进行修改。从表 1-18 ~ 表 1-21 中的数据可知，满足同样精度要求的加工方法有若干种，所以选择时还要考虑下列因素。

（1）选择相应能获得经济精度的加工方法　例如，加工精度要求为 IT7，表面粗糙度 Ra 为 0.4μm 的外圆表面，通过精细车削是可以达到要求的，但不如磨削经济。

（2）工件材料的性质　例如，淬火钢的精加工要用磨削，有色金属的精加工为避免磨削时堵塞砂轮，则要用高速精细车或精细镗（金刚镗）。

（3）工件的结构形状和尺寸大小　例如，对于加工精度要求为 IT7 的孔，采用镗削、铰削、拉削和磨削均可达到要求。但箱体上的孔，一般不宜选用拉孔或磨孔，而宜选择镗孔（大孔）或铰孔（小孔）。

（4）结合生产类型考虑生产率与经济性　大批量生产时，应采用高效率的工艺。例如，用拉削方法加工孔和平面，同时加工几个表面的组合铣削和磨削等。单件小批生产时，宜采用刨削、铣削平面和钻、扩、铰孔等加工方法，避免盲目地采用高效加工方法和专用设备而造成经济损失。

二、加工阶段的划分

当工件的加工质量要求较高时，往往不可能用一道工序来满足其要求，而要用几道工序逐步达到所要求的加工质量。为保证加工质量和合理地使用设备、人力，工件的加工过程通常按工序性质不同，可分为粗加工、半精加工、精加工和光整加工四个阶段。

（1）粗加工阶段　其任务是切除毛坯上大部分多余的金属，使毛坯在形状和尺寸上接近成品，主要目标是提高生产率。

（2）半精加工阶段　其任务是使主要表面达到一定的精度，留有一定的精加工余量，为主要表面的精加工（如精车、精磨）做好准备，并可完成一些次要表面加工，如扩孔、攻螺纹、铣键槽等。

（3）精加工阶段　其任务是保证各主要表面达到规定的尺寸精度和表面粗糙度要求，主要目标是全面保证加工质量。

（4）光整加工阶段　对工件上精度和表面粗糙度要求很高（IT6 级以上，表面粗糙度 Ra 为 0.2μm 以下）的表面，需进行光整加工，其主要目标是提高尺寸精度、减小表面粗糙度，但一般不用来提高位置精度。

划分加工阶段的目的在于：

（1）保证加工质量　工件在粗加工时，切除的金属层较厚，切削力和夹紧力都比较大，切削温度也比较高，将会引起较大的变形。如果不划分加工阶段，粗、精加工混在一起，就无法避免上述原因引起的加工误差。按加工阶段加工，粗加工造成的加工误差可以通过半精加工和精加工来纠正，从而保证工件的加工质量。

（2）合理使用设备　粗加工余量大，切削用量大，可采用功率大、刚度好、效率高而精度低的机床。精加工切削力小，对机床破坏小，采用高精度机床。这样发挥了设备的各自特点，既能提高生产率，又能延长精密设备的使用寿命。

（3）便于及时发现毛坯缺陷　对毛坯的各种缺陷，如铸件的气孔、夹砂和余量不足等，在粗加工后即可发现，便于及时修补或决定报废，以免继续加工下去，造成浪费。

（4）便于安排热处理工序　如粗加工后，一般要安排去应力热处理，以消除内应力。精加工前要安排淬火等最终热处理，其变形可以通过精加工予以修正。

加工阶段的划分也不应绝对化，应根据工件的质量要求、结构特点和生产纲领灵活掌握。对加工质量要求不高、工件刚性好、毛坯精度高、加工余量小、生产纲领不大时，可不必划分加工阶段。对刚性好的重型工件，由于装夹及运输很费时，也常在一次装夹下完成全部粗、精加工。对于不划分加工阶段的工件，为减少粗加工中产生的各种变形对加工质量的影响，在粗加工后，松开夹紧机构，停留一段时间，让工件充分变形，然后再用较小的夹紧力重新夹紧，进行精加工。

三、工序的划分

（一）工序划分的原则

工序的划分可以采用两种不同原则，即工序集中原则和工序分散原则。

（1）工序集中原则　工序集中原则是指每道工序包括尽可能多的加工内容，从而使工序的总数减少。采用工序集中原则的优点是：有利于采用高效的专用设备和数控机床，提高生产效率；减少工序数目，缩短工艺路线，简化生产计划和生产组织工作；减少机床数量、操作工人数和占地面积；减少工件装夹次数，不仅保证了各加工表面间的相互位置精度，而且减少了夹具数量和装夹工件的辅助时间。但专用设备和工艺装备投资大、调整维修比较麻烦、生产准备周期较长，不利于转产。

（2）工序分散原则　工序分散原则是指将工件的加工分散在较多的工序内进行，每道工序的加工内容很少。采用工序分散原则的优点是：加工设备和工艺装备结构简单，调整和维修方便，操作简单，转产容易；有利于选择合理的切削用量，减少机动时间。但工艺路线较长，所需设备及工人人数多，占地面积大。

（二）工序划分方法

工序划分主要考虑生产纲领、所用设备及工件本身的结构和技术要求等。大批大量生产时，若使用多轴、多刀的高效加工中心，可按工序集中原则组织生产；若在由组合机床组成的自动线上加工，工序一般按分散原则划分。随着现代数控技术的发展，特别是加工中心的应用，工艺路线的安排更多地趋向于工序集中。单件小批生产时，通常采用工序集中原则。成批生产时，可按工序集中原则划分，也可按工序分散原则划分，应视具体情况而定。对于结构尺寸和重量都很大的重型工件，应采用工序集中原则，以减少装夹次数和运输量。对于刚性差、精度高的工件，应按工序分散原则划分工序。

在数控机床上加工的工件，一般按工序集中原则划分工序，划分方法如下。

（1）按所用刀具划分　即以同一把刀具完成的那一部分工艺过程为一道工序。这种方法适用于工件的待加工表面较多，机床连续工作时间过长，加工程序的编制和检查难度较大等情况。加工中心常用这种方法划分。

（2）按安装次数划分　即以一次安装完成的那一部分工艺过程为一道工序。这种方法适用于工件的加工内容不多的工件，加工完成后就能达到待检状态。

（3）按粗、精加工划分　即粗加工中完成的那一部分工艺过程为一道工序，精加工中完成的那一部分工艺过程为一道工序。这种划分方法适用于加工后变形较大，需粗、精加工分开的工件，如毛坯为铸件、焊接件或锻件。

（4）按加工部位划分　即以完成相同型面的那一部分工艺过程为一道工序，对于加工表面多而复杂的工件，可按其结构特点（如内形、外形、曲面和平面等）划分成多道工序。

四、加工顺序的安排

在选定加工方法、划分工序后，工艺路线拟订的主要内容就是合理安排这些加工方法和加工工序的顺序。工件的加工工序通常包括切削加工工序、热处理工序和辅助工序（包括表面处理、清洗和检验等）。这些工序的顺序直接影响到工件的加工质量、生产效率和加工成本。因此，在设计工艺路线时，应合理安排好切削加工、热处理和辅助工序的顺序，并解决好工序间的衔接问题。

（一）切削加工工序的安排

切削加工工序通常按下列原则安排顺序。

（1）基面先行原则　用作精基准的表面应优先加工出来，因为定位基准的表面越精确，装夹误差就越小。例如轴类工件加工时，总是先加工中心孔，再以中心孔为精基准加工外圆表面和端面。又如箱体类工件总是先加工定位用的平面和两个定位孔，再以平面和定位孔为精基准加工孔系和其他平面。

（2）先粗后精原则　各个表面的加工顺序按照粗加工—半精加工—精加工—光整加工的顺序依次进行，逐步提高表面的加工精度和减小表面粗糙度。

（3）先主后次原则　工件的主要工作表面、装配基面应先加工，从而能及早发现毛坯中主要表面可能出现的缺陷。次要表面可穿插进行，放在主要加工表面加工到一定程度后、最终精加工之前进行。

（4）先面后孔原则　对箱体、支架类工件，平面轮廓尺寸较大，一般先加工平面，再加工孔。这样安排加工顺序，一方面用加工过的平面定位，稳定可靠；另一方面在加工过的平面上加工孔，比较容易，并能提高孔的加工精度，特别是钻孔，孔的轴线不易偏斜。

（二）热处理工序的安排

热处理的目的是提高材料的力学性能，消除残余应力和改善金属的加工性能。

常用的热处理工艺有退火、正火、调质、时效、淬火、回火、渗碳淬火和渗氮等。按照热处理的不同目的，上述热处理工艺可分为两类，即预备热处理和最终热处理。

（1）预备热处理　预备热处理的目的是改善加工性能、消除内应力和为最终热处理准备良好的金相组织。预备热处理工艺有退火、正火、时效、调质等。

1）退火和正火。退火和正火用于经过热加工的毛坯。碳的质量分数大于0.5%的碳钢和合金钢，为降低金属的硬度易于切削，常采用退火处理；碳的质量分数低于0.5%的碳钢和合金钢，为避免硬度过低切削时粘刀而采用正火处理。退火和正火尚能细化晶粒，均匀组织，为以后的热处理做好准备。退火和正火常安排在毛坯制造之后，粗加工之前进行。

2）时效处理。时效处理主要用于消除毛坯制造和机械加工过程中所产生的内应力，最好安排在粗加工之后、半精加工之前进行。为了避免过多的运输工作量，对于精度要求不太高的工件，一般在粗加工之前安排一次时效处理即可。但对于高精度的复杂铸件（如坐标镗床的箱体等），应安排两次时效工序，即铸造—粗加工—时效—半精加工—时效—精加工。简单铸件一般可不进行时效处理。

除铸件外，对于一些刚性差的精密工件（如精密丝杠），为消除加工中产生的内应力，稳定工件的加工精度，常在粗加工、半精加工、精加工之间安排多次时效处理。有些轴类工件加工在校直工序后也要求安排时效处理。

3）调质。调质即在淬火后进行高温回火处理。它能获得均匀细致的索氏体组织，为以后的表面淬火和渗氮处理时减少变形做好组织准备，因此调质可以作为预备热处理。

由于调质后工件的综合力学性能较好，对某些硬度和耐磨性要求不高的工件，也可以作为最终热处理工序。

调质处理常安排在粗加工之后，半精加工之前进行。

（2）最终热处理　最终热处理的目的是提高工件材料的硬度、耐磨性和强度等力学性能。最终热处理工艺包括淬火、渗碳淬火、渗氮等。

1）淬火。淬火分为整体淬火和表面淬火两种，其中表面淬火因为变形、氧化及脱碳较小而应用较多，而且表面淬火还具有外部硬度高，耐磨性好而内部保持良好的韧性，抗冲击能力强的优点。为提高表面淬火工件心部的力学性能和获得细马氏体的表层组织，常需预先进行调质及正火处理。一般工艺路线为下料—锻造—正火（退火）—粗加工—调质—半精加工—表面淬火—精加工。

2）渗碳淬火。渗碳淬火适用于低碳钢和低合金钢，其目的是先使工件表层含碳量增加，经淬火后使表层获得高的硬度和耐磨性，而心部仍然保持一定的强度和较高的韧性和塑性。渗碳处理分局部渗碳和整体渗碳两种。局部渗碳时对不渗碳部分要采取防渗措施（镀铜或涂防渗材料）。由于渗碳淬火变形大，且渗碳层深度一般为0.5~2mm之间，所以渗碳工序一般安排在半精加工与精加工之间。一般工艺路线为下料—锻造—正火—粗、半精加工—渗碳淬火—精加工。当局部渗碳工件的不渗碳部分采用加大加工余量（渗后切除）以防渗时，切除工序应安排在渗碳后淬火前。

3）渗氮处理。渗氮是使氮原子渗入金属表面而获得一层含氮化合物的处理方法。渗氮层可以提高工件表面的硬度、耐磨性、疲劳强度和耐蚀性。由于渗氮处理温度较低，变形小，且渗氮层较薄（一般不超过 0.6~0.7mm），渗氮工序应尽量靠后安排。为了减少渗氮时的变形，在切削加工后一般需要进行消除应力的高温回火。

（三）辅助工序的安排

辅助工序一般包括去毛刺、倒棱、清洗、防锈、退磁、检验等，其中检验工序是主要的辅助工序，它对产品的质量有极重要的作用。检验工序一般安排在：

1）关键工序或工时较长的工序前后。

2）工件转换车间前后，特别是进行热处理工序的前后。

3）各加工阶段前后。在粗加工后精加工前，精加工后精密加工前。

4）工件全部加工完毕后。

第七节　数控加工工艺设计

在数控编程之前，首先要做的工作是数控加工工艺方案的制订。通过合理的数控加工工艺方案，规范约束数控加工过程，充分发挥数控机床高效、高精度的特点，从而实现优质、高效、低成本加工。数控机床加工工艺过程如图 1-35 所示。

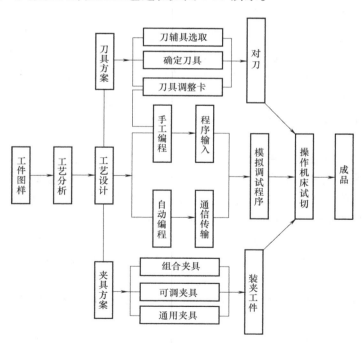

图 1-35　数控机床加工工艺过程

一、数控加工工艺路线的设计

数控加工工艺路线设计往往不是从毛坯到成品的整个工艺过程，数控加工工序一般穿插于整个工件加工工艺过程中，因而要与普通加工工艺衔接好。常见工艺过程如图 1-36 所示。

数控加工工艺问题的处理与普通加工基本相同，但是又有其特点。因此，在设计工件数控加工工艺时，既要遵循普通加工工艺的基本原则和方法，又要考虑数控加工本身的特点和工件编程要求。数控加工工艺路线设计中应注意以下几个问题。

图 1-36　常见工艺过程

1. 工序的划分

根据数控加工的特点，数控加工工序的划分一般可按下列方法进行。

（1）刀具集中划分工序法　按在数控机床上所用刀具划分工序，就是把用同一把刀具加工的内容划分为一道工序。这样可减少换刀次数和空程时间，消除不必要的定位误差。

（2）以加工部位划分工序法　对于加工内容很多的工件，可将加工内容分成几个部分，如内腔、外形、曲面或平面等，每一部分的加工作为一道工序。有些工件虽然在一次装夹中能加工出很多待加工表面，但考虑到程序太长，会受到某些限制，如控制系统的限制（主要是内存容量），机床连续工作时间的限制（如一道工序在一个工作班内不能结束）等。因此程序尽量不要太长，一道工序的内容不要太多。程序太长会增加出错与检索的困难。

（3）以粗、精加工划分工序法　对于易发生加工变形的工件，特别是精加工后易发生变形的工件，需要考虑粗、精加工混搭后可能发生的变形对加工精度的影响。一般来说，凡要进行粗、精加工的都要将加工内容分配到不同的工序完成。

（4）以装夹划分工序法　以一次装夹下能完成的加工作为一道工序。这种方法适合于加工内容较少的工件，加工完后就能达到待检状态。

综上所述，在划分工序时，一定要视工件的结构与工艺性、机床的功能、工件数控加工内容的多少、装夹次数及生产组织状况灵活处理。采用工序集中的原则还是采用工序分散的原则，要根据实际情况来合理地确定。

2. 加工顺序的安排

加工顺序的安排应根据工件的结构和毛坯状况，以及定位与夹紧的需要来考虑。应当按照“先面后孔”和“先粗后精”等基本原则安排加工顺序。一般先加工平面、定位面，后加工孔；先加工简单的几何形状，再加工复杂的几何形状；先加工精度要求较低的部位，再加工精度要求较高的部位。此外，还应该遵循以下原则。

1）根据毛坯的精度和结构特点，一般在数控加工之前，安排荒加工工序，以便为随后的数控加工提供统一的精基准。荒加工工序的定位基准一般是通过划线工序来确定，工件在荒加工工序中的定位依据工件上的划线“找正”。

2）上道工序的加工不能影响下道工序的定位与夹紧，中间穿插有通用机床加工工序的也应综合考虑。

3）先加工面，后加工孔。先加工出统一的精定位基准表面，以便不同装夹中工件的定位基准的一致性。

4）内腔加工工序在前，外形加工工序在后。

5）以相同定位、夹紧方式加工的工序，最好连续安排，以减少重复定位次数、换刀次数与挪动工件次数。

6）在同一次装夹方式下进行的多道工序，应先安排对工件刚性破坏小的加工工序。

7）通常，在一次装夹中，用同一把刀具加工完所有需要用该刀具加工的各个部位后，再换下一把刀具进行加工，以减少换刀次数。

8）若换刀时间较工作台转位时间长，在不影响加工精度的前提下，可以按照刀具集中工序；但是若换刀时间短，则可采用相同工位集中加工的原则，即尽可能在不转动工作台的情况下，加工所有可以加工的待加工表面，然后再转动工作台去加工其他表面。

9）对于同轴度要求很高的孔系，应当在一次定位后（同一工位下），通过顺序连续换刀，顺序连续加工完成该孔系的全部孔后，再加工其他坐标位置的孔，以消除重复定位误差的影响，提高孔系的同轴度。

10）通常对于几何形状、相互位置精度要求较高的被加工表面的精加工，应当尽可能在同一次装夹中，采用同一把刀具连续加工完成。

3. 数控加工工序与普通加工工序的衔接

数控加工工序前、后一般都穿插有其他普通加工工序，如果衔接得不好就容易产生矛盾。因此，在熟悉整个加工工艺内容的同时，要清楚数控加工工序与普通加工工序各自的技术要求、加工目的、加工特点（如加工余量留多少）；定位面与孔的精度要求及几何公差；对荒加工工序的技术要求；对毛坯的热处理状态等。这样才能使各工序质量目标及技术要求明确，交接验收有依据。

4. 确定工件装夹方案与夹具选择

数控加工机床上被加工工件的装夹方法与一般机床上一样，也要合理选择定位基准和夹紧方案。在选择精基准时，也要遵循"基准统一"和"基准重合"等原则。除此之外，在确定工件的定位和夹紧方案时，应注意考虑以下几点。

1）尽可能做到设计基准、工艺基准与编程计算基准的统一。

2）尽量将工序集中，减少装夹次数，尽可能在一次装夹后能加工出全部待加工表面，尽量在一次定位夹紧中完成所有能加工的各个表面的加工。为此，要选择便于各个表面都可以被加工的定位方式，也可以采用以某侧面为导向基准，待工件夹紧之后将导向元件拆去的定位方案。

3）避免采用占机人工调整时间长的装夹方案。

4）夹紧力的作用点应落在工件刚性较好的部位。

5）对于工件一次装夹完成工件上各个表面的加工，也可以直接选用毛面作定位基准，只是这时毛坯的制造精度要求要高一些。

6）对于加工中心，工件在工作台上的装夹位置的确定要兼顾各个工位的加工，要考虑刀具长度及其刚度对加工质量的影响。如进行单工位单面加工，应当将工件靠工作台一侧放置；若是四工位四面加工，则应将工件放置在工作台的正中位置，这样可以减少刀杆伸出长度，提高其刚度。

7）数控加工中使用的夹具，其结构大多比较简单，并且应当尽可能选用由通用元件拼装的组合可调夹具，以缩短生产准备时间周期。为了简化定位、编程和对刀，保证工件能在正确位置上按照程序进行加工，必须协调工件、夹具与机床坐标系之间的尺寸关系。

5. 刀具选择

数控加工时费用高，为提高效益，数控加工对于刀具提出了更高的要求。不仅要刚性好，而且要几何形状准确，尺寸精度高，尺寸稳定，寿命长；还要考虑调整方便，尽量选用可转位刀具和带有微调机构的刀具，以减少刀具磨损后的更换和预调时间；选用硬质合金刀具以及立方氮化硼、涂层刀具，以提高刀具耐磨性。精密镗孔应当选用性能更好、更耐磨的金刚石刀具或者立方氮化硼刀具。

数控加工中使用的粗加工刀具与精加工刀具必须分别开。对于精加工刀具的整体形状和几何尺寸，以及刀刃的几何形状和锋利程度要严格把握。

二、数控加工工序的设计

当数控加工工艺路线确定之后，各道工序的加工内容已基本确定，接下来便可以着手数控加工工序设计。

数控加工工序设计的主要任务是为每一道工序选择机床、夹具、刀具及量具，确定定位夹紧方案、走刀路线与工步顺序、加工余量、工序尺寸及其公差、切削用量和工时定额等，为编制加工程序做好充分准备。下面主要讨论走刀路线与工步顺序，其他工序设计与普通机床加工相同。

走刀路线是刀具在整个加工工序中相对于工件的运动轨迹。它不但包括了工步的内容，而且也反映出工步的顺序。走刀路线是编写程序的依据之一，因此，在确定走刀路线时最好画一张工序简图，将已经拟订出的走刀路线画上去（包括进退刀路线），这样可为编程带来不少方便。

工步顺序是指同一道工序中，各个表面加工的先后次序。它对工件的加工质量、加工效率和数控加工中的走刀路线有直接影响，应根据工件的结构特点和工序的加工要求等合理安排。工步的划分与安排一般可随走刀路线来进行。在确定走刀路线时，主要考虑以下几点。

1）对点位加工的数控机床，如钻床、镗床，要考虑尽可能缩短走刀路线，以减少空程时间，提高加工效率。

2）为保证工件轮廓表面加工后的粗糙度要求，最终轮廓应安排最后一次走刀连续加工。

3）刀具的进退刀路线需认真考虑，要尽量避免在轮廓处停刀或垂直切入切出工件，以免留下刀痕（切削力发生突然变化而造成弹性变形）。在车削和铣削工件时，应尽量避免如图1-37a所示的径向切入（或切出），而应按如图1-37b所示的切向切入（或切出），这样加工后的表面粗糙度值较小。

4）铣削轮廓的走刀路线要合理选择，一般采用图1-38所示的三种方式进行。图1-38a所示为Z字形双方向走刀路线，图1-38b所示为单方向走刀路线，图1-38c所示为环形走刀路线。在铣削封闭的凹轮廓时，刀具的切入或切出不允许外延，最好选在两面的交界处，否则会产生刀痕。为保证表面质量，最好选择图1-39所示的走刀路线。

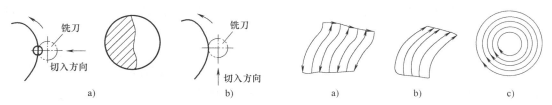

图1-37　进刀路线　　　　　　　　　图1-38　轮廓加工的走刀路线
a）径向切入　b）切向切入　　　　　a）Z字形双方向　b）单方向　c）环形

5）旋转体类工件的加工一般采用数控车床或数控磨床。由于车削工件的毛坯多为棒料或锻件，加工余量大且不均匀，因此合理制订粗加工时的走刀路线，对于编程至关重要。

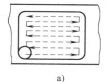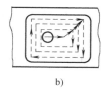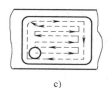

图 1-39　凹轮廓加工的走刀路线

a）Z 字形　b）单方向　c）Z 字形 + 环形

图 1-40 所示为手柄加工实例，其轮廓由三段圆弧组成，由于加工余量较大且不均匀，因此比较合理的方案是先用直线和斜线程序车去虚线所示的加工余量，再用圆弧程序精加工成形。

图 1-41 所示工件表面形状复杂，毛坯为棒料，加工时余量不均匀，其粗加工时应按图中 1~4 依次分段加工，然后再换精车刀一次成形，最后用螺纹车刀粗、精车螺纹。至于粗加工走刀的具体次数，应视每次的切削深度而定。

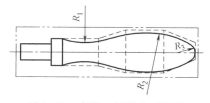

图 1-40　直线、斜线走刀路线

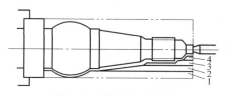

图 1-41　矩形走刀路线

第八节　加工余量的确定

加工工艺路线确定以后，在进一步安排各个工序的具体内容时，应正确地确定各工序的工序尺寸。而确定工序尺寸，首先应确定加工余量。

一、加工余量的概念

由于毛坯不能达到工件所要求的精度和表面粗糙度，因此要留有加工余量，以便经过机械加工来达到这些要求。

加工余量是指加工过程中从加工表面切除的金属层厚度。

1. 总加工余量和工序加工余量

为了得到工件上某一表面所要求的精度和表面质量而从毛坯这一表面上切除的全部多余的金属层厚度，称为该表面的总加工余量。

完成一个工序而从某一表面上切除的金属层厚度，称为工序加工余量。

总加工余量与工序加工余量的关系为

$$Z_{总} = \sum_{i=1}^{n} Z_i$$

式中　$Z_{总}$——总加工余量；

　　　Z_i——第 i 道工序的加工余量；

　　　n——工序数目。

2. 公称加工余量、最大加工余量和最小加工余量

在制订工艺规程时，应根据各工序的性质来确定工序的加工余量，进而求出各工序的尺

寸。由于在加工过程中各工序尺寸都有公差,所以实际切除的余量也是变化的。因此,加工余量又可分为公称加工余量、最大加工余量、最小加工余量。

通常所说的加工余量是指公称加工余量,其值等于前后工序的公称尺寸之差(图1-42),即

$$Z_b = |a - b|$$

式中　Z_b——本工序的加工余量;

　　　　a——前工序的公称尺寸;

　　　　b——本工序的公称尺寸。

加工余量有双边余量和单边余量之分。平面的加工余量是单边余量,它等于实际切削的金属层厚度。对于外圆和孔等回转表面,加工余量是双边余量,即以直径方向计算,实际切削的金属为加工余量数值的一半。

对于外表面的单边余量　　　　$Z_b = a - b$(图 1-42a)

对于内表面的单边余量　　　　$Z_b = b - a$(图 1-42b)

对于轴　　$2Z_b = d_a - d_b$　　　　　　(图 1-42c)

对于孔　　$2Z_b = d_b - d_a$　　　　　　(图 1-42d)

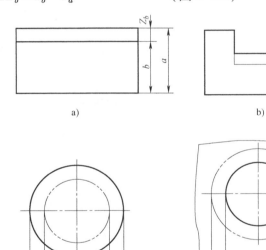

图 1-42　加工余量

对于外表面最大加工余量是前工序上极限尺寸和本工序下极限尺寸之差;最小加工余量是前工序下极限尺寸与本工序上极限尺寸之差。工序加工余量的变动范围(即加工余量公差)等于前工序与本工序两道工序尺寸公差之和。

对于最大加工余量和最小加工余量的计算,因加工内、外表面的不同而计算方法也不同。

对于外表面(图 1-43):

$$Z_{b\max} = a_{\max} - b_{\min}$$

$$Z_{b\min} = a_{\min} - b_{\max}$$

$$T_{zb} = Z_{b\max} - Z_{b\min} = T_b + T_a$$

式中　$Z_{b\max}$、$Z_{b\min}$——本工序最大和最小加工余量；

　　　$b_{\max}$、$b_{\min}$——本工序上极限和下极限尺寸；

　　　$a_{\max}$、$a_{\min}$——前工序上极限和下极限尺寸；

　　　T_{zb}——本工序加工余量公差；

　　　T_b——本工序工序尺寸公差；

　　　T_a——前工序工序尺寸公差。

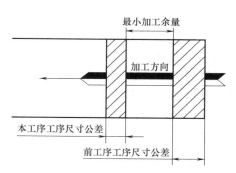

图1-43　加工余量及工序尺寸公差

　　加工余量的公差带，一般是分布在加工表面的"入体方向"。毛坯尺寸的公差，一般采用双向标注（图1-44）。

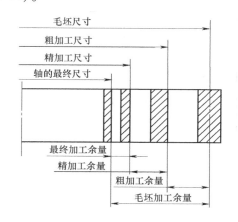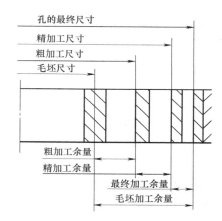

图1-44　加工余量和加工尺寸分布图

二、影响加工余量的因素

　　加工余量的大小对工件的加工质量和生产率均有较大的影响。加工余量过大，不仅增加机械加工的劳动量，降低了生产率，而且增加了材料、工具、电力的消耗，提高加工成本。但是，加工余量过小，又不能保证消除前工序的各种误差和表面缺陷，甚至产生废品。因此，应该合理地确定加工余量。

　　从前面分析已知，工件表面的总加工余量等于各工序加工余量的总和，而工序加工余量（公称加工余量）又是由工序最小加工余量和前工序工序尺寸公差所组成（见图1-43）。所以，要正确地确定加工余量的大小，必须先分析影响工序最小加工余量的因素。

　　为了使工件的加工质量逐步得到提高，各工序所留的最小加工余量，应该保证前工序所产生的几何误差和表面层缺陷被相邻后续工序切除，这是确定工序最小加工余量的基本要求。

　　图1-45所示为最小加工余量的构成因素。图1-45a所示为一个需要镗孔的工件。图1-45b所示为前工序加工内孔所产生的几何误差和表面缺陷的放大示意图，其中 p_a 为轴线歪斜的位置误差；η_a 为圆柱度误差；Ra 与 H_a 分别为表面粗糙度和变形层深度。由图1-45b可以看出，为了将镗孔前的几何误差及表面缺陷切除，镗孔工序的单边最小余量应包括上述误差及缺陷值，即

$$Z_b = d_{b'}/2 - d_a/2 = H_a + Ra + \eta_a + p_a$$

上述 Z_b 值是前道工序所产生的误差及缺陷总和。在本工序镗孔时，由于工件存在安装误差 ε_b——原孔轴线 O—O 与工件安装后的回转轴线 O'—O' 间的同轴度误差（图 1-45c），为了保证前工序误差及缺陷的切除，最小加工余量还必须考虑 ε_b 的影响。图 1-45c 所示的情况是从最坏的条件下，对两者进行简单的叠加。

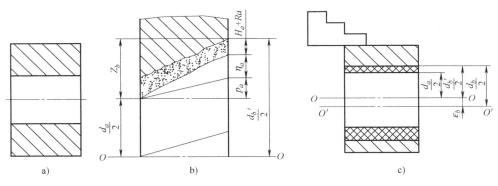

图 1-45 最小加工余量的构成因素

分析了影响最小加工余量的因素后，考虑到前工序的尺寸公差 T_a 通常已包括了圆柱度误差 η_a，所以，影响加工余量的因素可归纳为以下几项。

1）前工序的表面质量 H_a 与 Ra。

2）前工序的工序尺寸公差 T_a。

3）前工序的位置误差 p_a。

4）本工序的安装误差 ε_b。

工序加工余量的组成可用下式表示。

对于对称面加工：$\qquad 2Z_b \geqslant T_a + 2(H_a + Ra) + 2|p_a + \varepsilon_b|$

对于非对称面加工：$\qquad Z_b \geqslant T_a + (H_a + Ra) + |p_a + \varepsilon_b|$

对不同工件和不同的工序，上述误差的数值与表现形式也各有不同，在决定工序加工余量时应区别对待。例如，细长轴件加工时容易变形，母线直线误差已超出直径尺寸公差的范围，工序加工余量应适当地放大。对采用浮动铰刀等工具以加工表面本身定位进行加工的工序，则可不考虑安装误差 ε_b 的影响，因而工序加工余量可适当减少。至于某些主要用来降低表面粗糙度的精加工及抛光工序，工序加工余量的大小仅与表面粗糙度值 Ra 有关。

此外，对于需要进行热处理的工件，还需了解热处理后工件变形的规律。否则，往往会因为变形过大，加工余量不足而造成工件的成批报废。

三、确定加工余量的方法

确定加工余量一般有如下三种方法。

1. 分析计算法

此法是以一定的试验资料和计算公式，对影响加工余量的各项因素进行分析和综合计算来确定加工余量的方法。用这种方法确定加工余量经济合理，但需要积累较全面的试验资料，且计算过程也比较复杂。目前较少使用。

2. 查表修正法

此法是以生产实践和各种试验研究积累的有关加工余量的资料数据为基础，并结合实际的加工情况来确定加工余量的方法，应用比较广泛。在查表时应注意表中的数据是公称值，对称表面（轴和孔）是加工余量的双边值，非对称表面的加工余量是单边值。

3. 经验估算法

此法是根据工艺人员的实践经验来确定加工余量的方法。这种方法不太准确，并且为了避免加工余量不够而产生废品，所以估计的加工余量一般偏大，常用于单件小批生产。

第九节　工序尺寸及其公差的确定

零件图上要求的设计尺寸和公差是经过多道工序加工后达到的。工序尺寸是加工过程中各个工序应达到的尺寸。每个工序的加工尺寸是不同的，是逐步向设计尺寸靠近的。在工艺规程中需要标注出这些工序尺寸，以作加工或检验的依据。

一、基准重合时工序尺寸及公差的确定

属于这种情况的有内、外圆柱表面和某些平面的加工，其定位基准与设计基准（工序基准）重合，同一表面需经过多道工序加工才能达到图样的要求。这时，各工序的加工尺寸取决于各工序的加工余量；其公差则由该工序所采用加工方法的经济精度决定。

计算顺序是由后往前逐个工序推算，即由零件图的设计尺寸开始，一直推算到毛坯图的尺寸。

例如，某法兰盘工件上有一个孔，孔径为 $\phi60 \,^{+0.03}_{0}$ mm，表面粗糙度值 Ra 为 0.8μm（图1-46），毛坯是铸钢件，需淬火处理，其工艺路线见表1-22。

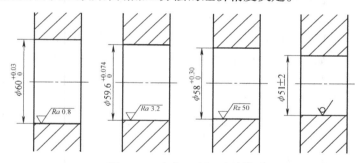

图1-46　内孔工序尺寸计算

解题步骤：

（1）确定各工序的加工余量　根据各工序的加工性质，查表得它们的加工余量，见表1-22中的第2列。

（2）根据查得的余量计算各工序尺寸　其顺序是由最后一道往前推算，图样上规定的尺寸，就是最后的磨孔工序尺寸，计算结果见表1-22中的第4列。

表1-22　工序尺寸及其公差的计算　　　　　　　（单位：mm）

1	2	3	4	5
工序名称	工序余量	工序所能达到的公差等级	工序尺寸（最小工序尺寸）	工序尺寸及其上、下极限偏差
磨孔	0.4	H7（$^{+0.03}_{0}$）	60	$60\,^{+0.03}_{0}$
半精镗孔	1.6	H9（$^{+0.074}_{0}$）	59.6	$59.6\,^{+0.074}_{0}$
粗镗孔	7	H12（$^{+0.30}_{0}$）	58	$58\,^{+0.30}_{0}$
毛坯孔		±2	51	51 ± 2

（3）确定各工序的尺寸公差及表面粗糙度　最后磨孔工序的尺寸公差和粗糙度就是图样上所规定的孔径公差和粗糙度。各中间工序的公差及粗糙度是根据其对应工序的加工性质，查有关经济加工精度的表格得到（查得结果见表1-22第3列）。

（4）确定各工序的上、下极限偏差　查得各工序公差之后，按"入体原则"确定各工序尺寸的上、下极限偏差。对于孔，公称尺寸值为公差带的下限，上极限偏差取正值（对于轴，公称尺寸为公差带的上限，下极限偏差取负值）；对于毛坯尺寸的极限偏差应取双向值（孔与轴相同），得出的结果见表1-22第5列。

以上是基准重合时工序尺寸及其公差的确定方法。当基准不重合时，就必须应用尺寸链的原理进行分析计算。

二、工艺尺寸链

（一）工艺尺寸链的概念

1. 工艺尺寸链的定义

在机器装配或工件加工过程中，由相互连接的尺寸形成封闭尺寸，称为尺寸链。如图1-47所示，用工件的表面1来定位加工表面2，得尺寸 A_1。仍以表面1定位加工表面3，保证尺寸 A_2，于是 $A_1 \rightarrow A_2 \rightarrow A_0$ 连接成了一个封闭的尺寸组（图1-47b），形成尺寸链。

在机械加工过程中，同一个工件的各有关工艺尺寸所组成的尺寸链，称为工艺尺寸链。

2. 工艺尺寸链的特征

1）尺寸链由一个自然形成的尺寸与若干个直接获得的尺寸所组成。

如图1-47中，尺寸 A_1、A_2 是直接获得的，A_0 是自然形成的。其中，自然形成的尺寸大小和精度受直接获得的尺寸大小和精度的影响，并且自然形成的尺寸精度必然低于任何一个直接获得的尺寸精度。

2）尺寸链必然是封闭的且各尺寸按一定的顺序首尾相接。

3. 工艺尺寸链的组成

组成尺寸链的各个尺寸称为尺寸链的环。图1-47中的 A_1、A_2、A_0 都是尺寸链的环，它们可分为：

（1）封闭环　加工（或测量）过程中最后自然形成的一环称为封闭环，如图1-47所示的 A_0。每个尺寸链只有一个封闭环。

（2）组成环　加工（或测量）过程中直接获得的环称为组成环。尺寸链中，除封闭环外的其他环都是组成环。按其对封闭环的影响又可分为：

1）增环。尺寸链中某一类组成环，由于该类组成环的变动引起封闭环的同向变动，则该类组成环称为增环（图1-47所示的 A_1），用 $\overrightarrow{A}$ 表示。

2）减环。尺寸链中某一类组成环，由于该类组成环的变动引起封闭环的反向变动，则该类组成环称为减环（图1-47所示的 A_2），用 $\overleftarrow{A}$ 表示。

同向变动是指该组成环增大时封闭环也增大，该组成环减小时封闭环也减小；反向变动是指该组成环增大时封闭环减小，该组成环减小时封闭环增大。

4. 增、减环的判定方法

为了正确地判定增环与减环，可在尺寸链图上，先给封闭环任意定出方向并画出箭头，然后沿此方向环绕尺寸链回路，顺次给每一个组成环画出箭头。此时，凡箭头方向与封闭环相反的组成环为增环，相同的则为减环（图1-48）。

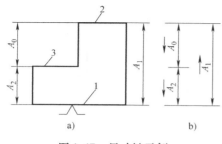

图1-47　尺寸链示例

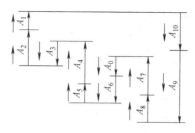

图1-48　增、减环的简易判别图

（二）工艺尺寸链的建立

工艺尺寸链的计算并不复杂，但在工艺尺寸链的建立中，封闭环的判定和组成环的查找却应引起初学者的足够重视。因为封闭环判定错了，整个尺寸链的解算将得出错误的结果；组成环查找不对，将得不到最少链环的尺寸链，解算出来的结果也是错误的。下面分别予以讨论。

1. 封闭环的判定

在工艺尺寸链中，封闭环是加工过程中自然形成的尺寸，如图1-47所示 A_0。但是，在同一工件加工的工艺尺寸链中，封闭环是随着工件加工方案的变化而变化的。仍以图1-47为例，若以1面定位加工2面得尺寸 A_1，然后以2面定位加工3面，则 A_0 为直接获得的尺寸，而且 A_2 为自然形成的尺寸，即为封闭环。又如图1-49所示工件，以表面3定位加工表面1而获得尺寸 A_1，然后以表面1为测量基准加工表面2而直接获得尺寸 A_2，则自然形成的尺寸 A_0 即为封闭环。但是，如果以加工过的表面1作测量基准加工表面2，直接获得尺寸 A_2，再以2面为定位基准加工3面，直接获得尺寸 A_0，此时，尺寸 A_1 便为自然形成而成了封闭环。

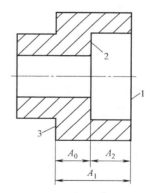

图1-49　封闭环的判定示例

所以，封闭环的判定必须根据工件加工的具体方案，紧紧抓住"自然形成"这一要领。

2. 组成环的查找

组成环的查找方法是：从构成封闭环的两表面开始，同步地按照工艺过程的顺序，分别向前查找各该表面最近一次加工的加工尺寸，之后再进一步向前查找此加工尺寸的工序基准的最近一次加工时的加工尺寸，如此继续向前查找，直到两条路线最后得到的加工尺寸的工序基准重合（即两者的工序基准为同一表面），至此上述尺寸系统即形成封闭轮廓，从而构成了工艺尺寸链。

查找组成环必须掌握的基本特点为：组成环是加工过程中直接获得的，而且对封闭环有影响。

下面以图1-50为例，说明工艺尺寸链建立的具体过程。

图1-50a所示为一套类工件，为便于讨论问题，图中只标注出轴向设计尺寸，轴向尺寸的加工顺序安排如下。

1）以大端面 A 定位，车端面 D 获得尺寸 A_1；并车小外圆至 B 面，保证长度 $40_{-0.2}^{\ 0}$mm（图 1-50b）。

2）以端面 D 定位，精车大端面 A 获得尺寸 A_2，并在镗大孔时车端面 C，获得孔深尺寸 A_3（图 1-50c）。

3）以端面 D 定位，磨大端面 A 保证全长尺寸 $50_{-0.5}^{\ 0}$mm，同时保证孔深尺寸为 $36_{\ 0}^{+0.5}$mm（图 1-50d）。

由以上工艺过程可知，孔深设计尺寸 $36_{\ 0}^{+0.5}$mm 是自然形成的，应为封闭环。从构成封闭环的两个界面 A 和 C 面开始查找组成环，A 面的最近一次加工是磨削，工序基准是 D 面，直接获得的尺寸是 $50_{-0.5}^{\ 0}$mm；C 面最近一次加工是镗孔时的车削，测量基准是 A 面，直接获得的尺寸为 A_3。显然上述两尺寸的变化都会引起封闭环的变化，是欲查找的组成环。但此两环的工序基准各为 D 面与 A 面，不重合，为此要进一步查找最近一次加工 D 面与 A 面的加工尺寸。A 面的最近一次加工是精车 A 面，直接获得的尺寸为 A_2，工序基准为 D 面，正好与加工尺寸 $50_{-0.5}^{\ 0}$mm 的工序基准重合，而且 A_2 的变化也会引起封闭环的变化，应为组成环。至此，找出了 A_2、A_3、$50_{-0.5}^{\ 0}$mm 为组成环，$36_{\ 0}^{+0.5}$mm 为封闭环，它们组成了一个封闭的尺寸链（图 1-50e）。

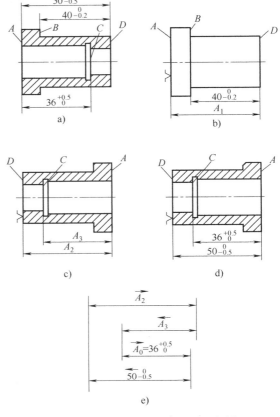

图 1-50　工艺尺寸链建立过程实例

（三）工艺尺寸链计算的基本公式

工艺尺寸链的计算方法有两种：极值法和概率法。目前生产中多采用极值法计算。下面仅介绍极值法计算的基本公式，概率法将在第八章中介绍。

图 1-51 所示为尺寸链计算中各种尺寸和极限偏差的关系，表 1-23 中列出了尺寸链计算所用的符号。

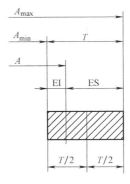

图 1-51　各种尺寸和极限偏差的关系

表 1-23　尺寸链计算所用的符号

环名	符号名称							
	公称尺寸	上极限尺寸	下极限尺寸	上极限偏差	下极限偏差	公差	平均尺寸	中间偏差
封闭环	A_0	A_{0max}	A_{0min}	ES_0	EI_0	T_0	A_{0av}	Δ_0
增环	$\overrightarrow{A}_i$	$\overrightarrow{A}_{imax}$	$\overrightarrow{A}_{imin}$	ES_i	EI_i	T_i	A_{iav}	$\overrightarrow{\Delta}_i$
减环	$\overleftarrow{A}_i$	$\overleftarrow{A}_{imax}$	$\overleftarrow{A}_{imin}$	ES_i	EI_i	T_i	A_{iav}	$\overleftarrow{\Delta}_i$

1. 封闭环公称尺寸

$$A_0 = \sum_{i=1}^{n} \vec{A}_i - \sum_{i=n+1}^{m} \overleftarrow{A}_i \tag{1-1}$$

式中　n——增环数目；

　　　m——组成环数目。

2. 封闭环的中间偏差

$$\Delta_0 = \sum_{i=1}^{n} \vec{\Delta}_i - \sum_{i=n+1}^{m} \overleftarrow{\Delta}_i \tag{1-2}$$

式中　Δ_0——封闭环中间偏差；

　　　$\vec{\Delta}_i$——第 i 组成环增环的中间偏差；

　　　$\overleftarrow{\Delta}_i$——第 i 组成环减环的中间偏差。

中间偏差是指上极限偏差与下极限偏差的平均值，即

$$\Delta = \frac{1}{2}(\mathrm{ES} + \mathrm{EI}) \tag{1-3}$$

3. 封闭环公差

$$T_0 = \sum_{i=0}^{m} T_i \tag{1-4}$$

4. 封闭环极限偏差

上极限偏差　　　　$\mathrm{ES}_0 = \Delta_0 + \frac{1}{2}T_0 \tag{1-5}$

下极限偏差　　　　$\mathrm{EI}_0 = \Delta_0 - \frac{1}{2}T_0 \tag{1-6}$

5. 封闭环极限尺寸

上极限尺寸　　　　$A_{0\max} = A_0 + \mathrm{ES}_0 \tag{1-7}$

下极限尺寸　　　　$A_{0\min} = A_0 + \mathrm{EI} \tag{1-8}$

6. 组成环平均公差

$$T_{av,i} = \frac{T_0}{m} \tag{1-9}$$

7. 组成环极限偏差

上极限偏差　　　　$\mathrm{ES}_i = \Delta_i + \frac{1}{2}T_i \tag{1-10}$

下极限偏差　　　　$\mathrm{EI}_i = \Delta_i - \frac{1}{2}T_i \tag{1-11}$

8. 组成环极限尺寸

上极限尺寸　　　　$A_{i\max} = A_i + \mathrm{ES}_i \tag{1-12}$

下极限尺寸　　　　$A_{i\min} = A_i + \mathrm{EI}_i \tag{1-13}$

三、工艺基准与设计基准不重合时工序尺寸及公差的确定

在工件的加工中，当加工表面的定位基准或测量基准与设计基准不重合时，就需要进行尺寸换算以求得其工序尺寸及公差。

1. 测量基准与设计基准不重合时的尺寸换算

在工件加工中,有时会遇到一些表面在加工之后,按设计尺寸不便直接测量的情况,因此需要在工件上另选一易于测量的表面作为测量基准,以间接保证设计尺寸的要求。此时即需要进行工序尺寸换算。

如图1-52所示的轴承碗,当以端面 B 定位车削内孔端面 C 时,图中标注出的设计尺寸 A_0 不便直接测量。如果先按尺寸 A_1 的要求车出端面 A,然后以 A 面为基准去控制尺寸 X,则设计尺寸 A_0 即可自然形成。在上述三个尺寸 A_0、A_1 和 X 所构成的尺寸链中,显然 A_0 是封闭环,而 A_1 和 X 是组成环。现在的问题是,如何通过换算以求得尺寸 X。

为了较详细地了解尺寸换算中的问题,我们将设计图中的尺寸 A_0、A_1 给出三组不同的公差(图1-52a),分别予以讨论。

1)当设计尺寸 $A_0 = 30_{-0.2}^{\ 0}$ mm,$A_1 = 10_{-0.1}^{\ 0}$ mm时,求解 X 的尺寸及其公差(图1-52b)。

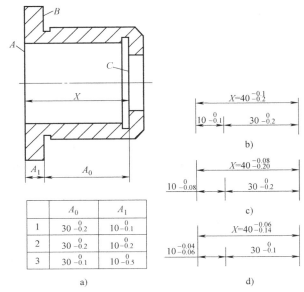

	A_0	A_1
1	$30_{-0.2}^{\ 0}$	$10_{-0.1}^{\ 0}$
2	$30_{-0.2}^{\ 0}$	$10_{-0.2}^{\ 0}$
3	$30_{-0.1}^{\ 0}$	$10_{-0.5}^{\ 0}$

a)

图1-52　测量基准与设计基准不重合时的尺寸换算

按式(1-1)计算公称尺寸,即

$$A_0 = X - A_1 \quad X = A_0 + A_1 = (30 + 10)\,\text{mm} = 40\,\text{mm}$$

按式(1-2)计算中间偏差,即

$$\Delta_0 = \Delta_X - \Delta_{A1}$$

$$\Delta_0 = \frac{1}{2}(0 - 0.2)\,\text{mm} = -0.1\,\text{mm} \qquad \Delta_{A1} = \frac{1}{2}(0 - 0.1)\,\text{mm} = -0.05\,\text{mm}$$

$$\Delta_X = \Delta_0 + \Delta_{A1} = [-0.1 + (-0.05)]\,\text{mm} = -0.15\,\text{mm}$$

按式(1-4)计算公差,即

$$T_0 = T_X + T_{A1}$$

$$T_X = T_0 - T_{A1} = (0.2 - 0.1)\,\text{mm} = 0.1\,\text{mm}$$

按式(1-10)和式(1-11)计算上下极限偏差,即

$$\text{ES}_X = \Delta_X + \frac{1}{2}T_X = \left(-0.15 + \frac{1}{2} \times 0.1\right)\text{mm} = -0.1\,\text{mm}$$

$$\text{EI}_X = \Delta_X - \frac{1}{2}T_X = \left(-0.15 - \frac{1}{2} \times 0.1\right)\text{mm} = -0.2\,\text{mm}$$

最后得出　　　　　　　　　　　　$X = 40_{-0.2}^{-0.1}\,\text{mm}$

2)当设计尺寸 $A_0 = 30_{-0.2}^{\ 0}$ mm,$A_1 = 10_{-0.2}^{\ 0}$ mm 时,如果仍采用上述工艺进行加工,由于组成环 A_1 的公差与封闭环 A_0 的公差相等,按式(1-4)可求得组成环 X 的公差为零,即尺寸 X 要求加工绝对准确,这实际上是不可能的。因此,为了保证封闭环(设计要求)的公差要求,必须压缩 A_1 的公差。设 $A_1 = 10_{-0.08}^{\ 0}$ mm(图1-52c),则 X 的计算如下。

按式 (1-1) 计算公称尺寸, 即

$$X = (30 + 10) \text{mm} = 40 \text{mm}$$

按式 (1-2) 计算中间偏差, 即

$$\Delta_0 = \Delta_X - \Delta_{A1}$$

$$\Delta_0 = \frac{1}{2}(0 - 0.2) \text{mm} = -0.1 \text{mm} \qquad \Delta_{A1} = \frac{1}{2}(0 - 0.08) \text{mm} = -0.04 \text{mm}$$

$$\Delta_X = \Delta_0 + \Delta_{A1} = [-0.1 + (-0.04)] \text{mm} = -0.14 \text{mm}$$

按式 (1-4) 计算公差, 即

$$T_0 = T_X + T_{A1}$$

$$T_X = T_0 - T_{A1} = (0.2 - 0.08) \text{mm} = 0.12 \text{mm}$$

按式 (1-10) 和式 (1-11) 计算上、下极限偏差, 即

$$\text{ES}_X = \left(-0.14 + \frac{1}{2} \times 0.12\right) \text{mm} = -0.08 \text{mm}$$

$$\text{EI}_X = \left(-0.14 - \frac{1}{2} \times 0.12\right) \text{mm} = -0.2 \text{mm}$$

最后得出

$$X = 40_{-0.20}^{-0.08} \text{mm}$$

3) 当设计尺寸 $A_0 = 30_{-0.1}^{0} \text{mm}$, $A_1 = 10_{-0.5}^{0} \text{mm}$ 时, 由于组成环 A_1 的公差大于封闭环 A_0 的公差, 如果仍采用上述工艺进行加工, 应大幅度压缩 A_1 的公差。根据封闭环的公差应大于或等于各组成环公差之和, 并考虑到加工内孔 C 面比较困难, 应给 X 留有较大的公差。假设 $T_{A1} = 0.02 \text{mm}$, 并取 $A_1 = 10_{-0.06}^{-0.04} \text{mm}$ (图 1-52d), 则 X 值求解如下。

按式 (1-1) 计算公称尺寸, 即

$$X = (30 + 10) \text{mm} = 40 \text{mm}$$

按式 (1-2) 计算中间偏差, 即

$$\Delta_0 = \Delta_X - \Delta_{A1}$$

$$\Delta_0 = \left[\frac{1}{2}(0 - 0.1)\right] \text{mm} = -0.05 \text{mm} \qquad \Delta_{A1} = \left[\frac{1}{2}(-0.04 - 0.06)\right] \text{mm} = -0.05 \text{mm}$$

$$\Delta_X = \Delta_0 + \Delta_1 = [-0.05 + (-0.05)] \text{mm} = -0.1 \text{mm}$$

按式 (1-4) 计算公差, 即

$$T_0 = T_X + T_{A1}$$

$$T_X = T_0 - T_{A1} = (0.1 - 0.02) \text{mm} = 0.08 \text{mm}$$

按式 (1-10) 和式 (1-11) 计算上、下极限偏差, 即

$$\text{ES}_X = \left(-0.1 + \frac{1}{2} \times 0.08\right) \text{mm} = -0.06 \text{mm}$$

$$\text{EI}_X = \left(-0.1 - \frac{1}{2} \times 0.08\right) \text{mm} = -0.14 \text{mm}$$

最后得出

$$X = 40_{-0.14}^{-0.06} \text{mm}$$

从上述三组尺寸的换算可以看出, 通过尺寸换算来间接保证封闭环的要求, 必须提高组成环的加工精度。当封闭环的公差较大时 (如第一组设计尺寸), 仅需提高本工序 (车端面 C) 的加工精度, 当封闭环的公差等于甚至小于组成环公差时 (如第二组和第三组设计尺寸), 则不仅要提高本工序尺寸的加工精度, 而且还要提高前工序尺寸的加工精度, 增加了

加工困难和成本。因此，工艺上应尽量避免测量上的尺寸换算。

必须指出，按换算后的工序尺寸进行加工以间接保证原设计要求时，还存在一个"假废品"的问题。例如，当按图 1-52b 所示的尺寸链所解算的尺寸 $X = 40_{-0.2}^{-0.1}$ mm 进行加工时，如某一工件加工后的实际尺寸为 $X = 39.95$ mm，按工序尺寸要求此件是废品（比上限还大 0.05 mm）。但如果将工件的 A_1 尺寸实际再测量一下，若 $A_1 = 10$ mm，则封闭环尺寸 $A_0 = (39.95 - 10)$ mm $= 29.95$ mm，仍然符合设计尺寸 $30_{-0.2}^{\ 0}$ mm 的要求。这就是按工序尺寸报废而按产品设计要求仍合格的"假废品"问题。为了避免将"假废品"作报废处理，对换算后工序尺寸超差的工件，应按设计尺寸再进行复量和计算，由工件的实际尺寸来判断其合格与否。

2. 定位基准与设计基准不重合的尺寸换算

工件加工中，加工表面的定位基准与设计基准不重合时，也需要进行尺寸换算以求得工序尺寸及公差。

如图 1-53 所示工件，孔 D 的设计基准为 C 面。镗孔前，表面 A、B、C 已加工。镗孔时，为了使工件装夹方便，选择表面 A 为定位基准，并按工序尺寸 A_3 进行加工。为了保证镗孔后自然形成的设计尺寸 A_0 符合图样上的要求，必须进行尺寸换算以求得 A_3 及公差值。

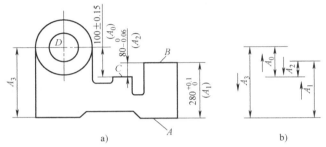

图 1-53　定位基准与设计基准不重合的尺寸换算

经分析得知，设计尺寸 A_0 是本工序加工中自然形成的，即为封闭环。然后从封闭环的两边出发，查找出 A_1、A_2 和 A_3 为组成环。画出尺寸链图（图 1-53b），用画箭头方法判断出 A_2、A_3 为增环，A_1 为减环。

下面进行 A_3 的尺寸换算。

按式（1-1）计算公称尺寸，即

$$A_0 = A_3 + A_2 - A_1$$
$$A_3 = A_0 + A_1 - A_2 = (100 + 280 - 80)\text{mm} = 300\text{mm}$$

按式（1-2）计算中间偏差，即

$$\Delta_0 = \Delta_2 + \Delta_3 - \Delta_1 \qquad \Delta_0 = \frac{1}{2}(0.15 - 0.15)\text{mm} = 0$$

$$\Delta_1 = \frac{1}{2}(0.1 + 0)\text{mm} = 0.05\text{mm}$$

$$\Delta_2 = \frac{1}{2}(0 - 0.06)\text{mm} = -0.03\text{mm}$$

$$\Delta_3 = \Delta_0 + \Delta_1 - \Delta_2 = [0 + 0.05 - (-0.03)]\text{mm} = 0.08\text{mm}$$

按式（1-4）计算公差，即

$$T_0 = T_1 + T_2 + T_3$$
$$T_3 = T_0 - T_1 - T_2 = (0.3 - 0.1 - 0.06)\text{mm} = 0.14\text{mm}$$

按式（1-10）和式（1-11）计算上、下极限偏差，即

$$\mathrm{ES}_3 = \Delta_3 + \frac{1}{2}T_3 = (0.08 + \frac{1}{2} \times 0.14)\mathrm{mm} = 0.15\mathrm{mm}$$

$$\mathrm{EI}_3 = \Delta_3 - \frac{1}{2}T_3 = (0.08 - \frac{1}{2} \times 0.14)\mathrm{mm} = 0.01\mathrm{mm}$$

最后得出镗孔的工序尺寸为

$$A_3 = 300^{+0.15}_{+0.01}\mathrm{mm}$$

3. 中间工序的工序尺寸换算

（1）加工表面的定位基准或测量基准是一些尚需继续加工的表面 当加工这些表面时，不仅要保证本工序对该加工表面的尺寸要求，同时还要保证原加工表面的要求，即一次加工后要同时保证两个尺寸的要求，此时，即需进行工序尺寸的换算。

如图 1-54a 所示为一齿轮内孔的简图。内孔尺寸为 $\phi 85^{+0.035}_{0}\mathrm{mm}$，键槽的深度尺寸为 $90.4^{+0.20}_{0}\mathrm{mm}$。内孔及键槽的加工顺序如下。

1）精镗孔至 $\phi 84.8^{+0.07}_{0}\mathrm{mm}$。

2）插键槽深至尺寸 A_3（通过尺寸换算求得）。

3）热处理。

4）磨内孔至尺寸 $\phi 85^{+0.035}_{0}\mathrm{mm}$，同时保证键槽深度尺寸 $90.4^{+0.20}_{0}\mathrm{mm}$。

根据以上加工顺序可以看出，磨孔后必须保证内孔尺寸，还要同时保证键槽的深度。为此必须计算出以镗孔后作为测量基准的键槽深度加工工序尺寸 A_3。图 1-54b 所示为尺寸链简图，其中精镗孔后的半径 $A_2 = 42.4^{+0.035}_{0}\mathrm{mm}$、磨孔后的半径 $A_1 = 42.5^{+0.0175}_{0}\mathrm{mm}$ 以及键槽加工的深度尺寸 A_3 都是直接获得的，为组成环。磨孔后所得的键槽深度尺寸

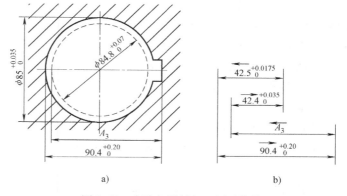

图 1-54 内孔与键槽加工尺寸换算

$A_0 = 90.4^{+0.20}_{0}\mathrm{mm}$ 是自然形成的，为封闭环。根据工艺尺寸链的公式计算 A_3 值如下。

按式（1-1）计算公称尺寸，即

$$A_0 = A_3 + A_1 - A_2$$
$$A_3 = A_0 + A_2 - A_1 = (90.4 + 42.4 - 42.5)\mathrm{mm} = 90.3\mathrm{mm}$$

按式（1-2）计算中间偏差，即

$$\Delta_0 = \Delta_3 + \Delta_1 - \Delta_2 \qquad \Delta_0 = \frac{1}{2}(0 + 0.2)\mathrm{mm} = 0.1\mathrm{mm}$$

$$\Delta_1 = \frac{1}{2}(0.0175 + 0)\mathrm{mm} = 0.00875\mathrm{mm}$$

$$\Delta_2 = \frac{1}{2}(0.035 + 0)\mathrm{mm} = 0.0175\mathrm{mm}$$

$$\Delta_3 = \Delta_0 + \Delta_2 - \Delta_1 = (0.1 + 0.0175 - 0.00875)\mathrm{mm} = 0.10875\mathrm{mm}$$

按式（1-4）计算公差，即

$$T_0 = T_1 + T_2 + T_3$$

$$T_3 = T_0 - T_1 - T_2 = (0.2 - 0.0175 - 0.035)\,\text{mm} = 0.1475\,\text{mm}$$

按式（1-10）和式（1-11）计算上、下极限偏差，即

$$\text{ES}_3 = \Delta_3 + \frac{1}{2}T_3 = \left(0.10875 + \frac{1}{2} \times 0.1475\right)\text{mm} = 0.1825\,\text{mm}$$

$$\text{EI}_3 = \Delta_3 - \frac{1}{2}T_3 = \left(0.10875 - \frac{1}{2} \times 0.1475\right)\text{mm} = 0.035\,\text{mm}$$

最后得出插键槽的工序尺寸为

$$A_3 = 90.3\,^{+0.1825}_{+0.0350}\,\text{mm}$$

（2）工件表面需要进行渗碳或渗氮处理，而且在精加工后还要保证规定的渗层深度　为此必须正确地确定精加工前渗层的深度尺寸。

图 1-55 所示为一衬套工件，孔径为 $\phi 145\,^{+0.04}_{0}\,\text{mm}$ 的表面需要渗氮，精加工后要求渗氮层深度为 0.3 ~ 0.5mm。如图 1-55b 所示，单边深度为 $0.3\,^{+0.2}_{0}\,\text{mm}$，双边深度为 $0.6\,^{+0.4}_{0}\,\text{mm}$。试求精磨前渗氮层深度 t_1。

该表面的加工顺序为：磨内孔至尺寸 $\phi 144.76\,^{+0.04}_{0}\,\text{mm}$（图 1-55c）；渗氮处理；精磨孔至 $\phi 145\,^{+0.04}_{0}\,\text{mm}$，并保证渗氮层深度为 t_0。

由图 1-55d 可知，A_1、A_2、t_1、t_0 组成了一工艺尺寸链。显然 t_0 为封闭环，A_1、t_1 为增环，A_2 为减环。t_1 求解如下。

按式（1-1）计算公称尺寸，即 $t_0 = t_1 + A_1 - A_2$

$$t_1 = A_2 + t_0 - A_1 = (145 + 0.6 - 144.76)\,\text{mm}$$
$$= 0.84\,\text{mm}$$

按式（1-2）计算中间偏差，即

$$\Delta_0 = \Delta_{A1} + \Delta_{t1} - \Delta_{A2}$$

$$\Delta_0 = \frac{1}{2}(0.4 + 0)\,\text{mm} = 0.2\,\text{mm}$$

$$\Delta_{A1} = \frac{1}{2}(0.04 + 0)\,\text{mm} = 0.02\,\text{mm}$$

$$\Delta_{A2} = \frac{1}{2}(0.04 + 0)\,\text{mm} = 0.02\,\text{mm}$$

$$\Delta_{t1} = \Delta_0 + \Delta_{A2} - \Delta_{A1} = (0.2 + 0.02 - 0.02)\,\text{mm} = 0.2\,\text{mm}$$

按式（1-4）计算公差，即

$$T_0 = T_{A1} + T_{A2} + T_{t1}$$

$$T_{t1} = T_0 - T_{A1} - T_{A2} = (0.4 - 0.04 - 0.04)\,\text{mm} = 0.32\,\text{mm}$$

按式（1-10）和式（1-11）计算上、下极限偏差，即

$$\text{ES}_{t1} = \left(0.2 + \frac{1}{2} \times 0.32\right)\text{mm} = 0.36\,\text{mm}$$

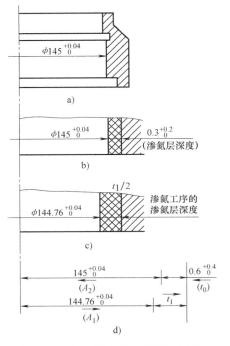

图 1-55　保证渗氮深度的尺寸计算

$$\mathrm{EI}_{t1} = \left(0.2 - \frac{1}{2} \times 0.32\right)\mathrm{mm} = 0.04\mathrm{mm}$$

最后得出

$$t_1 = 0.84^{+0.36}_{+0.04}\mathrm{mm} \qquad （双边）$$

$$t_1/2 = 0.42^{+0.18}_{+0.02}\mathrm{mm} \qquad （单边）$$

第十节　机床、工艺装备等的选择

一、机床的选择

选择机床时应注意下述几点。

1）机床的主要规格尺寸应与加工工件的外形轮廓尺寸相适应，即小工件应选小的机床，大工件应选大的机床，做到设备合理使用。

2）机床的精度应与要求的加工精度相适应。对于高精度的工件，在缺乏精密设备时，可通过设备改装，以粗干精。

3）机床的生产率应与加工工件的生产类型相适应。单件小批生产一般选择通用设备，大批量生产宜选高生产率的专用设备。

4）机床的选择应结合现场的实际情况，如设备的类型、规格及精度状况，设备负荷的平衡情况以及设备的分布排列情况等。

二、工艺装备的选择

工艺装备的选择包括夹具、刀具和量具的选择。

1. 夹具的选择

单件小批生产时，应尽量选择通用夹具，如各种卡盘、台虎钳、回转台等。为提高生产效率，应积极推广使用组合夹具。大批大量生产，应采用高生产率的气、液传动专用夹具。夹具的精度应与加工精度相适应。

2. 刀具的选择

选择刀具时，优先选用通用刀具，以缩短刀具制造周期和降低成本。必要时可采用各种高生产率的专用刀具和复合刀具。刀具的类型、规格和精度等应符合加工要求，如铰孔时，应根据被加工孔不同精度，选择相应精度的铰刀。

3. 量具的选择

单件小批生产中应选用通用量具，如游标卡尺、百分表等。大批大量生产应采用各种量规和一些高生产率的专用量具。量具的精度必须与加工精度相适应。

三、切削用量与时间定额的确定

正确选择切削用量，对保证加工精度、提高生产率和降低刀具的损耗都有很大的意义。在一般工厂中，由于工件材料、毛坯状况、刀具材料和几何角度以及机床刚性等多种工艺因素变化较大，故在工艺文件上不规定切削用量，而由操作者根据实际情况确定。但是，在大批大量生产中，特别是在流水线和自动线上生产的工件，就必须合理地确定每一工序的切削用量。确定切削用量时可参考有关手册。

时间定额是在一定生产条件下完成某一工序所规定的时间。时间定额的制订应考虑到最有效的利用生产工具，并参照工人的实践经验和实际操作情况，在充分调查研究、广泛征求意见的基础上，实事求是地予以确定。

第十一节　工艺规程设计举例

一、零件图分析

图 1-56 所示为一测角仪上的支架套零件，其结构特点和技术要求如下：内孔 $\phi 34^{+0.025}_{0}$ mm 内安放滚针轴承的滚针及仪器主轴颈，端面 A 是止推面，表面粗糙度 Ra 分别为 $0.10\mu m$ 和 $0.4\mu m$。因转动要求精确度高，所以对 $\phi 34^{+0.025}_{0}$ mm 和 $\phi 41^{+0.025}_{0}$ mm 的圆度要求很高，为 0.0015mm；对两孔的同轴度要求也很高，为 0.002mm。该套的外圆和内孔均有台阶，并有径向孔需要加工。由此可以看出，该套的主要加工表面是内孔 $\phi 34^{+0.025}_{0}$ mm、$\phi 41^{+0.025}_{0}$ mm 及端面 A，次要加工表面是各外圆及径向孔。

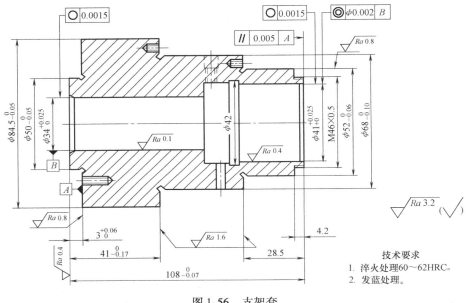

图 1-56　支架套

二、毛坯的选择

由于支架套所用材料为 GCr15，各台阶外圆直径相差较大，因而选用锻件毛坯。

三、基准选择

1. 精基准的选择

在精基准选择时，主要考虑基准重合与基准统一等问题。本例为保证主要加工表面的精度，尤其是内孔 $\phi 34^{+0.025}_{0}$ mm 和 $\phi 41^{+0.025}_{0}$ mm 两孔的同轴度，应选 $\phi 84.5^{0}_{-0.05}$ mm 的外圆及端面 A 为精基准，符合基准统一原则。

2. 粗基准的选择

为保证后续工序有可靠的精基准端面 A，本例中选择外圆作粗基准。

四、工艺路线的拟订

1. 加工方案的选择

该零件主要是孔的加工。由于孔的精度高，表面粗糙度值又小（Ra 为 $0.10\mu m$），因此最终工序应采用精磨。该孔的加工顺序为：钻孔—半精车—粗磨—精磨。由于两孔的圆度

（0.0015mm）和同轴度（0.002mm）要求高，故需在一次安装中完成精加工。

2. 加工阶段的划分

加工阶段以淬火工序前后来划分，淬火前为粗加工阶段，该阶段又分为粗车和半精车；淬火后为精加工阶段，该阶段又可分为两个阶段，烘漆前为磨削加工，烘漆后为精磨和研磨加工。

为减少热处理的影响，淬火工序应安排在粗精加工阶段之间，以便使淬火时引起的变形在精加工中予以纠正。为防止淬火时零件产生较大变形，精加工工序的加工余量应适当放大。烘漆不能放在最后工序，否则将会损坏精密加工表面。

3. 工艺路线的拟订

1）粗车端面及外圆 $\phi87\text{mm} \times 45\text{mm}$；钻孔 $\phi30\text{mm} \times 60\text{mm}$（三爪夹一端）；再调头车外圆 $\phi70\text{mm} \times 67\text{mm}$；车外圆 $\phi54\text{mm} \times 28\text{mm}$；钻孔 $\phi38\text{mm} \times 44.5\text{mm}$（三爪夹大端）。

2）半精车左端面及 $\phi84.5_{-0.05}^{0}\text{mm}$、$\phi34_{0}^{+0.025}\text{mm}$ 及 $\phi50_{-0.05}^{0}\text{mm}$ 留余量 0.5mm，倒角及车槽（夹小端）；再调头车右端面，车外圆 $\phi68_{-0.04}^{0}\text{mm}$ 至尺寸，车外圆 $\phi52\text{mm}$ 留磨量，车 $M46 \times 0.5$ 螺纹（长度为 4.4mm），车孔 $\phi41_{0}^{+0.025}\text{mm}$ 留磨量；车 $\phi42\text{mm}$ 槽，车外圆斜槽两处，并倒角（夹大端）。

3）钻各端面轴向孔，钻径向孔，攻螺纹（夹外圆）。

4）淬火 $60 \sim 62\text{HRC}$。

5）磨外圆 $\phi84.5_{-0.05}^{0}\text{mm}$ 至尺寸；磨外圆 $\phi50_{-0.05}^{0}\text{mm}$ 及 $3_{0}^{+0.06}\text{mm}$ 端面；再调头磨外圆 $\phi52_{-0.06}^{0}\text{mm}$ 及 28.5mm 端面并保证该三段外圆同轴度 0.002mm（$\phi34_{0}^{+0.025}\text{mm}$ 孔定位，采用可胀心轴）。

6）校正 $\phi52_{-0.06}^{0}\text{mm}$ 外圆，粗磨孔 $\phi34_{0}^{+0.025}\text{mm}$ 及 $\phi41_{0}^{+0.025}\text{mm}$ 留余量 0.2mm（端面及外圆定位）。

7）检验。

8）发蓝。

9）烘漆。

10）磨左端面，留研磨量，保证平行度为 0.05mm（右端面定位）。

11）粗研左端面，保证表面粗糙度 Ra 为 $0.16\mu\text{m}$，平行度为 0.005mm（右端面定位）。

12）精磨孔 $\phi41_{0}^{+0.025}\text{mm}$ 及 $\phi34_{0}^{+0.025}\text{mm}$ 至尺寸（$\phi84.5_{-0.05}^{0}\text{mm}$ 外圆及左端面定位，一次安装下磨削）。

13）精研左端面达到表面粗糙度 Ra 为 $0.4\mu\text{m}$。

14）检验。

五、填写工艺文件

按照工艺规程的内容，填写工艺文件。

第十二节　机械加工的生产率及技术经济分析

一、机械加工时间定额的组成

1. 时间定额的概念

所谓时间定额是指在一定生产条件下，规定生产一件产品或完成一道工序所需消耗的时间。

它是安排作业计划、核算生产成本、确定设备数量、人员编制以及规划生产面积的重要依据。

　　2. 时间定额的组成

　　（1）基本时间 T_j　基本时间是指直接改变生产对象的尺寸、形状、相对位置以及表面状态或材料性质等工艺过程所消耗的时间。对于切削加工来说，基本时间就是切除金属所消耗的时间（包括刀具的切入和切出时间在内）。

　　（2）辅助时间 T_f　辅助时间是为实现工艺过程所必须进行的各种辅助动作所消耗的时间。它包括装卸工件、开停机床、引进或退出刀具、改变切削用量、试切和测量工件等所消耗的时间。

　　基本时间和辅助时间的总和称为作业时间。它是直接用于制造产品或零部件所消耗的时间。

　　辅助时间的确定方法随生产类型而异。大批大量生产时，为使辅助时间规定得合理，需将辅助动作分解，再分别确定各分解动作的时间，最后予以综合；中批生产则可根据以往统计资料来确定；单件小批生产常用基本时间的百分比进行估算。

　　（3）布置工作地时间 T_b　布置工作地时间是为了使加工正常进行，工人照管工作地（如更换刀具、润滑机床、清理切屑、收拾工具等）所消耗的时间。它不是直接消耗在每个工件上的，而是消耗在一个工作班内，再折算到每个工件上的时间。它一般按作业时间的2%～7%估算。

　　（4）休息与生理需要时间 T_x　休息与生理需要时间是工人在工作班内恢复体力和满足生理上的需要所消耗的时间。T_x 是按一个工作班为计算单位，再折算在每个工件上的。对机床操作工人，一般按作业时间的2%估算。

　　以上四部分时间的总和称为单件时间 T_d，即

$$T_d = T_j + T_f + T_b + T_x$$

　　（5）准备与终结时间 T_e　准备与终结时间是指工人为了生产一批产品，进行准备和结束工作所消耗的时间。在单件或成批生产中，每当开始加工一批工件时，工人需要熟悉工艺文件，领取毛坯、材料、工艺装备，安装刀具和夹具，调整机床和其他工艺装备等所消耗的时间以及加工一批工件结束后，需拆下和归还工艺装备，送交成品等所消耗的时间。T_e 既不是直接消耗在每个工件上的，也不是消耗在一个工作班内的时间，而是消耗在一批工件上的时间，因而分摊到每个工件的时间为 T_e/n，其中 n 为数量。因此，单件和成批生产的单件时间定额的计算公式 T_c 应为

$$T_c = T_d + T_e/n$$

大批大量生产时，由于 n 的数值很大，$T_e/n \approx 0$，故不考虑准备终结时间，即

$$T_c = T_d$$

二、提高机械加工生产率的途径

　　劳动生产率是指工人在单位时间内制造的合格产品的数量或制造单件产品所消耗的劳动时间。劳动生产率是一项综合性的技术经济指标。提高劳动生产率，必须正确处理好质量、生产率和经济性三者之间的关系。应在保证质量的前提下，提高生产率，降低成本。劳动生产率提高的措施很多，涉及产品设计、制造工艺和组织管理等多方面，这里仅就通过缩短单件时间来提高机械加工生产率的工艺途径作一简要分析。

　　由上式所示的单件时间组成，不难得知提高劳动生产率的工艺措施可有以下几个方面。

1. 缩短基本时间

在大批大量生产时，由于基本时间在单位时间中所占比重较大，因此通过缩短基本时间即可提高生产率。缩短基本时间的主要途径有以下几种。

（1）提高切削用量　增大切削速度、进给量和背吃刀量，都可缩短基本时间，但切削用量的提高受到刀具耐用度和机床功率、工艺系统刚度等方面的制约。随着新型刀具材料的出现，切削速度得到了迅速的提高。目前，硬质合金车刀的切削速度可达 200m/min，陶瓷刀具的切削速度达 500m/min。近年来出现的聚晶人造金刚石和聚晶立方氮化硼刀具，切削普通钢材的速度达 900m/min。

在磨削方面，近年来发展的趋势是高速磨削和强力磨削。国内生产的高速磨床磨削速度已达 60m/s，国外已达 90～120m/s；强力磨削的切入深度已达 6～12mm，从而使生产率大大提高。

（2）采用多刀同时切削　如图 1-57a 所示，每把车刀实际加工长度只有原来的 1/3；如图 1-57b 所示，每把刀的切削余量只有原来的 1/3；图 1-57c 所示为用三把刀具对同一工件上的不同表面同时进行横向切入法车削。显然，采用多刀同时切削比单刀切削的加工时间大大缩短。

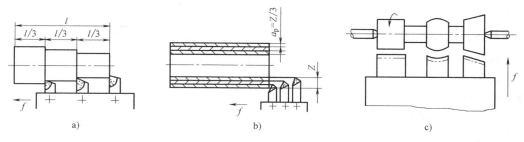

图 1-57　多把刀具同时加工几个表面

（3）多件加工　这种方法是通过减少刀具的切入、切出时间或者使基本时间重合，从而缩短每个工件加工的基本时间来提高生产率。多件加工的方式有以下三种。

1）顺序多件加工。即工件顺着进给方向一个接着一个地安装，如图 1-58a 所示。这种方法减少了刀具切入和切出的时间，也减少了分摊到每一个工件上的辅助时间。

2）平行多件加工。即在一次进给中同时加工 n 个平行排列的工件。加工所需基本时间和加工一个工件相同，所以分摊到每个工件的基本时间就减少到原来的 $1/n$，其中 n 是同时加工的工件数。这种方式常见于铣削和平面磨削，如图 1-58b 所示。

3）平行顺序多件加工。这种方法为顺序多件加工和平行多件加工的综合应用，如图 1-58c 所示。这种方法适用于工件较小、批量较大的情况。

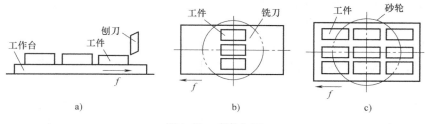

图 1-58　多件加工

（4）减少加工余量　采用精密铸造、压力铸造、精密锻造等先进工艺提高毛坯制造精度，减少机械加工余量，以缩短基本时间，有时甚至无需再进行机械加工，这样可以大幅度提高生产效率。

2. 缩短辅助时间

辅助时间在单件时间中也占有较大比重，尤其是在大幅度提高切削用量之后，基本时间显著减少，辅助时间所占比重就更高。此时，采取措施缩减辅助时间就成为提高生产率的重要方向。缩短辅助时间有两种不同的途径，一是使辅助动作实现机械化和自动化，从而直接缩减辅助时间；二是使辅助时间与基本时间重合，间接缩短辅助时间。

（1）直接缩减辅助时间　采用专用夹具装夹工件，工件在装夹中不需找正，可缩短装卸工件的时间。大批大量生产时，广泛采用高效的气动、液动夹具来缩短装卸工件的时间。单件小批生产中，由于受专用夹具制造成本的限制，为缩短装卸工件的时间，可采用组合夹具及可调夹具。

此外，为减少加工中停机测量的辅助时间，可采用主动检测装置或数字显示装置在加工过程中进行实时测量，以减少加工中需要的测量时间。主动检测装置能在加工过程中测量加工表面的实际尺寸，并根据测量结果自动对机床进行调整和工作循环控制，如磨削自动测量装置。数字显示装置能把加工过程或机床调整过程中机床运动的移动量或角位移连续而精确地显示出来，这些都大大节省了停机测量的辅助时间。

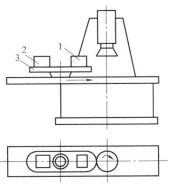

图1-59　立式铣床上采用
双工位夹具工作的实例
1、2—工件　3—两位夹具

（2）间接缩短辅助时间　为了使辅助时间和基本时间全部或部分地重合，可采用多工位夹具和连续加工的方法。图1-59所示为立式铣床上采用双工位夹具工作的实例。加工工件1时，工人在工作台的另一端装上工件2；工件1加工完成后，工作台快速退回原处，工人将夹具转180°即可加工另一工件2。再如图1-60所示为立式连续回转工作台铣床，在工件加工的同时，工人在装卸区内装卸工件，使装卸工件的时间与加工的基本时间完全重合，因而显著提高生产率。

3. 缩短布置工作地时间

布置工作地时间，大部分消耗在更换刀具上，因此必须减少换刀次数并缩减每次换刀所需的时间。提高刀具的耐用度可减少换刀次数。换刀时间的减少主要通过改进刀具的安装方法和采用装刀夹具来实现。如采用各种快换刀夹、刀具微调机构、专用对刀样板或对刀样件以及自动换刀装置等，以减少刀具的装卸和对刀所需时间。例如，在车床和铣床上采用可转位硬质合金刀片刀具，既减少了换刀次数，又可减少刀具装卸、对刀和刃磨的时间。

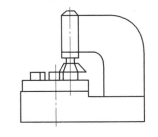
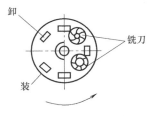

卸

铣刀

装

图1-60　立式连续
回转工作台铣床

4. 缩短准备与终结时间

缩短准备与终结时间的途径有两个：第一，扩大产品生产批量，以相对减少分摊到每个工件上的准备与终结时间；第二，直接减少准备与终结时间。扩大产品生产批量，可以通过工件标准化和通用化实现，并可采用成组技术组织生产。

单件小批生产复杂工件时，其准备与终结时间以及样板、夹具等的制造准备时间都很长。数控机床、加工中心机床或柔性制造系统很适合这种小批量复杂工件的生产要求。使用这些机床和系统时，作为生产准备的程序编制可以在机外由专职人员进行，加工中自动控制刀具与工件间的相对位置和加工尺寸，自动换刀，使工序可高度集中，从而获得高的生产效率和稳定的加工质量。

三、机械加工技术经济分析的方法

制订机械加工工艺规程时，在同样能满足工件的各项技术要求下，一般可以拟订出几种不同的加工工艺方案，而这些方案的生产效率和生产成本会有所不同。为了选取最佳方案，须进行技术经济分析。所谓技术经济分析就是通过比较不同加工工艺方案的生产成本，选出最经济的加工工艺方案。

生产成本是指制造一个工件或一个产品所必需的一切费用的总和。生产成本包括两大类费用：第一类是与工艺过程直接有关的费用叫工艺成本，约占生产成本的 70% ~ 75%；第二类是与工艺过程无关的费用，如行政人员工资、厂房折旧、照明取暖等。由于在同一生产条件下与工艺过程无关的费用基本上是相等的，因此对加工工艺方案进行经济分析时，只要分析与工艺过程直接有关的工艺成本即可。

1. 工艺成本的组成

工艺成本由可变费用和不变费用两大部分组成。

（1）可变费用　可变费用是与年产量有关并与之成正比的费用，用 V（元/件）表示。它包括材料费、操作工人的工资、机床电费、通用机床折旧费、通用机床修理费、刀具费以及通用夹具费。

（2）不变费用　不变费用是与年产量的变化没有直接关系的费用。当产量在一定范围内变化时，全年的费用基本上保持不变，用 S（元/年）表示。它包括机床管理人员、车间辅助工人、调整工人的工资，专用机床折旧费，专用机床修理费以及专用夹具费。

2. 工艺成本的计算

（1）全年的工艺成本

$$E = VN + S$$

式中　E——全年的工艺成本（元/年）；

V——可变费用（元/件）；

N——年产量（件/年）；

S——不变费用（元/年）。

由上述公式可见，全年工艺成本 E 和年产量 N 成线性关系，如图 1-61 所示。它说明全年工艺成本的变化 ΔE 与年产量的变化 ΔN 成正比；又说明 S 为投资定值，不论生产多少，其值不变。

（2）单件工艺成本

$$E_d = V + \frac{S}{N}$$

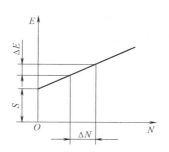

图 1-61　全年工艺成本

单件工艺成本 E_d（元/件）与年产量 N 呈双曲线关系，如图 1-62 所示。在曲线的 A 段，N 很小，设备负荷也低，即单件小批生产区，单件工艺成本 E_d 就很高。此时，若产量 N 稍有增加（ΔN），将使单件工艺成本迅速降低（ΔE_d）。在曲线 B 段，N 很大，即大批大量生产区。此时，曲线渐趋水平，年产量虽有较大变化，而对单件工艺成本的影响却很小。这说明对于某一个工艺方案，当 S 值（主要是专用设备费用）一定时，就应有一个与此设备能力相适应的产量范围。产量小于这个范围时，由于 S/N 比值增大，工艺成本就增加。这时采用这种工艺方案显然是不经济的，应减少使用专用设备数，即减少 S 值来降低工艺成本。当产量超过这个范围时，由于 S/N 比值变小，这时就需要投资更大而生产率更高的设备，以便减少 V 而获得更好的经济效益。

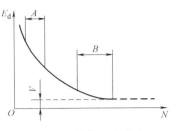

图 1-62　单件工艺成本

四、不同加工工艺方案的经济性分析

对不同的加工工艺方案进行经济性比较时，有以下两种情况。

（1）加工工艺方案的基本投资相近或采用现有设备　这时工艺成本即可作为衡量各加工工艺方案经济性的依据。比较方法如下。

1）当两种加工工艺方案多数的工序不同而只有少数工序相同时，需比较整个工艺过程的优劣，应以该工件的全年工艺成本进行比较。全年工艺成本分别为

$$E_1 = V_1 N + S_1$$
$$E_2 = V_2 N + S_2$$

当产量 N 为一定量时，可根据上式直接算出 E_1 及 E_2。分别计算上式，若 $E_1 > E_2$，则第二方案的经济性好，为可取方案。若产量 N 为一变量时，则根据上式作图解进行比较，如图 1-63 所示。

由图 1-63 可知，各方案的优劣与加工工件的年产量有密切关系，当 $N < N_k$ 时，$E_1 > E_2$ 宜采用第二方案。当 $N > N_k$ 时，$E_1 < E_2$ 宜采用第一方案。图 1-63 中 N_k 为临界产量。当 $N = N_k$ 时，$E_1 = E_2$，有

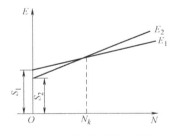

图 1-63　两种工艺方案的
全年工艺成本比较

$$N_k V_1 + S_1 = N_k V_2 + S_2$$

所以

$$N_k = \frac{S_2 - S_1}{V_1 - V_2}$$

2）当两种加工工艺方案只有少数工序不同而多数工序相同时，为了做出选择，可通过计算工件的单件工艺成本进行比较。单件工艺成本分别为

$$E_{d1} = V_1 + \frac{S_1}{N}$$

$$E_{d2} = V_2 + \frac{S_2}{N}$$

当产量 N 为一定量时，由上面两式可直接算出各自的单件工艺成本 E_{d1} 和 E_{d2}，若 $E_{d1} > E_{d2}$，则第二方案经济性好。当产量 N 为一变量时，根据上式画出各自的曲线进行比较，如

图 1-64 所示。图 1-64 中 N_k 为临界产量。当 $N < N_k$ 时，$E_{d1} < E_{d2}$，第一方案可取；$N > N_k$ 时，$E_{d1} > E_{d2}$，第二方案可取。

（2）两种工艺方案的基本投资相差较大 这时在考虑工艺成本的同时还要考虑基本投资差额的回收期限。

例如，第一种方案采用了高生产率、价格较贵的机床及工艺装备，所以基本投资较大，但工艺成本较低；第二种方案采用了生产率较低但价格便宜的机床及工艺装备，基本投资较小，但工艺成本较高。也就是说，工艺成本的降低是以增加基本投资为代价的，这时单纯比较其工艺成本是难以全面评定其经济性的，而应同时考虑不同方案的

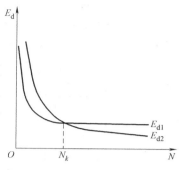

图 1-64 两种工艺方案的
单件工艺成本比较

基本投资差额的回收期限，也就是应考虑第一方案比第二方案多花费的投资需要多长的时间因工艺成本降低而收回来。回收期限的计算公式为

$$\tau = \frac{K_1 - K_2}{E_1 - E_2} = \frac{\Delta K}{\Delta E}$$

式中 τ——回收期限（年）；

ΔK——基本投资差额（元）；

ΔE——全年工艺成本差额（元/年）。

回收期限越短，则经济效益越好。一般回收期限必须满足以下要求。

1）回收期限应小于所采用设备的使用年限。

2）回收期限应小于该产品由于结构性能及国家计划安排等因素所决定的稳定生产年限。

3）回收期限应小于国家所规定的标准回收期限，如新夹具的回收期一般为 $2 \sim 3$ 年，新机床为 $4 \sim 6$ 年。

习 题 一

1-1 阶梯轴结构如图 1-65 所示。

1）当小批生产时，其粗加工步骤如下。

① 车左端面，钻中心孔；卧式车床。

② 夹右端，顶左端中心孔，粗车左端台阶；卧式车床。

③ 车右端面，钻中心孔；卧式车床。

④ 夹左端，顶右端中心孔，粗车右端台阶；卧式车床。

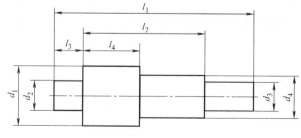

图 1-65

2）当大批生产时，其粗加工步骤如下。

① 铣两端面，同时钻两端中心孔；专用铣钻机床。

② 粗车左端台阶；卧式车床。

③ 粗车右端台阶；液压仿形车床。

试分析上述两种生产类型的粗加工由几道工序、工步、走刀和安装组成，并填写机械加工工艺卡片。

1-2　试述工艺规程的作用及制订工艺规程的基本原则。

1-3　试选择图 1-66 所示端盖零件加工时的粗基准。

1-4　试选择图 1-67 所示连杆零件第一道工序铣大小端面时的粗基准。

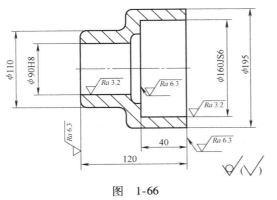

图　1-66

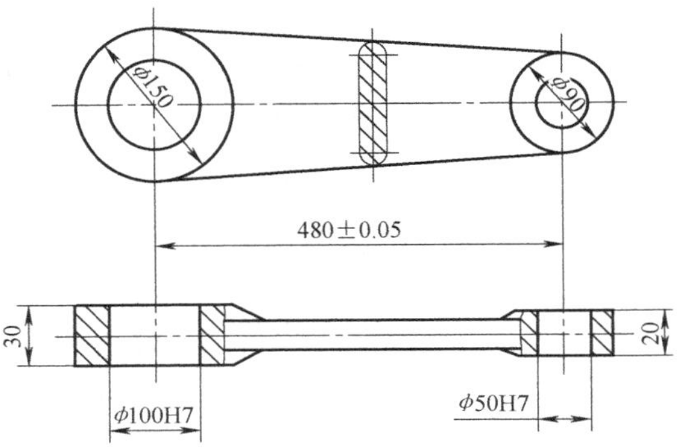

图　1-67

1-5　图 1-68 所示为支架零件，试分析孔 $\phi12H7$ 的设计基准，并选择加工 $\phi12H7$ 的定位基准。

1-6　试分析下列情况的定位基准。

①拉齿坯内孔；②无心磨外圆；③用浮动镗刀精镗内孔。

1-7　举例说明下列有关选择基准的原则。

①"基准重合"原则；②"基准统一"原则；③"自为基准"原则；④"互为基准"原则。

1-8　试述零件在机械加工过程中安排热处理工序的目的及其安排顺序。

1-9　机械加工工艺过程划分加工阶段的原因是什么？

1-10　如图 1-69 所示零件，内、外圆及端面已加工，现需铣出右端槽，并保证尺寸 $5_{-0.06}^{\ 0}$ mm 及 20 ± 0.1 mm，求试切调刀的测量尺寸 H、A 及上、下极限偏差。

1-11　如图 1-70 所示零件，除 $\phi16H7$ 孔外各表面均已加工，现以 K 面定位加工 $\phi16H7$ 孔，试计算其工序尺寸及上下极限偏差。

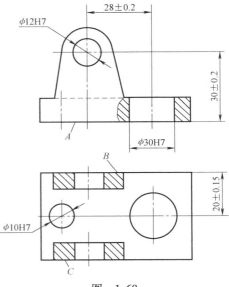

图　1-68

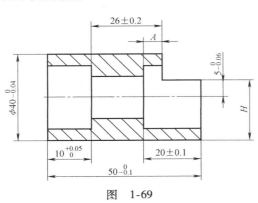

图　1-69

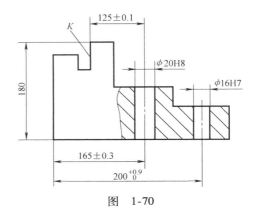

图　1-70

第二章 轴类零件加工

第一节 概　　述

一、轴类零件的功用与结构特点

轴类零件是机械产品中的主要零件这一。它通常被用于支承传动零件（齿轮、带轮等）、传递转矩、承受载荷，以及保证装在轴上的零件（或刀具）具有一定的回转精度。

轴类零件根据结构形状可分为光轴、空心轴、半轴、阶梯轴、花键轴、十字轴、偏心轴、曲轴及凸轮轴等，如图 2-1 所示。

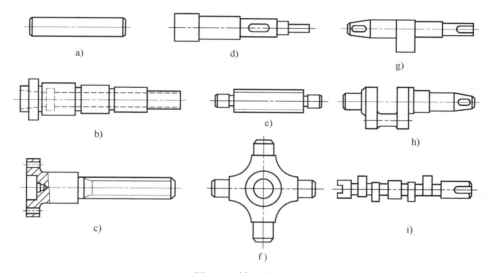

图 2-1　轴的种类

a）光轴　b）空心轴　c）半轴　d）阶梯轴　e）花键轴　f）十字轴　g）偏心轴　h）曲轴　i）凸轮轴

根据轴的长度 L 与直径 d 之比，又可分为刚性轴（$L/d \le 12$）和挠性轴（$L/d > 12$）两类。由上述各种轴的结构形状可以看到，轴类零件一般为回转体零件，其长度大于直径，加工表面通常有内外圆柱面、圆锥面以及螺纹、花键、键槽、横向孔、沟槽等。

二、轴类零件的技术要求

1. 尺寸精度

轴颈是轴类零件的主要表面，其影响轴的回转精度及工件状态。轴颈的直径公差等级根据其使用要求通常为 IT6 ~ IT9，精密轴颈可达 IT5。

2. 几何形状精度

轴颈的几何形状精度（圆度、圆柱度）一般应限制在直径公差范围内。对几何形状精度要求较高时，可在零件图上另行规定其允许的公差。

3. 位置精度

位置精度主要是指装配传动件的配合轴颈相对于装配轴承的支承轴颈的同轴度，通常是用配合轴颈对支承轴颈的径向圆跳动来表示的，根据使用要求，规定高精度轴为 0.001 ~ 0.005mm，而一般精度轴为 0.01 ~ 0.03mm。

此外，还有内外圆柱面的同轴度和轴向定位端面与轴线的垂直度要求等。

4. 表面粗糙度

根据零件的表面工作部位的不同，可有不同的表面粗糙度值，如普通机床主轴支承轴颈的表面粗糙度值 Ra 为 0.16 ~ 0.63μm，配合轴颈的表面粗糙度值 Ra 为 0.63 ~ 2.5μm。随着机器运转速度的增大和精密程度的提高，轴类零件表面粗糙度值要求也将越来越小。

三、轴类零件的材料和毛坯

合理选用材料和规定热处理的技术要求，对提高轴类零件的强度和使用寿命有重要意义，同时对轴的加工过程有极大的影响。

1. 轴类零件的材料

材料的选用应满足其力学性能（包括强度、耐磨性和耐蚀性等），同时选择合理的热处理和表面处理方法（指发蓝处理、镀铬等），以使零件达到良好的强度、刚度和所需的表面硬度。

一般轴类零件常用 45 钢，根据不同的工作条件采用不同的热处理规范（如正火、调质、淬火等），以获得一定的强度、韧性和耐磨性。

对中等精度而转速较高的轴类零件，可选用 40Cr 等合金钢。这类钢经调质和表面淬火处理后，具有较高的综合力学性能。精度较高的轴，有时还用轴承钢 GCr15 和弹簧钢 65Mn 等材料。它们通过调质和表面淬火处理后，具有更高的耐磨性和耐疲劳性能。

对于高转速、重载荷等条件下工作的轴，可选用 20CrMnTi、20Mn2B、20Cr 等低碳合金钢或 38CrMoAlA 氮化钢。低碳合金钢经渗碳淬火处理后，具有很高的表面硬度、冲击韧性和心部强度，热处理变形却很小。

2. 轴类零件的毛坯

轴类零件的毛坯最常用的是棒料和锻件，只有某些大型的、结构复杂的轴才采用铸件。由于毛坯经过加热锻造后，能使金属内部纤维组织沿表面均匀分布，从而获得较高的抗拉强度、抗弯强度及抗扭强度。所以，除光轴、直径相差不大的阶梯轴可使用棒料外，比较重要的轴大都采用锻件。

根据生产规模的大小决定毛坯的锻造方式。一般模锻件因需要昂贵的设备和专用锻模，成本高，故适用于大批量生产；而单件小批量生产时，一般宜采用自由锻件。

轴类零件的主要加工表面是外圆。各种公差等级和表面粗糙度要求的外圆表面，可采用不同的典型加工方案来获得，见表 1-18。

四、轴类零件的预加工

轴类零件在车削加工之前，应对其毛坯进行预加工。预加工包括校正、切断和切端面钻中心孔。

（1）校正　校正棒料毛坯在制造、运输和保管过程中产生的弯曲变形，以保证加工余量均匀及送料装夹的可靠。校正可在各种压力机上进行。一般情况下多采用冷态下校正，简便、成本低，但有内应力。若在热态下校正，则内应力较小，但费工时，成本高。

（2）切断　当采用棒料毛坯时，应在车削外圆前按所需长度切断。切断可在弓锯床、圆盘锯床上进行。高硬度棒料的切断可在带有薄片砂轮的切割机上进行。

（3）切端面钻中心孔　中心孔是轴类零件加工最常用的定位基准面，为保证钻出的中心孔不偏斜，应先切端面后再钻中心孔。

如果轴的毛坯是自由锻件或大型铸件，则需要进行荒车加工，以减少毛坯外圆表面的形状误差，使后续工序的加工余量均匀。

第二节　表面的车削加工

轴颈表面是轴类零件的主要加工表面，其主要加工方法为车削和磨削。

一、车削加工的各加工阶段

轴类零件外圆表面的车削加工一般可划分为粗车、半精车、精车和细车等加工阶段。它们可达到的经济精度和经济粗糙度值见表1-18。加工阶段的划分主要根据零件毛坯情况和加工要求来决定。

粗车是粗加工工序，对中小型轴的棒料、铸件、锻件，可以直接进行粗车加工。

半精车一般可作为中等精度表面的最终加工，也可作为磨削或其他精加工工序的预加工。

对于精度较高的毛坯，视具体情况（如冷拔料），可不经粗车，直接进行半精车或精车。

二、提高外圆表面车削生产率的措施

在轴类零件加工中，外圆表面的加工余量主要是由车削切除的。外圆表面车削劳动量在零件加工的总劳动量中占有相当大的比重。目前，提高外圆表面车削生产率可采取如下几方面措施。

（1）刀具方面　可采用新型刀片材料，如钨钛钽钴类硬质合金、立方氮化硼刀具等进行高速切削；使用机械夹固车刀、可转位车刀等，以充分发挥硬质合金刀具的作用，缩短更换和刃磨刀具的时间；设计先进的强力切削车刀，加大切削深度 a_p 和进给量 f，进行强力切削等。在大批量生产中，特别是对于多阶梯轴可采用多刀加工，几把车刀同时加工零件的几个表面，可以缩短机动时间和辅助时间，从而大大提高生产率。

（2）机床方面　如多刀加工可在多刀半自动车床或卧式车床上进行，但这种加工方法，调整工具时间较长，且切削力较大，故所需机床的功率也较大。

在成批或大量生产时，常采用仿形加工。所谓仿形加工就是使车刀按照预制的仿形样件（靠模）顺次将零件的外圆或阶梯加工出来。根据实现仿形的原理，它分机械靠模仿形和随动靠模仿形。机械靠模仿形就是利用机械力使刀具跟随靠模的形状移动而加工出所需的零件。所谓随动靠模仿形，就是刀具跟随靠模的形状而移动。随动靠模仿形中应用最广的是液压仿形加工。它是借助液压的作用，使车刀按照仿形样件加工出零件的外圆形状来。近年来由于液压与自动化技术的发展，以液压仿形车床为基础，配备简单的机械手及工件的输送装置所组成的轴类零件加工自动线，已成为提高轴类零件生产率的重要途径。

三、细长轴外圆表面的车削

细长轴是指轴的长度 L 与直径 d 之比大于 12 的轴，其刚性较差，车削加工中存在一定的困难，现将其车削工艺特点和车削方法分析如下。

（一）细长轴的车削工艺特点

1）细长轴刚性很差，在车削时如装夹不当，很容易因切削力及重力的作用而发生弯曲变形，产生振动，从而影响加工精度和表面粗糙度。

2）细长轴的热扩散性能差，在切削热的作用下，会产生相当大的线膨胀。如果轴的两端为固定支承，则会因受挤而弯曲变形。当轴高速旋转时，这种弯曲所引起的离心力，将使弯曲变形进一步加剧。

3）由于细长轴比较长，加工时一次走刀所需时间多，刀具磨损较大，从而增加了零件的几何形状误差。

4）车削细长轴时，多采用跟刀架。但使用跟刀架时，支承工件的两个支承块对工件的压力要适当，否则会影响加工精度。压力过小，甚至没有接触，则不能起到提高工件刚性的作用；若压力过大，工件被压向车刀，切深增加，车出的工件直径就小，当跟刀架继续移动后，支承块支承在小直径外圆上，支承块与工件脱离，切削力使工件向外让开，切削深度减小，车出的直径就变大，以后跟刀架又再跟到大直径外圆上，又把工件压向车刀，使车出的直径减小，这样连续有规律的变化，就会把细长工件车成"竹节"形，如图 2-2 所示。

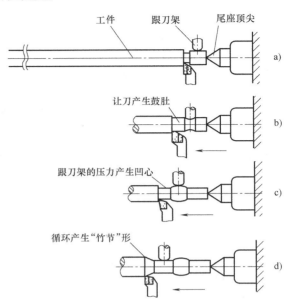

图 2-2　车细长工件时，"竹节"形的形成过程示意图

a）因跟刀架初始压力过大，工件轴线偏向车刀而车出凹心　b）因工件轴线偏离车刀而车出鼓肚　c）因跟刀架压力过大，工件轴线偏向车刀而车出凹心　d）因工件轴线偏离车刀而车出鼓肚，如此循环而形成"竹节"形

（二）细长轴的先进切削法——反向走刀车削法

图 2-3 所示为反向走刀车削法示意图。这种方法的特点如下。

1）细长轴左端缠有一圈钢丝，利用自定心卡盘夹紧，以减少接触面积，使工件在卡盘内能自由调节其位置，避免夹紧时形成弯曲力矩，且在切削过程中发生的变形也不会因卡盘夹死而产生内应力。

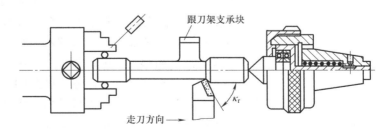

图 2-3　反向走刀车削法

2）尾座顶尖改成弹性顶尖，当工件因切削热发生线膨胀伸长时，顶尖能自动后退，可避免热膨胀引起的弯曲变形。

3）采用三个支承块跟刀架，以提高工件刚性和轴线的稳定性，避免产生"竹节"形。

4）改变走刀方向，使床鞍由主轴箱向尾座移动。由于细长轴左端固定在卡盘内，右端由弹簧顶尖支承，可以自由伸缩。所以反向走刀后，工件受拉不易产生弹性弯曲变形。由于采取这些措施，所以反向走刀车削法能达到较高的加工精度和较小的表面粗糙度值。

5）改进刀具几何角度，增大车刀主偏角，使径向切削分力减小。采用大前角或负刃倾角等以减少切削热。可以选用热硬性和耐磨性较好的刀片材料，并提高刀片的刃磨质量，充分使用切削液，以减少工件所吸收的热量，因而可延长刀具使用寿命。

第三节　外圆表面的磨削加工

磨削是轴类零件外圆表面精加工的主要方法。它既能磨削淬火钢，也能磨削未淬火钢和铸铁。

一、磨削方式及其工艺特征

根据磨削时采用磨具的不同可分为砂轮磨削和砂带磨削两大类。根据磨削时工件定位方式的不同可分为中心磨削和无心磨削两种方式。

（一）砂轮中心磨削的工艺特点及质量分析

（1）砂轮中心磨削的工艺特点　中心磨削即卧式外圆磨削，工件由中心孔定位，在外圆磨床或万能外圆磨床上进行，重型轴需在重型磨床上进行或在车床上装上磨头进行。由于磨削加工时切削层薄、切削力小、工件变形小和磨床精度高等原因，磨削后公差等级可达到IT6，表面粗糙度值 Ra 可达 $0.8 \sim 0.2\mu m$。而且，磨削速度高（$30 \sim 35m/s$），故生产率高。由于磨削加工具有精度高、生产率高和通用性广等优点，所以它在现代机械制造工艺中占有很重要的地位。

（2）砂轮中心磨削外圆的质量分析　在磨削过程中，由于多种因素的影响，工件表面容易产生各种缺陷。常见的缺陷及其解决方法分析如下。

1）多角形。在工件表面沿母线方向上存在一条条等距的直线痕迹，其深度小于 $0.5\mu m$，如图2-4所示。

多角形产生的原因主要是由砂轮与工件沿径向产生周期性振动所致。振动的原因有：砂轮或电动机不平衡；轴承刚性差或间隙过大；两顶尖莫氏锥度部分与头架、尾座套筒接触不良；工件的中心孔与顶尖接触不良；砂轮磨损不均匀或本身硬度不均匀，砂轮切削刃变钝等。消除振动的措施有：仔细调节砂轮静平衡和电

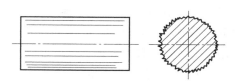

图2-4　多角形缺陷

动机的动平衡并采取隔振措施；顶尖莫氏锥度部分与机床头架、尾座锥孔接触面积不应小于80%；选用合适的砂轮并及时修整；调整主轴轴承间隙；修研工件中心孔等。

2）螺旋形。磨削后的工件表面呈现出一条很浅的螺旋痕迹，痕迹的间距等于工件每转的纵向进给量。几种螺旋形缺陷如图2-5所示。

螺旋形产生的原因主要是由于砂轮微刃的等高性破坏或砂轮与工件局部接触所致，如砂轮母线与工件母线不平行；砂轮两边硬度偏高；头架、尾座刚性不等；砂轮主轴刚性差；导轨润滑油压力过高或油太多使工作台漂浮而产生摆动等都能产生螺旋形缺陷。消除缺陷的措

施有：修正砂轮，保持微刃等高性；调整轴承间隙与主轴上母线精度，允许上母线翘头0.003～0.005mm/100mm；砂轮两边修成台肩形或倒圆角，使其不参与切削作用；工作台润滑油要合适，同时要有卸载装置，使导轨润滑油成为低压供油。

3）拉毛（划伤或划痕）。拉毛缺陷如图 2-6 所示。产生拉毛的原因：砂轮磨粒自锐性过强；切削液不清洁；砂轮罩上磨屑落在砂轮与工件之间，将工件拉毛。消除拉毛的措施有：砂轮磨料选择韧性高的材料；砂轮硬度可适当提高；砂轮修正后用切削液和毛刷清洗；清理砂轮罩上的磨屑；用纸质过滤器或涡旋分离器对切削液进行过滤。

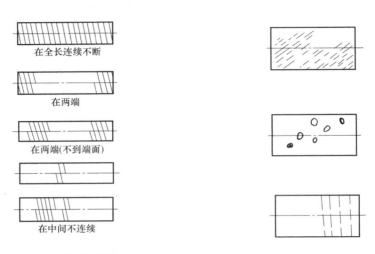

在全长连续不断

在两端

在两端(不到端面)

在中间不连续

图 2-5　几种螺旋形缺陷　　　　　　　图 2-6　拉毛缺陷

4）烧伤。可分为螺旋形烧伤和点烧伤，如图 2-7 所示。被烧伤表面呈黑褐色。产生烧伤的原因：砂轮硬度偏高；横向或纵向进给量过大；砂轮切削刃变钝；散热不良等。消除措施有：严格控制进给量（特别是高精度磨削时不应有火花出现）；降低砂轮硬度；及时修正砂轮；切削液要充分。

（3）中心孔的加工及其修磨　中心孔是轴类零件加工时最常用的定位基准面，同时中心孔的质量将影响轴的加工精度。因此，中心孔应满足以下技术要求。

图 2-7　烧伤

1）中心孔应有足够大的尺寸（见 GB/T 145—2001）和准确的锥角，以承受工件重量和加工时的切削力，否则会加快中心孔和机床顶尖的磨损。

2）轴两端中心孔应在同一轴线上，以便使中心孔与顶尖接触良好，否则影响定位精度。

3）中心孔应有圆度要求。若工件上的中心孔不圆，磨削时，磨削力将工件推向一方，砂轮与顶尖之间因保持不变的距离，因此，中心孔的圆度误差就反映到工件的外圆上，造成了工件外圆的形状误差。

4）中心孔的位置除要求使工件加工余量均匀外，对同批工件中心孔到轴肩端面尺寸 A 和两端中心孔间的距离 L 应保持一致（图 2-8），否则会影响工件轴向定位精度，严重时使轴肩或端面的加工余量不足。

加工中心孔的定位方法，在成批大量生产时，均采用轴颈外圆面作粗基准面；而在单件小批量生产或加工大型轴类零件时，可采用划线法找正中心，然后加工中心孔。

中心孔加工时，为避免中心钻钻头引偏或折断，应先加工轴的两端面。根据生产批量和生产条件的不同，端面的加工方法也不一样。在成批生产时，常采用专用的双面铣端面钻中心孔机床。该机床在完成铣削端面的同时加工中心孔，加工效率高、质量好。

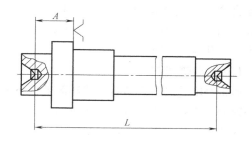

图2-8　中心孔的尺寸

轴类零件在加工过程中，中心孔因为经过多次使用产生磨损，或因热处理引起变形和产生氧化皮等原因，需要对中心孔及时进行修磨，以保证定位精度。修磨中心孔大多采用铸铁顶尖或环氧树脂顶尖等工具，加研磨剂在卧式车床或钻床上进行。中心孔修磨工序的安排应根据零件的精度要求来确定。一般精度的轴可不必安排，较高精度的轴一般在精加工之前安排，高精度的轴在加工过程中可安排若干次。同时，为排除中心孔锥面误差对零件圆度的影响，应适当减少中心孔60°锥面与顶尖的接触长度。图2-9所示的弧形中心孔就是减少锥面长度的一种方法。

（二）砂轮无心磨削及其工艺特点

无心磨削是一种高生产率的精加工方法，被磨削的工件由外圆表面本身定位，其工作原理如图2-10所示。无心磨削时工件处于磨轮与导轮之间，下面由支承板支承。磨轮轴心线水平放置，导轮的轴向截面轮廓通常修成双曲线，轴线倾斜一个不大的角度 λ。这样，导轮的圆周速度 $v_导$ 可分解为两个分量，即带动工件旋转的分量 $v_工$ 和使工件作轴向（纵向）进给运动的分量 $v_纵$。

目前，实现无心磨削的方法主要有：贯穿法（纵向进给磨削，工件从磨轮与导轮之间通过）；切入法（横向进给磨削）。

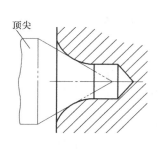

图2-9　弧形中心孔

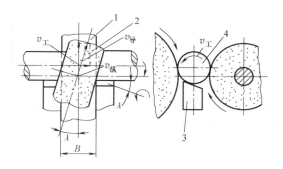

图2-10　无心磨削工作原理
1—磨轮　2—导轮　3—支承板　4—工件

无心磨削的特点：加工精度可达 IT6 级；表面粗糙度值 Ra 可达 $0.8 \sim 0.2\mu m$；生产率很高，其原因是采用宽砂轮磨削，磨削效率高，加工时工件依靠本身外圆表面定位和利用切削力来夹紧，又是连续依次加工，因此节省了时间。但是，无心磨削难以保证工件的相互位置精度。而且圆度误差为 0.002 ~ 0.003mm 时也不易达到。此外，有键槽和带有纵向平面的轴也不能采用无心磨削加工。

（三）砂带磨削

砂带磨削是采用涂满磨粒的环形带状布（即砂带）作为切削工具的一种加工方法。因为砂带上的磨粒几乎垂直于基面排列，排列均匀，容屑间隙大，砂带的周长比砂轮大得多，因而散热时间长，受空气冷却作用长，所以其生产率特高。砂带磨床的加工效率超过了车、铣、刨等通用机床，几乎领先于所有的金属切削机床。外圆砂带磨削方式可分为中心磨、无心磨和自由磨，如图 2-11

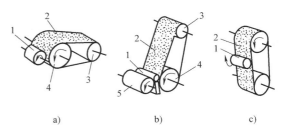

图 2-11　外圆砂带磨削方式
a）中心磨　b）无心磨　c）自由磨
1—工件　2—砂带　3—张紧轮　4—接触轮　5—导轮

所示。同时，砂带磨削还具有设备简单、加工成本低、功率利用率高且较为安全等优点，但其加工精度不如中心磨削。这种磨削加工方式近年来获得空前的发展及应用。

二、提高外圆磨削生产率的措施

随着机器制造的发展，精密锻造、挤压成形等少、无切屑加工越来越广泛得到应用，毛坯余量大大减少，磨削加工所占的比重越来越大，因此提高磨削生产率也是磨削加工中的重要问题之一。目前，提高磨削生产率的途径有两个方面。

（1）缩短辅助时间　其措施如自动装卸工件，自动测量及数字显示，砂轮自动修整与补偿及发展新的磨料以提高砂轮耐用度等。

（2）缩短机动时间　可以从以下三个方面缩短机动时间。

1）高速磨削。高速磨削就是采用特制高强度砂轮，在高速下对工件进行磨削，砂轮速度高达45m/s 以上（普通磨削时，砂轮速度在 35m/s 以下），其加工精度可以提高，表面粗糙度值可以进一步减小，并可延长砂轮使用寿命。但需要较好的冷却系统装置，使磨削区降温，并应采用较好的防护装置，同时因其消耗功率加大，因此所选用电动机的功率也要大些。

2）强力磨削。强力磨削就是采用较高的砂轮速度，较大的磨削深度（一次切深可达6mm 以上）和较小的进给，直接从毛坯或实体材料上磨出加工表面。它可代替车削和铣削，而效率比车、铣要高得多。但是强力磨削时磨削力和磨削热显著增加，因此对机床的要求除了增加电动机功率外，还要加固砂轮防护罩，增加切削液供应和防止飞溅，合理选择砂轮，机床还必须有足够的刚性。

3）增大磨削面。宽砂轮磨削采用大宽度砂轮，以增大磨削面，可成倍地提高生产率。采用多片砂轮磨削的目的也是增加磨削面积，以提高磨削效率。在一台机床上需要安装的砂轮片数可根据工件形状而定。

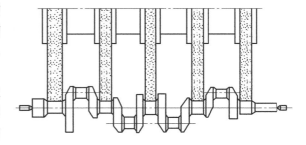

图 2-12　采用多片砂轮磨削曲轴主轴颈的示意图

图 2-12 所示为采用多片砂轮磨削曲轴主轴颈的示意图，其优点是减少了工件安装次

数，增大了磨削面积，还能减少磨床数量，节省劳动力，提高工件轴颈的同轴度。

第四节　外圆表面的精密加工

随着科学技术的发展，对产品的加工精度和表面质量要求也越来越高，而表面的质量又直接影响到零件的使用寿命。对于精密零件的质量要求，往往需要特殊的加工方法，在特定的环境下才能达到。外圆表面在精加工后进一步提高表面质量的精密加工方法主要有细车、高精度磨削、超精加工、研磨、滚压加工等。

一、细车

细车是一种光整加工方法，其工艺特征是背吃刀量小（$a_p = 0.05 \sim 0.03 \text{mm}$）、进给量小（$f = 0.02 \sim 0.12 \text{mm/r}$）、切削速度高（$v = 120 \sim 600 \text{m/min}$）。细车能获得较高加工精度和较小表面粗糙度值的原因是：刀具经精细研磨切削抗力小，机床精度高；同时由于采用高速、小切削用量，减少了切削过程中的发热量、积屑瘤、弹性变形及残留面积。细车尤其适宜于加工有色金属，其比加工钢件和铸铁件能获得更小的表面粗糙度值。由于有色金属不宜采用磨削，所以常采用细车来代替磨削。

二、高精度磨削

使轴的表面粗糙度值 Ra 在 $0.16\mu\text{m}$ 以下的磨削工艺称为高精度磨削。它包括精密磨削（Ra 为 $0.16 \sim 0.06\mu\text{m}$）、超精密磨削（$Ra$ 为 $0.04 \sim 0.02\mu\text{m}$）和镜面磨削（$Ra < 0.01\mu\text{m}$）。

高精度磨削是近年来发展起来的新精密加工工艺。它具有生产率高，应用范围广，能修整前道工序残留的几何形状误差而得到很高的尺寸精度和较小表面粗糙度值等优点。

高精度磨削的实质在于砂轮磨粒的作用。经过精细修整后的砂轮的磨粒形成许多微刃（图 2-13a、b），这些微刃的等高性程度大大提高，参加磨削的切削刃大大增加，能从工件表面切下微细的切屑，形成表面粗糙度值较小的表面。随着磨削过程的继续进行，锐利的微刃逐渐磨损而变得稍钝（半钝化期），如图 2-13c 所示。这种半钝化的微刃虽然切削作用降低了，但是在一定压力下能产生摩擦抛光作用。直到最后磨粒处于钝化期时，磨粒在磨削的工件表面就起抛光作用，而使工件获得更小的表面粗糙度值。

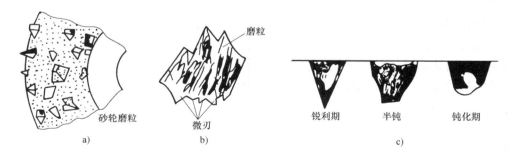

图 2-13　磨粒微刃及磨削中微刃变化

三、超精加工

超精加工是采用细粒度的磨条以较低的压力和切削速度对工件表面进行精密加工的方法，其加工原理如图 2-14a 所示。加工中有三种运动：工件低速回转运动 1（加工圆柱表面时）；磨头轴向进给运动2；磨条高速往复振动3。如果暂不考虑磨头的轴向进给运动，则磨粒在工件表面走过的轨迹是正弦曲线，如图2-14b所示。

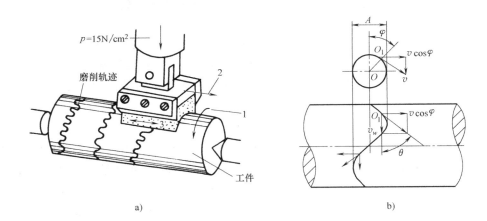

图 2-14　超精加工
a）加工原理　b）超精加工的轨迹
1—回转运动　2—进给运动　3—往复振动

超精加工与切削、磨削、研磨不同，当工件粗糙的表面磨平之后，磨条能自动停止切削。超精加工过程大致有四个阶段。

① 强烈切削阶段。开始时，由于工件表面粗糙，少数凸峰与磨条接触，单位面积压力很大，破坏了油膜，故切削作用强烈。

② 正常切削阶段。当少数凸峰磨平后，接触面积增加，单位面积压力降低，致使切削作用减弱而进入正常切削阶段。

③ 微弱切削阶段。随着接触面积逐渐增大，单位面积压力更小，切削作用微弱，且细小的切屑形成氧化物而嵌入磨条的空隙中，因而磨条产生光滑表面，具有摩擦抛光作用而使工件表面抛光。

④ 自动停止切削阶段。工件磨平，单位压力很小，工件与磨条之间又形成油膜，不再接触，切削作用停止。

经过超精加工后的工件表面粗糙度值 Ra 可达 $0.08 \sim 0.01\mu m$，这是由于超精加工磨粒运动复杂，能由切削过程过渡到摩擦抛光过程所致。因此，它是一种获得较小表面粗糙度值的简便且有效的方法。同时，由于切削速度低，磨条压力小，所以加工时发热少，工件表面变形层浅，无烧伤现象。然而由于加工余量很小（<0.01mm），因而它只能切去工件表面的凸峰，对加工精度的提高不甚显著。

四、研磨

研磨是一种既简单又可靠，并且是最早出现的一种精密加工方法。经过研磨的表面可达到的经济精度和经济粗糙度值见表1-18。研磨往往作为精密工件（如滑阀和液压泵柱塞等）的终加工方法。研磨方法可分为机械研磨和手工研磨两种。前者在研磨机上进行，生产率比较高；后者生产率低，劳动强度大，不适应大批量的生产，但适用于超精密的工件加工，加工质量与工人技术熟练程度有关。

研磨用的研具是采用比工件软的材料（如铸铁、铜、巴氏合金及硬木等）制成。研磨时，部分磨粒悬浮于工件与研具之间，部分磨粒则嵌入研具表面，利用工件与研具的相对运动，磨料就切掉很薄一层金属，主要是切除上工序留下的粗糙度凸峰。一般研磨的加工余量为 0.01 ~ 0.02mm。

研磨不但有机械加工过程，同时还有化学作用。研磨剂能使被加工表面形成氧化层，从而加速研磨过程。

研磨除了可获得很高的尺寸精度和较小的表面粗糙度值外，也可提高工件表面的几何形状精度，但对表面间相互位置精度无改善。

当两个工件要求密切配合时，利用配合工件的相互研磨（对研）是一种有效的方法。

五、滚压加工

滚压加工是利用金属产生塑性变形，从而达到改变工件的表面性能、形状和尺寸的目的。它是一种无屑加工。

（一）滚压加工原理

滚压加工是采用硬度较高的滚轮或滚珠，对半精加工后的工件表面在常温条件下加压，使工件的受压点产生弹性及塑性变形。塑性变形的结果，不但使表面粗糙度值减小，而且使表面层的金属结构和性能也发生变化，晶粒变细，并沿着变形最大的方向延伸，有时呈纤维状，使表面层留下了有利的残余应力，从而使滚压加工过的表面层强度极限和屈服强度增大，显微硬度提高，并使工件疲劳强度、耐磨性和耐蚀性都有显著的改善。图 2-15 所示为滚压加工示意图。

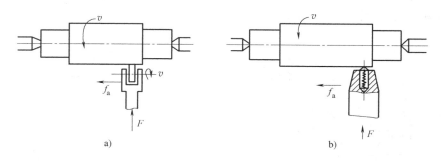

图 2-15 滚压加工示意图
a）滚轮滚压 b）滚珠滚压

（二）滚压加工特点

滚压加工与切削加工相比有许多优点，因此常常取代部分切削加工，成为精密加工的一种方法，其特点如下。

1）滚压前工件加工表面的表面粗糙度值 Ra 不大于 5μm，表面要求清洁，其直径方向加工余量为 0.02 ~ 0.03mm。这样，滚压后的表面粗糙度值 Ra 可达 0.63 ~ 0.16μm。

2）滚压能使表面粗糙度值减小，强化工件加工表面，但其形状精度及相互位置精度主要取决于前道工序。如果前工序工件加工表面圆柱度、圆度较差，反而会出现表面粗糙度不一致的现象。

3）滚压的工件材料一般是塑性金属，并且要求材料组织均匀。如果某些工件上有局部松软组织时，则会产生较大的形状误差。

4）滚压加工生产率比研磨和珩磨要高得多，常常以滚压代替珩磨。

第五节　花键及外螺纹的加工

一、花键加工

花键是轴类零件经常遇到的典型表面。它与单键相比较，具有定心精度高，导向性能好，传递转矩大，易于互换等优点，所以在各种机械中广泛应用。

花键的齿形可分为矩形齿、三角形齿、渐开线齿、梯形齿等，其中以矩形齿应用较多。矩形齿有三种定心方式，即大径定心、小径定心和键侧定心，其中按小径定心的花键，为国家标准规定的使用花键。

轴上矩形花键的加工，通常采用铣削和磨削两种方法。

（一）花键的铣削加工

在单件小批生产中，通常在卧式铣床上，用分度头进行花键加工。铣削前工件用千分表找正，然后用两个三面刃铣刀（中间夹有调整垫圈）试切，当符合键宽的尺寸后，即可把一批工件的花键齿加工完毕，然后再用成形铣刀一次铣出花键的其他部分。以上方法因分度精度低，所以键齿等分精度不高。

产量大时，常采用花键铣床加工，如图2-16所示。加工精度和生产率均比采用三面刃铣刀要高。为了提高生产率，不少工厂采用双飞刀高速精铣花键，如图2-17所示。双飞刀高速精铣花键是键铣出后的一种对键侧精加工的方法，其不仅能保证键侧的精度和表面粗糙度，而且效率比一般铣削高出数倍。

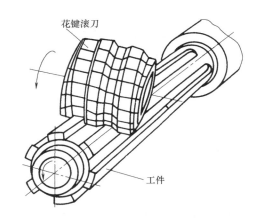

图2-16　滚花键

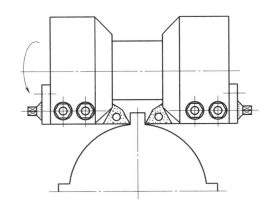

图2-17　双飞刀高速精铣花键

（二）花键的磨削加工

以大径定心的花键，通常只磨削大径，键侧及小径铣出后不再进行磨削，但如经过淬火而使花键扭曲变形过大时，也要对键侧面进行磨削加工。

以小径定心的花键，其小径和键侧均需进行磨削加工。小批生产时可用工具磨床或平面磨床，借用分度头分度，按图2-18a、b所示分两次磨削。这种方法砂轮修整简单，调整方便，尺寸 B 必须控制准确。大量生产时，可在花键磨床上或专用机床上进行。利用高精度分度板分度，一次安装下将花键磨出。图 2-18c、d 所示为一次磨完工件。图 2-18c 所示砂轮修整简单，调整方便，效率高，修整时要控制尺寸 A 及 R 圆弧面；图 2-18d 所示砂轮修整困难，修整时要控制尺寸 C。

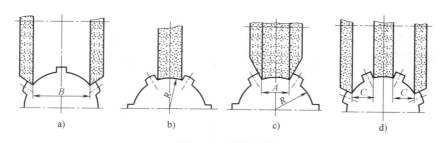

图 2-18　花键磨削

a）磨键侧　b）磨小径　c）磨键侧及小径 I　d）磨键侧及小径 II

二、外螺纹加工

螺纹是轴类零件外圆表面加工中常见的加工表面。外螺纹加工的方法很多，如车、铣、磨和滚压等，见表 2-1。这些方法各具有不同的特点，必须根据零件的技术要求、批量、轮廓尺寸等因素来选择，以充分发挥各种方法的特点。现将车、铣、磨等方法介绍如下。

表 2-1　外螺纹加工的方法

加工方法	加工示意图			
车螺纹	用单刀车		用梳形刀车	
铣螺纹	用盘铣刀铣	用梳形铣刀铣	旋风铣	用蜗杆状铣刀
磨螺纹	单线砂轮磨	多线砂轮磨	无心磨	

（续）

加工方法	加工示意图			
滚压螺纹	用搓丝板滚压	双辊滚压	三辊滚压	行星式滚压

（一）车螺纹

车螺纹是应用最广、也是最简单的一种螺纹加工方法。它具有以下特点。

1）适应性广。不论尺寸大小的各种轮廓的螺纹，均可用车削方法加工，而且刀具简单、费用低，所使用的车床万能性好。

2）可以获得较高的精度，一般可达7级，甚至可达6级，被加工螺纹的表面粗糙度值 Ra 可达 $1.6\mu m$。无论是加工精度或螺纹表面粗糙度均比铣削、套螺纹好。

3）生产率较铣削、套螺纹、攻螺纹低。

4）对工人的技术水平要求较高，特别是对刀具的刃磨技术要求较高。因为螺纹车刀是一成形刀具，刀具刃磨质量和刀具安装误差会直接影响到被加工螺纹的质量。

从上述特点可以看出，车螺纹多用于精度要求较高、产量不大的生产条件。

车螺纹的方法也有多种，在单件小批生产条件下，常用的方法是采用螺纹车刀车螺纹。车螺纹时应注意以下几个问题。

1）刀具的刃磨和安装要正确，刀具刃磨后应用样板检查。刀具安装时其中心线应与工件（即机床主轴回转中心线）相互垂直，刀具的前面（当精车刀 $\gamma = 0°$ 时）应与机床主轴回转中心水平面相重合。

2）粗、精车要分开；正确地采用进刀方法；走刀次数视被加工材料硬度及螺纹尺寸而定。

3）注意切削液的选择。切削液对被加工零件的表面粗糙度和刀具耐用度有很大的影响。

用梳形刀车螺纹是一种提高生产率的有效方法。

（二）铣螺纹

在成批或大量生产条件下，常用铣切法加工螺纹。铣螺纹比车螺纹的生产率高，但因它是断续切削，故其加工表面粗糙度比车削大。铣螺纹的方法很多，一般按加工所用铣刀的不同，可分为用盘铣刀铣螺纹、用梳形铣刀铣螺纹、用蜗杆状铣刀铣螺纹和旋风铣螺纹四种，见表2-1。

旋风铣螺纹，实质上就是用硬质合金刀具高速铣螺纹，如图2-19所示。该螺纹刀具装在旋风头上，旋风头的旋转轴线相对于工件轴线倾斜一个螺旋升角 β。旋风头的高速旋转（转速为 $n_刀$）为主运动，工件转速为 $n_工$。每当工件转一转，旋风头沿工件轴线移动一个螺距或导程。这时切削刃在工件上运动轨迹的包络面，就是被切出的螺纹。

通常，旋风铣削机床是用车床改装的，将旋风头装在车床滑板上，由电动机单独驱动。

工件的一端装在卡盘上，另一端用顶尖或托架支承。

（三）磨螺纹

磨螺纹的特点是加工精度高和表面粗糙度值小，可精磨硬度高的工件。磨削螺纹是在专用的螺纹磨床上进行。

外螺纹磨削的方法可分为用单线砂轮磨削螺纹、多线砂轮磨削螺纹和无心磨削螺纹三种。单线砂轮磨削螺纹较为常用。

（四）滚压螺纹

滚压螺纹是一种高效的、无切屑加工螺纹的方法，见表2-1。按其进给方式，滚压螺纹可分为切向进给滚压法（如用搓丝板滚压等），径向进给滚压法和轴向进给滚压法。

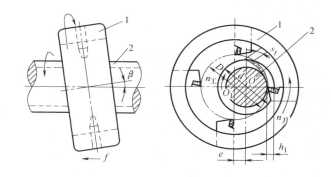

图 2-19　旋风铣螺纹示意图
1—旋风头　2—工件

第六节　数控车削加工工艺

一、数控车削加工的主要对象

数控车削是数控加工中用得最多的加工方法之一。由于数控车床具有加工精度高、能进行直线和圆弧插补（高档车床数控系统还有非圆曲线插补功能）以及在加工过程中能自动变速等特点，因此其工艺范围较普通车床宽得多。针对数控车床的特点，下列几种零件最适合数控车削加工。

1. 轮廓形状特别复杂或难于控制尺寸的回转体零件

由于数控车床具有直线和圆弧插补功能，部分车床数控装置还有某些非圆曲线插补功能，所以可以车削由任意直线和平面曲线组成的形状复杂的回转体零件，难于控制尺寸的回转体零件（如具有封闭内成形面的壳体零件）。图2-20所示的壳体零件封闭内腔的成形面，"口小肚大"，在普通车床上是无法加工的，而在数控车床上则很容易加工出来。

组成零件轮廓的曲线可以是数学方程式描述的曲线，也可以是列表曲线。对于由直线或圆弧组成的轮廓，直接利用机床的直线或圆弧插补功能。对于由非圆曲线组成的轮廓，可以用非圆曲线插补功能；若所选机床没有非圆曲线插补功能，则应先用直线或圆弧去逼近，然后再用直线或圆弧插补功能进行插补切削。

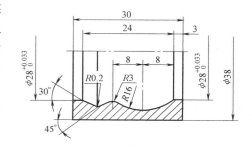

图 2-20　成形内腔零件示例

2. 精度要求高的回转体零件

零件的精度要求主要指尺寸、形状、位置和表面粗糙度等。例如：尺寸精度高（达0.001mm或更小）的零件；圆柱度要求高的圆柱体零件；素线直线度、圆度和倾斜度均要求高的圆锥体零件；线轮廓度要求高的零件（其轮廓形状精度可超过用数控线切割加工的样板精度）；在特种精密数控车床上，还可加工出几何轮廓精度极高（达 0.0001mm）、表面粗糙度值极小（Ra 达 0.02μm）的超精零件（如复印机中的回转鼓及激光打印机上的多面反射体等）。

对于具有恒线速度切削功能的数控车床，能够加工出表面粗糙度值小而均匀的零件。在材质、精车余量和刀具已定的情况下，表面粗糙度主要取决于进给量和切削速度。在普通车床上车削锥面和端面时，因转速恒定不变，致使车削后的表面粗糙度不一致。而使用数控车床的恒线速度切削功能，可选用最佳线速度来切削锥面和端面，加工后的表面粗糙度值小、一致性好。

3. 带特殊螺纹的回转体零件

普通车床所能车削的螺纹相当有限，只能车等导程的直、锥面米制或英制螺纹，而且一台车床只能限定加工若干种导程的螺纹。数控车床不但能车削任何等导程的直、锥和端面螺纹，而且能车增导程、减导程及要求等导程与变导程之间平滑过渡的螺纹，还可以车高精度的模数螺旋零件（如圆柱、圆弧蜗杆）和端面（盘形）螺旋零件等。数控车床可以配备精密螺纹切削功能，再加上一般采用硬质合金成形刀具以及可以使用较高的转速，所以车削出来的螺纹精度高、表面粗糙度小。

二、数控车削加工工艺分析

工艺分析是数控车削加工的前期工艺准备工作。工艺制订得合理与否，对程序编制、机床的加工效率和零件的加工精度都有重要影响。因此，应遵循一般的工艺原则并结合数控车床的特点，认真而详细地制订好零件的数控车削加工工艺，其主要内容有分析零件图样、确定工件在车床上的装夹方式、各表面的加工顺序和刀具的进给路线以及刀具、夹具和切削用量的选择等。

（一）数控车削加工零件的工艺性分析

1. 零件图分析

零件图分析是制订数控车削工艺的首要工作，主要包括以下内容。

（1）尺寸标注方法分析

零件图上尺寸标注方法应适应数控车床加工的特点，如图 2-21 所示，应以同一基准标注尺寸或直接给出坐标尺寸。这种标注方法既便于编程，又有利于设计基准、工艺基准、测量基准和编程原点的统一。

（2）轮廓几何要素分析　在手工编程时，要计算每个节点坐标，在自动编程时，要对构成零件轮廓的所有几何元素进行定义，因此在分析零件图时，要分析几何元素的给定条件是否充分正确。

如图 2-22 所示，根据尺寸计算，圆弧与斜线相交而并非相切。又如图 2-23 所示，给定的几何条件自相矛盾，总长不等于各段长度之和。

（3）精度及技术要求分析　对被加工零件的精度及技术要求进行分析，是零件工艺性分析的重要内容。只有在分析零件尺寸精度和表面粗糙度的基础上，才能正确合理地选择加工方法、装夹方式、刀具及切削用量等。精度及技术要求分析的主要内容如下。

1）分析精度及各项技术要求是否齐全、是否合理。

2）分析本工序的数控车削加工精度能否达到图样要求，若达不到，需采取其他措施（如磨削）弥补的话，则应给后续工序留有余量。

3）找出图样上有位置精度要求的表面，这些表面应在一次安装下完成。

4）对表面粗糙度要求较高的表面，应确定用恒线速度切削。

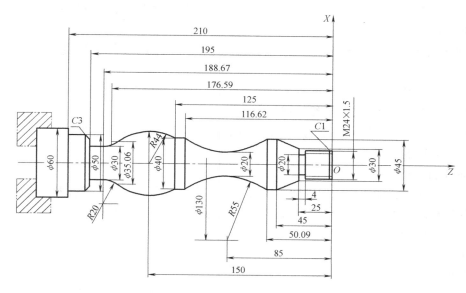

图 2-21　尺寸标注方法分析

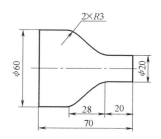

图 2-22　几何元素缺陷示例一

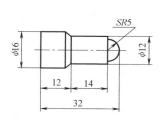

图 2-23　几何元素缺陷示例二

2. 结构工艺性分析

　　零件的结构工艺性是指零件对加工方法的适应性，即所设计的零件结构应便于加工成形。在数控车床上加工零件时，应根据数控车削的特点，认真审视零件结构的合理性。如图 2-24a 所示零件，需用三把不同宽度的切槽刀切槽，如无特殊需要，显然是不合理的，若改成图 2-24b 所示结构，只需一把刀即可切出三个槽，既减少了刀具数量，少占了刀架刀位，又节省了换刀时间。在结构分析时，若发现问题应向设计人员或有关部门提出修改意见。

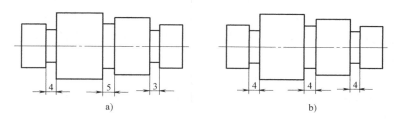

图 2-24　结构工艺性示例

3. 零件安装方式的选择

在数控车床上零件的安装方式与普通车床一样，要合理选择定位基准和夹紧方案，主要注意以下两点。

1）力求设计、工艺与编程计算的基准统一，这样有利于提高编程时数值计算的简便性和精确性。

2）尽量减少装夹次数，尽可能在一次装夹后，加工出全部待加工面。

（二）数控车削加工工艺路线的拟订

由于生产规模的差异，对于同一零件的车削工艺方案是有所不同的，应根据具体条件，选择经济、合理的车削工艺方案。

1. 加工方法的选择

在数控车床上，能够完成内外回转体表面的车削、钻孔、镗孔、铰孔和攻螺纹等加工操作，具体选择时应根据零件的加工精度、表面粗糙度、材料、结构形状、尺寸及生产类型等因素，选用相应的加工方法和加工方案。

2. 加工工序划分

在数控车床上加工零件，工序可以比较集中，一次装夹应尽可能完成全部工序。与普通车床加工相比，加工工序划分有其自己的特点，常用的工序划分原则有以下两种。

（1）保持精度原则　数控加工要求工序尽可能集中，通常粗、精加工在一次装夹下完成，但为减少热变形和切削力变形对形状、位置精度、尺寸精度和表面粗糙度的影响，也可将粗、精加工分开进行。对轴类或盘类零件，将待加工面先粗加工，留少量余量精加工，来保证表面质量要求。对轴上有孔、螺纹的加工，应先加工表面而后加工孔、螺纹。

（2）提高生产效率的原则　为减少换刀次数，节省换刀时间，应将需用同一把刀加工的加工部位全部完成后，再换另一把刀来加工其他部位。同时应尽量减少空行程，用同一把刀加工多个部位时，应以最短的路线到达各加工部位。

实际生产中，数控加工工序的划分要根据具体零件的结构特点、技术要求等情况综合考虑。

3. 加工路线的确定

在数控加工中，刀具（严格说是刀位点）相对于工件的运动轨迹和方向称为加工路线，即刀具从对刀点开始运动起，直至结束加工程序所经过的路径，包括切削加工的路径及刀具引入、返回等非切削空行程。加工路线的确定首先必须保证被加工零件的尺寸精度和表面质量，其次考虑数值计算简单、走刀路线尽量短、效率较高等。

因精加工的加工路线基本上都是沿其零件轮廓顺序进行的，因此确定进给路线的工作重点是确定粗加工及空行程的加工路线。下面举例分析数控车削加工零件时常用的加工路线。

（1）车圆锥的加工路线分析　在车床上车外圆锥时可以分为车正锥和车倒锥两种情况，而每一种情况又有两种加工路线。如图 2-25 所示为车正锥的两种加工路线。按图 2-25a 所示车正锥时，需要计算终刀距 S。假设圆锥大径为 D，小径为 d，锥长为 L，背吃刀量为 a_p，则由相似三角形可得

$$(D - d)/2L = a_p/S$$

则 $S = 2La_p/(D - d)$，按此种加工路线，刀具切削运动的距离较短。

当按图 2-25b 所示的加工路线车正锥时，则不需要计算终刀距 S，只要确定背吃刀量 a_p，即可车出圆锥轮廓，编程方便。但在每次切削中，背吃刀量是变化的，而且切削运动的路线较长。

　　图 2-26a、b 所示为车倒锥的两种加工路线，与图 2-25a、b 所示相对应，其车锥原理与正锥相同。

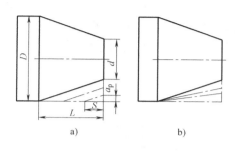

图 2-25　车正锥的两种加工路线

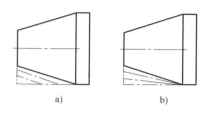

图 2-26　车倒锥的两种加工路线

　　（2）车圆弧的加工路线分析　应用 G02（或 G03）指令车圆弧，若用一刀就把圆弧加工出来，这样吃刀量太大，容易打刀。所以，实际切削时，需要多刀加工，先将大部分余量切除，最后才车得所需圆弧。

　　图 2-27 所示为车圆弧的车圆法加工路线，即用不同半径圆来车削，最后将所需圆弧加工出来。此方法在确定了每次背吃刀量后，对 90° 圆弧的起点、终点坐标较易确定。图 2-27a 所示的加工路线较短，但图 2-27b 所示的空行程时间较长。此方法数值计算简单，编程方便，常采用，可适合于加工较复杂的圆弧。

　　图 2-28 所示为车圆弧的车锥法加工路线，即先车一个圆锥，再车圆弧。但要注意车锥时的起点和终点的确定。若确定不好，则可能损坏圆弧表面，也可能将余量留得过大。确定方法是连接 OB 交圆弧于 D，过 D 点作圆弧的切线 AC。由几何关系得

$$BD = OB - OD = \sqrt{2}R - R = 0.414R$$

　　此为车锥时的最大切削余量，即车锥时，加工路线不能超过 AC 线。由 BD 与 $\triangle ABC$ 的关系，可得

$$AB = CB = \sqrt{2}BD = 0.586R$$

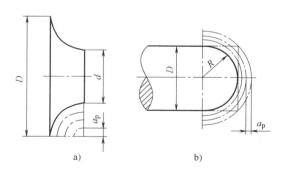

图 2-27　车圆弧的车圆法加工路线

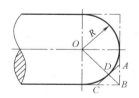

图 2-28　车圆弧的车锥法加工路线

　　这样可以确定出车锥时的起点和终点。当 R 不太大时，可取 $AB = CB = 0.5R$。此方法数值计算较繁，但其刀具切削路线较短。

　　（3）轮廓粗车加工路线分析　切削进给路线最短，可有效提高生产效率，降低刀具损

耗。安排最短切削进给路线时，应同时兼顾零件的刚性和加工工艺性等要求，不要顾此失彼。

图 2-29 所示为三种不同的轮廓粗车切削进给路线图。图 2-29a 所示为利用数控系统具有的封闭式复合循环功能控制车刀沿着轮廓线进行进给的路线；图 2-29b 所示为三角形循环进给路线；图 2-29c 所示为矩形循环进给路线，其路线总长最短，因此在同等切削条件下的切削时间最短，刀具损耗最少。

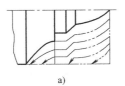 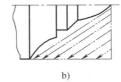 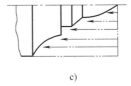

a)　　　　　　　　　　b)　　　　　　　　　　c)

图 2-29　三种不同的轮廓粗车切削进给路线图

（4）车螺纹时的轴向进给距离分析　在数控车床上车螺纹时，沿螺距方向的 Z 向进给应和车床主轴的旋转保持严格的速比关系，因此应避免在进给机构加速或减速的过程中切削。为此要有引入距离 δ_1 和超越距离 δ_2。如图 2-30 所示，δ_1 和 δ_2 的数值与车床驱动系统的动态特性、螺纹的螺距和精度等因素有关。一般 δ_1 为 $2 \sim 5\mathrm{mm}$，对大螺距和高精度的螺纹取大值；δ_2 一般为 $1 \sim 2\mathrm{mm}$。这样在切削螺纹时，能保证在升速后使刀具接触工件，刀具离开工件后再降速。

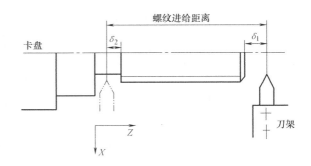

图 2-30　切削螺纹时引入/超越距离

此外，车削余量较大的毛坯或车削螺纹时，都有一些多次重复进给的动作，且每次进给的轨迹相差不大，这时进给路线的确定可采用数控系统固定循环功能，详见数控编程有关教材。

4. 车削加工顺序的安排

制订车削加工顺序一般遵循下列原则。

（1）先粗后精　按照粗车—半精车—精车的顺序进行，逐步提高加工精度。粗车将在较短的时间内将工件表面上的大部分加工余量（如图 2-31 所示的双点画线内部分）切掉，一方面提高金属切除率，另一方面满足精车的余量均匀性要求。若粗车后所留余量的均匀性满足不了精加工的要求时，则要安排半精车，以此为精车做准备。精车要保证加工精度，按图样尺寸一刀切出轮廓。

（2）先近后远　在一般情况下，离对刀点近的部位先加工，离对刀点远的部位后加工，以便缩短刀具移动距离，减少空行程时间。对于车削而言，先近后远还有利于保持坯件或半成品的刚性，改善其切削条件。

如图 2-32 所示，当第一刀吃刀量未超限时，应该按 $\phi 34_{-0.1}^{0}\mathrm{mm}—\phi 36_{-0.1}^{0}\mathrm{mm}—\phi 38_{-0.1}^{0}\mathrm{mm}$ 的次序先近后远地安排车削顺序。

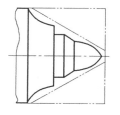

图 2-31　先粗后精

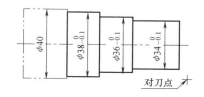

图 2-32　先近后远

（3）内外交叉　对既有内表面（内型腔），又有外表面需加工的零件，安排加工顺序时，应先进行内外表面粗加工，后进行内外表面精加工。切不可将零件上一部分表面（内表面或外表面）加工完毕后，再加工其他表面（内表面或外表面）。

（4）基面先行原则　用作精基准的表面应优先加工出来，因为定位基准的表面越精确，装夹误差就越小。如轴类零件加工时，总是先加工中心孔，再以中心孔为精基准加工外圆表面和端面。

（三）数控车削加工工序的设计

1. 夹具的选择

车削加工主要用于加工内外圆柱面、圆锥面、回转成形面、螺纹及端面等。上述各表面都是绕车床主轴轴心旋转而形成的，根据这一加工特点和夹具在车床上安装的位置，可将车床夹具分为两种基本类型：一类是安装在车床主轴上的夹具，这类夹具和车床主轴相连接并带动工件一起随主轴旋转，除了各种卡盘（三爪、四爪）、顶尖等通用夹具或其他车床附件外，往往根据加工的需要设计出各种心轴或其他专用夹具；另一类是安装在滑板或床身上的夹具，对于某些形状不规则和尺寸较大的工件，常常把夹具安装在车床滑板上，刀具则安装在车床主轴上，刀具做旋转运动，夹具做进给运动。

2. 刀具的选择

（1）常用车刀种类及用途　数控车削常用车刀一般分尖形车刀、圆弧形车刀和成形车刀三类。

1）尖形车刀。它是以直线形切削刃为特征的车刀。这类车刀的刀尖（同时也为其刀位点）由直线形的主、副切削刃构成，如90°内外圆车刀、左右端面车刀、切断（车槽）车刀以及刀尖倒棱很小的各种外圆和内孔车刀。

用这类车刀加工零件时，其零件的轮廓形状主要由一个独立的刀尖或一条直线形主切削刃位移后得到，它与另两类车刀加工时所得到零件轮廓形状的原理是截然不同的。

尖形车刀几何参数（主要是几何角度）的选择方法与普通车削时基本相同，但应结合数控加工的特点（如加工路线，加工干涉等）进行全面的考虑，并应兼顾刀尖本身的强度。

2）圆弧形车刀。它是以一圆度误差或线轮廓误差很小的圆弧形切削刃为特征的车刀（图2-33）。该车刀圆弧刃上每一点都是圆弧形车刀的刀尖，因此，刀位点不在圆弧上，而在该圆弧的圆心上。

当某些尖形车刀或成形车刀（如螺纹车刀）的刀尖具有一定的圆弧形状时，也可作为这类车刀使用。

圆弧形车刀可以用于车削内外表面，特别适合于车削各种光滑连接（凹形）的成形面。

选择车刀圆弧半径时应考虑两点：一是车刀切削刃的圆弧半径应小于或等于零件凹形轮廓上的最小曲率半径，以免发生加工干涉；二是该半径不宜选择太小，否则不但制造困难，还会因刀具强度太弱或刀体散热能力差而导致车刀损坏。

3）成形车刀。成形车刀俗称样板车刀，其加工零件的轮廓形状完全由车刀刀刃的形状和尺寸决定。数控车削加工中，常见的成形车刀有小半径圆弧车刀、非矩形槽车刀和螺纹车刀等。在数控加工中，应尽量少用或不用成形车刀，当确有必要选用时，则应在工艺准备文件或加工程序单上进行详细说明。

图 2-34 所示为常用车刀的种类、形状和用途。

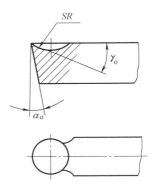

图 2-33　圆弧形车刀

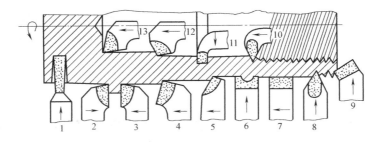

图 2-34　常用车刀的种类、形状和用途
1—切断刀　2—90°左偏刀　3—90°右偏刀　4—弯头车刀　5—直头车刀　6—成形车刀
7—宽刃精车刀　8—外螺纹车刀　9—端面车刀　10—内螺纹车刀　11—内槽车刀
12—通孔车刀　13—不通孔车刀

（2）机夹可转位车刀的选用　目前，数控机床上大多使用系列化、标准化刀具，对机夹可转位外圆车刀、端面车刀等的刀柄和刀头都有国家标准及系列化型号。

对所选择的刀具，在使用前都需对刀具尺寸进行严格的测量以获得精确资料，并由操作者将这些数据输入数控系统，经程序调用而完成加工过程，从而加工出合格的零件。为了减少换刀时间和方便对刀，便于实现机械加工的标准化，数控车削加工时，应尽量采用机夹可转位车刀，其典型结构形式如图 2-35 所示。

1）刀片夹紧方式。可转位车刀的特点体现在通过刀片转位更换切削刃以及所有切削刃用钝后更换新刀片。为此刀片的夹紧必须满足下列要求。

① 定位精度高。刀片转位或更换新刀片后，刀尖位置的变化应在零件精度允许的范围内。

② 刀片夹紧可靠。夹紧元件应将刀片压向定位面，应保证刀片、刀垫、刀杆接触面紧密贴合，经得起冲击和振动，但夹紧力也不宜过大，应力分布应均匀，以免压碎刀片。

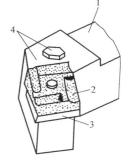

图 2-35　机夹可转位车刀
典型结构形式
1—刀杆　2—刀片　3—刀垫
4—夹紧元件

③ 排屑流畅。刀片前面上最好无障碍，保证切屑排出流畅，并容易观察。特别对于车孔刀，最好不用上压式，防止切屑缠绕划伤已加工表面。

④ 使用方便。转换刀刃和更换新刀片方便、迅速，小尺寸刀具结构要紧凑。

刀片夹紧机构在满足以上要求时，尽可能使结构简单，制造和使用方便。可转位车刀刀片的典型夹紧机构有杠杆式、楔销式、偏心销式、上压式、拉垫式和压孔式六种。

2）可转位刀片的选择。可转位刀片是各种可转位刀具的最关键部分。正确选择和使用可转位刀片是合理设计和使用可转位刀具的重要内容。可转位刀片的选择包括刀片材料、形状及尺寸等。

① 刀片材料的选择。常见刀片材料有高速钢、硬质合金、涂层硬质合金、陶瓷、立方氮化硼和金刚石等，其中应用最多的是硬质合金和涂层硬质合金。选择刀片材料主要依据被加工零件的材料、被加工表面的精度、表面质量要求、切削载荷的大小以及切削过程有无冲击和振动等。

② 刀片形状的选择。刀片形状主要依据被加工零件的轮廓形状、加工工序的性质、刀具寿命和刀片的转位次数等因素选择。被加工表面形状及适用的刀片可参考有关资料选取。

（3）切削用量的选择　数控编程时，编程人员必须确定每道工序的切削用量，并以指令的形式写入程序中。切削用量包括主轴转速、背吃刀量及进给速度等。对于不同的加工方法，需要选用不同的切削用量。切削用量的选择原则是保证零件加工精度和表面粗糙度，充分发挥刀具的切削性能，保证合理的刀具耐用度；并充分发挥机床的性能，最大限度提高生产率，降低成本。

（四）数控车削加工中的装刀与对刀技术

装刀与对刀是数控机床加工中极其重要并十分棘手的一项基本工作。对刀的好与差，将直接影响到加工程序的编制及零件的尺寸精度。通过对刀或刀具预调，还可同时测定其各号刀的刀位偏差，有利于设定刀具补偿量。

1. 车刀的安装

在实际切削中，车刀安装的高低，车刀刀杆轴线是否垂直，对车刀角度有很大影响。以车削外圆（或横车）为例，当车刀刀尖高于工件轴线时，因其车削平面与基面的位置发生变化，使前角增大，后角减小；反之，则前角减小，后角增大。车刀安装的歪斜，对主偏角、副偏角影响较大，特别是在车螺纹时，会使牙形半角产生误差。因此，正确地安装车刀，是保证加工质量，减小刀具磨损，提高刀具使用寿命的重要步骤。

图 2-36 所示为车刀安装角度示意图。图 2-36a 所示为 " - " 的倾斜角度，增大刀具切削力；图 2-36b 所示为 " + " 的倾斜角度，减小刀具切削力。

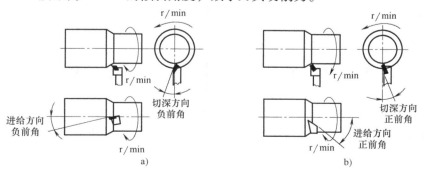

图 2-36　车刀安装角度示意图
a）" - "的倾斜角度（增大刀具切削力）　　b）" + "的倾斜角度（减小刀具切削力）

2. 刀位点

刀位点是指在加工程序编制中，用以表示刀具特征的点，也是对刀和加工的基准点。各类车刀的刀位点如图2-37所示。

3. 对刀

在加工程序执行前，调整每把刀的刀位点，使其尽量重合于某一理想基准点，这一过程称为对刀。理想基准点可以设在基准刀的刀尖上，也可以设定在对刀仪的定位中心（如光学对刀镜内的十字刻线交点）上。

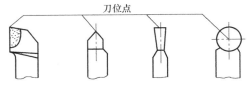

图2-37　各类车刀的刀位点

对刀一般分为手动对刀和自动对刀两大类。目前，绝大多数的数控机床（特别是车床）采用手动对刀，其基本方法有定位对刀法、光学对刀法、ATC对刀法和试切对刀法。在前三种手动对刀方法中，均因可能受到手动和目测等多种误差的影响，其对刀精度十分有限，往往通过试切对刀以得到更加准确和可靠的结果。数控车床常用的试切对刀方法如图2-38所示。

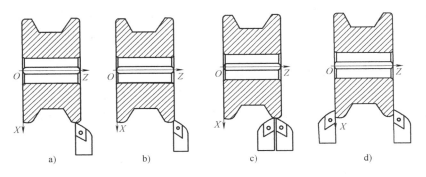

图2-38　数控车床常用的试切对刀方法

a）93°车刀 X 方向对刀　b）93°车刀 Z 方向对刀　c）两把刀 X 方向对刀　d）两把刀 Z 方向对刀

4. 换刀点位置的确定

换刀点是指在编制加工中心、数控车床等多刀加工的各种数控机床所需加工程序时，相对于机床固定原点而设置的一个自动换刀或换工作台的位置。换刀的位置可设定在程序原点、机床固定原点或浮动原点上，其具体的位置应根据工序内容而定。

为了防止在换（转）刀时碰撞到被加工零件或夹具，除特殊情况外，其换刀点都设置在被加工零件的外面，并留有一定的安全区。

第七节　典型轴类零件加工工艺分析

轴类零件的加工工艺因其用途、结构形状、技术要求、产量大小的不同而有所差异。而轴类零件的工艺规程编制是生产中最常遇到的工艺工作。现以某车床主轴和丝杠为典型轴件进行加工工艺分析。

一、轴类零件加工的主要工艺问题

轴类零件加工的主要工艺问题是如何保证各加工表面的尺寸精度、表面粗糙度和主要表面之间的相互位置精度。

轴类零件加工的典型工艺路线：毛坯及其热处理—预加工—车削外圆—铣键槽等—热处理—磨削。

二、CA6140 型卧式车床主轴加工工艺分析

（一）　CA6140 型卧式车床主轴的结构分析

图 2-39 所示为 CA6140 型卧式车床主轴简图。根据对零件简图的分析，该主轴零件的结构具有如下特点：从形状上看，该零件为多阶梯结构的空心轴；从长度与直径之比看，该零件仍接近于刚性主轴；从表面加工类型看，外圆表面有圆柱面、外锥（锥度为 1:12）的支承轴颈 A、B 两处和端部用于安装卡盘的短锥、花键、螺纹，内孔表面有两头内锥（大头为莫氏 6 号、小头为锥度 1:20 的工艺锥）和中部 $\phi48$mm 的通孔。

（二）　CA6140 型卧式车床主轴的技术分析

车床主轴的技术要求是根据其功用和工作条件制订的。车床主轴是车床的关键零件之一，其前端直接与夹具（卡盘、顶尖等）相联接，用以夹持并带动工件旋转完成表面成形运动。为保证车床的加工精度，要求主轴有很高的回转精度；工作时主轴要承受弯矩和转矩作用，又要求其有足够的刚性、耐磨性和抗振性。所以，主轴的加工质量对机床的工作精度有很大影响。为此，对主轴的技术要求有以下几个方面。

（1）支承轴颈　主轴的两支承轴颈 A、B 与相应轴承的内孔配合，是主轴的装配基准，其制造精度将直接影响到主轴的旋转精度。当支承轴颈不同轴时，主轴产生径向圆跳动，影响以后车床使用时工件的加工质量，所以对支承轴颈提出了很高要求。尺寸精度按 IT5 级制造，两支承轴颈的圆度公差为 0.004mm，两支承轴颈的径向圆跳动公差为 0.005mm，表面粗糙度 Ra 值为 0.4μm。

（2）装夹表面　主轴前端锥孔是用于安装顶尖或心轴的莫氏锥孔，其中心线必须与支承轴颈中心线严格同轴，否则会使工件产生圆度、同轴度误差。锥孔对支承轴颈 A、B 的径向圆跳动公差：近轴端处为 0.005mm，距轴端 300mm 处为 0.01mm；表面粗糙度 Ra 值为 0.4μm。

主轴前端短圆锥面是安装卡盘的定心表面。为了保证卡盘的定心精度，短圆锥面必须与支承轴颈同轴，端面必须与主轴回转中心垂直。短圆锥面对支承轴颈 A、B 的径向圆跳动公差为 0.008mm，端面对支承轴颈 A、B 的端面圆跳动公差为 0.008mm，表面粗糙度 Ra 值为 0.8μm。

（3）螺纹表面　主轴的螺纹表面用于锁紧螺母的配合。当螺纹表面中心线与支承轴颈中心线歪斜时，会引起主轴上锁紧螺母的端面圆跳动，导致滚动轴承内圈中心线倾斜，引起主轴径向圆跳动，所以加工主轴上的螺纹表面，必须控制其中心线与支承轴颈中心线的同轴度。

（4）轴向定位面　主轴轴向定位面与主轴回转轴线要保证垂直，否则会使主轴周期性轴向窜动，影响被加工工件的端面平面度，加工螺纹时则会造成螺距误差。

（5）其他技术要求　为了提高零件的综合力学性能，除以上对各表面的加工要求外，还制订了有关的材料选用、热处理等要求。

从以上分析可知，CA6140 型卧式车床主轴的主要加工表面是两个支承轴颈 A、B；端部莫氏 6 号锥孔；端部短锥面 C 及其端面 D；装齿轮的各个配合轴颈等。其中，保证两支承轴颈本身的尺寸精度、几何形状精度、两支承轴颈之间的同轴度是主轴加工的技术关键。

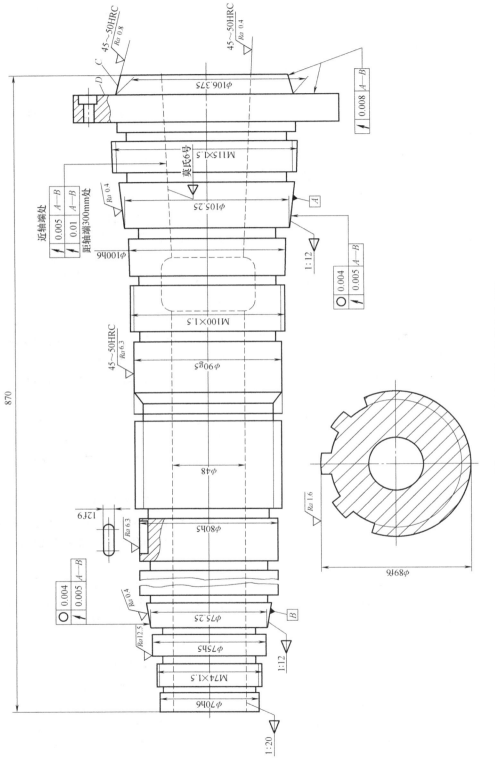

图 2-39　CA6140 型卧式车床主轴简图

（三）CA6140 型卧式车床主轴加工工艺过程及分析

1. CA6140 型卧式车床主轴加工工艺过程

经上述对 CA6140 型卧式车床主轴的结构特点和技术要求进行分析后，可根据生产批量、设备条件，结合轴类零件的加工特点，考虑主轴的加工工艺过程。

表 2-2 列出了单件小批生产时，主轴的加工工艺过程。

表 2-2　单件小批生产时，主轴的加工工艺过程

序号	工序内容	定位基准	设备
1	自由锻		
2	正火		
3	划两端面加工线（总长 870mm）		
4	铣两端面（按划线找正）	外圆	端面铣床
5	划两端中心孔的位置		
6	钻两端中心孔（按划线找正中心）	外圆	钻床或卧式车床
7	车外圆	中心孔	卧式车床
8	调质		
9	车大头外圆、端面及台阶，调头车小头各部	中心孔顶一端，夹另一端	卧式车床
10	钻 $\phi48$mm 通孔（用加长麻花钻加工）	夹一端，托另一端支承轴颈	卧式车床
11	车大头锥孔、外短锥及端面（配莫氏 6 号锥堵），调头车小头锥孔（配 1:20 锥堵）	夹一端，托另一端支承轴颈	卧式车床
12	划大头端面孔		
13	钻大头端面孔（按划线找正）		钻床
14	表面淬火		
15	精车外圆并车槽	中心孔顶一端，夹另一端	卧式车床
16	精磨 $\phi75h5$、$\phi90g5$	两锥堵中心孔	外圆磨床
17	磨小头锥孔（重配 1:20 锥堵），调头粗磨大头锥孔（重配莫氏 6 号锥堵）	夹一端，托另一端支承轴颈	内圆磨床
18	粗、精铣花键	两锥堵中心孔	卧式铣床
19	铣 12f9 键槽	$\phi80h5$ 处外圆	万能铣床
20	车大头内侧、车三处螺纹（配螺母）	两锥堵中心孔	卧式车床
21	精磨各外圆及两端面	两锥堵中心孔	外圆磨床
22	粗磨两处 1:12 外锥面	两锥堵中心孔	外圆磨床
23	精磨两处 1:12 外锥面、D 端面及短锥面 C	两锥堵中心孔	外圆磨床
24	精磨莫氏 6 号锥孔	夹小头，托大头支承轴颈	锥孔磨床
25	按图样要求全部检验		

2. CA6140 型卧式车床主轴加工工艺过程分析

（1）定位基准的选择　主轴主要表面的加工顺序在很大程度上取决于定位基准的选择。轴类零件本身的结构特征和主轴上各主要表面的位置精度要求都决定了以轴线为定位基准是最理想的。这样既基准统一，又使定位基准与设计基准重合。一般多以外圆为粗基准，以轴两端的中心孔为精基准。具体选择时还要注意以下几点。

1）当各加工表面间相互位置精度要求较高时，最好在一次装夹中完成各个表面的加工。

2）粗加工或不能用两端中心孔（如加工主轴锥孔）定位时，为提高加工时工艺系统的刚度，可只用外圆表面定位或用外圆表面和一端中心孔作为定位基准。在加工过程中，应交替使用轴的外圆和一端中心孔作为定位基准，以满足相互位置精度要求。

3）由于主轴是带通孔的零件，在通孔钻出后将使原来的中心孔消失。为了仍能用中心孔定位，一般均采用带有中心孔的锥堵或锥套心轴，如图2-40所示。当主轴孔的锥度较大（如铣床主轴）时，可用锥套心轴。当主轴孔的锥度较小（如CA6140机床主轴）时，可采用锥堵。必须注意，使用的锥堵和锥套心轴应具有较高的精度并尽量减少其安装次数。锥堵和锥套心轴上的中心孔既是其本身制造的定位基准，又是主轴外圆精加工的基准，因此必须保证锥堵和锥套心轴上的锥面与中心孔有较高的同轴度。若为中

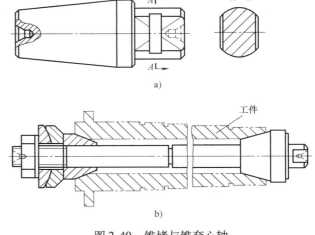

图2-40　锥堵与锥套心轴
a）锥堵　b）锥套心轴

小批生产，工件在锥堵或锥套心轴上安装后一般中途不更换。若外圆和锥孔需反复多次，互为基准进行加工，则在重装锥堵或锥套心轴时，必须按外圆找正，或重新修磨中心孔。

从以上分析来看，表2-2中的主轴加工工艺过程中选择定位基准正是这样考虑安排的。工艺过程一开始就以外圆作为粗基准铣端面钻中心孔，为粗车准备了定位基准；而粗车外圆则为钻深孔准备了定位基准；此后，为了给半精加工、精加工外圆准备定位基准，又先加工好前后锥孔，以便安装锥堵，即可用锥堵上的两中心孔作为定位基准；终磨锥孔前须磨好轴颈表面为的是将支承轴颈作为定位基准。上述定位基准选择各工序兼顾，也体现了互为基准原则。

（2）加工阶段的划分　由表2-2中的主轴加工工艺过程可知，根据粗、精加工分开原则来划分阶段，极为重要。这是由于主轴毛坯余量较大且不均匀，当切除大量金属后，会引起内应力重新分布而变形。因此，主轴加工通常以主要表面加工为主线，划分为三个阶段：粗加工阶段，包括粗车各外圆、钻中心孔等；半精加工阶段，包括半精车各外圆及两端锥孔等；精加工阶段，包括粗、精磨各外圆及两端锥孔等。其他次要表面适当穿插在各个阶段进行。各阶段的划分大致以热处理为界，将整个加工过程按粗、精加工划分为不同的阶段，这是制订工艺规程的一个原则，目的是为了保证加工质量和降低生产费用。一般精度的主轴，精磨为最终工序。对于精密主轴，还应有光整加工阶段。

（3）热处理工序的安排　在主轴加工的整个工艺过程中，应安排足够的热处理工序，以保证主轴力学性能及加工精度要求，并改善工件的切削加工性能。

一般在主轴毛坯锻造后，首先安排正火处理，以消除锻造内应力，细化晶粒，改善机加工时的切削性能。

在粗加工阶段，经过粗车、钻孔等工序，主轴的大部分加工余量被切除。粗加工过程中

切削力和发热都很大，在力和热的作用下，主轴产生很大内应力，通过调质处理可消除内应力，代替时效处理，同时可以得到所要求的韧性，所以粗加工后应安排调质处理。

半精加工后，除重要表面外，其他表面均已达到设计尺寸。重要表面仅剩精加工余量，这时对支承轴颈、配合轴颈、锥孔等安排淬火处理，使之达到设计的硬度要求，保证这些表面的耐磨性。而后续的精加工工序可以消除淬火的变形。

（4）加工顺序的安排　机加工顺序的安排依据"基面先行，先粗后精，先主后次"的原则进行。对主轴零件一般是准备好中心孔后，先加工外圆，再加工内孔，并注意粗精加工分开进行。在 CA6140 型卧式车床主轴加工工艺中，以热处理为标志，调质处理前为粗加工，淬火处理前为半精加工，淬火后为精加工。这样把各阶段分开后，保证了主要表面的精加工最后进行，不致因其他表面加工时的应力影响主要表面的精度。

在安排主轴工序时，还应注意以下几点。

1）深孔加工应安排在调质以后进行。因为调质处理变形较大，深孔产生弯曲变形难以纠正。此外，深孔加工还应安排在外圆粗车或半精车之后，以便有一个较精确的轴颈作为定位基准，保证孔与外圆同心，使主轴壁厚均匀。若仅从定位基准考虑，希望始终用中心孔定位，避免使用锥堵，那么深孔加工安排到最后为好。但深孔加工是半精加工，发热量大，破坏外圆加工精度，所以深孔加工只能在半精加工阶段进行。

2）外圆表面的加工顺序应先加工大直径外圆，然后加工小直径外圆，以免一开始就降低了工件的刚度。

3）主轴上的花键、键槽等次要表面的加工一般应安排在外圆精车或粗磨之后，精磨外圆之前进行。因为如果在精车前就铣出键槽，一方面，在精车时，由于断续切削而产生振动，既影响加工质量，又容易损坏刀具；另一方面，键槽的尺寸要求也难以保证。这些表面加工也不宜安排在主要表面精磨后进行，以免破坏主要表面的精度。

4）主轴上螺纹表面加工宜安排在主轴局部淬火之后进行，以免由于淬火后的变形而影响螺纹表面和支承轴颈的同轴度。

（5）主轴锥孔的磨削　轴的前端锥孔是安装顶尖或定位心轴的定位基准，其质量好坏直接影响到车床的质量，所以主轴锥孔磨削是轴加工的关键工序。

轴的前端锥孔除对其本身精度、接触面积有较高要求外，对它的中心线与轴的支承轴颈的同轴度也有较严格的要求。因此，为了保证同轴度的要求，轴的前端锥孔磨削工序一般选支承轴颈作为定位基准。单件小批生产时，可在一般磨床上进行加工。尾端夹持在四爪单动卡盘上，前端用中心架支承在前锥附近的精密外圆上，经过严格校正后方可进行加工。这种方法辅助时间长，生产效率低，质量不稳定。成批生产时大都采用专用夹具进行加工。

三、典型零件的数控车削加工工艺分析

以图 2-41 所示典型轴类零件为例，所用机床为 TND360 数控车床，其数控车削加工工艺分析如下。

1. 零件图工艺分析

该零件表面由圆柱、圆锥、顺圆弧、逆圆弧及双线螺纹等表面组成，其中多个直径尺寸有较严的尺寸公差要求；球面 $S\phi50mm$ 的尺寸公差还兼有控制该球面形状（线轮廓）误差的作用。尺寸标注完整，轮廓描述清楚。零件材料为 45 钢，无热处理和硬度要求。

通过上述分析，可采取以下几点工艺措施。

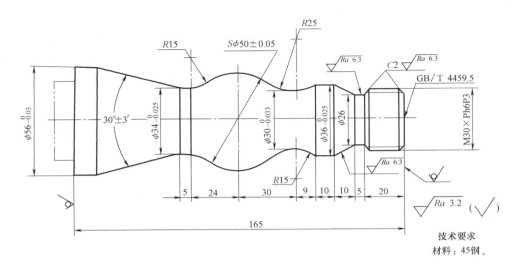

图 2-41　典型轴类零件

　　1）对图样上给定的几个精度要求较高的尺寸，因其公差数值较小，故编程时不必取平均值，而全部取其公称尺寸即可。

　　2）在轮廓曲线上，有三处为过象限圆弧，其中两处为既过象限又改变进给方向的轮廓曲线，因此在加工时应进行机械间隙补偿，以保证轮廓曲线的准确性。

　　3）为便于装夹，坯件左端应预先车出夹持部分（双点画线部分），右端面也应先粗车出并钻好中心孔。毛坯选 ϕ60mm 棒料。

　　2. 确定装夹方案

　　确定坯件轴线和左端大端面（设计基准）为定位基准。左端采用自定心卡盘定心夹紧、右端采用活动顶尖支承的装夹方式。

　　3. 确定加工顺序及进给路线

　　加工顺序按由粗到精、由近到远（由右到左）的原则确定，即先从右到左进行粗车（留 0.25mm 精车余量），然后从右到左进行精车，最后车削螺纹。

　　TND360 数控车床具有粗车循环和车螺纹循环功能，只要正确使用编程指令，机床数控系统就会自行确定其进给路线，因此，该零件的粗车循环和车螺纹循环不需要人为确定其进给路线。但精车的进给路线需要人为确定，该零件是从右到左沿零件表面轮廓进给，如图2-42 所示。

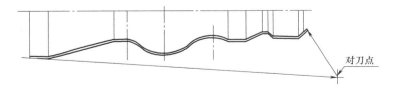

图 2-42　精车轮廓进给路线

　　4. 刀具选择

　　1）选用 ϕ5mm 中心钻钻削中心孔。

2）粗车及平端面选用硬质合金 90°外圆车刀。为防止副后刀面与工件轮廓干涉（可用作图法检验），副偏角不宜太小，选 $\kappa'_r = 35°$。

3）为减少刀具数量和换刀次数，精车和车螺纹选用硬质合金 60°外螺纹车刀，刀尖圆弧半径应小于轮廓最小圆角半径，取 $r_\varepsilon = 0.15 \sim 0.2mm$。

将所选定的刀具参数填入表 2-3 数控加工刀具卡片中，以便于编程和操作管理。

表 2-3　数控加工刀具卡片

产品名称或代号		×××	零件名称		轴	零件图号	×××
序号	刀具号	刀具规格名称	数量	加工表面		刀尖半径/mm	备注
1	T01	ϕ5mm 中心钻	1	钻 ϕ5mm 中心孔			
2	T02	硬质合金 90°外圆车刀	1	车端面及粗车轮廓			右偏刀
3	T03	硬质合金 60°外螺纹车刀	1	精车轮廓及螺纹		0.15	
编制	×××	审核	×××	批准	×××	共　页	第　页

5. 切削用量选择

1）背吃刀量的选择。轮廓粗车循环时选 $a_p = 3mm$，精车 $a_p = 0.25mm$；螺纹粗车循环时选 $a_p = 0.4mm$，精车 $a_p = 0.1mm$。

2）主轴转速的选择。车直线和圆弧时，粗车切削速度 $v_c = 90m/min$、精车切削速度 $v_c = 120m/min$，然后计算主轴转速 n（粗车工件直径 $D = 60mm$，精车工件直径取平均值）：粗车为 500r/min、精车为 1200r/min。车螺纹时，主轴转速 $n = 320r/min$。

3）进给速度的选择。选择粗车、精车每转进给量分别为 0.4mm 和 0.15mm，再计算粗车、精车进给速度分别为 200mm/min 和 180mm/min。

将前面分析的各项内容综合成数控加工工序卡片（表 2-4），其是编制加工程序的主要依据和操作人员配合数控程序进行数控加工的指导性文件，主要内容包括工步顺序、工步内容、各工步所用的刀具及切削用量等。

表 2-4　数控加工工序卡片

单位名称		×××	产品名称或代号		零件名称		零件图号	
			×××		轴		×××	
工序号		程序编号	夹具名称		使用设备		车间	
001		×××	三爪卡盘和活动顶尖		TND360		数控中心	
工步号	工步内容		刀具号	刀具规格/mm	主轴转速/(r/min)	进给速度/(mm/min)	背吃刀量/mm	备注
1	平端面		T02	25×25	500			手动
2	钻中心孔		T01	ϕ5	950			手动
3	粗车轮廓		T02	25×25	500	200	3	自动
4	精车轮廓		T03	25×25	1200	180	0.25	自动
5	粗车螺纹		T03	25×25	320	960	0.4	自动
6	精车螺纹		T03	25×25	320	960	0.1	自动
编制	×××	审核	×××	批准	×××	年　月　日	共　页	第　页

四、丝杠加工工艺分析

丝杠就其结构形状来看是细而长的挠性轴，其长径比很大，一般都在 20～50 左右，刚性很差，加上其结构比较复杂，有要求很高的螺纹表面，又有阶梯及沟槽，因此，在加工过程中很容易产生变形。这是丝杠加工中影响精度的一个主要因素。为此，在编制丝杠的工艺过程时，应主要考虑如何防止弯曲变形，减少内应力和提高螺距精度等问题。

（一）典型丝杠的加工工艺过程

丝杠有淬火和不淬火两类，每类丝杠加工的工艺路线，又会因其精度高低、批量大小的不同而有差异。一般 7 级精度以上的丝杠属于精密丝杠，7 级精度以下的丝杠属于普通丝杠。

图 2-43 所示为卧式车床母丝杠零件简图，这种丝杠材料为 Y40Mn 易削钢，不需要淬火，精度为 8 级。表 2-5 中列出了卧式车床母丝杠的加工工艺过程。

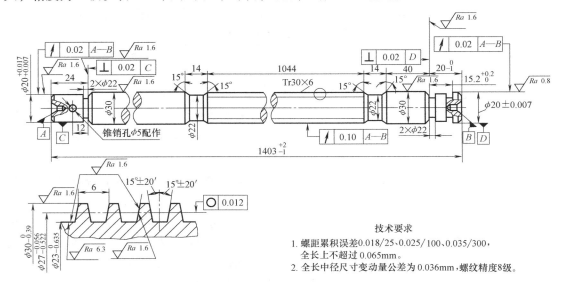

技术要求

1. 螺距累积误差0.018/25、0.025/100、0.035/300，全长上不超过 0.065mm。
2. 全长中径尺寸变动量公差为 0.036mm，螺纹精度8级。

图 2-43　卧式车床母丝杠零件简图

表 2-5　卧式车床母丝杠加工工艺过程

工序号	工 序 内 容	定位基准面
010	下料	
020	正火、校直(径向圆跳动≤1.5mm)	
030	车端面、钻中心孔	外圆表面
040	粗车两端外圆	双中心孔
050	校直(径向圆跳动≤0.6mm)	
060	高温时效(径向圆跳动≤1mm)	
070	重钻中心孔取总长	外圆表面
080	半精车两端及外圆	双中心孔
090	校直(径向圆跳动≤0.2mm)	
100	无心粗磨外圆	外圆表面
110	旋风车螺纹	双中心孔
120	校直、低温时效($t=170℃$,12h)(径向圆跳动≤0.1mm)	
130	无心精磨外圆	外圆表面
140	修研中心孔	
150	车两端轴颈(车前在车床上检查校直)	双中心孔
160	精车螺纹至图样尺寸(车后在车床上检查校直)	双中心孔

（二）丝杠加工工艺特点分析

（1）丝杠的校直及热处理　丝杠工艺除毛坯工序外，在粗加工及半精加工阶段，都安排了校直及热处理工序。校直的目的是为了减少工件的弯曲度，使机械加工余量均匀。时效热处理以消除工件的残余应力，保证工件加工精度的稳定性。一般情况下，需安排三次。一次是校直及高温时效，它安排在粗车外圆以后，还有两次是校直及低温时效，它们分别安排在螺纹的粗加工及半精加工以后。

（2）定位基准面的加工 丝杠两端的中心孔是定位基准面，在安排工艺路线时，应首先将其加工出来。中心孔的精度对加工质量有很大影响。丝杠多选用带有120°保护锥的"B"型中心孔。此外，在热处理后，最后精车螺纹以前，还应适当修整中心孔以保持其精度。

丝杠加工的定位基准面除中心孔外，还要用丝杠外圆表面作为辅助基准面，以便在加工中采用跟刀架，增加刚度。

（3）螺纹的粗、精加工 粗车螺纹工序一般安排在精车外圆以后，半精车及精车螺纹工序则分别安排在粗磨及精磨外圆以后。不淬硬丝杠一般采用车削工艺，经多次加工，逐渐减少切削力和内应力；对于淬硬丝杠，则采用"先车后磨"或"全磨"两种不同的工艺。后者是从淬硬后的光杠上直接用单线或多线砂轮粗磨出螺纹，然后用单线砂轮精磨螺纹。

（4）重钻中心孔（见工序070） 工件热处理后，会产生变形。假设工件有δ的变形量，若仍用原中心孔定位进行外圆加工，则其外圆面需要增加2δ的加工余量，如图2-44所示。为减少其加工余量，而采用重钻中心孔的方法。在重钻中心孔之前，先找出工件上径向圆跳动为最大值的一半的两点，如图2-44所示。以这两点作为定位基准面，用车端面的方法切去原来的中心孔，重新钻中心孔。当使用新的中心孔定位时，工件所必须切去的额外的加工余量将减少到δ。

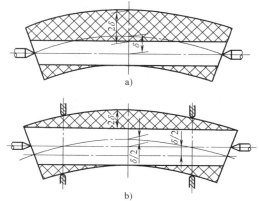

图2-44 重钻中心孔
a）用原中心孔定位 b）用重钻的中心孔定位

习 题 二

2-1 轴类零件有哪些功用？其结构特点是什么？

2-2 轴类零件常选用哪几种材料？对于不同的材料，在加工的各个阶段应安排哪些合适的热处理工序？对于精度要求很高的主轴，在材料选择和热处理工序安排上有何特点？

2-3 无心磨削和中心磨削有何异同？

2-4 超精磨、研磨和高精度磨削各有什么特点？轴类零件的精密加工有什么共同特征？

2-5 为什么对主轴支承轴颈精度和主轴工作表面精度提出严格要求？

2-6 试分析主轴加工工艺过程中如何体现"基准统一""基准重合"和"互为基准"的原则？它们在保证主轴的精度要求中都起了什么重要作用？

2-7 中心孔在轴类零件加工中起什么作用？有哪些技术要求？在什么情况下需进行中心孔的修研？有哪些修研方法？

2-8 如何合理安排轴上的键槽和花键加工顺序？

2-9 数控车削加工的主要对象是什么？

2-10 数控车削加工零件的工艺性分析包括哪些内容？

2-11　制订零件车削加工顺序应遵循什么原则？

2-12　数控车刀按刀刃形状可分为哪三类？

2-13　机夹可转位车刀刀片夹紧机构应满足哪些要求？常用的刀片夹紧机构有哪些？

2-14　编制图 2-45 所示小轴零件的机械加工工艺过程。

生产类型：大批生产；零件材料：45 钢。

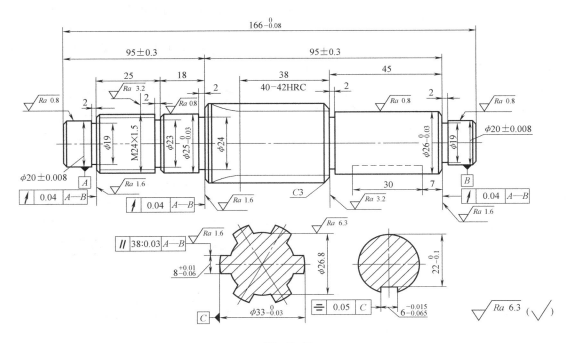

图　2-45

2-15　编制图 2-46 所示轴类零件的数控车削加工工艺，毛坯为 $\phi45\mathrm{mm}$ 棒料（45 钢）。

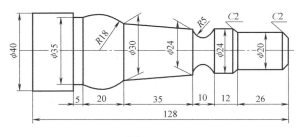

图　2-46

第三章　模具工作零件加工

第一节　概　　述

一、模具工作零件的功用与结构特点

凹模和凸模是模具的工作零件。它们直接与制品材料相接触，完成材料的成形过程。它们的主要特点是形状复杂多样、精度高、热处理硬度要求高、表面粗糙度值小、通常还需要配作。常用的加工方法有机械加工、电火花加工（电火花成形加工、电火花线切割加工）、数控加工等。

二、模具工作零件的技术要求

图 3-1 和图 3-2 所示为一副托板冲模的凹模和凸模，材料为 CrWMn，淬火硬度分别为 60～64HRC 和 56～60HRC，凹模的刃口尺寸有公差，凸模的刃口尺寸按凹刃口实际尺寸配作。

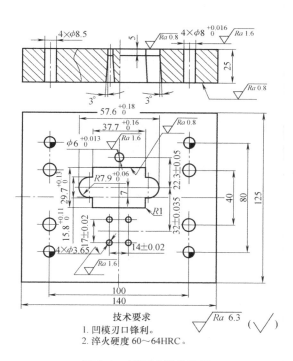

图 3-1　托板冲模的凹模

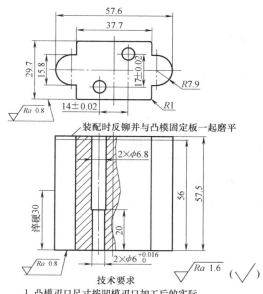

图 3-2　托板冲模的凸模

该凹模及凸模刃口形状由直线及圆弧组成，凹模刃口尺寸标有公差，凸模刃口尺寸没有标注公差，加工时要按凹模刃口实际尺寸及冲裁间隙配作。凹模刃口轮廓属于内表面，采用线切割加工较合适；而凸模刃口轮廓属于外表面，可采用成形磨削加工。它们都是在工件淬

硬后进行。

三、模具工作零件的毛坯

凹模及凸模的材料为 CrWMn，属低变形冷作模具钢。为保证模具的质量和使用寿命，毛坯采用锻件。为便于机械加工，毛坯的形状采用六面体。根据基准重合及便于装夹的原则，凹模和凸模都选平面及两个相互垂直的侧面作为定位及加工的基准面。

第二节　成形磨削方法

磨削加工是模具零件或机械零件加工工艺过程中的精加工工序或最终工序。因此，经磨削后的加工面，必须保证加工面的表面粗糙度要求，保证加工面的形状、尺寸、位置精度符合设计精度的要求。

成形磨削用来对模具的工作零件进行精加工，主要用于加工凸模及镶拼式凹模的工作形面。采用成形磨削加工模具零件，可以获得高精度的尺寸及形状精度，良好的表面质量；可以加工淬硬钢和硬质合金。成形磨削一般安排在淬火后进行，这样减少热处理后的变形现象。

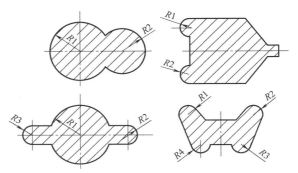

图 3-3　形状复杂的模具零件

形状复杂的模具零件或机械零件一般都是由若干平面、斜面和圆弧面所组成，如图 3-3 所示。成形磨削的原理是把零件的轮廓分解成若干直线和圆弧，然后按照一定的顺序逐段磨削，使其连接圆滑、光整，并达到图样的技术要求。

（1）成形砂轮磨削法　这种方法是利用修整砂轮夹具把砂轮修整成与工件形面完全吻合的形状，然后再用此砂轮对工件进行磨削，使其获得所需的形状，如图 3-4a 所示。利用成形砂轮对工件进行磨削是一种简单有效的方法，可使磨削生产效率高，但砂轮消耗较大。

修整砂轮的夹具主要有修整角度砂轮夹具、修整圆弧砂轮夹具、万能修整砂轮夹具及靠模修整砂轮夹具等几种。

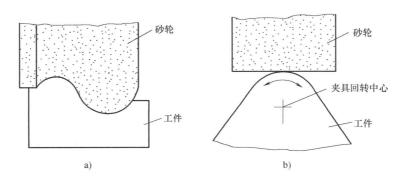

图 3-4　成形磨削的两种方法
a）成形砂轮磨削法　b）夹具磨削法

（2）夹具磨削法　将工件按一定的条件装在专用夹具上，在加工过程中通过夹具的调节使工件固定或不断改变位置，从而使工件获得所需的形状，如图3-4b所示。利用夹具磨削法对工件进行磨削其加工精度很高，甚至可以达到互换性要求。

成形磨削的专用夹具主要有磨平面及斜面用夹具、分度磨削夹具、万能夹具及磨大圆弧夹具等几种。

上述两种磨削方法，虽然各有特点，但在加工模具零件时，为了保证零件质量，提高生产率、降低成本，往往需要两者联合使用。将专用夹具与成形砂轮配合使用时，常可方便地磨削出形状复杂的零件。

成形磨削所使用的设备，可以是特殊专用磨床，如成形磨床，也可以是一般平面磨床。由于设备条件的限制，利用一般平面磨床并借助专用夹具及成形砂轮进行成形磨削的方法，在模具零件的制造中占有很重要的地位。而在一般大中型工厂及专业模具工厂，常利用成形磨床进行磨削，即在成形磨床的夹具工作台上，安装有万能夹具，必要时再配合成形砂轮，可磨削由圆弧及直线组成的复杂模具零件表面，其加工精度高、表面粗糙度值低。

在成形磨削的专用机床中，除成形磨床外，生产中还常用一些数控成形磨床、光学曲线磨床、工具曲线磨床、缩放尺曲线磨床等精密磨削专用设备。

第三节　修整成形砂轮的夹具及应用

一、用挤压轮修整成形砂轮

用挤压轮修整成形砂轮如图3-5所示。用一个与砂轮所要求的表面形状完全吻合的圆盘形挤压轮与砂轮接触，并保持适当压力。由挤压轮带动砂轮转动，在挤压力的作用下，砂轮表面的磨粒和结合剂不断破裂和脱落，获得所要求的砂轮形状。挤压轮的旋转可以机动或手动，其旋转速度一般为50~100r/min。挤压轮用合金工具钢或优质碳素工具钢制造，硬度为58~64HRC，结构如图3-6所示。挤压轮上沿圆周不等分分布的斜槽中有一条为直槽，用以嵌入薄钢片，并与挤压轮的成形面一起加工，加工后的薄钢片用以检查挤压轮的形状。一套挤压轮有两个或三个，一个为标准轮，其余为工作挤压轮。当工作挤压轮磨损后，再用标准挤压轮修整的砂轮进行修磨。采用挤压方法适合于修整形状复杂或带小圆弧的成形砂轮，尤其适用于修整难以用金刚石进行修整的成形砂轮。但这种修整方法要设计和制造挤压轮，只宜在加工零件较多的情况下采用。

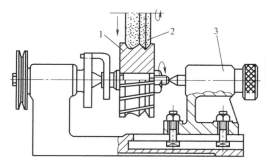

图3-5　用挤压轮修整成形砂轮

1—挤压轮　2—砂轮　3—挤压轮夹具

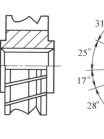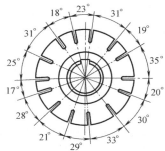

图3-6　挤压轮

二、修整砂轮角度的夹具

修整砂轮角度的夹具结构如图3-7所示，可修整0°～100°范围内的各种角度砂轮。当旋转棘轮1时，通过齿轮8和滑块上齿条7的传动，使装有金刚石刀5的滑块6沿着正弦尺座4的导轨做直线移动。正弦尺座4可以绕心轴9转动，转动的角度是利用在正弦圆柱13与平板11或垫板12之间垫一定尺寸量块的方法来控制的。当正弦尺座4转到所需的角度，拧紧螺母2将正弦尺座4压紧在支架3上。

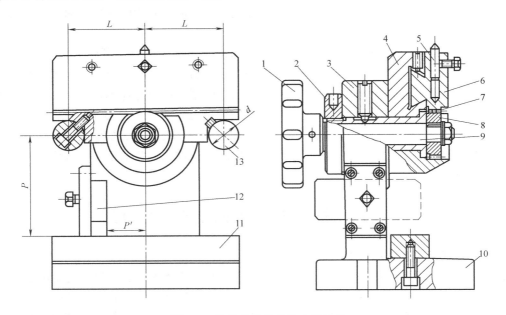

图3-7　修整砂轮角度的夹具结构

1—棘轮　2—螺母　3—支架　4—正弦尺座　5—金刚石刀　6—滑块　7—齿条　8—齿轮
9—心轴　10—底座　11—平板　12—垫板　13—正弦圆柱

使用这种夹具时，先根据所要修整的砂轮角度 α，计算出应垫量块的厚度值 H。

当 $0° \leqslant \alpha \leqslant 45°$ 时（图3-8a），$H = P - L\sin\alpha - d/2$。

当修整砂轮外圆平面时，$\alpha = 0°$，则 $H = P - d/2$。

当 $45° \leqslant \alpha \leqslant 90°$ 时（图3-8b），$H = P' + L\cos\alpha - d/2$。

当修整砂轮垂直侧面时，$\alpha = 90°$，$H = P' - d/2$。

当 $90° \leqslant \alpha \leqslant 100°$ 时（图3-8c），$H = P' - L\cos\alpha - d/2$。

式中　P——心轴回转中心至平板表面的距离（mm）；

　　　P'——心轴回转中心至垫板表面的距离（mm）；

　　　L——正弦圆柱中心至心轴回转中心的距离（mm）；

　　　d——正弦圆柱直径（mm）。

由以上计算可知，当 α 小于45°时适合在正弦圆柱13与平板11之间垫量块；当 α 大于45°时适合在正弦圆柱13与垫板12之间垫量块；而当 α 小于45°不需要使用垫板12时，可将它推进去，使其不妨碍正弦尺座的转动，也不妨碍在平板11上垫放量块。

三、修整砂轮圆弧的夹具

修整砂轮圆弧的夹具结构如图3-9所示，其可修整各种不同半径的凹、凸圆弧，或由圆

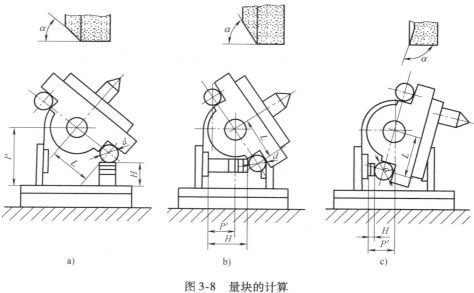

图 3-8　量块的计算

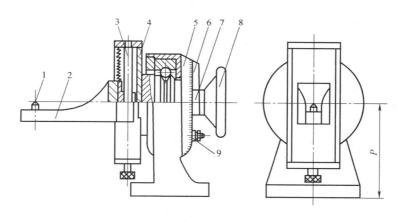

图 3-9　修整砂轮圆弧的夹具结构

1—金刚石刀　2—金刚石刀支架　3—螺杆　4—滑座　5—刻度盘
6—角度标　7—主轴　8—手轮　9—挡铁

弧与圆弧相连的形面。主轴 7 的左端装有滑座 4，金刚石刀 1 固定在金刚石刀支架 2 上。通过螺杆 3 可使金刚石刀架 2 沿滑座 4 上下移动，以调整金刚石刀尖至夹具回转中心的距离，使之获得所修整砂轮的不同圆弧半径。当转动手动手轮 8 时，主轴 7 及固定在其上的滑座 4 等均绕主轴中心回转，回转的角度可用固定在支架上的刻度盘 5、挡铁 9 和角度标 6 来控制。

金刚石刀尖到主轴回转中心的距离就是所修整的圆弧半径大小，此值是用在金刚石刀尖与基准面之间垫量块的方法来调整的。

当修整半径为 R 的凸圆弧砂轮时，如图 3-10a 所示，金刚石刀尖应高于主轴中心，其垫量块值

$$H = P + R$$

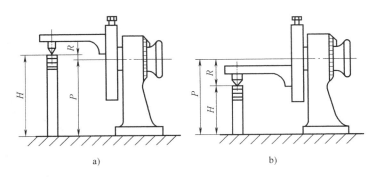

图 3-10　调整金刚石刀尖位置

当修整半径为 R 的凹圆弧砂轮时，如图 3-10b 所示，金刚石刀尖应低于主轴中心，其垫量块值

$$H = P - R$$

式中　P——主轴的中心高。

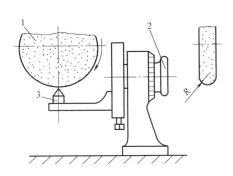

图 3-11　修整圆弧砂轮
1—砂轮　2—手轮　3—金刚石刀

在修整砂轮时，应先根据所修整砂轮的情况（凸或凹形）及半径大小计算量块值，并通过量块调整好金刚石刀尖的位置，如图 3-10 所示。然后转动手轮使刀尖处于砂轮下面，根据砂轮圆弧修整角度调好图 3-9 中挡铁 9 的位置。在砂轮高速回转的情况下，旋转手轮使金刚石刀绕主轴中心来回摆动，即可修整出如图 3-11 所示的圆弧砂轮。

第四节　成形磨削常用的夹具及应用

一、平面磨削常用夹具

具有相互垂直、平行精度要求的六面体模板是模具中的基本构件。为此，将模板正确定位、夹紧于磨床工作台上进行平面磨削是常用的加工方法，其正确定位、夹紧的常用夹具有以下几种。

（1）磁性吸盘、导磁铁　磁性吸盘和导磁铁如图 3-12 和图 3-13 所示。图 3-12 所示的磁性吸盘上为平行导磁铁；图 3-13 所示的磁性吸盘上为端面导磁铁。导磁铁可做成几种不

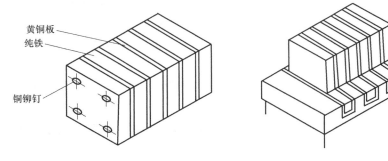

图 3-12　磁性吸盘和平行导磁铁

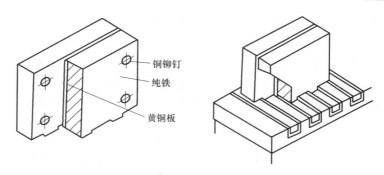

图 3-13　磁性吸盘和端面导磁铁

同的尺寸，一般相同的尺寸做成两件或 4 件为一套。磁性吸盘与导磁铁配合，可装夹工件进行平面磨削，与平口钳相比能够扩大平面磨削的加工范围，适应于磨削扁平的工件。

使用导磁铁装夹工件的方法举例如图 3-14 所示。图 3-14a 所示为磨削一个平面时，要求被磨削面与一个基准面垂直的情况。用平行导磁铁的侧面吸住工件的基准面，限制工件的 $\vec{x}$ 自由度，使基准面与 z 轴保持平行。在工件的底面垫一圆柱，即可限制工件的 $\vec{y}$ 自由度，又解决工件 $\vec{x}$ 的过定位问题。砂轮旋转对工件上平面磨削加工，其进给方向与 z 轴垂直，因此可保证加工后上平面与基准面的垂直。

图 3-14b 所示为磨削一个平面时，要求被磨削面与两个基准面垂直的情况。用平行导磁铁的侧面吸住工件的侧基准面，限制工件 $\vec{x}$ 的自由度，使侧基准面与 z 轴保持平行。用端面

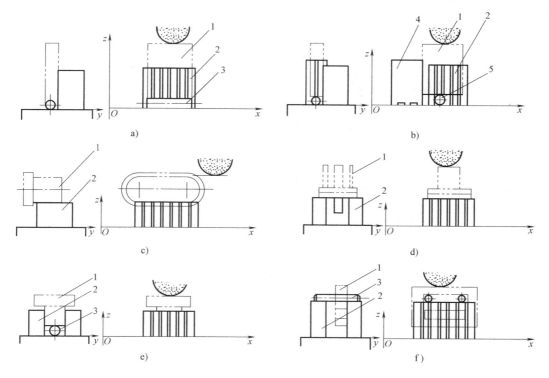

图 3-14　使用导磁铁装夹工件的方法举例

1—工件　2—平行导磁铁　3—圆柱　4—端面导磁铁　5—圆球

导磁体的端面吸住工件的端基准面,限制工件的 $\vec{y}$ 自由度,使端基准面也与 z 轴保持平行。另外在工件的底面垫一圆球,以解决工件 $\vec{x}$、$\vec{y}$ 的过定位问题。砂轮磨削工件上平面,以垂直于 z 轴的方向进给。因此可保证工件加工后,上平面与两个基准面的垂直。

图 3-14c 所示为磨削带凸缘工件的情况。用平行导磁铁的上平面吸住工件的底面,限制工件 $\vec{x}$、$\vec{y}$ 的自由度,让出凸缘部分使工件定位不受影响,即可使磨削后工件的上平面与底面平行。

图 3-14d 所示为装夹带有下突起的工件,并要求磨削平面与下台肩面平行。为使下台肩面与磁性吸盘面平行,用两块高度相等的平行导磁铁吸住工件的下台肩面,限制工件 $\vec{x}$、$\vec{y}$ 的自由度,让出下突起部分使工件定位不受影响,磨削工件上平面即可保证其平行度。

图 3-14e 所示为要求工件被磨削的上平面与两侧基准面垂直的情况。用两块平行导磁铁的侧面分别吸住工件的两侧基准面,限制工件 $\vec{x}$ 的自由度,使该两侧基准面与 z 轴保持平行。在工件的底面垫一圆柱,即可限制 $\vec{y}$ 的自由度,又可解决 $\vec{x}$ 的过定位。砂轮磨削工件上平面,即可保证与其侧基准面的垂直。

图 3-14f 所示为磨削工件外形表面,要求与已加工的内形基准面平行及侧基准面垂直的情况。用两根直径相等的圆柱插入工件已加工的内形基准面,并将圆柱露出的两端放在两块等高的平行导磁铁上,这样可限制工件 $\vec{y}$ 的自由度。同时用其中的一块平行导磁铁吸住工件的一个侧基准面,限制工件 $\vec{x}$ 的自由度。砂轮磨削工件上面,即可保证其几何精度。

(2)精密平口钳　精密平口钳的结构如图 3-15 所示。它主要由螺杆、螺母、钳体、活动钳口与测量柱组成。钳体与活动钳口,需淬火,并进行精密磨削、研磨。测量柱在磨削斜面时,进行比较测量用。精密平口钳装夹工件的尺寸有 60mm 和 80mm。

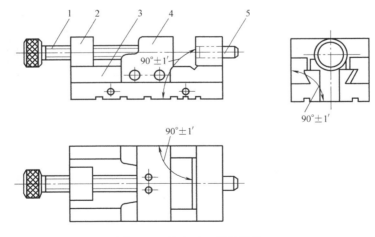

图 3-15　精密平口钳的结构
1—螺杆　2—螺母　3—钳体　4—活动钳口　5—测量柱

精密平口钳是装在磁力工作台上,并校正其钳口平行或垂直于机床 x、y 运动方向后使用。它的作用与用途有:

1)定位、夹紧工件,以备磨削垂直基面。

2)定位、夹紧磁力工作台难以吸住的细小工件或非导磁材料的工件。

3)定位、夹紧工件,进行成形磨削。

二、斜面磨削常用夹具

斜面是机械零件和模具零件结构上常见的工作表面，如型芯楔紧块，斜销分型抽芯机构中的斜滑块、斜滑槽，大型冲模常用的斜楔侧冲机构中斜滑块与斜滑槽以及安装导板用斜面等。加工这些斜面时，不仅要求保证斜角精度和位置精度，而且其表面粗糙度 Ra 也要求在 $0.32 \sim 0.63\mu m$。所以这些斜面在进行磨削时，常用夹具有精密角度导磁铁和各种结构形式的正弦夹具。

（1）角度导磁铁　如图3-16所示，角度导磁体的上、下面 A 和两侧面 B 以及成 β 角的两斜面均需经过精密磨削。角度导磁铁需校正，安装于磁力台上，以吸住工件，并磨削其斜面，适用于磨削带斜面、批量较大的工件。

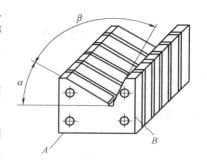

图3-16　角度导磁铁
α—15°，30°，45°等　β—90°

（2）正弦精密平口钳　正弦精密平口钳的结构如图3-17所示。使用时，旋转螺杆4使活动钳口3沿精密钳体1上的导轨移动，以装夹被磨削的工件2。在正弦圆柱5和底座7的定位面之间垫入量块，可使工件倾斜一定的角度。这种夹具用于磨削斜面，最大的倾斜角度为45°。

为了使工件倾斜所需的角度，应垫入的量块值可按下式计算，即

$$H = L\sin\alpha$$

式中　H——应垫入的量块高度（mm）；

　　　　L——两正弦圆柱之间的中心距（mm）；

　　　　α——工件所需的倾斜角度。

（3）测量调整工具　成形磨削工件时，被磨削表面的尺寸往往是用测量调整器、量块和百分表进行比较测量的。

测量调整器的结构如图3-18所示，主要由三角架4、块规座1、滚花螺母2及螺钉3组成。测量时可在测量平台上垫放适量的量块，测量平台能沿着三角架斜面上的"T"形槽移动，当移到所需位置时，利用滚花螺母2及螺钉3使其固定。为了保证测量精度，测量平台的 A、B 面必须与三角架的 C、D 面保持平行。

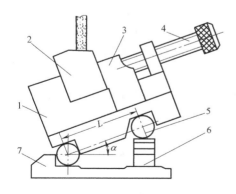

图3-17　正弦精密平口钳的结构
1—精密钳体　2—工件　3—活动钳口
4—螺杆　5—正弦圆柱　6—量块　7—底座

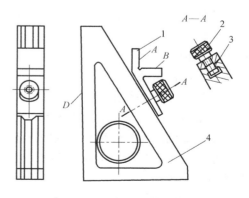

图3-18　测量调整器的结构
1—块规座　2—滚花螺母
3—螺钉　4—三角架

使用测量调整器、量块、百分表进行比较测量的方法通常是：首先在测量平台上垫放适量高度 P 的基础量块，然后调整测量平台的位置。通过百分表对工件基准面和基础量块上表面的测量，使两者的高度相等。当工件被测表面高于其基准面时，在测量平台基础量块的上面再垫入量块组，使百分表在量块组上表面与工件被测表面的读数相同。这样，量块组的高度 S 就等于工件被测表面至基准面的距离，量块的总高度为 $H = P + S$。

当工件被测表面低于其基准面时，将测量平台上的基础量块取下，再重新垫入量块组，使百分表在量块组上表面与工件被测表面的读数相同。这样，量块组的高度为 $H = P - S$，则 S 就等于工件被测表面至基准面的距离。

当然，如果工件被测表面均高于其基准面，也可不用垫放基础量块。

例 3-1 如图 3-19 所示，工件的六面已加工。现磨削 a、b、c 面，而其中 b 和 c 面之间为内接角。

本工件的磨削采用单向正弦电磁夹具，工件的 e 面在夹具电磁吸盘上定位，d 面在挡板上定位，其磨削工艺及夹具使用方法如图 3-20所示。

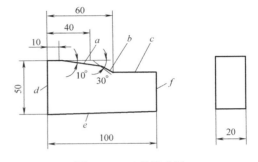

图 3-19 工序尺寸图

工序 1：磨 a 面（图 3-20a）。为保证 10° 的磨削斜面，在正弦圆柱和底座的定位面之间垫入量块（$H_1 = 150\text{mm} \sin10° = 26.0475\text{mm}$）。为了保证 a 面与上平面的外接点距 d 面 10mm，在挡板与电磁吸盘处放置一个 $\phi20\text{mm}$ 的标准圆柱。使用测量调整器，借助百分表调整测量，使平台 B 面与标准圆柱上母线等高。在测量平台上垫放量块，其值 $M_1 = (50\text{mm} - 10\text{mm})\cos10° - 10\text{mm} = 29.392\text{mm}$。用砂轮磨削 a 面，当百分表在 a 面与量块级上表面的读数相同，即可满足 a 面的尺寸要求。

工序 2：磨 b 面（图 3-20b）。为保证 30° 的磨削斜面，在正弦圆柱和底座的定位面之间垫入量块（$H_2 = 150\text{mm} \sin30° = 75\text{mm}$）。为了保证 b 面与上平面的外接点距 d 面 40mm，在测量调整器的测量平台上垫放量块，其值 $M_2 = [(50\text{mm} - 10\text{mm}) + (40\text{mm} - 10\text{mm})\tan30°]\cos30° - 10\text{mm} = 39.64\text{mm}$，调整过程及测量方法与工序 1 相同。

工序 3：磨 c 面（图 3-20c）。由于 c 面与 e 面平行，因此把电磁吸盘置成 0°。为了保证 c 面与 b 面的内接点距 d 面 60mm，在测量调整器的测量平台上垫放量块，其值 $M_3 = 50\text{mm} - (60\text{mm} - 40\text{mm})\tan30° - 20\text{mm} = 18.45\text{mm}$，调整过程及测量方法与工序 1、2 相同，磨削 c 面时，在内接角处留余量。

工序 4：磨内接角（图 3-20d）。先将电磁吸盘置成 30°，用金刚石刀沿台面做直线移动，修整砂轮斜面与水平面成 30°，再将修整好的成形砂轮靠近工件 b、c 面磨内角。

三、磨削圆弧及分度零件用的正弦分中夹具

正弦分中夹具的结构如图 3-21 所示。此夹具适于磨削具有一个回转中心的凸圆弧面、多角体、分度槽等零件，一般零件不带台肩。

正弦分中夹具主要由正弦分度头、尾座和基座 3 部分组成。前顶尖 1 和后顶尖 12 分别装在前支架 8 和尾座 10 内，前支架 8 固定在基座 11 上，而尾座 10 可以在基座 11 的 T 形槽中移动位置。工件装夹在前后顶尖之间。安装工件时，先根据工件的长短调好尾座 10 的位

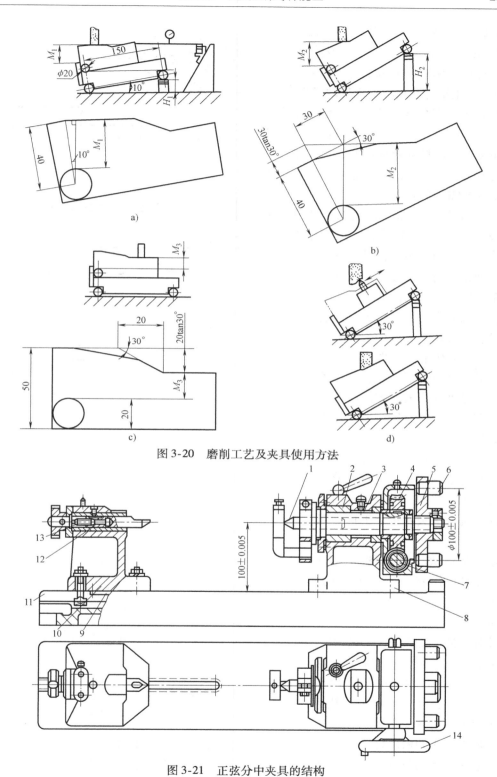

图 3-20　磨削工艺及夹具使用方法

图 3-21　正弦分中夹具的结构

1—前顶尖　2—钢套　3—主轴　4—蜗轮　5—分度盘　6—正弦圆柱

7—蜗杆　8—前支架　9—滑链　10—尾座　11—基座　12—后顶尖　13—螺杆　14—手柄

置，用螺钉将尾座 10 锁紧，然后旋转螺杆
13 使后顶尖 12 移动，以调整顶尖与工件的
松紧。转动与蜗杆 7 连接的手柄 14 时，通
过蜗轮 4、主轴 3 及鸡心夹头带动工件回转。
主轴的后端装有分度盘 5，磨削精度要求不
高时，可直接用分度盘的刻度来控制工件的
回转角度。磨削精度要求高时，可在正弦圆
柱 6 与基座 11 之间垫以一定量块的方法来
获得工件所需的回转角度。

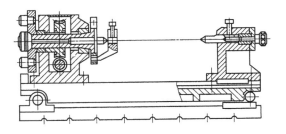

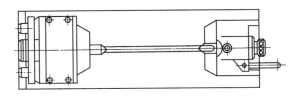

图 3-22 所示为带正弦规的正弦分中夹
具。该夹具与图 3-21 所示的正弦分中夹具
的工作原理、构成相同，只是下部分装有正
弦规，即在纵向可通过在正弦圆柱下垫块构
成一定角度，来磨削锥形成形件。

图 3-22　带正弦规的正弦分中夹具

在正弦分中夹具上，工件的装
夹通常有心轴装夹和双顶尖装夹两
种方法。用心轴装夹工件如图 3-23
所示。如工件本身有内孔，并且此
孔的中心是外成形表面的回转中心
时，可在孔内装入心轴。如工件无
内孔，则可在工件上加工出工艺
孔，用来安装心轴。利用心轴两端
的中心孔将心轴和工件夹持在分中
夹具的两顶尖之间。夹具主轴回转
时，通过鸡心夹头 4 带动工件一起
回转。

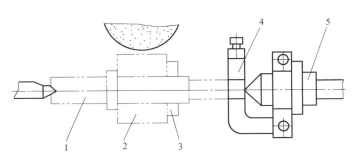

图 3-23　用心轴装夹工件
1—心轴　2—工件　3—螺母　4—鸡心夹头　5—夹具主轴

双顶尖装夹工件如图 3-24 所
示。当工件上没有内孔，也不允许
在工件上加工工艺孔时，可采用双
顶尖装夹法。工件上除应有一对主
中心孔外，还应加工出一个副中心
孔。夹具的加长顶尖 4 和后顶尖对
工件的一对主中心孔进行定位装
夹，副顶尖 1 顶在工件副中心孔中
用来拨动工件随主轴转动。副顶尖

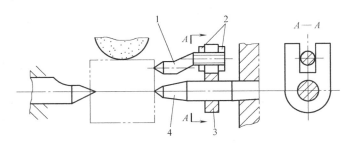

图 3-24　双顶尖装夹工件
1—副顶尖　2—螺母　3—叉形滑板　4—加长顶尖

可在叉形滑板 3 的槽内移动，以适应工件副中心孔的位置，并能借助螺母 3 调节其所需的长
度及锁紧在适当的位置上。副顶尖做成弯的，还可进一步增加其使用范围。但副顶尖对工件
的推力不能过大，否则会使工件的位置产生歪斜。

夹具安装在磨床工作台上时，必须校正夹具的中心线与磨床纵向导轨平行。

正弦分中夹具的使用实例如图 3-25 和图 3-26 所示。由图 3-25 所示工件图可见，工件本身有一个 $\phi 10^{+0.016}_{0}$ mm 的内孔，因此可用心轴装夹法安装工件。

工序 1：磨平面 1（图 3-26a）。旋转工件，使平面 1 处于水平位置，进行磨削，其测量高度为：量块组上表面距夹具中心高出 24.975mm，即 $L_1 = P + 49.95\text{mm}/2 = P + 24.975\text{mm}$。

工序 2：磨平面 2（图 3-26b）。将工件旋转 180°，使平面 2 处于水平位置，进行磨削，其测量高度 $L_2 = L_1$。

工序 3：磨 $R40^{\ 0}_{-0.03}$mm 的凸圆弧（图 3-26c）。将工件的对称中心线置于垂直，且 $R40^{\ 0}_{-0.03}$mm 圆弧在上面，顺逆时针转动工件相同的角度（$\theta_1 = 39°$），由于不会碰坏其他表面，故不必精确计算其包角。磨削工件的 $R40^{\ 0}_{-0.03}$mm 凸圆弧，其测量高度 $L_3 = P + 39.985\text{mm}$。

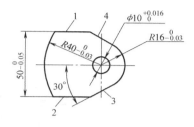

图 3-25 工件图

工序 4：磨 $R16^{\ 0}_{-0.03}$mm 的凸圆弧和两个 30°斜面（图 3-26d）。将工件翻转 180°，使 $R16^{\ 0}_{-0.03}$mm 的凸圆弧向上。顺逆时针转动工件相同的角度（$\theta_2 = 60°$），磨削工件 $R16^{\ 0}_{-0.03}$mm 的凸圆弧，其测量高度 $L_4 = P + 15.985\text{mm}$。由于斜面 3、4 与 $R16^{\ 0}_{-0.03}$mm 凸圆弧相切，因此磨凸圆弧转至极限位置时，斜面 3 或 4 刚好处于水平位置，可利用砂轮的横向进给将斜面 3 和 4 一齐磨出。为精确地保证斜面角度 60°，应在正弦圆柱与量块垫板之间垫入的量块值为：$H_1 = H_0 + 50\text{mm} \sin 30° - 10\text{mm} = H_0 + 15\text{mm}$。

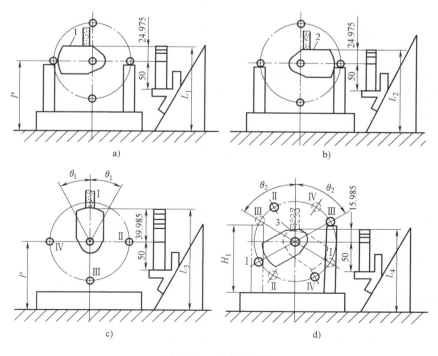

图 3-26 工艺过程图

四、万能夹具

万能夹具用于磨削直线与直线，直线与圆弧或圆弧与圆弧相接的各种形状复杂的工件。

万能夹具的结构如图3-27所示，主要由工件装夹、十字滑板、回转和正弦分度四部分组成。

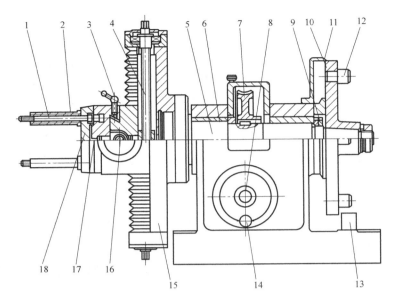

图 3-27　万能夹具的结构

1—螺钉　2—垫柱　3—手柄　4—丝杠　5—主轴　6—衬套　7—蜗轮　8—蜗杆　9—螺母　10—正弦分度盘
11—角度游标　12—正弦圆柱　13—量块垫板　14—手轮　15—纵滑板　16—丝杠　17—横滑板　18—圆盘

工件装夹部分有垫柱2，螺钉1和圆盘18等组成，用来将被磨削的工件通过某种方法固定在夹具上。

十字滑板部分由横滑板17、丝杠16、手柄3、纵滑板15、丝杠4等组成。旋转丝杠16或丝杠4可使工件在2个相互垂直的方向上移动，以调整工件的圆弧中心（或回转中心）与夹具中心重合，当工件移动至所需的位置后，转动手柄3等可将滑板锁紧。

回转部分由主轴5、衬套6、蜗轮7、蜗杆8及手轮14组成。主轴的前端与纵滑板连成一体，旋转手轮，可通过蜗杆、蜗轮、主轴带动十字滑板连同工件绕夹具主轴中心回转，并使正弦分度盘10也同时绕夹具的轴线回转。

正弦分度部分由正弦分度盘10，角度游标11，正弦圆柱12及量块垫板13组成。当对工件回转角度要求不高时，可直接从角度光标11所指的刻度读出。对回转角度要求精确时，应采用在正弦圆柱与量块垫板之间垫量块的方法，来控制夹具的回转角度。应垫量块值的计算及分度部分的用法，与前述正弦分中夹具相同。

在万能夹具的制造及装配中应注意，四个正弦圆柱12的中心十字连线，必须正确地与十字滑板的坐标重合。

万能夹具上工件的装夹方法通常有如下三种。

1）直接用螺钉和垫柱装夹，如图3-28所示。在工件上预先做出工艺螺钉孔（M8～M10），用螺钉和垫柱将工件固紧在圆盘6上，再用螺钉5和滚花螺母4把圆盘6固定在夹具上。螺钉 2 的数目一般用 1 ~ 4 个，视工件大小而定。垫柱的数目与螺钉数目相同，其长度要保证砂轮退出时不致碰坏夹具，一般取 70 ~ 90mm，同时要求各垫柱的高度一致，以保证工件的安装精度。用这种装夹方法，一次装夹便能磨削出工件的整个轮廓，因此适用于磨削封闭形状的工件。

2）用精密平口钳装夹如图 3-29 所示。用螺钉和垫柱将精密平口钳安装在夹具圆盘上，便可利用平口钳装夹工件。用这种装夹方法，工件的装夹过程简单方便，但在 1 次装夹中，只能磨削工件上的一部分表面。

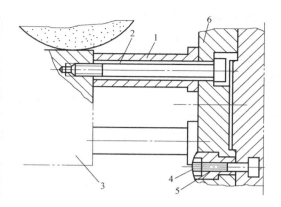

图 3-28　直接用螺钉和垫柱装夹
1—垫柱　2—螺钉　3—工件
4—滚花螺母　5—螺钉　6—圆盘

3）用电磁吸盘装夹如图 3-30 所示。用螺钉和垫柱将电磁吸盘安装在圆盘上，工件在电磁吸盘上被吸牢装夹。这种装夹方法方便迅速，适用于磨削扁平的工件。但在一次装夹中，也只能磨削工件上的一部分表面。

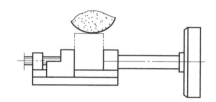

图 3-29　用精密平口钳装夹

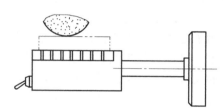

图 3-30　用电磁吸盘装夹

万能夹具中心高的测定方法如图 3-31 所示，用精密平口钳或电磁吸盘装夹 100mm 的量块，并校正成水平（图 3-31a）。用百分表测量量块的 A 面，记下其读数（图 3-31b）。将主轴回转 180°，测量 B 面，将读数与 A 面读数比较，调整纵滑板使 A、B 两面读数一致（图 3-31c）。在测量调整器平台基面上放一组 100mm 的量块，通过百分表的测量来确定测量器的位置，使平台上的量块与精密平口钳或电磁吸盘上的量块等高，则平台基面与万能夹具中心相距 50mm。

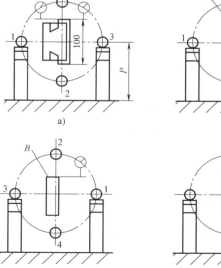

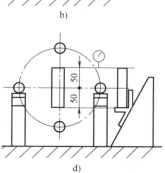

图 3-31　万能夹具中心高的测定

使用万能夹具磨削的工艺要点如下。

1）分析被磨削工件的几何形状，将复杂的几何形面分解成由若干直线和圆弧组成的简单形面。按这些简单形面的类别根据表 3-1 排出每个形面的磨削次序，依次分别进行磨削。

表 3-1　几种类别形面磨削的次序

类别	直线与凸圆弧相连	直线与凹圆弧相连	两个凸圆弧相连	两个凹圆弧相连	凹、凸圆弧相连
先	直线	凹圆弧	大圆弧	小凹圆弧	凹圆弧
后	凸圆弧	直线	小圆弧	大凹圆弧	凸圆弧

2）对于平面或斜面，是将被加工的平面或斜面依次转至水平（或垂直）位置，以便用砂轮进行磨削。对于圆弧形面，除凹圆弧半径较小采用成形砂轮磨削外，一般圆弧中心即为回转中心，磨削时依次调整各中心与夹具中心重合，并按此中心测量各磨削面的尺寸。

3）根据万能夹具磨削的工艺特点，首先要在工件上建立平面坐标系。磨削斜面时，为了将被加工面转至水平位置进行加工，必须知道斜面对坐标轴的倾斜角；为了以回转中心为基准对加工的平面进行比较测量，还要知道各平面与回转中心之间的垂直距离。磨削圆弧时，为了把各回转中心依次调至夹具中心，必须知道各回转中心之间的坐标；为了在磨削圆弧时不致碰坏其他表面，需要知道圆弧的包角，以便在磨削时控制夹具的回转角度。而工件图上的设计尺寸是按设计基准的标注，因此在成形磨削之前必须根据设计尺寸换算所需的工艺尺寸，并绘出工艺尺寸图，以便进行成形磨削。对有公差的设计尺寸，换算时应按中间值进行计算。

例 3-2　某模具的凸模零件图如图 3-32 所示。该工件是由三个平面和五个圆弧所组成的复杂形面，选择两个互相垂直的平面 1 和 3 为工艺基准，建立 xoy 坐标系。图 3-33 所示为工艺尺寸计算图。

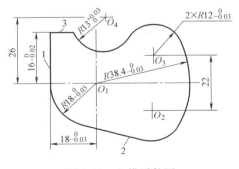

图 3-32　凸模零件图

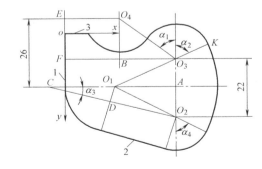

图 3-33　工艺尺寸计算图

① 计算各回转中心的坐标尺寸。$O_{1x} = 17.985\text{mm}$，$O_{1y} = 15.99\text{mm}$。

在 $\triangle O_1 O_3 A$ 中：

$O_1 O_3 = O_1 K - O_3 K = 38.385\text{mm} - 11.985\text{mm} = 26.4\text{mm}$

$O_3 A = 22\text{mm}/2 = 11\text{mm}$

$$O_{3x} = CO_1 + O_1A = CO_1 + \sqrt{O_1O_3^2 - O_3A^2} = 17.985\text{mm} + \sqrt{26.4^2 - 11^2}\text{mm} = 41.984\text{mm}$$

$$O_{3y} = 15.99\text{mm} - O_3A = 4.99\text{mm}$$

$$O_{2x} = O_{3x} = 41.984\text{mm}$$

$$O_{2y} = O_{3y} + 22\text{mm} = 26.99\text{mm}$$

在 $\triangle O_4BO_3$ 中：

$$O_4O_3 = 13.015\text{mm} + 11.985\text{mm} = 25\text{mm}$$

$$O_4B = 26\text{mm} - 22\text{mm}/2 = 15\text{mm}$$

$$BO_3 = \sqrt{O_4O_3^2 - O_4B^2} = 20\text{mm}$$

$$O_{4x} = O_{3x} - BO_3 = 41.984\text{mm} - 20\text{mm} = 21.984\text{mm}$$

$$O_{4y} = 26\text{mm} - 15.99\text{mm} = 10.01$$

② 计算斜面对坐标轴的角度。平面 3、1 分别与 x、y 轴重合。

在直角 $\triangle O_1AO_2$ 中：

$$\angle AO_1O_2 = \arcsin(OA/O_1O_2) = \arcsin(11\text{mm}/26.4\text{mm}) = 24°37'30''$$

在直角 $\triangle O_1DO_2$ 中：

$$\angle O_1O_2D = \arcsin(OD/O_1O_2) = \arcsin[(17.985\text{mm} - 11.985\text{mm})/26.4\text{mm}] = 13°8'10''$$

所以，斜面 2 与 x 轴的角度为

$$\alpha_3 = \angle AO_1O_2 - \angle O_1O_2D = 24°37'30'' - 13°8'10'' = 11°29'20''$$

③ 计算各圆弧的包角。大圆弧 $R38.4_{-0.03}^{0}\text{mm}$ 及凹圆弧 $R13_{0}^{+0.03}\text{mm}$ 可自由回转，不会碰坏其他表面，故不必计算其包角。

圆弧 $R18_{-0.03}^{0}\text{mm}$ 与两个平面相切，平面 1 与 y 轴重合，平面 2 对 x 轴倾斜角 α_3 已求出，因此该圆弧的包角已确定。

以 O_3 为圆心的圆弧 $R12_{-0.03}^{0}\text{mm}$ 与 2 个圆弧相切，包角为 α_1 和 α_2

$$\alpha_1 = \angle BO_4O_3 = \arccos(O_4B/O_4O_3) = \arccos(15\text{mm}/25\text{mm}) = 53°7'50''$$

$$\alpha_2 = \angle O_1O_3A = 90° - \angle AO_1O_2 = 90° - 24°37'30'' = 65°22'30''$$

以 O_2 为圆心的圆弧 $R12_{-0.03}^{0}\text{mm}$ 与一个平面和一个圆弧相切。平面 2 对 x 轴的倾斜角 α_3 已求出，与大圆弧相切的包角为 $\alpha_4 = \alpha_2 = 65°22'30''$。

将以上计算出的尺寸和角度注在图样上，绘出成形磨削工艺尺寸图，如图 3-34 所示。

图 3-32 所示的凸模在成形磨削前各成形表面已经过刨削并留出磨削余量。经热处理淬硬后，两端面已磨平。由于该工件是封闭形状，因此工件的装夹是利用凸模端面上的螺孔，直接用螺钉和垫柱将工件装夹在夹具的圆盘上。

根据图 3-34 所示成形磨削工艺尺寸图及表 3-1，成形磨削的操作过程如下。

1）调整工件的装夹方向（图 3-35）。工件装夹在夹具圆盘上以后，转动圆盘使基准面 1 处于水平位置，用百分表校正。转动夹具主轴 90°，用同样方法使基准面 3 处于水平位置。经过以上校正，两基准面的位置已与夹具横、纵滑板的移动方向一致，用滚花螺母及螺钉将圆盘与夹具锁紧。

2）调整工件回转中心的位置（图 3-36）。首先将回转中心 O_1 调至夹具中心上。方法为：将基准面 1 置于水平，用十字滑板调整平面 1 的高度，使其测量高度为 $L_1 = P + 17.985\text{mm}$（图 3-36a）。用百分表对量块组和平面 1 进行相对测量，当百分表对量块组的读数为零时，则平面 1 的读数应等于磨削余量。转动夹具主轴 90°，使平面 3 处于水平位置，并调整其高度，使其测量高度为 $L_2 = P + 15.99\text{mm}$ （图 3-36b）。同样，百分表的读数应等于磨削余量。

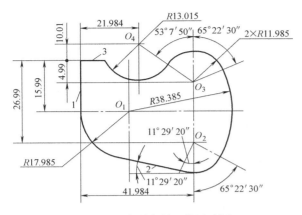

图 3-34　成形磨削工艺尺寸图

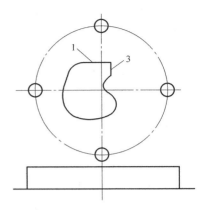

图 3-35　调整工件的装夹方向

调好回转中心 O_1 后，转动夹具主轴，用百分表检查 $R17.985\text{mm}$ 及 $R38.385\text{mm}$ 两个圆弧是否有足够的磨削余量。

移动十字滑板，把其余量各回转中心 O_4、O_3 和 O_2 依次调至夹具中心上，用百分表检查各表面的磨削余量是否足够和均匀。

3）磨削两个基准面 1 和 3 （图 3-36）。将中心 O_1 调至夹具中心上。转动夹具主轴，使平面 1 和 3 先后处于水平位置，磨削至规定的尺寸。其测量高度分别为 $L_1 = P + 17.985\text{mm}$ 和 $L_2 = P + 15.99\text{mm}$。

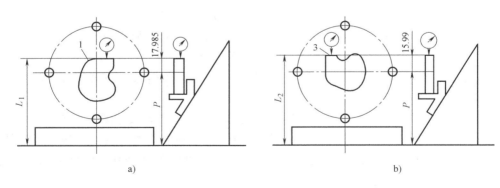

a)　　　　　　　　　　　　　　　　　　b)

图 3-36　调整工件回转中心的位置

4）磨削 $R38.385\text{mm}$ 凸圆弧、平面 2 和 $R17.985\text{mm}$ 凸圆弧。中心 O_1 仍在夹具中心上，先将 $R38.385\text{mm}$ 大圆弧转至上方，旋转夹具主轴对其进行磨削，测量高度为 $L_3 = P + 38.385\text{mm}$ （图 3-37）。由于不碰伤其他表面，所以不必用量块控制回转角度。

转动夹具主轴，使平面 2 处于水平位置。为保证平面 2 与 x 轴的倾角 $11°29'20''$，在正弦圆柱与量块垫板之间垫入的量块值为 $H_1 = H_0 - L\sin 11°29'20'' - d/2\text{mm}$。对平面 2 进行磨削，其测量高度为 $L_4 = P + 17.985\text{mm}$ （图 3-38）。

磨好平面 2 后，可将连接平面 1 和平面 2 并仍以 O_1 为圆心的 $R17.985\text{mm}$ 凸圆弧磨削，其

测量高度为 $L_5 = L_4 = P + 17.985\mathrm{mm}$，为控制包角所需的量块值为：在圆弧与平面 1 的切点处，$H_2 = H_0 - d/2\mathrm{mm}$；在圆弧与平面 2 的切点处，$H_3 = H_1 = H_0 - L\sin11°29'20'' - d/2\mathrm{mm}$。控制圆弧包角的方法除使用量块外，再配合观察火花法，可使圆弧与直线的切点处加工得很圆滑。

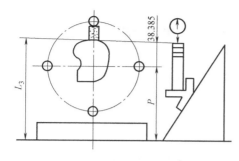

图 3-37　磨削 $R38.385\mathrm{mm}$ 凸圆弧

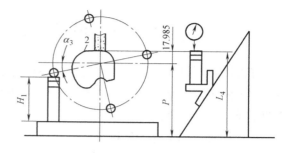

图 3-38　磨削平面 2 及 $R17.985\mathrm{mm}$ 凸圆弧

5）磨削 $R13.015\mathrm{mm}$ 凹圆弧（图 3-39）。将圆弧中心 O_4 调至夹具中心上，旋转夹具主轴磨削这个凹圆弧，其测量高度为 $L_6 = P - 13.015\mathrm{mm}$，无需精确控制包角。

6）磨削以 O_3 为中心的凸圆弧（图 3-40）。将圆弧中心 O_3 调至夹具中心上，旋转夹具主轴对该圆弧进行磨削，其测量高度为 $L_7 = P + 11.985\mathrm{mm}$。为控制包角 α_1 和 α_2，保证圆弧之间的圆滑连接，在磨该圆弧与凹圆弧相切处垫入的量块值为 $H_4 = H_0 - L\sin53°7'50'' - d/2\mathrm{mm}$（图 3-40 中虚线）。在磨该圆弧与 $R38.385\mathrm{mm}$ 凸圆弧相切处，垫入的量块值为 $H_5 = H_0 - L\sin65°22'30''\mathrm{mm}$（图 3-40 中实线）。

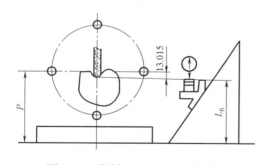

图 3-39　磨削 $R13.015\mathrm{mm}$ 凹圆弧

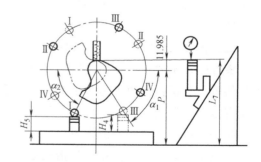

图 3-40　磨削以 O_3 为中心的凸圆弧

7）磨削以 O_2 为中心的凸圆弧（图 3-41）。将圆弧中心 O_2 调至夹具中心上，旋转夹具

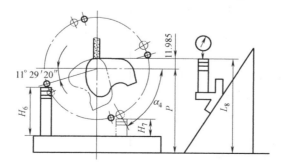

图 3-41　磨削以 O_2 为中心的凸圆弧

主轴磨削这个圆弧，其测量高度为 $L_8 = P + 11.985\text{mm}$。控制包角 $11°29'20''$ 及 α_4，所应垫入的量块值分别为：$H_6 = H_0 - L\sin11°29'20'' - d/2\text{mm}$ 和 $H_7 = H_0 - L\sin65°22'30'' - d/2\text{mm}$。至此，这个凸模已全部磨削完毕。

第五节　模具工作零件加工工艺分析

零件图是制订加工工艺最主要的原始资料之一。因此，在制订工艺时要首先认真研究零件图，了解零件的结构特征、技术要求，进而通过研究装配图及验收标准，进一步了解零件的功用及与相关零件的关系。

一、模具工作零件的结构分析

模具工作零件由于使用要求不同，其形状、结构和尺寸也各不相同。但是，从形状上看，各种零件都是由一些基本体和异形体组成；从形成的表面上看，有圆柱面、圆锥面、平面和空间表面。通过对表面的分析，选择加工方法，如钻削、镗削、铰削、车削、拉削、成形磨削、电火花成形加工和线切割加工等。内圆表面多采用钻、扩、镗、铰、磨及电加工；外圆表面多采用车削和磨削；非圆表面一般采用铣削、磨削和电蚀加工。对于孔来说，在选择加工方法时，还要考虑大孔、小孔、通孔、不通孔、深孔和浅孔等因素。

通常情况下，同一种表面可以用多种加工方法获得，但是在选择加工方法时，要对加工方法进行比较，主要是经济性比较。选择的原则是：在满足模具工作零件使用要求的前提下，选择最方便获得，生产成本最低的加工方法。

二、模具工作零件的技术要求分析

零件的技术要求包括尺寸精度、形状精度、位置精度、表面粗糙度、热处理要求以及零件材料等。分析技术要求是为了选择加工手段。与加工方法的选择一样，获得同一种精度的手段有多种，但是，不同的加工手段的成本却不一样，在模具制造过程中，并不是制造精度越高越好，在满足使用的前提下，往往选择低一级精度更符合零件制造的经济性要求。

模具工作零件的工艺路线是指根据设计要求，确定在加工过程中所需要的工序、设备、工艺装备等。它是指导零件加工流程的工艺文件，一般以卡片的形式标明加工过程中所需要的每一道工序、加工顺序及完成的加工内容。不同的模具工作零件，由于用途不同，其形状和技术要求就不同，加工方法和手段也就不一样，因此，就具有不同的工艺路线。在工艺路线设计时，一般要多设计几种方案，然后进行比较，选择最合理、最经济的方案作为工艺设计的依据。

在加工顺序的安排过程中，模具工作零件的加工顺序一样遵从"先粗后精，先主后次，基面先行，先面后孔"的工艺原则。

模具工作零件都是单件生产，形状复杂，精度要求高，因此在安排工序内容时，要特别考虑工序集中原则，尽量减少装夹次数，尤其是大型模具，吊装、找正都非常困难。如果采用数控加工，工序集中显得尤为重要。

图 3-1 和图 3-2 所示凹模和凸模的机械加工工艺卡见表 3-2 和表 3-3。

表 3-2　凹模的机械加工工艺卡

零件名称	凹模		材料		CrWMn
件号			件数		1
产品名称	托板冲模		重量/t		

工序号	工序名称	工序内容	设备	夹具	刀具/工具	量具
10	下料	将 φ50mm 的棒料锯成 77mm 长的棒料	锯床	机床自带	锯条	卡尺
20	锻造	将毛坯锻成 145mm × 130mm × 30mm 的长方形	空气锤			卡尺
30	热处理	退火(消除毛坯内残余内应力,降低硬度)	退火炉			
40	铣六面	粗、半精铣六面,单边留磨量 0.5mm	立铣 X5032	机用虎钳	盘铣刀	卡尺
50	磨平面	磨上下面,厚度留磨量 0.2mm。磨相邻两侧面,保证垂直度	平面磨床 M7120	电磁吸盘	砂轮	卡尺
60	钳工	划出销孔 φ8mm、螺钉过孔 φ8.5mm、挡料销孔 φ6mm、凹模孔 φ3.65mm、穿丝孔 φ2mm、漏料孔中心线,划出落料轮廓	钳工平台		划针	高度尺、卡尺
70	坐标镗	钻螺钉过孔 4 × φ8.5mm,钻铰销孔 4 × φ8mm,钻铰挡料销孔 φ6mm、钻凹模孔 4 × φ3.65mm,钻穿丝孔 φ2mm(在坐标镗床上钻孔位置准确)	坐标镗床	机用虎钳	钻头铰刀	卡尺
80	热处理	淬火回火,保证硬度达 60 ~ 64HRC	淬火炉			表面硬度仪
90	磨六面	磨六面氧化皮,保证垂直度	平面磨床 M7120	电磁吸盘	砂轮	卡尺
100	退磁	消除工件磁性	退磁器			
110	电火花线切割	按图样切割凹模形孔轮廓	线切割机床 DK7625	通用夹具	铜丝	内径千分尺、表面粗糙度仪
120	电火花成型	用电极打形孔漏料孔及 4 个 φ3.65mm 凹模孔(带锥度)	电火花机床 DK7125	通用夹具	电极	卡尺
130	钳工	修磨刃口达图样要求			修研工具	内径千分尺、表面粗糙度仪
140	检验					

表 3-3　凸模的机械加工工艺卡

零件名称		凸模		材料		CrWMn
件号				件数		1
产品名称		托板冲模		重量/t		
工序号	工序名称	工序内容	设备	夹具	刀具/工具	量具
10	备料	下料,将毛坯锻成 60mm×35mm×60mm 长方形	空气锤			卡尺
20	热处理	退火(消除毛坯残余内应力,降低硬度)	退火炉			
30	铣六面	粗、半精铣六面,单边留磨量 0.5mm	立铣 X5032	机用虎钳	盘铣刀	卡尺
40	磨平面	磨上下面,厚度留精磨余量 0.2mm。磨相邻两侧面,保证垂直度	平面磨床 M7120	电磁吸盘	砂轮	
50	钳工	划出对称中心线,划出刃口轮廓线及 2 个销孔 φ6mm 中心线	钳工平台		划针样冲	高度尺、卡尺
60	铣形面	按划线铣刃口形面,留单边余量 0.3mm	立铣 X5032	机用虎钳	立铣刀	卡尺
70	钳工	铰 2 个销孔 φ6mm,钻孔 φ6.8mm	摇臂钻床 Z3020	台虎钳	钻头铰刀	
80	热处理	淬火回火,保证刃口部分硬度 56~60HRC	淬火炉			表面硬度仪
90	磨端面	磨上下两端面,保证与形面垂直	平面磨床 M7120	电磁吸盘	砂轮	直角尺
100	成形磨磨形面	按凹模刃口实际尺寸配作,保证与凹模双面配合间隙 0.25~0.36mm,成形磨削凸模刃口,留研磨余量 0.02mm	成形磨床 M618	万能夹具	砂轮	量块、百分表、测量调整器、千分尺、表面粗糙度仪
110	钳工	研磨凸模刃口,保证配合间隙均匀				表面粗糙度仪、塞尺
120	检验	与凹模配合,全面检验				

习　题　三

3-1　说明复杂模具零件的形状有哪些特点?

3-2　说明成形磨削的两种方法有哪些区别?

3-3　说明用挤压轮修整成形砂轮夹具的结构和工作过程。

3-4　说明修整砂轮角度的夹具结构和工作过程。

3-5　说明用修整砂轮角度的夹具修整砂轮角度时,量块的尺寸如何计算?

3-6　修整砂轮圆弧的夹具有哪些种类? 特点如何?

3-7　平面磨削常用夹具有哪些种类? 特点如何?

3-8　斜面磨削常用夹具有哪些种类? 特点如何?

3-9　说明正弦分中夹具的结构、工作过程。

3-10　用正弦分中夹具安装工件有哪几种方法？各适用于什么场合？

3-11　说明万能夹具的结构、工作过程。

3-12　用万能夹具安装工件有哪几种方法？各适用于什么场合？

3-13　用万能夹具加工工件时，应进行哪些计算？

3-14　某模具的凸模零件图如图 3-42 所示。现用成形磨削法进行精加工，说明其加工过程。

3-15　某模具的凸模零件图如图 3-43 所示。现用成形磨削法进行精加工，说明其加工过程。

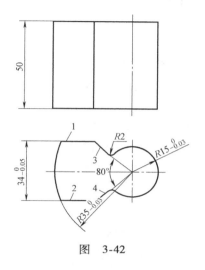

图　3-42

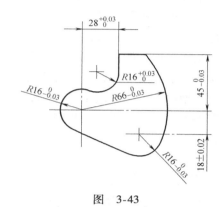

图　3-43

第四章　箱体类零件加工

第一节　概　述

一、箱体类零件的功用和结构特点

箱体类零件是机器及其部件的基础件。它将一些轴、套、轴承和齿轮等零件装配起来，使其保持正确的相互位置关系，按规定的传动关系协调运动。因此，箱体类零件的加工质量对机器的工作精度、使用性能和寿命都有直接的影响。

图 4-1 所示为几种常见箱体的结构形式。由图 4-1 可知：箱体的结构形状一般都比较复杂，壁薄且壁厚不均匀，内部呈腔形；在箱壁上既有许多精度要求较高的轴承支承孔和平面，也有许多精度要求较低的紧固孔。一般来说，箱体不仅需要加工的表面较多，且加工的难度也较大。

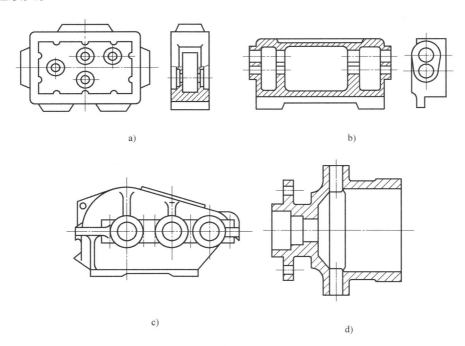

a)　　　　　　　　　　　　　　　　b)

c)　　　　　　　　　　　　　　　d)

图 4-1　几种常见箱体的结构形式
a）组合机床主轴箱　b）车床进给箱　c）分离式减速箱　d）泵壳

二、箱体类零件的主要技术要求

箱体类零件的技术要求是根据其用途、工作条件等因素制订的，其主要技术要求是对孔和平面的精度及表面粗糙度要求。箱体轴承支承孔的尺寸精度、形状精度、位置精度与表面粗糙度对轴承的工作质量影响很大，它们直接影响机器的回转精度、传动平稳性、噪声和寿命。支承孔的尺寸公差一般为 IT6 ~ IT7，形状公差不超过其孔径尺寸公差的一半，表面粗糙度值 Ra 为 1.6 ~ 0.4μm；同轴线上支承孔的同轴度公差为 φ0.01 ~ φ0.03mm，各支承孔之间的平行度公差为 0.03 ~ 0.06mm，中心距公差为 ±0.02 ~ 0.08mm。

箱体装配基面、定位基面的平面精度与表面粗糙度直接影响箱体安装时的位置精度及加工中的定位精度，影响机器的接触精度和有关的使用性能，其平面度公差一般为 0.02 ~ 0.1mm，表面粗糙度值 Ra 为 3.2 ~ 0.8μm。主要平面间的平行度、垂直度公差为 300:(0.02 ~ 0.1)。

各支承孔与装配基面间的距离尺寸及相互位置精度（平行度、垂直度）也是影响机器与设备的使用性能和工作精度的重要因素。一般支承孔与装配基面间的平行度公差为 0.03 ~ 0.1mm。

图 4-2 所示为某车床主轴箱简图，其主要技术要求如图所示。

三、箱体类零件的材料及毛坯

箱体类零件的材料常用铸铁，这是因为铸铁容易成形，切削性能好，价格低，且吸振性和耐磨性较好。根据需要可选用 HT150 ~ 350，常用 HT200。在单件小批生产情况下，为了缩短生产周期，可采用钢板焊接结构。某些大负荷的箱体有时采用铸钢件。在特定条件下，可采用铝镁合金或其他铝合金材料。

铸铁毛坯在单件小批生产时，一般采用木模手工造型，毛坯精度较低，余量大；在大批量生产时，通常采用金属模机器造型，毛坯精度较高，加工余量可适当减小。单件小批生产直径大于 50mm 的孔，成批生产大于 30mm 的孔，一般都铸出预孔，以减少加工余量。铝合金箱体常用压铸制造，毛坯精度很高，余量很小，一些表面不必经切削加工即可使用。

四、箱体类零件的结构工艺性

箱体的结构形状比较复杂，加工表面多，要求高，机械加工劳动量大，因此，箱体的结构工艺性对实现优质、高产、低成本具有重要的意义。

箱体的基本孔可分为通孔、阶梯孔、不通孔、交叉孔等几类。通孔的工艺性最好，特别是孔的长度 L 与孔径 D 之比 $L/D \leq 1 \sim 1.5$ 的短圆柱孔工艺性最好。深孔（$L/D > 5$）的加工就较困难。阶梯孔的工艺性较差，尤其当孔径相差很大且小孔又小时，工艺性就更差。交叉孔的工艺性很差。如图 4-3 所示，当刀具加工到交叉口处时，由于不连续切削，容易损坏刀具并使孔的轴线偏斜，而且还不能采用浮动刀具加工。为改善其工艺性，可将 φ70mm 的毛坯孔不铸通（图 4-3b），先加工完 φ100mm 孔后再加工 φ70mm 孔。不通孔的工艺性最差，应尽量避免。若结构允许，可将箱体的不通孔钻通而改成阶梯孔，以改善其结构工艺性。

箱体同一轴线上各孔的孔径排列方式如图 4-4 所示。图 4-4a 所示为孔径大小向一个方向递减，且相邻两孔直径差大于孔的毛坯加工余量，这种排列方式便于镗杆和刀具从一端伸入同时加工同轴线上的各孔，对单件和中小批生产具有较好结构工艺性。图 4-4b 所示为孔径大小从两边向中间递减，便于采用组合机床从两边同时加工，镗杆的悬伸长度短，刚性好，对大批量生产具有较好的结构工艺性。图 4-4c 所示为孔径外小内大，加工时要将刀杆伸入箱体后装刀、对刀，结构工艺性差，应尽量避免。

箱体的内端面加工比较困难，当内端面尺寸过大时，还需采用专用径向刀具进给装置。箱体的外端面凸台，应尽可能在同一平面上，以便在一次走刀中加工出来。

箱体装配基面的尺寸应尽可能大，形状力求简单，以利于加工、装配和检验；箱体上的紧固孔的尺寸应尽量一致，以减少加工换刀的次数。

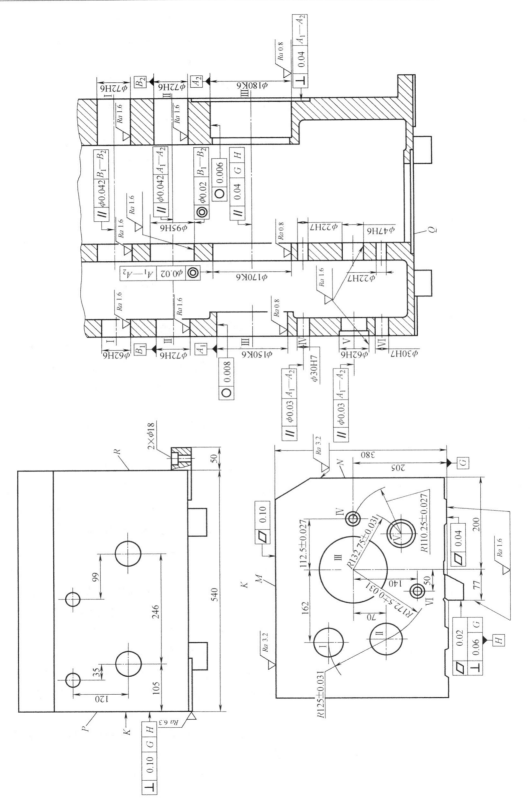

图 4-2　某车床主轴箱简图

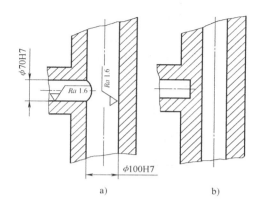

图 4-3　交叉孔的结构工艺性

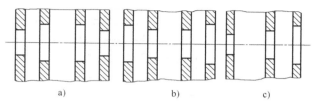

图 4-4　同一轴线上各孔的孔径排列方式

第二节　箱体类零件的平面加工方法

箱体平面加工常用的方法有刨削、铣削和磨削，在大批量生产中也可采用拉削；此外还有刮研、研磨等光整加工方法。各加工方案所能达到的经济精度和表面粗糙度见表1-20。

一、刨削

刨削是单件小批生产中平面加工最常采用的加工方法，加工精度一般可达 IT6～IT10，表面粗糙度值 Ra 为 12.5～1.6μm。刨削加工的机床、刀具结构简单，调整方便，通用性好。在龙门刨床上，利用几个刀架可在一次装夹中完成若干表面的加工，能比较经济地保证表面间的相互位置精度。但刨削切削速度较低，有空行程损失，常常为单刀单刃加工，故生产率较低。

目前，采用精刨代替刮研的方法较为普通，能收到良好的效果。采用宽刃精刨时，切削速度较低（2～12m/min），加工余量较小（预刨余量 0.08～0.12mm，终刨余量 0.03～0.05mm），工件发热变形小，可获得较小的表面粗糙度值（Ra 为 1.6～0.8μm）和较高的加工精度（直线度为 0.02/1000），且生产率也较高。图 4-5 所示为宽刃精刨刀，前角为 -10°～-15°，有挤光作用；后角为 5°，可增加后面支承，防止振动；刃倾角为 3°～5°。加工时用煤油作切削液。

二、铣削

铣削是平面加工中最常采用的加工方法，加工精度一般可达 IT6～IT10，表面粗糙度值 Ra 为 12.5～0.8μm。当加工尺寸较大的平面时，在多轴龙门铣床上，采用多刀铣削，既可保证平面之间的相互位置精度，也可获得较高的生产率。

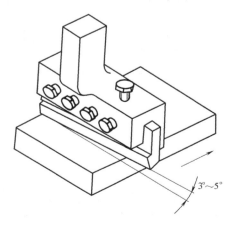

图 4-5　宽刃精刨刀

铣削平面有端铣和周铣两种方法，如图 4-6 所示。端铣同时参加切削的刀齿数较多，切削较平稳，铣刀盘端面上一般装有修光齿，加工精度较高，表面粗糙度值较小，且铣刀刀杆刚性好，用硬质合金刀片可进行高速强力切削，故生产率较高，在生产中端铣加工应用较多。周铣一般采用卧式铣床，其通用性较好，适用范围较广，故在单件小批生产应用较多。

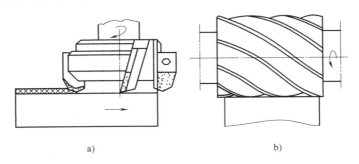

a)　　　　　　　　　　　　　　　　b)

图 4-6　平面铣削的方法
a）端铣　b）周铣

三、磨削

平面磨削和其他磨削方法一样，具有切削速度高、进给量小、尺寸精度易于控制及能获得较小的表面粗糙度值等特点，加工精度一般可达 IT5 ~ IT9，表面粗糙度值 Ra 为 1.6 ~ 0.2μm，因而多用于零件的半精加工和精加工。由于平面磨削的工艺系统刚度较大，可采用强力磨削，不仅能对高硬度材料及淬火表面等进行精加工，而且还能对带硬皮的、余量较均匀的毛坯平面进行粗加工。同时平面磨削可在电磁工作台上同时安装多个零件，进行连续加工，因此，在精加工中小型零件，尤其是要求保持一定尺寸和相互位置精度的表面时，不仅加工质量高，而且可获得较高的生产率。

平面磨削的方法有周磨和端磨两种，如图 4-7 所示。

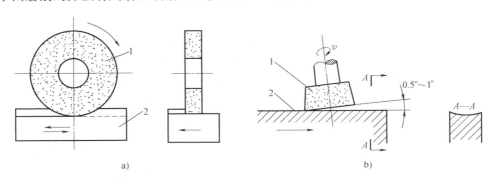

a)　　　　　　　　　　　　　　　　b)

图 4-7　平面磨削的方法
a）周磨　b）端磨
1—砂轮　2—工件

（1）周磨　砂轮的工作面是圆周表面。磨削时砂轮与工件的接触面积小，发热小，散热快，排屑与冷却条件好，因此可获得较高的加工精度和表面质量，通常适用于加工精度要求较高的零件。但由于周磨采用间断的横向进给，因而生产率较低。

（2）端磨　砂轮的工作面是端面。磨削时磨头轴伸出长度短，刚性好，磨头又主要承受轴向力，弯曲变形小，因而可采用较大的磨削用量。砂轮与工件接触面积大，同时参加磨削的磨粒多，故生产率较高。但散热和冷却条件差，且砂轮端面沿径向各点圆周速度不等而产生磨损不均匀，故磨削精度较低。一般适用于大批生产中精度要求不太高的零件表面加工，或直接对毛坯进行粗磨。为减小砂轮与工件的接触面积，将砂轮端面修成内锥形，或使磨头倾斜微小的角度，可改善散热条件，提高加工效率，虽磨出的平面中间略呈凹形，但由于倾角很小，下凹量极微（图4-7b）。

四、刮研

刮研平面用于未淬火的工件，可使两个平面之间达到很好的接触及紧密吻合，能获得较高的形状精度和相互位置精度，加工精度一般可达 5 级以上，表面粗糙度值 Ra 为 $1.6 \sim 0.1 \mu m$。刮研后的平面能形成具有润滑油膜的滑动面，因此可减少相对运动表面间的磨损和增强零件接合面间的刚度。刮研表面质量是用单位面积上接触点的数目来评定的，粗刮为 $1 \sim 2$ 点$/cm^2$，半精刮为 $2 \sim 3$ 点$/cm^2$，精刮可达 $3 \sim 4$ 点$/cm^2$。

刮研加工劳动强度大，生产率低；但刮研不需复杂设备，生产准备时间短，且刮研力小，发热小，变形小，加工精度和表面质量高。此法一般多用于单件小批生产及维修工作。

第三节　数控铣削加工

一、数控铣削加工概述

数控铣削是机械加工中最常用和最主要的数控加工方法之一。它除了能铣削普通铣床所能铣削的各种零件表面外，还能铣削普通铣床不能铣削的需要 $2 \sim 5$ 坐标联动的各种平面轮廓和立体轮廓。根据数控铣床的特点，从铣削加工角度考虑，适合数控铣削的主要加工对象有以下几类。

1. 平面类零件

这类零件的加工面平行或垂直于定位面，或加工面与定位面的夹角为固定角度，像各种盖板、凸轮以及飞机整体结构件中的框、肋等，如图 4-8 所示。目前在数控铣床上加工的大多数零件属于平面类零件，其特点是各个加工面是平面或可以展开成平面。

平面类零件是数控铣削加工中最简单的一类零件，一般只需用三坐标数控铣床的两坐标联动（即两轴半坐标联动）就可以把它们加工出来。

图 4-8　平面类零件

2. 变斜角类零件

加工面与水平面的夹角呈连续变化的零件称为变斜角类零件，如图 4-9 所示的飞机上变斜角梁缘条。

变斜角类零件的变斜角加工面不能展开
为平面，但在加工中，加工面与铣刀圆周的
瞬时接触为一条线。变斜角类零件最好采用
四坐标、五坐标数控铣床摆角加工，若没有
上述机床，也可采用三坐标数控铣床进行两
轴半近似加工。

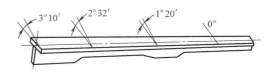

图 4-9　飞机上变斜角梁缘条

3. 空间曲面轮廓零件

这类零件的加工面为空间曲面，如模具、叶片、螺旋桨等。空间曲面轮廓零件不能展开
为平面。加工时，铣刀与加工面始终为点接触，一般采用球头刀在三轴数控铣床上加工。当
曲面较复杂、通道较狭窄、会伤及相邻表面及需要刀具摆动时，要采用四坐标或五坐标铣床
加工，如图 4-10 所示。

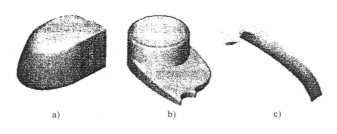

a)　　　　　　　　　　　b)　　　　　　　　　　　c)

图 4-10　空间曲面轮廓零件

4. 孔

孔及孔系的加工可以在数控铣床上进行，如钻、扩、铰和镗等。由于孔加工多采用定尺
寸刀具，需要频繁换刀，当加工孔的数量较多时，就不如用加工中心加工方便、快捷。

5. 螺纹

内螺纹、外螺纹、圆柱螺纹、圆锥螺纹等都可以在数控铣床上加工。

二、数控铣削加工工艺分析

数控铣削加工工艺设计是在普通铣削加工工艺设计的基础上，考虑和利用数控铣床的特
点，充分发挥其优势。数控铣削加工工艺设计的关键在于合理安排工艺路线，协调数控铣削
工序与其他工序之间的关系，确定数控铣削工序的内容和步骤，并为程序编制准备必要的
条件。

（一）数控铣削加工部位及内容的选择

一般情况下，某个零件并不是所有的表面都需要采用数控加工，应根据零件的加工要求
和企业的生产条件进行具体的分析，确定具体的加工部位和内容及要求。具体而言，以下部
位适宜采用数控铣削加工。

1）由直线、圆弧、非圆曲线及列表曲线构成的内外轮廓。

2）空间曲线或曲面。

3）形状虽然简单，但尺寸繁多，检测困难的部位。

4）用普通机床加工时难以观察、控制及检测的内腔、箱体内部等。

5）有严格位置尺寸要求的孔或平面。

6）能够在一次装夹中顺带加工出来的简单表面或形状。

7）采用数控铣削加工能有效提高生产率，减轻劳动强度的一般加工内容。

像简单的粗加工面、需要用专用工装协调的加工内容等则不宜采用数控铣削加工。在具体确定数控铣削的加工内容时，还应结合企业设备条件、产品特点及现场生产组织管理方式等具体情况进行综合分析，以优质、高效、低成本完成零件的加工为原则。

（二）数控铣削加工零件的工艺性分析

零件的工艺性分析是制订数控铣削加工工艺的前提，其主要内容如下。

1. 零件图及其结构工艺性分析

关于数控加工零件图和结构工艺性分析，在前面已进行了介绍，下面结合数控铣削加工的特点进一步说明。

1）分析零件的形状、结构及尺寸的特点，确定零件上是否有妨碍刀具运动的部位，是否有会产生加工干涉或加工不到的区域，零件的最大形状尺寸是否超过机床的最大行程，零件的刚性随着加工的进行是否有太大的变化等。

2）检查零件的加工要求，如尺寸加工精度、几何公差及表面粗糙度在现有的加工条件下是否可以得到保证，是否还有更经济的加工方法或方案。

3）在零件上是否存在对刀具形状及尺寸有限制的部位和尺寸要求，如过渡圆角、倒角、槽宽等，这些尺寸是否过于凌乱，是否可以统一。尽量使用最少的刀具进行加工，减少刀具规格、换刀及对刀次数和时间，以缩短总的加工时间。

4）对于零件加工中使用的工艺基准应当着重考虑，其不仅决定了各个加工工序的前后顺序，还将对各个工序加工后各个加工表面之间的位置精度产生直接的影响。应分析零件上是否有可以利用的工艺基准。对于一般加工精度要求，可以利用零件上现有的一些基准面或基准孔，或者专门在零件上加工出工艺基准。当零件的加工精度要求很高时，必须采用先进的统一基准定位装夹系统才能保证加工要求。

5）分析零件材料的种类、牌号及热处理要求，了解零件材料的切削加工性能，才能合理选择刀具材料和切削参数。同时要考虑热处理对零件的影响，如热处理变形，并在工艺路线中安排相应的工序消除这种影响。零件的最终热处理状态也将影响工序的前后顺序。

6）当零件上的一部分内容已经加工完成，这时应充分了解零件的已加工状态，数控铣削加工的内容与已加工内容之间的关系，尤其是位置尺寸关系，这些内容之间在加工时如何协调，采用什么方式或基准保证加工要求，如对其他企业的外协零件的加工。

7）构成零件轮廓的几何元素（点、线、面）的条件（如相切、相交、垂直和平行等）是数控编程的重要依据。因此，在分析零件图样时，务必要分析几何元素的给定条件是否充分，发现问题及时与设计人员协商解决。

2. 零件毛坯的工艺性分析

零件在进行数控铣削加工时，由于加工过程的自动化，使余量的大小、如何装夹等问题在设计毛坯时就要仔细考虑好。否则，如果毛坯不适合数控铣削，加工将很难进行下去。根据实践经验，下列几个方面应作为毛坯工艺性分析的重点。

1）毛坯应有充分、稳定的加工余量。毛坯主要指锻件、铸件。因模锻时的欠压量与允许的错模量会造成余量的不等；铸造时也会因砂型误差、收缩量及金属液体的流动性差不能充满型腔等造成余量的不等。此外，锻造、铸造后，毛坯的挠曲与扭曲变形量的不同也会造成加工余量不充分、不稳定。因此，除板料外，不论是锻件、铸件还是型材，只要准备采用数控铣削加工，其加工面均应有较充分的余量。经验表明，数控铣削中最难保证的是加工面与非加工面之间的尺寸，这一点应该引起特别重视。如果已确定或准备采用数控铣削加工，就应事先对毛坯的设计进行必要更改或在设计时就加以充分考虑，即在零件图样注明的非加工面处也增加适当的余量。

2）毛坯的装夹适应性。主要考虑毛坯在加工时定位和夹紧的可靠性与方便性，以便在一次安装中加工出较多表面。对不便于装夹的毛坯，可考虑在毛坯上另外增加装夹余量或工艺凸台、工艺凸耳等辅助基准。如图 4-11 所示，该工件缺少合适的定位基准，在毛坯上铸出两个工艺凸耳，在凸耳上制出定位基准孔。

3）毛坯的余量大小及均匀性。主要是考虑在加工时要不要分层切削，分几层切削；也要分析加工中与加工后的变形程度，考虑是否应采取预防性措施与补救措施。如对于热轧中、厚铝板，经淬火时效后很容易在加工中与加工后变形，最好采用经预拉伸处理的淬火板坯。

增加定位用工艺凸耳2个

图 4-11　增加辅助基准示例

（三）数控铣削加工工艺路线的拟订

随着数控加工技术的发展，在不同设备和技术条件下，同一个零件的加工工艺路线会有较大的差别。但关键都是从现有加工条件出发，根据零件形状结构特点合理选择加工方法、划分加工工序、确定加工路线和零件各个加工表面的加工顺序，协调数控铣削工序和其他工序之间的关系，以及考虑整个工艺方案的经济性等。

1. 加工方法的选择

数控铣削加工的主要加工表面一般可采用表 4-1 所列出的加工方案。

表 4-1　主要加工表面的加工方案

序号	加工表面	加工方案	所使用的刀具
1	平面内外轮廓	X、Y、Z 方向粗铣—内外轮廓方向分层半精铣—轮廓高度方向分层半精铣—内外轮廓精铣	整体高速钢或硬质合金立铣刀机夹可转位硬质合金立铣刀
2	空间曲面	X、Y、Z 方向粗铣—曲面 Z 方向分层粗铣—曲面半精铣—曲面精铣	整体高速钢或硬质合金立铣刀、球头铣刀机夹可转位硬质合金立铣刀、球头铣刀
3	孔	定尺寸刀具加工	麻花钻、扩孔钻、铰刀、镗刀
		铣削	整体高速钢或硬质合金立铣刀机夹可转位硬质合金立铣刀
4	外螺纹	螺纹铣刀铣削	螺纹铣刀
5	内螺纹	攻螺纹	丝锥
		螺纹铣刀铣削	螺纹铣刀

（1）平面加工方法的选择　在数控铣床上加工平面主要采用端铣刀和立铣刀加工。粗铣的尺寸精度和表面粗糙度值 Ra 一般可达 IT11 ~ IT13、6.3 ~ 25μm；精铣的尺寸精度和表面粗糙度值 Ra 一般可达 IT8 ~ IT10，1.6 ~ 6.3μm。需要注意的是：当零件表面粗糙度要求较高时，应采用顺铣方式。

（2）平面轮廓加工方法的选择　平面轮廓多由直线和圆弧或各种曲线构成，通常采用三坐标数控铣床进行两轴半坐标加工。图 4-12 所示为由直线和圆弧构成的零件平面轮廓 $ABCDEA$，采用半径为 R 的立铣刀沿周向加工，双点画线 $A'B'C'D'E'A'$ 为刀具中心的运动轨迹。为保证加工面光滑，刀具沿 PA' 切入，沿 $A'K$ 切出。

（3）固定斜角平面加工方法的选择　固定斜角平面是与水平面成一固定夹角的斜面，常用的加工方法如下：当零件尺寸不大时，可用斜垫板垫平后加工；如果机床主轴可以摆角，则可以摆成适当的定角，用不同的刀具来加工（图 4-13）；当零件尺寸很大，斜角平面斜度又较小时，常用行切法加工，但加工后，会在加工面上留下残留面积，需要用钳修方法加以清除，用三坐标数控立铣加工飞机整体壁板零件时常用此法。当然，加工斜角平面的最佳方法是采用五坐标数控铣床，主轴摆角后加工，可以不留残留面积。

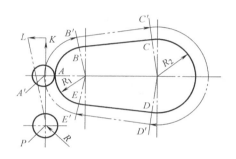

图 4-12　平面轮廓铣削

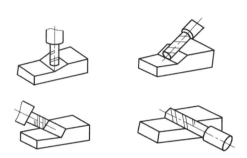

图 4-13　主轴摆角加工固定斜角平面

（4）变斜角面加工方法的选择

1）对曲率变化较小的变斜角面，选用 X、Y、Z 和 A 四坐标联动的数控铣床，采用立铣刀（但当零件斜角过大，超过机床主轴摆角范围时，可用角度成形铣刀加以弥补）以插补方式摆角加工，如图 4-14a 所示。加工时，为保证刀具与零件形面在全长上始终贴合，刀具绕 A 轴摆动角度 α。

2）对曲率变化较大的变斜角面，用四坐标联动加工难以满足加工要求，最好用 X、Y、Z、A 和 B（或 C 转轴）的五坐标联动数控铣床，以圆弧插补方式摆角加工，如图 4-14b 所示。夹角 A 和 B 分别是零件斜面母线与 Z 坐标轴夹角 α 在 OZY 平面上和 OXY 平面上的分夹角。

3）采用三坐标数控铣床两坐标联动，利用球头铣刀和鼓形铣刀，以直线或圆弧插补方式进行分层铣削加工，加工后的残留面积用钳修方法清除。图 4-15 所示为用鼓形铣刀分层铣削变斜角面的情形。由于鼓形铣刀的鼓径可以做得比球头铣刀的球径大，所以加工后的残留面积高度小，加工效果比球头铣刀好。

（5）曲面轮廓加工方法的选择　立体曲面的加工应根据曲面形状、刀具形状以及精度要求采用不同的铣削加工方法，如两轴半、三轴、四轴及五轴等联动加工。

1）对曲率变化不大和精度要求不高的曲面的粗加工，常用两轴半坐标的行切法加工，即 X、Y、Z 三轴中任意两轴做联动插补，第三轴做单独的周期进给。如图 4-16 所示，将 X 向分成若干段，球头铣刀沿 OYZ 面所截的曲线进行铣削，每一段加工完后进给 ΔX，再加工另一相邻曲线，如此依次切削即可加工出整个曲面。在行切法中，要根据轮廓表面粗糙度的

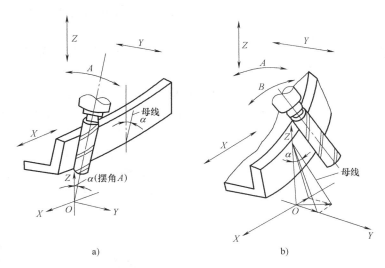

图4-14　四、五坐标联动数控铣床加工零件变斜角面

要求及刀头不干涉相邻表面的原则选取 ΔX。球头铣刀的刀头半径应选得大一些，有利于散热，但刀头半径应小于内凹曲面的最小曲率半径。

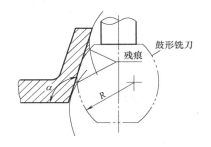

图4-15　用鼓形铣刀分层铣削变斜角面的情形

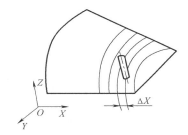

图4-16　两轴半坐标行切法加工曲面

　　两轴半坐标加工曲面的刀心轨迹 O_1O_2 和切削点轨迹 ab 如图4-17所示，$ABCD$ 为被加工曲面，P_{YZ}平面为平行于 OYZ 坐标平面的一个行切面，刀心轨迹 O_1O_2 为曲面 $ABCD$ 的等距面 $IJKL$ 与行切面 P_{YZ} 的交线，显然 O_1O_2 是一条平面曲线。由于曲面的曲率变化，改变了球头刀与曲面切削点的位置，使切削点的连线成为一条空间曲线，从而在曲面上形成扭曲的残留沟纹。

　　2）对曲率变化较大和精度要求较高的曲面的精加工，常用 X、Y、Z 三坐标联动插补的行切法加工。如图4-18所示，P_{YZ}平面为平行于坐标平面的一个行切面，它与曲面的交线为 ab。由于是三坐标联动，球头刀与曲面的切削点始终处在平面曲线 ab 上，可获得较规则的残留沟纹。但这时的刀心轨迹 O_1O_2 不在 P_{YZ}平面上，而是一条空间曲线。

　　3）对像叶轮、螺旋桨这样的零件，因其叶片形状复杂，刀具容易与相邻表面干涉，常用五坐标联动加工，其加工原理如图4-19所示。半径为 R_i 的圆柱面与叶面的交线 AB 为螺旋线的一部分，螺旋角为 ψ_i，叶片的径向叶形线（轴向割线）EF 的倾角 α 为后倾角，螺旋线 AB 用极坐标加工方法，并且以折线段逼近。逼近段 mn 是由 C 坐标旋转 $\Delta\theta$ 与 Z 坐标

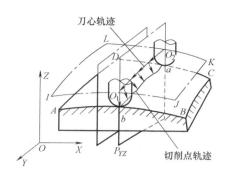

图 4-17　两轴半坐标加工曲面的
刀心轨迹 O_1O_2 和切削点轨迹 ab

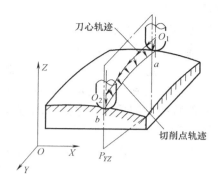

图 4-18　三坐标联动加工曲面的刀心
轨迹 O_1O_2 和切削点轨迹 ab

位移 ΔZ 的合成。当 AB 加工完后，刀具径向位移 ΔX（改变 R_i），再加工相邻的另一条叶形线，依次加工即可形成整个叶面。由于叶面的曲率半径较大，所以常采用立铣刀加工，以提高生产率并简化程序。为保证铣刀端面始终与曲面贴合，铣刀还应做由坐标 A 和坐标 B 形成的 θ_1 和 α_1 的摆角运动。在摆角的同时，还应做直角坐标的附加运动，以保证铣刀端面中心始终位于编程值所规定的位置上，所以需要五坐标加工。这种加工的编程计算相当复杂，一般采用自动编程。

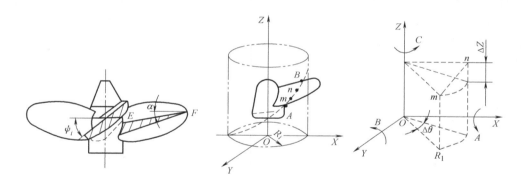

图 4-19　曲面的五坐标联动加工

2. 工序的划分

在确定加工内容和加工方法的基础上，根据加工部位的性质、刀具使用情况以及现有的加工条件，参照第一章第六节中工序划分原则和方法，将这些加工内容安排在一个或几个数控铣削加工工序中。

1）当加工中使用的刀具较多时，为了减少换刀次数，缩短辅助时间，可以将一把刀具所加工的内容安排在一个工序（或工步）中。

2）按照加工表面的性质和要求，将粗加工、精加工分为依次进行的不同工序（或工步）。先进行所有表面的粗加工，然后再进行所有表面的精加工。

一般情况下，为了减少加工中的周转时间，提高数控铣床的利用率，保证加工精度要求，在数控铣削工序划分的时候，尽量工序集中。当数控铣床的数量比较多，同时有相应的设备技术措施保证定位精度，为了更合理地均匀机床的负荷，协调生产组织，也可以将加工内容适当分散。

3. 加工顺序的安排

在确定了某个工序的加工内容后，要进行详细的工步设计，即安排这些工序内容的加工顺序，同时考虑程序编制时刀具运动轨迹的设计。一般将一个工步编制为一个加工程序，因此，工步顺序实际上也就是加工程序的执行顺序。

一般数控铣削采用工序集中的方式，这时工步的顺序就是工序分散时的工序顺序，可以参照第一章第六节中的原则进行安排，通常按照从简单到复杂的原则，先加工平面、沟槽、孔，再加工外形、内腔，最后加工曲面，先加工精度要求低的部位，再加工精度要求高的部位等。

4. 加工路线的确定

在确定加工路线时，除了遵循第一章第六节中的有关原则外，对于数控铣削重点考虑以下几个方面。

1）应能保证零件的加工精度和表面粗糙度要求。如图4-20所示，当铣削平面零件外轮廓时，一般采用立铣刀侧刃切削。刀具切入工件时，应避免沿工件外廓的法向切入，而应沿外廓曲线延长线的切向切入，以避免在切入处产生刀具的刻痕而影响表面质量，保证零件外廓曲线平滑过渡。同理，在切出工件时，也应避免在工件的轮廓处直接退刀，而应该沿工件轮廓延长线的切向逐渐切出工件。

铣削封闭的内轮廓表面时，若内轮廓曲线允许外延，则应沿切线方向切入切出。若内轮廓曲线不允许外延（图4-21），刀具只能沿内轮廓曲线的法向切入切出，此时刀具的切入切出点应尽量选在内轮廓曲线两几何元素的交点处。当内部几何元素相切无交点时（图4-22），为防止刀补取消时在轮廓拐角处留下凹口（图4-22a），刀具切入切出点应远离拐角（图4-22b）。

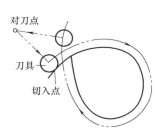

图4-20　外轮廓加工刀具的切入和切出

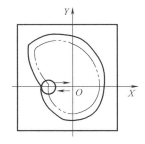

图4-21　内轮廓加工刀具的切入和切出

图4-23所示为圆弧插补方式铣削外整圆时的加工路线图。当整圆加工完毕时，不要在切点处直接退刀，而应让刀具沿切线方向多运动一段距离，以免取消刀补时，刀具与工件表面相碰，造成工件报废。铣削内圆弧时也要遵循切向切入的原则，最好安排从圆弧过渡到圆弧的加工路线（图4-24），这样可以提高内孔表面的加工精度和加工质量。

对于孔位置精度要求较高的零件，在精镗孔系时，镗孔路线一定要注意各孔的定位方向一致，即采用单向趋近定位点的方法，以避免传动系统反向间隙误差或测量系统的误差对定位精度的影响。如图4-25a所示的孔系加工路线，在加工孔Ⅳ时，X方向的反向间隙将会影响Ⅲ、Ⅳ两孔的孔距精度；如果改为图4-25b所示的加工路线，可使各孔的定位方向一致，从而提高了孔距精度。

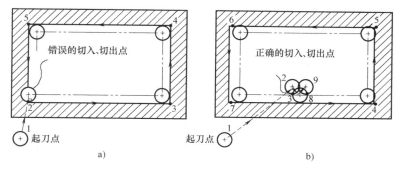

图4-22　无交点内轮廓加工刀具的切入和切出

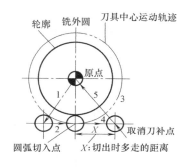

图4-23　外圆铣削

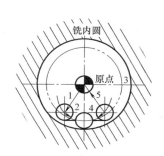

图4-24　内圆铣削

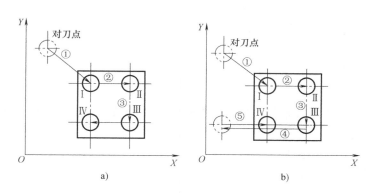

图4-25　孔系加工路线方案比较

　　铣削曲面时，常用球头铣刀采用行切法进行加工。所谓行切法是指刀具与零件轮廓的切点轨迹是一行一行的，而行间的距离是按零件加工精度的要求确定的。对于边界敞开的曲面加工，可采用两种加工路线。如图4-26所示发动机大叶片，采用图4-26a所示的加工方案时，每次沿直线加工，刀位点计算简单，程序少，加工过程符合直纹面的形成，可以准确保证母线的直线度。当采用图4-26b所示的加工方案时，符合这类零件数据给出情况，便于加工后检验，叶形的准确度较高，但程序较多。由于曲面零件的边界是敞开的，没有其他表面限制，所以边界曲面可以延伸，球头铣刀应由边界外开始加工。

　　此外，轮廓加工中应避免进给停顿。因为加工过程中的切削力会使工艺系统产生弹性变形，并处于相对平衡状态，进给停顿时，切削力突然减小，会改变系统的平衡状态，刀具会

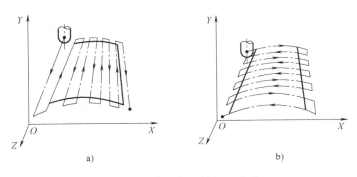

图 4-26　曲面加工的加工路线

在进给停顿处的零件轮廓上留下刻痕。

　　为提高零件表面的精度和减小粗糙度，可以采用多次走刀的方法，精加工余量一般以 0.2～0.5mm 为宜，而且精铣时宜采用顺铣，以减小零件被加工表面粗糙度。

　　2）应使加工路线最短，减少刀具空行程时间，提高加工效率。

　　图 4-27 所示为正确选择钻孔加工路线的例子。按照一般习惯，总是先加工均布于同一圆周上的八个孔，再加工另一圆周上的孔（图 4-27a）。但是对点位控制的数控机床而言，要求定位精度高，定位过程尽可能快，因此这类机床应按空程最短来安排加工路线（图 4-27b），以节省加工时间。

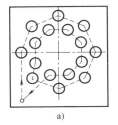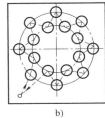

图 4-27　正确选择钻孔加工路线的例子

　　3）应使数值计算简单，程序段数量少，以减少编程工作量。

　　（四）数控铣削加工工序的设计

　　1. 夹具的选择

　　数控铣床可以加工形状复杂的零件，但数控铣床上的装夹方法与普通铣床一样，所使用的夹具往往并不很复杂，只要求有简单的定位、夹紧机构就可以了。但要将加工部位敞开，不能因装夹而影响进给和切削加工。选择夹具时，应注意减少装夹次数，尽量做到在一次安装中能把零件上所有要加工表面都加工出来。

　　2. 刀具的选择

　　（1）铣刀刚性要好　要求铣刀刚性好的目的：一是满足为提高生产率而采用大切削用量的需要；二是为适应数控铣床加工过程中难以调整切削用量的特点。在数控铣削中，因铣刀刚性较差而断刀并造成零件损伤的事例是经常有的，所以解决数控铣刀的刚性问题是至关重要的。

　　（2）铣刀的耐用度要高　当一把铣刀加工的内容很多时，如果刀具磨损较快，不仅会影响零件的表面质量和加工精度，而且会增加换刀与对刀次数，从而导致零件加工表面留下因对刀误差而形成的接刀台阶，降低零件的表面质量。

　　除上述两点之外，铣刀切削刃的几何角度参数的选择与排屑性能等也非常重要。切屑粘刀形成积屑瘤在数控铣削中是十分忌讳的。总之，根据被加工件材料的热处理状态、切削性能及加工余量，选择刚性好、耐用度高的铣刀，是充分发挥数控铣床的生产率和获得满意加工质量的前提条件。

（五）数控铣削加工中的装刀与对刀技术

对刀点和换刀点的选择主要是根据加工操作的实际情况，考虑如何在保证加工精度的同时，使操作简便。

1. 对刀点的选择

在加工时，工件在机床加工尺寸范围内的安装位置是任意的，要正确执行加工程序，必须确定工件在机床坐标系中的确切位置。对刀点是工件在机床上定位装夹后，设置在工件坐标系中，用于确定工件坐标系与机床坐标系空间位置关系的参考点。在工艺设计和程序编制时，应合理设置对刀点，以操作简单、对刀误差小为原则。

对刀点可以设置在工件上，也可以设置在夹具上，但都必须在编程坐标系中有确定的位置，如图 4-28 所示的 x_1 和 y_1。对刀点既可以与编程原点重合，也可以不重合，这主要取决于加工精度和对刀的方便性。当对刀点与编程原点重合时，$x_1 = 0$，$y_1 = 0$。

为了保证加工精度要求，对刀点应尽可能选在设计基准或工艺基准上。如以孔的中心点或两条相互垂直的轮廓边的交点作为对刀点较为合适，但应根据加工精度对这些孔或轮廓面提出相应的精度要求，并在对刀之前准备好。有时工件上没有合适的部位，也可以加工出工艺孔用来对刀。

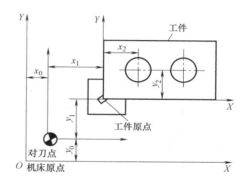

图 4-28　对刀点的选择

确定对刀点在机床坐标系中位置的操作称为对刀。对刀的准确程度将直接影响加工的位置精度，因此，对刀是数控机床操作中的一项重要且关键的工作。对刀操作一定要仔细，对刀方法一定要与工件的加工精度要求相适应，生产中常使用百分表、中心规及寻边器等工具。寻边器如图 4-29 所示。

图 4-29　寻边器
a）光电式　b）回转式　c）偏心式

无论采用哪种工具，都是使数控铣床主轴中心与对刀点重合，利用机床的坐标显示确定对刀点在机床坐标系中的位置，从而确定工件坐标系在机床坐标系中的位置。简单地说，对刀就是告诉机床，工件装夹在机床工作台的什么地方。

2. 对刀方法

对刀方法如图 4-30 所示。对刀点与工件坐标系原点如果不重合（在确定编程坐标系时，最好考虑到使得对刀点与工件坐标系重合），在设置机床零点偏置时（G54 对应的值），应当考虑到两者的差值。

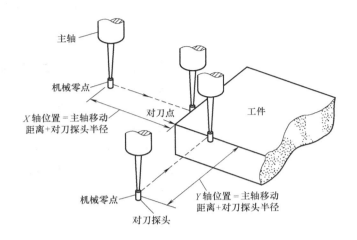

图 4-30　对刀方法

对刀过程的操作方法如下（XK5025/4 数控铣床，FANUC 0MD 系统）：

1）方式选择开关置"回零"位置。

2）手动按"+Z"键，Z 轴回零。

3）手动按"+X"键，X 轴回零。

4）手动按"+Y"键，Y 轴回零。

此时，CRT 上显示各轴坐标均为 0。

5）X 轴对刀，记录机械坐标 X 的显示值（假设为 -220.000）。

6）Y 轴对刀，记录机械坐标 Y 的显示值（假设为 -120.000）。

7）Z 轴对刀，记录机械坐标 Z 的显示值（假设为 -50.000）。

8）根据所用刀具的尺寸（假定为 $\phi20$mm）及上述对刀数据，建立工件坐标系，有两种方法。

① 执行 G92 X -210 Y -110 Z -50 指令，建立工件坐标系。

② 将工件坐标系的原点坐标（-210，-110，-50）输入到 G54 寄存器，然后在 MDI 方式下执行 G54 指令。工件坐标系的显示画面如图 4-31 所示。

工件坐标系设定		O0012　　N6178	
NO.	(SHIFT)	NO.	(G55)
00	X 0.000	02	X 0.000
	Y 0.000		Y 0.000
	Z 0.000		Z 0.000
NO.	(G54)	NO.	(G56)
01	X -210.000	03	X 0.000
	Y -110.000		Y 0.000
	Z -50.000		Z 0.000
ADRS			
15：37：50			MDI
磨损	MACRO		坐标系　TOOLLF

图 4-31　工件坐标系的显示画面

3. 换刀点的选择

由于数控铣床采用手动换刀，换刀时操作人员的主动性较高，换刀点只要设在工件外面，不发生换刀阻碍即可。

第四节　箱体类零件孔系加工

一系列有相互位置精度要求的孔称为孔系。箱体上的孔不仅本身的精度要求高，而且孔距精度和相互位置精度要求也很高，这是箱体加工的关键。孔系可分为平行孔系、同轴孔系和交叉孔系，如图4-32所示。根据生产规模和孔系的精度要求可采用不同的加工方法。

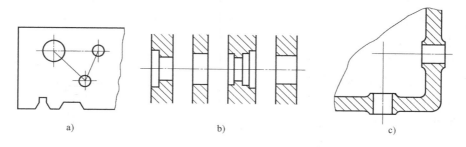

图 4-32　孔系分类

一、平行孔系的加工

平行孔系的主要技术要求是各平行孔中心线之间及孔中心线与基准面之间的距离尺寸精度和相互位置精度。生产中常采用以下几种方法。

（一）镗模法

如图4-33所示，工件装夹在镗模上，镗杆支承在镗模的导套里，由导套引导镗杆在工件的正确位置上镗孔。

用镗模镗孔时，镗杆与机床主轴多采用浮动联接，机床精度对孔系加工精度影响很小。孔距精度和相互位置精度主要取决于镗模的精度，因而可以在精度较低的机床上加工出精度较高的孔系；同时镗杆刚度大大提高，有利于采用多刀同时切削；且定位夹紧迅速，生产效率高。另一方面，镗模的精度要求高，制造周期长，成本高。因此，镗模法加工孔系广泛应用

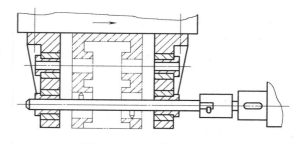

图 4-33　用镗模加工孔系

于成批及大量生产，即使是单件小批生产，对一些精度要求较高、结构复杂的箱体孔系，往往也采用镗模法加工。

由于镗模本身的制造误差和导套与镗杆的配合间隙对孔系加工精度有影响，因此，用镗模加工孔系不可能达到很高的加工精度。一般孔径尺寸精度为IT7级左右，表面粗糙度 Ra 为 $1.6 \sim 0.8\mu m$；孔与孔之间的同轴度和平行度，当从一端加工时，可达 $0.02 \sim 0.03mm$，当从两端加工时，可达 $0.04 \sim 0.05mm$；孔距精度一般为 $\pm 0.05mm$。

用镗模法加工孔系，既可在通用机床上加工，也可在专用机床或组合机床上加工。

（二）找正法

找正法是在通用机床上，借助一些辅助装置去找正每一个被加工孔的正确位置。找正法

包括以下几种。

（1）划线找正法　加工前按图样要求在毛坯上划出各孔的位置轮廓线，加工时按所划的线一一找正，同时结合试切法进行加工。划线找正法设备简单，但操作难度大，生产率低，同时加工精度受工人技术水平影响较大，加工的孔距精度较低，一般为±0.3mm左右。故一般只用于单件小批生产，孔距精度要求不高的孔系加工。

（2）量块心轴找正法　如图4-34所示，将心轴分别插入机床主轴孔和已加工孔中，然后组合一定尺寸的量块来找正主轴的位置。找正时，在量块心轴间要用塞尺测定间隙，以免量块与心轴直接接触而产生变形。此法可达到较高的孔距精度（±0.03mm），但生产率低，适用于单件小批生产。

（3）样板找正法　如图4-35所示，先用10~20mm厚的钢板制造孔系样板，样板上孔系的孔距精度要求很高（一般小于±0.01mm），孔径比工件的孔径稍大，以便镗杆通过。样板上的孔径尺寸要求不高，但几何形状精度和表面质量要求较高，以便保证找正精度。使用时，将样板装在被加工的箱体的端面上，利用装在机床

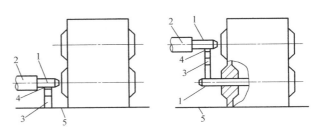

图4-34　量块心轴找正法
1—心轴　2—主轴　3—量块　4—塞尺　5—镗床工作台

主轴上的百分表找正器，按样板上的孔逐个找正机床主轴的位置进行加工。此法加工孔系不易出差错，找正迅速，孔距精度可达±0.02mm，样板成本比镗模低得多，常用于单件中小批生产中加工大型箱体的孔系。

（三）坐标法

坐标法镗孔是将被加工孔系间的孔距尺寸换算成两个互相垂直的坐标尺寸，然后按此坐标尺寸精确地调整机床主轴和工件在水平与垂直方向的相对位置，通过控制机床的坐标位移尺寸和公差来间接保证孔距尺寸精度。坐标法镗孔在单件小批生产及精密孔系加工中应用较广。

如图4-36所示，O、A、B三孔中心距有一定的公差要求，给定 $L_{OA} = 129.49^{+0.27}_{+0.17}$mm，$L_{AB} = 125^{+0.27}_{+0.17}$mm，$L_{OB} = 166.5^{+0.30}_{+0.20}$mm，$B$孔中心在 Y 方向的坐标尺寸 $Y_{OB} = 54$mm。镗孔时，先镗完 O 孔后，只要以 O 孔中心为坐标原点，分别按坐标尺寸 X_{OA}、Y_{OA}、X_{OB}、Y_{OB} 移动工作台与主轴头镗 A 孔及 B 孔，那么图样上所给定的孔心距尺寸就可保证。显然，用坐标法加工孔系需将图样上的孔距尺寸和公差换算为机床位移的坐标尺寸和公差，其孔距精度主要取决于机床的坐标位移精度。

1. 坐标尺寸与公差的确定

现以图4-36为例，将坐标尺寸与公差的计算方法介绍如下。

1）坐标尺寸的确定。坐标尺寸的确定应以平均尺寸计算。因此，先将图样尺寸化为

$$L_{OA} = 129.71 \pm 0.05 \text{mm}$$

$$L_{OB} = 125.22 \pm 0.05 \text{mm}$$

$$L_{OB} = 166.75 \pm 0.05 \text{mm}$$

利用三角公式求与各坐标尺寸有关的角度

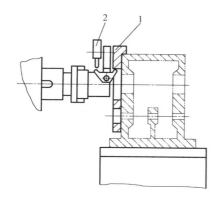

图 4-35　样板找正法

1—样板　2—百分表找正器

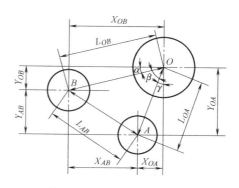

图 4-36　三轴孔的孔心距与坐标尺寸

$$\cos\beta = \frac{L_{OA}^2 + L_{OB}^2 - L_{AB}^2}{2L_{OA}L_{OB}} = \frac{129.71^2 + 166.75^2 - 125.22^2}{2 \times 129.71 \times 166.75} = 0.6692405$$

$$\beta = 47°59'29''$$

$$\sin\alpha = \frac{Y_{OB}}{L_{OB}} = \frac{54}{166.75} = 0.32384$$

$$\alpha = 18°53'43''$$

$$\gamma = 90° - \alpha - \beta = 23°6'48''$$

求各坐标尺寸得到

$$X_{OA} = L_{OA}\sin\gamma = 129.71 \times \sin23°6'48'' \text{mm} = 50.918\text{mm}$$

$$Y_{OA} = L_{OA}\cos\gamma = 129.71 \times \cos23°6'48'' \text{mm} = 119.298\text{mm}$$

$$X_{OB} = L_{OB}\cos\alpha = 166.75 \times \cos18°53'43'' \text{mm} = 157.764\text{mm}$$

$$Y_{OB} = 54\text{mm}$$

2）坐标公差的确定。坐标法加工孔系的孔距精度是由坐标尺寸精度间接保证的，因此，要用解尺寸链的方法来确定各坐标尺寸的公差。由于孔心距受 X、Y 两个方向坐标尺寸的影响，其尺寸链属平面尺寸链，其解法有多种，以下介绍一种简便的计算方法。

在图 4-36 中，孔心距尺寸 L_{OB} 是由坐标尺寸 X_{OB}、Y_{OB} 间接保证的；L_{OA} 是由坐标尺寸 X_{OA}、Y_{OA} 间接保证的；而孔心距 L_{AB} 是镗完 A、B 两孔后自然形成的，因此，它是由 X_{OA}、Y_{OA}、X_{OB}、Y_{OB} 四个坐标尺寸所间接决定的。但 L_{OA}、L_{OB} 及 L_{AB} 的公差值均等于 0.1mm，因此，各坐标尺寸所确定的公差只要能满足 L_{AB} 的公差要求，就一定可以满足 L_{OA} 与 L_{OB} 的要求。可见，只需根据这一尺寸链关系来确定各坐标尺寸的公差。为计算方便，可分解为几个简单的尺寸链来研究，如图 4-37 所示。

由图 4-37a 得

$$L_{AB}^2 = X_{AB}^2 + Y_{AB}^2$$

对上式取全微分并以微小增量 ΔL_{AB}、ΔX_{AB}、ΔY_{AB} 代替各个微分时，可得增量关系式

$$2L\Delta L_{AB} = 2X_{AB}\Delta X_{AB} + 2Y_{AB}\Delta Y_{AB}$$

以公差值代替微小增量，且令 $\Delta X_{AB} = \Delta Y_{AB} = \varepsilon$，则

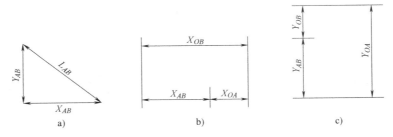

图 4-37　三轴孔坐标尺寸链的分解

$$\varepsilon = \frac{L\Delta L_{AB}}{X_{AB} + Y_{AB}} = \frac{125.22 \times (\pm 0.05)}{(157.764 - 50.918) + (119.298 - 54)} \text{mm} \approx \pm 0.036 \text{mm}$$

X_{AB} 和 Y_{AB} 不是加工中直接得到的坐标尺寸。由图 4-37b 可知，X_{AB} 是由 X_{OA} 与 X_{OB} 所间接确定的，它的公差应等于 X_{OA} 与 X_{OB} 公差之和；同理，由图 4-37c 可知，Y_{AB} 的公差应等于 Y_{OA} 与 Y_{OB} 公差之和。考虑到镗孔时各坐标位移的误差情况基本相似，故可按等公差法将坐标位移的公差值取等值 T，得 $T = \dfrac{\varepsilon}{2} = \pm 0.018\text{mm}$。

即求出孔 A、B 的坐标尺寸及公差为

$$\begin{cases} X_{OA} = 50.918\text{mm} \pm 0.018\text{mm} \\ Y_{OA} = 119.298\text{mm} \pm 0.018\text{mm} \end{cases} \quad \begin{cases} X_{OB} = 157.764\text{mm} \pm 0.018\text{mm} \\ Y_{OB} = 54\text{mm} \pm 0.018\text{mm} \end{cases}$$

2. 保证坐标位移精度的方法

坐标镗床具有精确的坐标测量系统，如精密丝杠、光栅、感应同步器、磁尺、激光干涉仪等，其坐标位移定位精度可达 0.002 ~ 0.006mm。孔距精度要求特别高的孔系，如镗模、精密机床箱体等零件的孔系，大都是在坐标镗床上进行加工的。

数控镗铣床和加工中心都具有较高的坐标位移定位精度。

加工中心如图 4-38 所示，是可自动换刀的数控机床。该机床有一套自动换刀装置和一个刀库，对于复杂的箱体加工，只要先将其定位基准面加工好，在一次装夹中，机床能自动更换刀具，连续地对工件的其他加工面自动地完成铣、镗、钻、锪、扩、铰、攻螺纹等多工

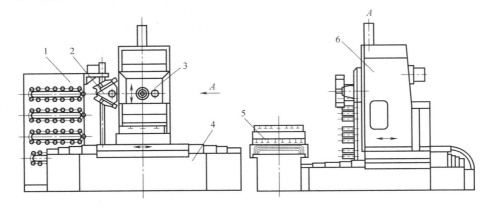

图 4-38　卧式加工中心结构示意图

1—刀库　2—换刀装置　3—主轴头　4—床身　5—工作台　6—移动式立柱

种的加工。该机床还具有较高的坐标位移精度和工作台回转精度，完全可直接由机床精度来保证一般箱体的孔系精度要求。

加工中心不仅生产率高、加工精度高、适用范围广，且不需设计、制造镗模，缩短了产品试制周期，又减少了工序数量，简化了生产管理。加工中心适合于中、小批量的形状复杂的工件加工。我国已有许多工厂在箱体加工中应用加工中心，取得了很好的经济效益。

坐标磨床是按行星运动方式进行孔加工的。它采用风动或电动内圆磨头，转速高达50000 ~ 12000r/min，精确的坐标测量系统使坐标磨床的坐标位移精度可达 0.001 ~ 0.003mm，适合于精密孔系的加工。

普通镗床的坐标位移精度不高，一般为 ±0.1mm 左右。为了能获得精度较高的坐标位移尺寸，可采用下述方法。

（1）用量块、百分表等精密测量装置找正坐标尺寸　图 4-39 所示为在普通卧式镗床上，利用量块、百分表等来调整主轴垂直和水平坐标位置的示意图。在铣床或其他机床上加工时，也可使用这种坐标测量方法。此法不需专用工艺装备而能获得较高的孔距精度，其定位精度一般可达 ±0.02 ~ ±0.04mm；但操作难度较大，辅助时间长，生产效率低，适用于单件小批生产。

（2）改装机床，提高其坐标位移精度　在普通镗床上加装一套较精密的测量装置，可以提高其坐标位移精度。目前应用较多的有精密刻线尺与光学读数头测量装置，光栅数字显示装置和感应同步器测量系统。这些测量装置可将普通镗床的位移定位精度提高到 ±0.01mm，可满足孔系加工的一般精度要求，且操作简单，成本低，生产效率较高，已得到广泛的应用。

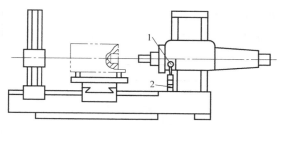
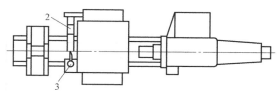

图 4-39　在普通镗床上用坐标法加工孔系
1—主轴箱百分表　2—量块　3—横向工作台百分表

3. 原始孔与镗孔顺序的选择

为保证按坐标法加工孔系时的孔距精度，在选择原始孔和考虑镗孔顺序时，要把有孔距精度要求的两孔的加工顺序紧紧地连在一起，以减少坐标尺寸累积误差对孔距精度的影响；同时应尽量避免因主轴箱和工作台的多次往返移动而由间隙造成对定位精度的影响。此外，所选的原始孔应有较高的精度和较小的表面粗糙度，以保证在加工过程中，检验镗床主轴相对坐标原点位置的准确性。

二、同轴孔系的加工

同轴孔系的主要技术要求为同轴线上各孔的同轴度。生产中常采用以下几种方法。

（一）镗模法

在成批生产中，一般采用镗模加工，其同轴度由镗模保证。精度要求较高的单件小批生产，采用镗模法加工也是合理的。

（二）导向法

单件小批生产时，箱体孔系一般在通用机床上加工，不使用镗模，镗杆的受力变形会影响孔的同轴度，可采用导套导向加工同轴孔。

（1）用已加工孔作支承导向　当箱体前壁上的孔加工后，可在孔内装一导套，以支承和引导镗杆加工后面的孔，来保证两孔的同轴度。此法适用于箱壁相距较近的同轴孔的加工。

（2）用镗床后立柱上的导套作支承导向　此法镗杆为两端支承，刚性好；但后立柱导套的位置调整麻烦费时，需心轴量块找正，且需要较长较粗的镗杆，故一般适用于大型箱体的加工。

（三）找正法

找正法是在工件一次安装镗出箱体一端的孔后，将镗床工作台回转 180°，再对箱体另一端同轴线的孔进行找正加工。为保证同轴度，找正时应注意以下两点：首先应确保镗床工作台精确回转 180°，否则两端所镗的孔轴线不重合；其次调头后应保证镗杆轴线与已加工孔轴线位置精确重合。

如图 4-40 所示，镗孔前用装在镗杆上的百分表对箱体上与所镗孔轴线平行的工艺基面进行校正，使其与镗杆轴线平行（图 4-40a），然后调整主轴位置加工箱体 A 壁上的孔。镗孔后回转工作台 180°，重新校正工艺基面对镗杆轴线的平行度（图 4-40b），再以工艺基面为统一测量基准，调整主轴位置，使镗杆轴线与 A 壁上孔轴线重合，即可加工箱体 B 壁上的孔。

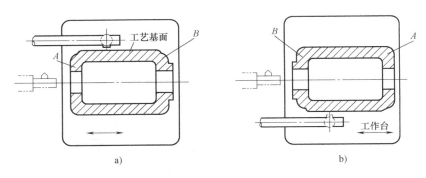

图 4-40　找正法加工同轴孔系

找正法的调整、找正较麻烦，生产效率低，但设备及工艺装备简单，镗杆短且刚性较好，故适用于单件小批生产中加工相距较远的同轴孔系。

三、交叉孔系的加工

交叉孔系的主要技术要求为各孔间的垂直度。生产中常采用以下几种方法。

（一）镗模法

在成批生产中，一般采用镗模法加工，其垂直度等由镗模保证。

（二）找正法

单件小批生产中，箱体孔系一般在

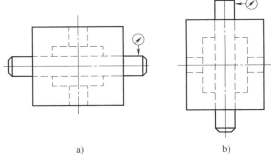

图 4-41　找正法加工交叉孔系

通用机床上加工。交叉孔系间的垂直度靠找正精度来保证。普通镗床工作台的90°对准装置为挡块机构，结构简单，对准精度不高（如T68出厂精度为0.04/900，相当于8″），每次需凭经验保证挡块接触松紧程度一致，否则难以保证对准精度。有些镗床采用端面齿定位装置（如TM617），90°定位精度为5″（任意位置为10″）；有些镗床则用光学瞄准器，其定位精度更高。

当普通镗床工作台90°对准装置精度不高时，可用心棒与百分表进行找正，即在加工好的孔中插入心棒，如图4-41a所示，然后将工作台回转90°，摇动工作台用百分表找正（图4-41b）。

第五节 箱体孔系加工精度分析

实际生产中影响孔系加工精度的因素很多，并与镗孔方式有着密切的关系。镗孔方式不同，各种因素对孔系加工精度的影响情况也不同。下面仅就某些特定条件下影响孔系加工质量的几个主要问题进行分析。

一、镗杆受力变形的影响

镗杆受力变形是影响孔系加工质量的主要原因之一。尤其当镗杆与主轴刚性联接采用悬臂镗孔方式时，镗杆的受力变形较大，现对此进行分析。

悬臂镗杆在镗孔过程中，受到切削力距 M、切削力 F_r 及镗杆自重力 G 的作用。切削力距 M 使镗杆产生弹性扭曲，主要影响工件的表面粗糙度和刀具的寿命；切削力 F_r 和自重力 G 使镗杆产生弹性弯曲（挠曲变形），对孔系加工精度产生较大的影响。

（一）由切削力 F_r 所产生的挠曲变形

作用在镗杆上的切削力 F_r，如图4-42所示，随着镗杆的旋转不断地改变方向，使镗杆的中心偏离了原来的理想中心。假定切削力不变时，刀尖的运动轨迹仍呈正圆，只不过由切削力 F_r 所产生的挠曲变形使所镗出的孔的直径比原尺寸减少了 $2f_F$。f_F 的大小与切削力 F_r 和镗杆的伸出长度有关。F_r 越大或镗杆伸长越长，则 f_F 就越大。而在实际生产中，由于实际加工余量的变化和材质的不均匀，切削力 F_r 是变化的，因此刀尖运动轨迹不可能是正圆。同理，在被加工孔的轴线方向上，由于加工余量和材质的不均匀，或镗杆悬伸长度的变化，镗杆的挠曲变形也是变化的。

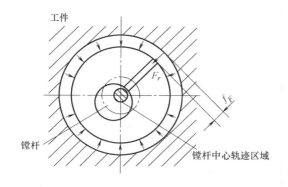

图4-42 切削力对镗杆挠曲变形的影响

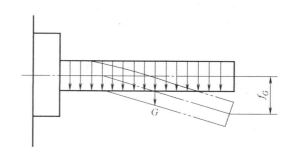

图4-43 自重力对镗杆挠曲变形的影响

（二）由镗杆自重力 G 所产生的挠曲变形

镗杆自重力 G 在镗孔过程中，其方向不变。因此，由它所产生的镗杆挠曲变形 f_G 的方向也不变。高速镗削时，由于陀螺效应，自重力所产生的挠曲变形很小；低速镗削时，自重力对镗杆的作用相当于均布载荷作用在悬臂梁上，使镗杆实际回转中心始终低于理想回转中心一个 f_G 值，被加工孔的中心也就始终低于理想的回转中心一个 f_G 值，如图 4-43 所示。G 越大或镗杆悬伸越长，则 f_G 越大。

（三）镗杆在自重力 G 和切削力 F_r 共同作用下的挠曲变形

实际上，镗杆在每一瞬间所产生的挠曲变形，是自重力 G 和切削力 F_r 共同作用下所产生的挠曲变形的合成。在 G 和 F_r 的综合作用下，镗杆的实际回转中心偏离了理想回转中心，被加工孔是个中心低于理想位置、孔径小于理想尺寸的圆。由于材质的不均匀、加工余量的变化、切削用量的不一以及镗杆伸出长度的变化，引起镗杆实际回转中心在镗孔过程中不断变化，从而使孔系加工产生各种误差，如图 4-44 所示。对同一孔的加工产生孔径误差——孔径变小，随镗杆伸长，孔径越来越小；产生孔中心线直线度误差——轴线低且弯，随镗杆伸长，轴线越来越低越弯；产生孔的圆度、圆柱度误差——沿径向不圆，沿轴向大小不一；对孔系的加工产生相互位置误差——同轴孔的同轴度误差，平行孔的孔距误差和平行度误差，孔对端面的垂直度误差等。粗加工，切削力大，这种影响较显著；精加工时，切削力小，这种影响也较小。

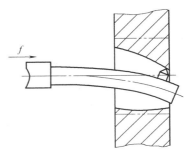

图 4-44　切削力和自重力共同作用下镗杆的挠曲变形
— -·-—为理想孔的形状、位置

从以上分析可知，镗杆在自重力和切削力作用下的挠曲变形，对孔的加工精度有显著的影响。因此，在镗孔中必须十分注意提高镗杆的刚度。为减少镗杆挠曲变形对孔加工精度的影响，通常可采取下列措施：①尽可能加粗镗杆直径和减少悬伸长度；②采用导向装置，使镗杆的挠曲变形得以约束；③镗杆直径较大时（ $>\phi 80\mathrm{mm}$ ），应做成空心，以减轻重量；④合理选择定位基准，使加工余量均匀；⑤选择合理的切削用量和合理的刀具几何参数，以减少切削力的影响。

二、镗杆与导套的精度及配合间隙的影响

采用导向装置或镗模镗孔时，镗杆刚度较悬臂镗孔时大大提高。此时，镗杆与导套的几何形状精度及其相互的配合间隙，将成为影响孔系加工精度的主要因素之一，现分析如下。

由于镗杆与导套之间存在着一定的配合间隙，在镗孔过程中，当切削力 F_r 大于自重力 G 时，不管刀具处在任何位置，切削力都可以推动镗杆紧靠在与切削位置相反的导套内表面上。这样，随着镗杆的旋转，镗杆表面总以一固定部位沿导套的整个内圆表面滑动。因此，导套内孔的圆度误差将引起被加工孔的圆度误差，而镗杆的圆度误差对被加工孔的圆度没有影响。

精镗时，切削力很小，若 $F_r<G$，切削力 F_r 不能抬起镗杆。随着镗杆的旋转，镗杆轴颈表面以不同部分沿导套内孔的下方摆动，如图 4-45 所示。切削力越大，配合间隙越大，镗杆摆动的范围也越大。显然，刀尖运动轨迹为一个圆心低于导套中心的非正圆，直接造成了被加工孔的圆度误差，此时，镗杆的圆度误差将直接反映到被加工孔上引起圆度误差，而

导套内孔的圆度误差对被加工孔的圆度误差影响较小。当加工余量与材质不均匀或切削用量不一致时，使切削力发生变化，引起镗杆在导套内孔下方的摆幅也不断变化。这种变化对同一孔的加工，可能引起圆柱度误差；对不同孔的加工，可能引起孔距误差和相互位置误差。

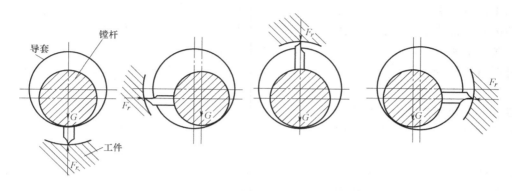

图 4-45　$F_r < G$ 时镗杆在导套下方的摆动

综上所述，在有导向装置的镗孔中，为了保证孔系加工质量，除了要保证镗杆与导套本身必须具有较高的几何形状精度外，尤其要注意合理地选择导向方式和保持镗杆与导套的合理配合间隙，在采用前后双支承导向时，应使前后导向的配合间隙一致。此外，由于这种影响还与切削力的大小和变化有关，因此，在工艺上应如前所述，注意合理选择定位基准、切削用量和刀具的几何参数，精加工时，应适当增加走刀次数，以保持切削力的稳定，尽量减少切削力的影响。

三、机床进给方式的影响

镗孔时常有两种进给方式：一由镗杆直接进给；二由工作台在机床导轨上进给。进给方式对孔系加工精度的影响与镗孔方式有关，当镗杆与机床主轴浮动联接采用镗模镗孔时，进给方式对孔系加工精度无明显的影响；而采用镗杆与主轴刚性联接悬臂镗孔时，进给方式对孔系加工精度有较大的影响。

悬臂镗孔时，若以镗杆直接进给，如前所述，在镗孔过程中随着镗杆的不断伸长，刀尖处的挠曲变形量越来越大，使被加工孔越来越小，孔轴心线越来越低（图4-44），造成孔径误差、形状误差和相互位置误差。

若以工作台在机床导轨上进给，镗杆伸出长度不变，如图 4-46 所示，则在镗孔过程中，刀尖处的挠曲变形量不变（假定切削力不变时），则被加工孔孔径缩小量不变，孔轴心线下沉的量不变，而对被加工孔的形状误差、同轴度误差、平行度误差等无明显的影响，但对孔距精度有所影响。

当用工作台进给时，机床导轨的直线度误差、平行度误差会使被加工孔产生圆柱度等形状误差和同轴度、平行度等相互位置误差。此外，工作台与床身导轨的配合间隙对孔系加工也有一定的影响，特别当工作台作正、反向进给时，工作台会随进给方向的改变

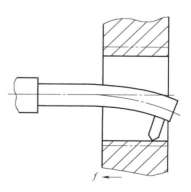

图 4-46　工作台进给的影响
—— -----为理想孔的形状、位置

而发生偏摆，也会造成孔系间的相互位置误差。

比较以上两种进给方式，在悬臂镗孔中，镗杆的挠曲变形较难控制；而机床的导轨精度及工作台与床身导轨之间的配合间隙，可通过维修、调整等方法来达到正常要求。由此可见，以工作台进给，并采用合理的操作方式，比镗杆进给较易保证孔系的加工质量。因此，在一般的悬臂镗孔中，特别是当孔深大于200mm时，多采用工作台进给。但当加工大型箱体时，镗杆的刚度好，而用工作台进给十分沉重，易产生爬行，反而不如镗杆直接进给轻快，此时宜用镗杆进给。另外，当孔深小于200mm时，镗杆悬伸短，也可直接采用镗杆进给。

四、切削热和夹紧力的影响

箱体零件的壁薄且不均匀，加工中切削热和夹紧力对孔系的加工精度有较大的影响，必须引起注意。

1. 切削热对孔系加工精度的影响

粗加工时，有大量的切削热产生。同样的热量传递到箱体的不同壁厚处，会有不同的温升。薄壁处的金属少，温度升高快；厚壁处的金属多，温度升得慢。薄壁处的温度高，向外膨胀的热变形量大；而厚壁处的温度低，向外膨胀的热变形量小。如果粗加工后不等工件冷却下来就立即进行精加工，加工时在孔内薄壁处所实际切除的金属要比厚壁处的少，孔在加工时是正圆，由于冷却后收缩量不同，就会产生圆度误差。因此箱体孔系的加工通常要粗精分开，粗加工后，待工件充分冷却后再进行精加工，以消除热变形的影响。

2. 夹紧力对孔系加工精度的影响

镗孔中若夹紧力过大或作用点不当，容易产生夹紧变形。如图4-47所示的箱体，在夹紧力作用下，箱体毛坯孔受力变形产生圆度误差（图4-47a），镗孔后孔为正圆（图4-47b），松开后，孔壁弹性恢复而变形，被加工孔又产生圆度误差（图4-47c）。同时，箱体的夹紧变形也将影响孔系的相互位置精度。

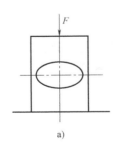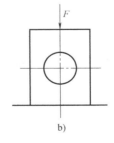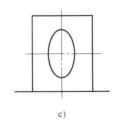

a)　　　　　　　　　b)　　　　　　　　　c)

图4-47　箱体的夹紧变形

为了消除夹紧变形对孔系加工精度的影响，箱体加工应粗精分开，精加工时夹紧力应适当，不宜过大；夹紧力作用点应选择在箱体刚性好的部位，如图4-48所示，并使夹紧力分布均匀。在单件小批生产中，大型箱体粗精加工在同一台机床上进行时，粗加工后应松开工件，以消除夹紧变形；精加工时再用较小的夹紧力夹紧工件。

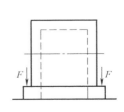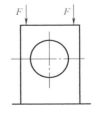

图4-48　夹紧力的作用点

除上述影响孔系加工精度的因素外，还有许多其他的因素，如工件内应力的影响、机床主轴回转精度的影响及机床受力变形和热变形的影响等。实际生产中分析孔系加工质量问题时，应和镗孔方式联系起来，针对不同的镗孔方式进行具体分析，找出其中最主要的原因而采取相应的措施加以消除。

第六节　箱体类零件加工工艺分析

一、箱体类零件加工的主要工艺问题

箱体类零件的主要加工表面是孔系和装配基准平面。如何保证这些表面的加工精度和表面粗糙度，孔系之间以及孔与装配基准面之间的距离尺寸精度和相互位置精度，是箱体类零件加工的主要工艺问题。

箱体类零件的典型加工路线为平面加工—孔系加工—次要面（紧固孔等）加工。

箱体类零件的加工表面多，加工工作量大，必须根据不同的生产规模，合理地选择定位基准、加工方法及工艺装备等，以期获得最佳的技术经济效果。

二、车床主轴箱工艺过程分析

（一）车床主轴箱的结构特点及技术要求

由图4-2可知，车床主轴箱结构复杂，箱壁薄，加工表面多，主要为平面和孔系。主轴箱是安装主轴和传动轴的，因此它的主要技术要求即为保证主轴的回转精度、主轴中心线与床身导轨的平行度以及主轴箱部件的正常工作条件。车床主轴箱具有下列具体精度要求。

（1）孔径精度　主轴孔尺寸精度为IT6级，其他主要支承孔为IT6~IT7级。

（2）孔的几何形状精度　主轴孔的圆度公差为0.006mm或0.008mm，不超过孔径公差的1/3，其他支承孔的几何形状误差包含在孔径公差之内。

（3）孔系之间的相互位置精度　同轴线孔的同轴度公差为ϕ0.02mm，各支承孔轴心线的平行度公差为ϕ0.03mm或ϕ0.042mm，有传动联系的各轴孔孔心距精度为±0.027mm或±0.031mm。

（4）孔与平面之间的相互位置精度　主轴孔中心线对装配基面（图4-2中的G、H面）的平行度公差为0.04mm，主轴孔端面对主轴孔中心的垂直度误差为0.04mm。

（5）主要平面精度　装配基准平面的平面度公差为0.02mm或0.04mm，其他平面的平面度公差为0.1mm，平面间的垂直度公差为0.06mm或0.1mm。

（6）表面粗糙度　主轴孔为0.8μm，其他各孔为1.6μm。装配基面为1.6μm，其他平面为3.2mm或6.3μm。

（二）主轴箱加工工艺过程分析

表4-2列出了某车床主轴箱在中小批生产时的工艺过程。

表4-2　主轴箱的工艺过程

序号	工　序　内　容	定　位　基　准
10	铸造	
20	时效	
30	清砂、涂底漆	
40	划各孔各面加工线，考虑Ⅱ、Ⅲ孔加工余量并照顾内壁及外形	

续表

序号	工 序 内 容	定 位 基 准
50	按线找正、粗刨 M 面、斜面、精刨 M 面	
60	按线找正、粗精刨 G、H、N 面	M 面
70	按线找正、粗精刨 P 面	G 面、H 面
80	粗镗纵向各孔	G 面、H 面、P 面
90	铣底面 Q 处开口沉槽	M 面、P 面
100	刮研 G、H 面达 8 ~ 10 点/25mm²	
110	半精镗、精镗纵向各孔及 R 面主轴孔法兰面	G 面、H 面、P 面
120	钻镗 N 面上横向各孔	G 面、H 面、P 面
130	钻 G、N 面上各次要孔、螺纹底孔	M 面、P 面
140	攻螺纹	
150	钻 M、P、R 面上各螺纹底孔	G 面、H 面、P 面
160	攻螺纹	
170	检验	

　　箱体加工工艺的一些共同问题分析如下。

　　1. 主要表面加工方法的选择

　　箱体的主要加工表面有平面和轴承支承孔。

　　箱体平面的粗加工和半精加工，主要采用刨削和铣削，也可采用车削。当生产批量较大时，可采用各种专用的组合铣床对箱体各平面进行多刀、多面同时铣削；尺寸较大的箱体，也可在多轴龙门铣床上进行组合铣削（图 4-49a），有效地提高了箱体平面加工的生产率。箱体平面的精加工，单件小批生产时，除一些高精度的箱体仍需手工刮研外，一般多用精刨代替传统的手工刮研；当生产批量大而精度又较高时，多采用磨削。为提高生产率和平面间的位置精度，可采用专用磨床进行组合磨削（图 4-49b）。

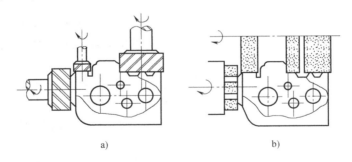

a) b)

图 4-49　箱体平面的组合铣削与磨削

　　箱体上 IT7 级精度的轴承支承孔，一般需要经过 3 ~ 4 次加工。可采用扩—粗铰—精铰或采用粗镗—半精镗—精镗的工艺方案进行加工（若未铸出预孔应先钻孔）。以上两种工艺方案，表面粗糙度 Ra 可达 $0.8 ~ 1.6\mu m$。铰的方案用于加工直径较小的孔，镗的方案用于加工直径较大的孔。当孔的加工精度超过 IT6 级，表面粗糙度 Ra 小于 $0.4\mu m$ 时，还应增加一道精密加工工序，常用的方法有精细镗、滚压、珩磨、浮动镗等。

　　2. 拟订工艺过程的原则

　　拟订箱体的工艺过程一般应遵循以下原则。

　　（1）先面后孔的加工顺序　主轴箱的加工是按先面后孔的顺序进行的，这也是箱体加工的一般规律。因为箱体的孔比平面加工要困难得多，先以孔为粗基准加工平面，再以平面为精基准加工孔，不仅为孔的加工提供了稳定可靠的精基准，同时可使孔的加工余量较为均匀。并且，由于箱体上的孔大都分布在箱体的平面上，先加工平面，切除了铸件表面的凹凸不平和夹砂等缺陷，对孔的加工也比较有利；钻孔时可减少钻头引偏；扩孔或铰孔时可防止刀具崩刃；对刀调整也较方便。表4-2中，加工平面后（50~70工序），才开始加工孔。

（2）粗精加工分阶段进行　因为箱体的结构形状复杂，主要表面的精度高，粗精加工分开进行，可以消除由粗加工所造成的切削力、夹紧力、切削热以及内应力对加工精度的影响，有利于保证箱体的加工精度，同时还能根据粗、精加工的不同要求来合理地选用设备，有利于提高生产率。表4-2中，50~90工序为粗加工，100工序起为精加工。

应该指出，随着粗精加工分开进行，机床与工艺装备的需要数量及工件的装夹次数相应增加，对单件小批生产来说，往往使制造成本增加。在这种情况下，常常又将粗精加工合并在一道工序进行，但应采取相应的工艺措施来保证加工精度。如粗加工后松开工件，以消除夹紧变形，精加工时再以较小的夹紧力夹紧工件；粗加工完待充分冷却后再进行精加工，以减少切削热引起的变形；粗加工后用空气锤进行人工振动时效，以减少内应力的影响等。

（3）合理安排热处理工序　箱体的结构比较复杂，壁厚不均，铸造时产生了较大的内应力。为了保证其加工后精度的稳定性，在毛坯铸造后安排一次人工时效处理，以改善加工性能，消除内应力。人工时效除应力的工艺规范为：加热到530~560℃，保温6~8h，冷却速度小于或等于30℃/h，出炉温度小于或等于200℃。通常，对普通精度箱体，一般在毛坯铸造后安排一次人工时效即可；而对于一些高精度的箱体或形状特别复杂的箱体，应在粗加工之后再安排一次人工时效处理，以消除粗加工所造成的内应力，进一步提高箱体加工精度和稳定性。箱体人工时效的方法，除加热保温的方法外，也可采用振动时效。

3. 定位基准的选择

（1）精基准的选择　箱体上的孔与孔、孔与平面及平面与平面之间都有较高的距离尺寸精度和相互位置精度要求，这些要求的保证与精基准的选择有很大的关系。为此，箱体加工通常优先考虑"基准统一"原则，使具有相互位置精度要求的大部分加工表面的大部分工序，尽可能用同一组基准定位，以避免因基准转换而带来的累积误差，有利于保证箱体各主要表面的相互位置精度。由于多道工序采用同一基准，使夹具有相似的结构形式，可减少夹具设计与制造的工作量，减少生产准备时间，降低生产成本。箱体的设计基准往往也是箱体的装配基准，为保证主要表面间的相互位置精度，也必须要考虑"基准重合"原则，使定位基准与设计基准、装配基准重合，避免基准不重合误差，有利于提高箱体各主要表面的相互位置精度。因此，箱体的定位基准常用以下两种方案。

1）三面定位。箱体加工常用三个相互垂直的平面作定位基准。图4-2所示车床主轴箱 G、H 面和 P 面为孔系和各平面的设计基准，G 面、H 面又是箱体的装配基准，以它们作为统一基准，使定位基准与设计基准、装配基准重合，有利于保证孔系和各平面间的相互位置精度；同时，三面定位准确可靠，夹具结构简单，工件装卸方便，所以这种定位在单件和中小批生产中应用较广。缺点是三面定位有时会影响定位面上的孔或其他要素的加工。

2）一面两孔定位。箱体常用底面及底面上的两个孔作定位基准，如图4-2所示车床主轴箱可以用底面 G 和 G 面上的两个紧固孔 $2 \times \phi 8mm$ 作定位基准，很方便地实现六点定位。底面 G 是设计基准和装配基准，基准重合有利于保证孔系与底面的相互位置精度，且一面两孔定位，可作为大部分工序的定位基准，在一次安装下，可加工除底面处的其他五个面上的孔或平面，实现基准统一；同时，一面两孔定位稳定可靠，夹紧方便，易于实现自动定位和自动夹紧，在成批生产中，用组合机床与自动线加工箱体时，多采用这种定位方案。一面两孔定位的缺点是两孔定位的误差对相互位置精度的提高有所影响，为此，必须把定位孔的直径精度加工到 IT6～IT7 级以上，并提高两孔中心距离精度和夹具的制造精度。

由以上可知，两种定位方案各有优缺点，选择时应根据实际生产条件合理确定。本例采用三面定位方案。

应该指出，车床主轴箱箱体中间隔壁上有精度要求较高的孔需要加工，需要在箱体内部相应的地方设置镗杆导向支承，以提高镗杆刚度，保证孔的加工精度。因此，根据此工艺上的需要，在箱体底面开一矩形窗口，让中间导向支架伸入箱体，装配时窗口上加密封垫片和盖板，用螺钉紧固。这样，箱体的结构工艺性较好，箱体铸造时，便于浇注成形；在箱体加工时，箱口朝上，便于安装调整刀具、更换导套、测量孔径尺寸、观察加工情况和加注切削液等；且夹具的结构简单，刚性好，工件装卸也较方便，提高了孔系的加工精度和劳动生产率。这种结构方案已被很多生产厂家采用。

若结构不允许在主轴箱底面开口，采用三面定位方式，且又要在箱体内部设置镗杆导向支承时，中间导向支承需用吊架装置悬挂在箱体上方（图4-50）。这样，吊架刚度差，安装误差大，影响孔系加工精度；且吊架装卸困难，影响生产率的提高。由于上述问题，在大批量生产条件下，可用顶面及顶面上两定位销孔为精基准。此时箱口朝下，中间导向支承可固定在夹具体上，工件装卸也较方便，因而提高了孔系的加工精度和劳动生产率。但是由于基准不重合，产生了基准不重合误差；且箱口朝下，不便在加工中测量尺寸，调整刀具和观察加工情况。因此，在箱体底面不开口的情况下，不论用三面定位或一面两孔定位，均有其不利的方面。

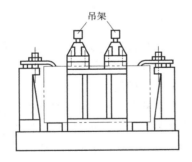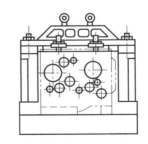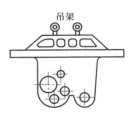

图 4-50　吊架式镗模夹具

（2）粗基准的选择　由于箱体的结构比较复杂，加工表面多，粗基准选择得恰当与否，对加工面与不加工面间的相互位置关系及各加工面的加工余量分配有很大影响，必须全面考虑，通常应满足以下几点要求：第一，在保证各加工面均有加工余量的前提下，应使重要孔的加工余量均匀；第二，装入箱体内的旋转零件（如齿轮、轴套等）应与箱体内壁有足够的间隙；第三，注意保持箱体必要的外形尺寸。此外，还应保证定位、夹紧可靠。

为了满足上述要求，一般宜选箱体的重要孔的毛坯孔作粗基准。例如车床主轴箱就是以主轴孔Ⅲ和距主轴孔较远的孔Ⅱ作为粗基准。由于铸造箱体毛坯时，形成主轴孔、其他支承孔及箱体内壁的泥芯是装成一个整体放入的，它们之间有较高的相互位置精度，因此，不仅可以较好地保证主轴孔及其他支承孔的加工余量均匀，有利于各孔的加工，而且还能较好地保证各孔的轴心线与箱体不加工的内壁的相互位置，避免装入箱体内的齿轮、轴套等旋转零件在运转时与箱体内壁相碰撞。

根据生产类型的不同，实现以主轴孔为粗基准的工件安装方式也不一样。单件及中小批生产时，由于毛坯制造精度较低，一般采用划线找正法安装工件。例如车床主轴箱，以Ⅱ、Ⅲ孔轴线为基准划线，注意进行必要的修正，使各孔、各平面及各加工部位均有加工余量，并以箱体内壁为基准，注意保持旋转件与箱体内壁的间隙，且保持箱体的外形尺寸完整。加工箱体时，按所划的线找正安装工件，则体现了以重要孔作为粗基准。

大批量生产时，毛坯的制造精度较高，可直接以箱体的重要孔在专用夹具上定位，工件安装迅速，生产率高。

三、分离式箱体加工工艺分析

一般减速箱为了制造与装配的方便，常做成可分离的，如图 4-51 所示。这种箱体在矿山、冶金和起重运输机械中应用较多。

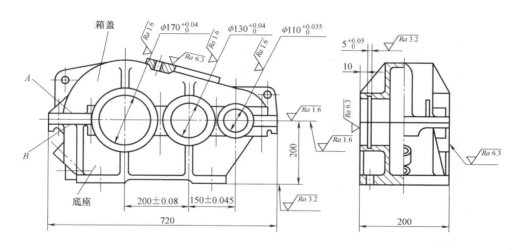

图 4-51　分离式箱体结构简图

（一）分离式箱体的主要技术要求

分离式箱体的主要加工表面有轴承支承孔、结合面、端面及底面（装配基面）等。这些加工表面的主要技术要求有：

1）结合面对底座底面的平行度误差不超过 0.5mm/1000mm。

2）结合面的表面粗糙度值 Ra 小于 1.6μm，两结合面的接合间隙不超过 0.03mm。

3）轴承支承孔的轴线必须在结合面上，其误差不超过 ±0.2mm。

4）轴承支承孔的尺寸公差为 H7，表面粗糙度值 Ra 小于 1.6μm，圆柱度误差不超过孔径公差之半，孔距精度误差为 ±0.05～0.08mm。

（二）分离式箱体的工艺特点

分离式箱体的工艺过程见表 4-3～表 4-5。由表可见，分离式箱体虽然也遵循一般箱体的加工原则，但由于结构上的可分离特征，因而在工艺路线的拟订和定位基准的选择方面均有一些特点。

表 4-3　箱盖的工艺过程

序号	工 序 内 容	定 位 基 准
10	铸造	
20	时效	
30	涂底漆	
40	粗刨结合面	凸缘 A 面
50	刨底面	结合面
60	磨结合面	顶面
70	钻结合面连接孔,螺纹底孔,锪沉孔,攻螺纹	结合面、凸缘轮廓
80	钻顶面螺纹底孔,攻螺纹	结合面及两孔
90	检验	

表 4-4　底座的工艺过程

序号	工 序 内 容	定 位 基 准
10	铸造	
20	时效	
30	涂底漆	
40	粗刨结合面	凸缘 B 面
50	刨底面	结合面
60	钻底面孔、锪沉孔、铰两个工艺孔	结合面,端面,侧面
70	钻侧面测油孔、放油孔、螺纹底孔、锪沉孔、攻螺纹	底面、两孔
80	磨结合面	底面
90	检验	

表 4-5　箱体合装后的工艺过程

序号	工 序 内 容	定 位 基 准
10	将盖与底座对准合拢夹紧,配钻、铰两定位销孔,打入锥销,根据盖配钻底座结合面的连接孔,锪沉孔	
20	拆开盖与底座,修毛刺,重新装配箱体,打入锥销,拧紧螺栓	
30	铣两端面	底面及两孔
40	粗镗轴承支承孔,割孔内槽	底面及两孔
50	精镗轴承支承孔	底面及两孔
60	去毛刺,清洗,打标记	
70	检验	

1. 加工路线的拟订

分离式箱体工艺路线与整体式箱体工艺路线的主要区别在于整个加工过程分为两个大的阶段。第一阶段先对箱盖和底座分别进行加工,主要完成结合面及其他平面、紧固孔和定位孔的加工,为箱体的合装作准备;第二阶段在合装好的箱体上加工轴承孔及其端面。在两个阶段之间安排钳工工序,将箱盖与底座合装成箱体,并用两锥销定位,使其保持一定的位置关系,以保证轴承孔的加工精度和拆装后的重复精度。

2. 定位基准的选择

(1) 精基准的选择　分离式箱体的结合面与底面(装配基面)有一定的尺寸精度和相互位置精度要求;轴承孔轴线应在结合面上,与底面也有一定的尺寸精度和相互位置精度要求。为了保证以上几项要求,加工底座的结合面时,应以底面为精基准,使结合面加工时的定位基准与设计基准重合;箱体合装后加工轴承孔时,仍以底面为主要定位基准,并与底面上的两定位孔组成典型的一面两孔定位方式。这样，轴承孔的加工，其定位其准既符合"基准统一"原则，也符合"基准重合"原则，有利于保证轴承孔轴线与结合面的重合度及与装配基面的尺寸精度和平行度。

（2）粗基准的选择　分离式箱体最先加工的是箱盖或底座的结合面。由于分离式箱体轴承孔的毛坯孔分布在箱盖和底座两个不同部分上，因而在加工箱盖或底座的结合面时，无法以轴承孔的毛坯面作粗基准，而是以凸缘的不加工面为粗基准，即箱盖以凸缘 A 面，底座以凸缘 B 面为粗基准。这样可保证结合面加工凸缘的厚薄较为均匀，减少箱体合装时结合面的变形。

习　题　四

4-1　箱体零件的结构特点及主要技术要求有哪些？这些要求对保证箱体零件在机器中的作用和机器的性能有何影响？

4-2　箱体孔系有哪几种？各有哪些加工方法？试举例说明各加工方法的特点及其适用性。

4-3　数控铣削加工的主要对象是什么？

4-4　零件上哪些表面或加工部位适合采用数控铣削进行加工？

4-5　零件毛坯工艺性分析的主要内容是什么？

4-6　数控铣削加工确定加工路线时，除遵循一般原则外，重点应考虑哪些问题？

4-7　铣削加工对刀具的基本要求是什么？

4-8　如何选择对刀点？

4-9　试述镗杆受力变形和镗杆与导套的精度及配合间隙对孔系加工精度的影响。

4-10　试述机床进给方式对孔系加工精度的影响。

4-11　试举例说明安排箱体加工顺序时，一般应遵循哪些主要原则？

4-12　箱体加工的精基准有哪几种方案？试举例比较这些定位方案的优缺点及其适用场合。

4-13　箱体加工的粗基准选择主要应考虑哪些主要问题？生产批量不同时工件如何安装？

4-14　图 4-52 所示为某厂加工箱体孔的粗、精加工工序示意图，试分析这两道工序的特点。

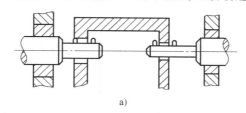

a)

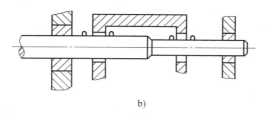

b)

图 4-52

a）粗镗　b）精镗

第五章 圆柱齿轮加工

第一节 概 述

一、圆柱齿轮的功用与结构特点

圆柱齿轮在机器和仪器中应用极为广泛，其功用是按一定的速比传递运动和动力。

圆柱齿轮的结构因使用要求不同而异。从工艺角度出发可将其看成是由齿圈和轮体两部分构成。按齿圈上轮齿的分布形式，齿轮可分为直齿、斜齿和人字齿等；按轮体的结构形式，齿轮可大致分为盘类齿轮、套类齿轮、轴类齿轮和齿条等（图5-1）。

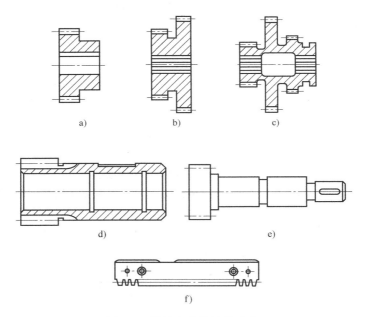

图 5-1 圆柱齿轮的结构形式

圆柱齿轮的结构形式直接影响齿轮的加工工艺过程。单齿圈盘类齿轮（图 5-1a）的结构工艺性最好，可采用任何一种齿形加工方法加工轮齿；双联或三联等多齿圈齿轮（图5-1b、c）的小齿圈的加工受其轮缘间的轴向距离的限制，其齿形加工方法的选择就受到限制，加工工艺性较差。

二、圆柱齿轮的主要技术要求

（一）齿轮的传动精度要求

齿轮的制造精度对机器的工作性能、承载能力、噪声及使用寿命影响很大，因此，齿轮制造必须满足齿轮传动的使用要求。一般，齿轮传动有如下要求。

（1）传递运动的准确性 要求齿轮在一转中的转角误差限制在一定范围内，使齿轮副传动比变化小，以保证传递运动准确。

（2）传递运动的平稳性 要求齿轮一齿范围内的转角误差限制在一定范围内，使齿轮副瞬时传动比变化小，以保证传动的平稳性，减小振动、冲击和噪声。

（3）载荷分布的均匀性 要求传动中工作齿面接触良好，以保证载荷分布均匀。否则将导致齿面应力集中，过早磨损而降低使用寿命。

（4）传动侧隙的合理性 要求啮合轮齿的非工作齿面间留有一定的侧隙，以便储存润滑油，补偿弹性变形和热变形及齿轮的制造和安装误差。

国家标准对齿轮及齿轮副规定了 13 个公差等级，依次用 0、1、2、…、12 表示。0 级精度最高，依次递减，12 级最低。齿轮副中，两个齿轮公差等级一般是相同的，也允许采用不同等级。若齿轮副中的两个齿轮的公差等级不同时，则齿轮副的公差等级应按实测齿轮副的切向综合总偏差确定。

13 个公差等级中，0 ~ 2 级目前加工工艺尚未达到，是为将来发展而规定的。3 ~ 5 级为高精度级，6 ~ 8 级为中精度级，9 ~ 12 级为低精度级。

（二）齿坯的主要技术要求

齿坯的内孔（或轴颈）、端面（有时还有顶圆）常被用作齿轮加工、检验和安装的基准。所以齿坯加工精度对齿轮加工和传动的精度均有很大的影响。

齿坯主要技术要求包括基准孔（或轴）的直径公差和基准端面的端面跳动。国家标准规定了对应于不同齿轮精度等级的齿坯公差等级和公差值。

三、齿轮零件的材料与毛坯

（一）齿轮的材料及热处理

齿轮的材料及热处理对齿轮的使用性能和寿命有很大的影响，选择时主要应考虑齿轮的工作条件以及结构尺寸、失效形式（如折断、磨损或点蚀等），使其具有一定的接触疲劳强度、弯曲疲劳强度、冲击韧度和耐磨性。当前生产中常用的材料及热处理大致如下。

1）中碳钢（如 45 钢）进行调质或表面淬火。这种钢热处理后，综合力学性能较好，主要用于低速、轻载或中载的一些不重要的齿轮。

2）中碳合金钢（如 40Cr）进行调质或表面淬火。这种钢热处理后，综合力学性能更好且热处理变形小，适用于中速、中载及精度较高的齿轮。

3）低碳合金钢（如 20Cr、20CrMnTi）进行渗碳淬火或液体碳氮共渗。这种钢热处理后，齿面硬度可达 58HRC 左右，且心部有较高韧性，适用于高速、中载或有冲击载荷的齿轮。

4）铸铁及其他非金属材料（如夹布胶木、尼龙等）。这些材料强度低，易加工，适用于一些轻载的齿轮。

（二）齿轮毛坯

齿轮毛坯的选择取决于齿轮的材料、结构形式与尺寸、使用条件及生产批量等因素。常用的齿轮毛坯有：

1）棒料。用于一些不重要、受力不大且尺寸较小、结构简单的齿轮。

2）锻件。用于重要而受力较大的齿轮。

3）铸钢件。用于直径大或结构形状复杂、不宜锻造的齿轮。铸钢的晶粒较粗，加工性能不好，加工前应先经正火处理，以改善加工性能。

4）铸铁件。用于受力小、无冲击的开式传动齿轮。

第二节　齿形加工

齿形加工方法按照加工中有无切屑而分为无屑加工和切削加工两大类。无屑加工包括热轧、冷轧、压铸、注塑、粉末冶金等。无屑加工生产率高，材料消耗小，成本低，但由于受到材料塑性和加工精度还不够高的影响，目前尚未广泛应用。齿形切削加工由于加工精度较高，目前仍是齿形加工的主要方法。从加工原理来看，切削加工又可分为仿形法和展成法。

仿形法加工是采用刀具刀刃形状与被加工齿轮齿槽形状相同的成形刀具来进行加工，常用的有模数铣刀铣齿，成形砂轮磨齿和齿轮拉刀拉齿等。

展成法加工的原理是使齿轮刀具和齿坯严格保持一对齿轮啮合的运动关系来进行加工，常见的有滚齿、插齿、剃齿、珩齿、挤齿和磨齿等，加工精度和生产率都比较高，在生产中应用十分广泛。

一、铣齿

在万能铣床上铣齿，用盘状模数铣刀可加工模数 $m < 8mm$ 的齿轮，用指状模数铣刀可加工模数 $m > 8mm$ 的齿轮，每个齿槽铣完后，用分度头分齿。铣齿所用机床、刀具及夹具均较简单，但由于刀具的近似造形误差、分齿误差以及刀具的安装误差的影响，齿形的加工精度较低；由于空返行程和间隔分度，使生产率较低，故一般适用于精度要求不高的齿轮（9 ~ 10 级）的单件小批生产或修配加工。

二、滚齿

（一）滚齿的工艺特点

滚齿是齿形加工中生产率较高、应用最广的一种加工方法。滚齿的通用性较好，用一把滚刀可加工模数相同而齿数和螺旋角不同的直齿圆柱齿轮、斜齿轮。滚齿法还可用于加工蜗轮。滚齿的加工尺寸范围也较大，从仪器仪表中的小模数齿轮到矿山和化工机械中的大型齿轮都广泛采用滚齿加工。

滚齿既可用于齿形的粗加工，也可用作精加工。滚齿加工精度一般为 6 ~ 9 级，对于 8、9 级精度齿轮，滚齿后可直接得到，对于 7 级精度以上的齿轮，通常滚齿可作为齿形的粗加工或半精加工。当采用 AA 级齿轮滚刀和高精度滚齿机时，可直接加工出 7 级精度以上（最高可达 4 级）的齿轮。

滚齿加工时齿面是由滚刀的刀齿包络而成，由于参加切削的刀齿数有限，工件齿面的表面质量不高。为提高加工精度和齿面质量，宜将粗、精滚齿分开。精滚的加工余量一般为 0.5 ~ 1mm，并且应取较高的切削速度和较小的进给量。

（二）滚齿的加工精度分析

在滚齿加工中，由于机床、刀具、夹具和齿坯在制造、安装和调整中不可避免地存在一些误差，因而被加工齿轮在尺寸、形状和位置等方面也会产生一些误差。尺寸误差主要是齿厚误差；形状误差主要是齿形误差；位置误差主要是各齿沿圆周分布的齿距误差。它们影响齿轮传动的准确性、平稳性、载荷分布的均匀性和齿侧间隙。下面顺次分析产生这些误差的主要原因及相应的改进措施。

1. 影响传动准确性的误差分析

　　影响传动准确性的主要原因是在加工中滚刀和被加工齿轮的相对位置和相对运动发生了变化。相对位置的变化（几何偏心）产生齿轮的径向误差；相对运动的变化（运动偏心）产生齿轮的切向误差。

　　（1）齿轮径向误差　齿轮径向误差是指滚齿时，由于齿坯的实际回转中心与其定位基准中心不重合（几何偏心），使所切齿轮的轮齿发生径向位移而引起的齿距累积误差。如图5-2所示，O 为齿坯基准孔中心（即测量或使用时的中心），O' 为切齿时的回转中心，两者不重合产生几何偏心 e。切齿时齿坯绕 O' 回转，切出的轮齿沿其分度圆分布绝对均匀（如图5-2所示实线圆的齿距 $p_1 = p_2$），但在以 O 为中心测量或使用时，其分度圆上的轮齿的分布就不再均匀了（如图5-2所示双点画线圆的齿距 $p'_1 \neq p'_2$）。这种齿距的变化是由于几何偏心使齿廓径向位移引起的，故称为齿轮的径向误差，可通过齿圈径向跳动和径向综合误差来评定。

　　切齿时产生齿轮径向误差的主要原因，是齿坯定位基准中心在安装时与工作台回转中心不重合所引起的。如图5-3所示滚齿夹具，在铸铁底座5上装有钢套4，心轴2可随工件基准孔的大小而更换。使用这种夹具滚齿时，产生几何偏心的主要原因有：

　　1）安装调整夹具时，心轴与机床工作台回转中心不重合。

　　2）齿坯内孔与心轴间有间隙，安装时偏向一边。

　　3）基准端面定位不好，夹紧后内孔相对工作台回转中心产生偏斜（图5-4），其具体原因有：齿坯轴向圆跳动，夹具定位轴向圆跳动，夹紧螺母轴向圆跳动，垫圈两端面不平行以及各接触面不干净或有毛刺等。

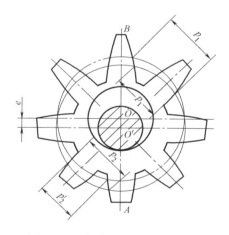

图5-2　几何偏心引起的径向误差

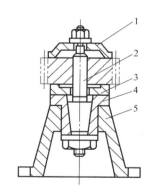

图5-3　滚齿夹具

1—压盖　2—心轴　3—垫圈　4—钢套　5—底座

减少齿轮径向误差的措施有：

　　1）提高齿坯加工精度，严格控制基准孔的尺寸精度和基准端面的轴向圆跳动。

　　2）提高夹具制造精度，包括心轴的尺寸精度，定位轴向圆跳动，心轴中心与锥柄的同轴度，底座锥孔对底面的垂直度及顶面与底面的平行度，垫圈两端面平行度，夹紧螺母轴向圆跳动等。

　　3）提高夹具安装调整精度。安装后必须检查图5-5所示的 A、B、C、D 四处的跳动量，其要求可由表5-1选取。

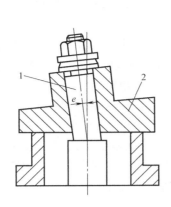

图5-4　端面定位不好引起几何偏心

1—心轴　2—齿坯

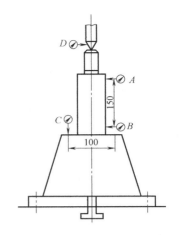

图5-5　夹具安装精度检查

表5-1　夹具安装精度　　　　　　　　　　（单位：mm）

齿轮精度等级	各部位允许跳动量			
	A	B	C	D
6级及6级以上	0.005～0.01	0.003～0.005	0.003～0.005	≤0.01
7级及7级以下	0.0015～0.025	0.01～0.015	0.005～0.01	≤0.015

4）改进夹具结构。为提高定心精度，可采用精密可胀心轴以消除配合间隙，还可将夹具的定位与夹紧分开。如图5-6所示，工件靠定位套2定心，夹紧时，若端面定位不好会引起双头螺栓1弯曲，但不致影响齿坯的定心精度。

（2）齿轮切向误差　齿轮切向误差是指滚齿时，由于机床工作台的不等速旋转，使所切齿轮的轮齿沿切向（即圆周方向）发生位移所引起的齿距累积误差。滚齿时，刀具与齿坯间应保持严格的运动联系——展成运动，但传动链中各元件的制造和装配误差，必然产生传动误差，使刀具与齿坯间的相对运动不均匀。影响传动链误差的主要因素是工作台分度蜗轮本身齿距累积误差及安装偏心。

如图5-7所示，工作台1的下部支承在锥度轴承4中，中部有螺栓与分度蜗轮2固定，由于分度蜗轮几何中心 O' 与工作台回转中心 O 存在偏心 e'（即运动偏心），当分度蜗杆3等速回转时，分度蜗轮将绕中心 O 回转。俯视图中分度蜗轮啮合点 A 为0°，分度蜗轮逆时针转动时，在前半周（即0°～180°）中，若 A 点转到 B 点时，其实际转角 $\phi = \angle AOB$，而以几何中心 O' 计算的理论转角 $\phi' = \angle AO'B$，由三角关系可见 $\phi > \phi'$，说明分度蜗轮转快了；在后半周（即180°～360°）中，若 E 点转到 M 点时，其实际转角 $\phi = \angle EOM$，而理论转角 $\phi' = \angle EO'M$，此时 $\phi < \phi'$，即分度蜗轮转慢了。分度蜗轮在一周中回转时快时慢，产生转角误差 $\Delta\phi$，其值为 $\Delta\phi = \phi - \phi'$。

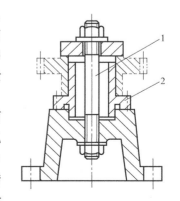

图5-6　定位与夹紧分开的夹具

1—双头螺栓　2—定位套

　　由于分度蜗轮的制造、磨损所引起的齿距累积误差以及安装偏心所引起的转角误差，使工作台带着齿坯在一周中同样回转不均匀，因而滚齿时引起切出的实际齿廓相对于理论位置沿切向发生位移。如图5-8所示，轮齿的理论位置沿分度圆分布均匀（双点画线表示）。滚刀切齿1时，齿坯的转角误差为0°，当切齿2时，理论上应转过∠AOB，实际上由于存在转角误差，齿坯多转了 $\Delta\phi$ 角，转到∠AOC位置（实线表示），结果轮齿沿切向发生了位移。同理，其他各齿也会发生类似的切向位移。各轮齿的切向位移不等必然引起齿距累积误差，影响传递运动的准确性。

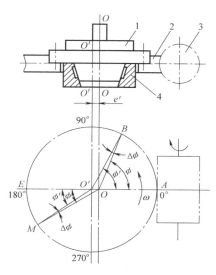

图5-7　分度蜗轮的安装偏心
1—工作台　2—分度蜗轮　3—分度蜗杆　4—锥度轴承

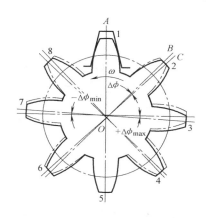

图5-8　齿轮的切向位移

　　机床分齿运动不准确所引起的齿轮切向误差，可通过公法线长度变化量来评定。减少齿轮切向误差的措施有：

　　1）提高机床分度蜗轮的制造精度和安装精度。

　　2）采用校正装置去补偿蜗轮的分度误差。

　　3）机床分度蜗杆副、锥度轴承磨损过大时应及时检修。

　　2. 影响传动平稳性的加工误差分析

　　影响齿轮传动平稳性的主要因素是齿轮的基节偏差和齿形误差。滚齿时工件的基节偏差一般较小，而齿形误差通常较大，下面就分析齿形误差。

　　（1）几种常见齿形误差　常见的齿形误差如图5-9所示，其中齿面出棱、齿形不对称和根切通常可看出来，而齿形角误差和周期误差需通过仪器测出。实际的齿形误差往往是上述几种误差形式的不同

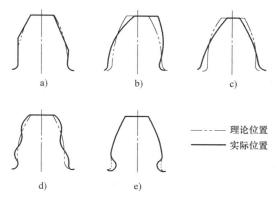

　　　　　　　　　　 ——— 理论位置
　　　　　　　　　　 ——— 实际位置

图5-9　常见的齿形误差
a) 出棱　b) 不对称　c) 齿形角误差
d) 周期误差　e) 根切

组合。

（2）产生齿形误差的原因

1）齿面出棱。滚刀刀齿沿圆周等分性不好或安装后有较大的径向跳动及轴向窜动，都会引起齿面出棱。如图5-10所示，刀齿存在等分性误差时，各排刀齿相对其准确位置，有的超前，有的滞后，如图5-10a所示第3齿和第2齿。由于滚刀刀齿是经过铲磨的，铲后形成的这种超前或滞后的前刀面，偏离其基本蜗杆的螺旋表面，滚切齿轮时就出现刀刃的"过切"或"空切"，使齿面出棱。图5-10b所示为滚齿时各刀齿刃口包络形成渐开线齿形的过程。图5-10c是从图5-10b中取出三个刀齿位置加以放大的示意图，双点画线表示无等分性误差时刀齿的位置，实线表示有等分误差时第2齿"空切"和第3齿"过切"的位置。

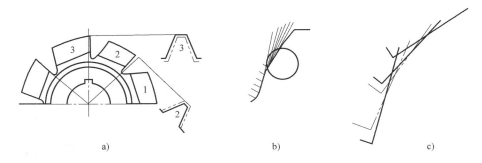

图5-10　刀齿等分性不好引起的齿面出棱

滚刀安装后的径向圆跳动和轴向窜动，相当于刀齿等分性不好，同样会使刀齿"过切"或"空切"，因而使齿面出棱。

2）齿形角误差。滚刀刀齿的齿形角误差以及刃磨前刀面时的径向性误差及轴向性误差是引起齿形角误差的主要原因。

刀齿前刀面径向性误差的影响如图5-11所示。精加工用的滚刀，其前角通常为0°（即刀齿前刀面在径向平面内），刃磨不好时会出现正或负前角。由于刀齿两侧经铲磨后具有侧后角，因此刀齿前角误差必然会引起齿形角变化。前角为正时，齿形角变小，切出的齿形齿顶变肥（图5-11a所示实线）；前角为负时，齿形角变大，切出的齿形齿顶变瘦（图5-11b所示实线）。

刀齿前刀面轴向性误差，是指直槽滚刀的前刀面沿轴向和刀孔轴线有平行度误差（图5-12）。由于刀齿的顶刃和侧刃均经铲磨，这种误差就使各刀齿偏离了正确的齿形位置，且其偏离量沿轴向逐渐增大（图5-12b所示上方双点画线表示），从而使被切齿轮的左右齿形角不等而形成齿形歪斜（图5-12b所示下方双点画线表示）。

3）齿形不对称。除上述刀齿前刀面轴向性误差的影响外，滚齿前滚刀对中不好往

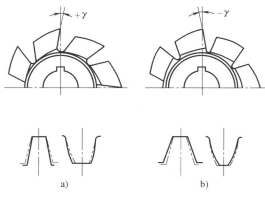

图5-11　刀齿前刀面径向性误差的影响

往会引起齿形不对称。滚齿时滚刀的轴向位置，应使一个刀齿（或刀槽）的对称线通过齿坯中心（图 5-13）。滚刀对中时，切出的齿形对称（图 5-13a）；反之，则引起齿形不对称（图 5-13b）。对于模数较大而齿数较少的齿轮，这种误差影响较大，为防止齿形歪斜，滚齿前应认真对中。

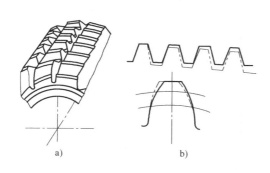

图 5-12　刀齿前刀面轴向性误差的影响

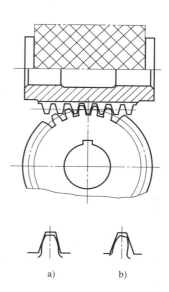

图 5-13　滚刀对中的影响
a）对中齿形　b）不对中齿形

4）周期误差。滚刀安装后的径向跳动和轴向窜动，分齿挂轮的运动误差，分度蜗杆的径向跳动和轴向窜动等小周期转角误差，会使被加工齿面出现凹凸不平的周期误差。

5）根切。齿轮加工时发生根切的原因是因为刀具齿顶线的高度超过了啮合极限点。标准齿轮加工时，刀具的中线（分度线）应该与齿坯的分度圆相切。当被加工的标准齿轮的模数、压力角已确定时，刀具的齿顶线和啮合线的位置也是确定的。因此，刀具的齿顶线是否超过啮合极限点，将取决于被加工齿轮的基圆大小。在模数确定的情况下，取决于被加工齿轮的齿数多少。

解决根切措施如下。

采用变位加工可以有效地避免根切。齿轮发生根切，不仅削弱了轮齿的弯曲强度，使重叠系数减小，而且可能降低传动的平稳性，应力求避免。为避免根切，刀具必须进行正变位。当计算不发生根切的最小变位系数为负时，说明即使加工刀具进行负变位也不会发生根切，如果不变位或进行正变位更不会有根切现象发生。

（3）减少齿形误差的措施　综上所述，影响齿形误差的主要因素是滚刀的制造误差、安装误差和机床分齿传动链的传动误差。为保证齿形精度要求，除了根据齿轮的精度等级正确选择滚刀和机床的精度外，生产中应重视滚刀的刃磨精度和安装精度。

滚刀安装应先检查滚刀心轴，安装后再检查滚刀。检查方法如图 5-14 所示，检查要求见表 5-2。

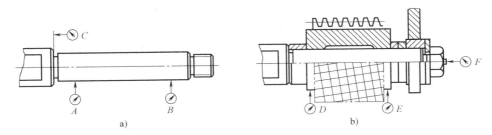

图 5-14　滚刀安装精度的检查

表 5-2　　滚刀心轴和滚刀的检查要求　　　　　　　　　（单位：mm）

齿轮精度	模数	径向和轴向窜动允差					
		刀杆			滚刀台肩		轴向窜动
		A	B	C	D	E	F
5~6 级	>2.5~10	0.005	0.008	0.005	0.010	0.012	0.005
7 级	>1~6	0.010	0.015	0.010	0.015	0.018	0.010
8 级	>1~6	0.020	0.025	0.020	0.025	0.025	0.015
9 级	>1~6	0.035	0.040	0.030	0.040	0.050	0.020

3. 影响载荷均匀性的加工误差分析

齿轮齿面的接触状况直接影响齿轮传动中载荷的均匀性。齿轮齿高方向的接触精度，由齿形精度和基节精度来保证；齿轮齿宽方向的接触精度，主要受齿向误差 ΔF_b 的影响。

（1）齿向误差产生的原因　齿向误差主要由下列因素造成。

1）滚齿机刀架导轨相对工作台回转轴线存在平行度误差时，被切齿轮会产生齿向误差（图 5-15）。由于刀架导轨在齿坯径向不平行（图 5-15a），被切轮齿向中心倾斜；刀架导轨在齿坯切向不平行（图 5-15b），直接引起轮齿齿向歪斜，其齿向误差值比径向不平行时更大。

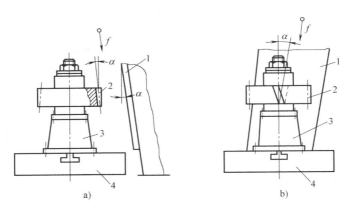

图 5-15　刀架导轨误差对齿向误差的影响
1—刀架导轨　2—齿坯　3—夹具底座　4—机床工作台

2）齿坯安装时由于心轴歪斜、齿坯端面跳动及垫圈两端面不平行等引起的齿坯歪斜（图 5-16），使各齿产生的齿向误差不等，图 5-16 中方位 c 处误差最大。实践证明，齿轮的齿向误差大部分是由齿坯安装倾斜造成的。

3）滚切斜齿轮时，差动挂轮传动比计算不够精确会引起斜齿轮的齿向误差。

（2）减少齿向误差的措施　影响齿向误差因素主要是机床刀架导轨的精度和齿坯的安装精度。当导轨磨损后，应及时修刮以恢复几何精度。对齿坯应严格控制其孔径精度及基准端面的跳动。齿坯安装前应对夹具心轴按图5-17所示方法仔细找正，以保证心轴对刀架导轨具有较高的平行度要求。加工斜齿轮时，差动挂轮传动比计算应精确至小数点后5～6位。

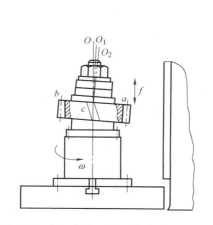

图5-16　齿坯安装歪斜对齿向误差的影响

O_1—工作台回转中心　　O_2—心轴中心线

O—齿坯内孔中心线

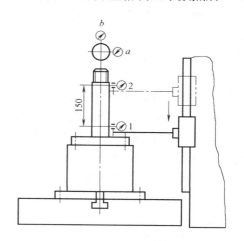

图5-17　心轴安装后的检查

（三）提高滚齿生产率的途径

1. 高速滚齿

目前滚齿的切削速度一般较低，主要是受机床刚度和刀具耐用度的限制。近年我国已开始制造高速滚齿机，采用铝高速钢（Mo5Al）滚刀，切削速度由一般30m/min提高到100m/min以上，使生产率提高25%。采用硬质合金滚刀，切削速度可高达300m/min以上，而且滚齿加工精度提高，齿面表面粗糙度值减小，所以高速滚齿大有发展前途。

2. 采用多头滚刀和大直径滚刀

采用多头滚刀可提高工件圆周方向的进给量，从而提高生产率，但由于多头滚刀有分头误差，螺旋升角增大，切齿的包络刀刃数减少，故加工误差和齿面粗糙度值较大，多用于粗加工。

采用大直径滚刀，圆周齿数增加，刀杆刚度增大，允许采用较大的切削用量，且加工齿面粗糙度较小。

3. 改进滚齿加工方法

（1）多件加工　同时加工几个工件，可减少滚刀对每个齿坯的切入切出时间。

（2）径向切入　滚齿时滚刀切入齿坯有两种方法，径向切入比轴向切入行程较短，可节省切入时间，对大直径滚刀尤为突出。

（3）轴向窜刀和对角滚齿　滚刀参与切削的刀齿负荷不等，磨损不均。当负荷最重的刀齿磨损到一定极限时，应将滚刀沿其轴向移动一段距离（即轴向窜刀）后继续切削，可提高滚刀的使用寿命。

对角滚齿是滚刀在沿齿坯轴向进给的同时，还沿滚刀轴向连续移动，两种运动的合成，使齿面形成对角线刀痕，不仅降低了齿面粗糙度值，还使刀齿磨损均匀，提高了刀具使用寿命。

（四）硬齿面滚齿

滚齿一般用于未淬硬齿面的加工，硬质合金滚刀的应用，使滚齿可以代替齿面淬火后的粗磨齿，对硬齿面齿轮进行半精滚或精滚，生产率比磨齿约高 5～6 倍，精度可达 7 级。

滚硬齿面的机床结构刚度要好，更要具有足够的抗振能力，以防止机床变形和振动而引起硬质合金滚刀刀齿崩刃；机床传动链的间隙要小，分度蜗杆副的间隙应在 0.015～0.035mm 内。

小模数的硬质合金滚刀采用整体结构形式，中等模数的硬质合金滚刀有焊接式与镶片式等不同结构。图 5-18 所示为硬质合金刮削滚刀，用于精加工 45～64HRC 的硬齿面，采用 -30°前角。一般硬齿面精加工滚刀的前角也可采用零度或较小的负前角。

硬齿面滚齿的切削速度一般为 30～80m/min，轴向进给量为 1～3mm/r，加工余量单边为 0.1～0.25mm，加工中不用切削液。

三、插齿

（一）插齿的工艺特点

插齿是生产中通常应用的一种齿形加工方法，能加工直齿圆柱齿轮，还宜于加工多联齿轮、内齿轮、扇形齿轮和齿条等。机床配有专门附件时，可加工斜齿轮，但不如滚齿方便。

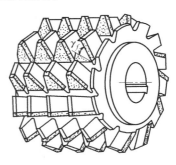

图 5-18　硬质合金刮削滚刀

插齿既可用于齿形的粗加工，也可用作精加工。插齿通常能加工 7～9 级精度齿轮，最高可达 6 级。

插齿过程为往复运动，有空行程。插齿系统刚度较差，切削用量不能太大，所以一般插齿的生产率比滚齿低。只有在加工模数较小和宽度窄的齿轮时，插齿生产率不低于滚齿。因此插齿多用于中小模数齿轮的加工。

（二）插齿加工质量分析

将插齿加工质量与滚齿相比较，有如下几点。

1. 传动准确性

齿坯安装时的几何偏心使工件产生径向位移，造成齿圈径向跳动，这与滚齿相同。

工作台分度蜗轮的运动偏心使工件产生切向位移，造成公法线长度变动，这与滚齿相同，但插齿传动链中多了刀具蜗杆副，且插齿刀全部刀齿参加切削，其本身制造的齿距累积误差和安装误差，使插齿时齿轮沿切向产生较大的齿距累积误差，因而使插齿的公法线长度变动比滚齿大。

2. 传动平稳性

插齿刀设计时无近似误差，制造时可磨削获得精确的齿形，所以插齿的齿形误差比滚齿小。

3. 载荷均匀性

机床刀架导轨对工作台回转中心的平行度，使工件产生齿向误差，这与滚齿相同，但插齿上下往复运动频繁，导轨易磨损，且刀杆刚性差，因此插齿的齿向误差比滚齿大。

4. 表面粗糙度

滚齿时，滚刀头数、刀槽数一定，切齿的包络切削刃数有限，而插齿圆周进给量可调，使切齿的包络刀刃数远比滚齿多，故插齿的齿面粗糙度值比滚齿小。

（三）提高插齿生产率的途径

1. 高速插齿

增加插齿刀每分钟的往复次数进行高速插齿，可缩短机动时间。现有高速插齿机的往复运动可达每分钟 1000 次，甚至高达 1800 次。

2. 提高圆周进给量

提高圆周进给量可缩短机动时间，但齿面粗糙度变粗，且插齿回程的让刀量增大，易引起振动，因此宜将粗、精插齿分开。

3. 提高插齿刀耐用度

在改进刀具材料的同时，改进刀具几何参数能提高刀具耐用度。试验表明：将刀具前后角改为 $\gamma_o = 15°$，$\alpha_o = 9°$，刀具耐用度能提高三倍左右，但精度有所降低。

（四）硬齿面插齿

使用硬质合金插齿刀可精加工淬硬（45～62HRC）的齿面，精度可达 6～7 级，齿面粗糙度值 Ra 为 0.4～0.8μm，其工艺过程简单，操作容易，加工成本较低，适用于大批量生产。

插齿机性能对于硬齿面插齿效果有较大影响。对国产插齿机（如 Y54 型），需适当调整运动部件，减少运动间隙，并精化蜗杆副，以提高插齿精度。

硬质合金插齿刀的顶刃加工成负前角，一般为 -5°，使两侧切削刃获得相应的负刃倾角。顶刃后角一般取 6°或 9°，如图 5-19 所示。

硬齿面插齿切削速度取 15～30m/min，圆周进给量为每往复行程 0.15～0.25mm。对于中等模数淬硬齿轮，一般两侧齿面留精加工余量 0.3～0.5mm（齿厚），齿槽不留余量，且略深于标准全齿高。对于低于 7 级精度的齿轮，加工余量一次切除掉，对于 6、7 级齿轮，可分成粗切和精切两次加工。

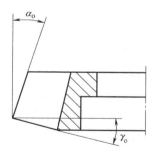

图 5-19　硬质合金插齿刀

四、剃齿

（一）剃齿原理

如图 5-20a 所示，剃齿刀 1 与被切齿轮 2 相当于一对交错齿轮副的啮合，因螺旋角不等，它们的轴线在空间交错一个角度 φ。当机床带动剃齿刀回转时，其圆周速度 v 可分解为两个分量：一个与轮齿方向垂直的法向分速度 v_n，以带动工件旋转；另一个与轮齿方向平行的齿向分速度 v_t，使两啮合齿面产生相对滑移。因为剃齿刀的齿面上开有小槽，沿渐开线的形成切削刃（图 5-20b），所以剃齿刀在 v_t 和一定压力的作用下，从工件的齿面上剃下很薄的切屑，且在啮合过程中逐渐把余量切除。

剃齿时剃齿刀和齿轮是无侧隙双面啮合，剃齿刀刀齿的两侧面都能进行切削。由图 5-20c 所示截面可见，按 v_t 方向，刀齿两侧的切削角是不同的，A 侧为锐边具有正前角，起切削作用；B 侧为钝边具有负前角，起挤压作用。当剃齿刀反向时，v_t 也反向，剃齿刀两侧切削刃的作用互换。为使齿轮两侧均能得到剃削，故剃齿过程需具备以下几种运动。

1）剃齿刀正反转——主运动。

2）工件沿轴向往复进给运动——使齿轮全宽均可剃出。

3）工件每一往复行程后的径向进给运动——以切除全部余量。

由上述剃齿原理可知，剃齿刀由机床传动链带动旋转，而工件由剃齿刀带动，它们之间无强制性的展成运动，是自由对滚，故机床传动链短，结构简单。

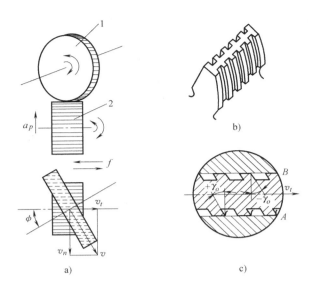

（二）剃齿工艺特点

剃齿是齿轮精加工方法之一。剃齿后的齿轮精度一般可达到 6 ~ 7 级，齿

图 5-20　剃齿原理示意图
1—剃齿刀　2—被切齿轮

面粗糙度值 Ra 为 $0.8 \sim 0.2 \mu m$，以下具体分析剃齿对各种误差的修正情况。

（1）**齿圈径向圆跳动**　剃前具有径向跳动的齿轮，开始剃齿时，刀具不会同齿轮上各轮齿均进行无侧隙啮合，而是先同齿轮上距中心较远的轮齿进行无侧隙啮合并进行剃齿。随着径向进给的增加，与刀具进行无侧隙啮合的轮齿逐渐增多，齿圈径向跳动也就逐渐减少。当全部轮齿进入无侧隙啮合时，齿圈径向圆跳动误差全被消除，即剃齿对齿圈径向圆跳动有较强的修正能力。

（2）**公法线长度变动**　若剃前齿轮没有齿圈径向圆跳动，剃齿时，由于刀具与工件双面啮合和工件的径向进给，使刀具作用在轮齿两侧的压力相等，两侧被剃削的余量也相等。因此，原来沿圆周方向齿距分布不均的齿轮，剃后齿距分布仍然不均。故其公法线长度变动没有得到修正。

实际上，剃前齿轮总存在一些齿圈径向圆跳动，在剃除齿圈径向跳动的过程中，各轮齿被剃除的余量是不等的，从而导致公法线长度的进一步变动。一般在修正齿圈径向圆跳动的同时反而使公法线长度变动增大，故剃齿对公法线长度变动的修正能力很小。

（3）**基节偏差和齿形误差**　剃齿时，通常剃齿刀与工件有两对齿啮合（图 5-21）。若剃齿刀 1 和工件 2 的基节相等，两对齿在 A、B、C 三点接触，在 A、C 两点切下的金属相等；若工件的基节大于剃齿刀基节，即图 5-21a 所示 $p_{b2} > p_{b1}$，则 A 点不接触，C 点切去较多的金属，齿轮基节减小，直至等于剃齿刀基节为止。因此，剃齿对基节偏差的校正能力较强。

齿轮有齿形误差时，则同一齿面与剃齿刀齿面各点啮合时，各处的齿距不等，那么，

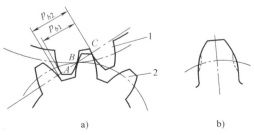

图 5-21　剃齿对基节偏差和齿形误差的修正
1—剃齿刀　2—工件

剃齿刀就如同修正基节偏差一样的修正各处的齿形误差。因此，剃齿对齿形误差也有较强的修正能力。但剃后在齿轮的节圆附近出现中凹现象（图5-21b）。原因是在节圆附近只有一个齿在被剃削，齿面啮合处的压力就大，剃削力就大，故多剃去了一些金属。这种齿面凹心现象常通过修磨剃齿刀使其齿形中凹来解决，也可用减少剃齿余量和径向进给量来弥补。

（4）齿向误差　剃齿前，仔细调整机床前后顶尖同轴及调整剃齿刀与齿轮两者轴线交角 ϕ，就能使齿轮的齿向误差得到较大的修正。

综上所述，由于剃齿刀与被切齿轮自由对滚而无强制性的啮合运动，剃齿对齿轮传递运动的准确性提高不多或无法提高，对传动平稳性和载荷均匀性都有较大提高，且齿面粗糙度值较小。因此剃前齿形的加工，以滚齿为例，一般剃前精度比最终要求低一级。

剃齿生产率很高，剃削中等尺寸的齿轮只需 $2 \sim 4min$，比磨齿效率高10倍以上，机床结构简单，调整操作方便，辅助时间短；刀具耐用度高，但刀具价格昂贵，修磨不便。故剃齿广泛用于成批大量生产中未淬硬的齿轮精加工。

近年来，由于含钴、钼成分较高的高性能高速钢刀具的应用，使剃齿也能进行硬齿面（$45 \sim 55HRC$）的齿轮精加工。加工精度可达7级，齿面粗糙度值 Ra 为 $0.8 \sim 1.6\mu m$。但淬硬前的精度应提高一级，留硬剃余量为 $0.01 \sim 0.03mm$。

五、珩齿

珩齿是齿轮热处理后的一种光整加工方法，目前生产中应用较广。

珩齿原理与剃齿相似，珩轮与工件是一对交错齿轮副无侧隙的自由紧密啮合（图5-22b），珩齿所用的刀具（即珩轮）是一个由磨料、环氧树脂等原料混合后在铁心上浇注而成的斜齿轮（图5-22a）。珩轮回转时的圆周速度，可分解为法向分速度 v_n，以带动工件回转；齿向分速度 v_t，使珩轮与工件产生相对滑移。珩轮上的磨料借助珩轮齿面与工件齿面间的相对滑移速度（v_t）磨去工件齿面上的微薄金属。

珩齿的运动与剃齿基本相同，即珩轮带动工件高速正反转动；工件沿轴向往复运动以及工件径向运动。与剃齿不同的是其径向进给是在开车后一次进给到预定位置。因此，珩齿开始时齿面压力较大，随后逐渐减小，直至压力消失时珩齿便结束。

珩齿时，齿面间除沿齿向产生相对滑移进行切削外，沿渐开线方向的滑动使磨粒也能切削，因而齿面形成交叉复杂的刀痕，其粗糙度值 Ra 可从珩前的 $1.6\mu m$ 降到珩齿后的 $0.8 \sim 0.4\mu m$，且齿面不会产生烧伤，表面质量较好。

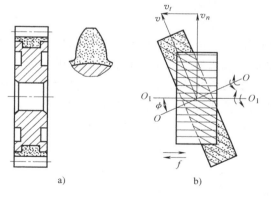

图5-22　珩齿原理

珩齿方法有外啮合珩齿、内啮合珩齿和蜗杆状珩轮珩齿三种（图5-23）。

珩轮的精度对于珩齿精度影响极大。被珩齿轮的误差是由珩轮修正的，且珩轮的误差也直接反映到齿轮上，因此要提高珩齿精度，就必须采用高精度的珩轮。

珩前齿轮的精度与珩齿精度有密切的关系。珩齿加工对齿轮传动的平稳性误差修正能力较强，对传递运动的准确性误差修正能力较差，对齿向误差有一定的修正能力。因此对珩前

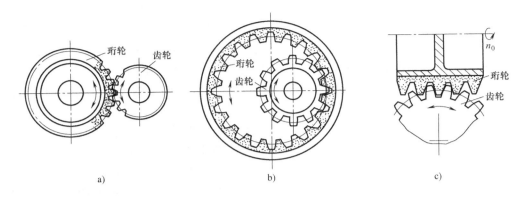

图 5-23　珩齿方法

a) 外啮合珩齿　b) 内啮合珩齿　c) 蜗杆状珩轮珩齿

基节偏差、齿形误差可比最终要求低一级，对珩前齿距累积误差、公法线长度变动、齿圈径向跳动、齿向误差只能保持同级或低半级。

珩前尽可能用滚齿，不用剃齿。因为剃齿、珩齿同属自由对滚的展成加工，修正误差能力相似；且珩齿可加工硬齿面。因此，一些工厂将热处理前的剃齿加工省去，采用蜗杆状珩轮珩齿，使传统的"滚齿—剃齿—热处理—珩齿"工艺过程，改变为"滚齿—热处理—珩齿"工艺过程。

珩齿余量一般为单边 0.01 ~ 0.02mm，珩轮转速在 1000r/min 以上，一般工作台 3 ~ 5 个往复行程即可完成珩齿，生产率很高。一般约一分钟珩一个。

珩齿设备结构简单，操作方便，在剃齿机上即可珩齿。珩轮浇注简单，成本低。故珩齿多用于成批生产中，经过淬火后齿形的精加工，加工精度可达 6 ~ 7 级。

六、磨齿

磨齿是齿形加工中精度最高的一种方法。磨齿精度为 4 ~ 6 级，最高 3 级，齿面粗糙度 Ra 为 0.8 ~ 0.4μm。磨齿对磨前齿轮误差或热处理变形有较强的修正能力，故多用于高精度的硬齿面齿轮、插齿刀和剃齿刀等的精加工，但生产率较低，加工成本较高。

磨齿方法有仿形法和展成法两大类，生产中常用展成法。根据砂轮形状不同，展成法磨齿可分为锥面砂轮磨齿、碟形砂轮磨齿、蜗杆砂轮磨齿等。

1. 锥面砂轮磨齿（图 5-24）

砂轮截面呈锥形，相当于齿条的一个齿。磨齿时，砂轮一面高速旋转（n），一面沿齿槽方向快速往复运动（f）以磨出全齿宽；工件一面旋转（ω）一面移动（v），实现展成运动。工件逆时针转动且其中心向右移动时（图 5-24a），砂轮右锥面磨齿槽的左侧面，从齿根磨到齿顶；继而工件顺时针转动且其中心向左移动（图 5-24b），砂轮左锥面磨齿槽的右侧面，也从齿根磨到齿顶。在工件的一个往复过程中，先后磨出齿槽的两个侧面，然后工件快速离开砂轮进行分度，磨削下一个齿槽（图 5-24c）。

这种磨齿法砂轮刚性好，磨削效率较高，但机床传动链复杂，磨齿精度较低，一般为 5 ~ 6 级，多用于成批生产中磨削 6 级精度的淬硬齿轮。

2. 碟形砂轮磨齿（图 5-25）

两片碟形砂轮倾斜安装以构成齿条齿形的两个侧面（图 5-25a）。磨齿时，砂轮高速旋转（n）；工件一面旋转（ω），一面移动（v），展成运动是通过滑座和由滚圆盘、钢带、框架组成的滚圆盘钢带机构实现的（图5-25b）；工件沿轴线方向做慢速进给运动（f）以磨出全齿宽。当一个齿槽的两侧面磨完后，工件快速退离砂轮进行分度，磨削下一个齿槽。

　　这种磨齿法由于展成运动的传动环节少，传动误差小，分齿精度又较高，故加工精度可达3~5级，但砂轮刚性差，切深小，生产率低，故加工成本较高，适用于单件小批生产高精度的直齿圆柱齿轮、斜齿轮的精加工。

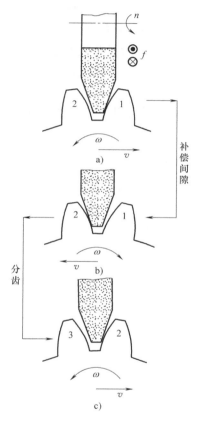

图5-24　锥面砂轮磨齿原理

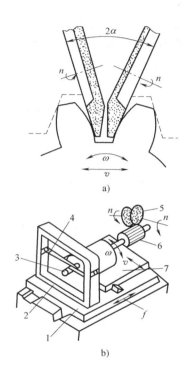

图5-25　碟形砂轮磨齿原理
1—工作台　2—框架　3—滚圆盘　4—钢带
5—碟形砂轮　6—工件　7—滑座

3. 蜗杆砂轮磨齿（图5-26）

　　蜗杆砂轮磨齿原理与滚齿相似，其砂轮作成蜗杆状，砂轮1高速旋转（n），工件通过机床的两台同步电动机做展成运动（ω），工件还沿轴向做进给运动（f）以磨出全齿宽。

　　为保证必要的磨削速度，砂轮直径较大（$\phi200 \sim \phi400\mathrm{mm}$），且转速较高（2000r/min），又是连续磨削，所以生产率很高。磨齿精度一般为5级，最高可达3级，适用于大、中批生产的齿轮精加工。

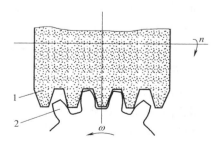

图5-26　蜗杆砂轮磨齿原理
1—砂轮　2—齿轮

第三节　圆柱齿轮加工工艺分析

一、圆柱齿轮加工的主要工艺问题

圆柱齿轮加工的主要工艺问题有二项：一是齿形加工精度，它是整个齿轮加工的核心，其直接影响齿轮的传动精度要求，因此，必须合理选择齿形加工方法；二是齿形加工前的齿坯加工精度，它对齿轮加工、检验和安装精度影响很大，在一定的加工条件下，控制齿坯的加工精度是保证和提高齿轮加工精度的一项极有效的措施，因此必须十分重视齿坯加工。

圆柱齿轮加工工艺，常随齿轮的结构形状、精度等级、生产批量及生产条件不同而采用不同的工艺方案。下面列出两个不同精度要求的齿轮的典型加工工艺过程供分析比较。

二、普通精度齿轮加工工艺分析

图 5-27 所示为一双联齿轮，材料为 40Cr，精度为 7 级，中批生产，其加工工艺过程见表 5-3。

表 5-3　双联齿轮加工工艺过程

序号	工 序 内 容	定位基准
10	毛坯锻造	
20	正火	
30	粗车外圆及端面,留余量 1.5~2mm,钻镗花键底孔至尺寸 $\phi30H12$	外圆及端面
40	拉花键孔	$\phi30H12$ 孔及 A 面
50	钳工去毛刺	
60	上心轴、精车外圆、端面及槽至要求尺寸	花键孔及 A 面
70	检验	
80	滚齿 $(z=42)$,留剃余量 0.07~0.10mm	花键孔及 A 面
90	插齿 $(z=28)$,留剃余量 0.04~0.06mm	花键孔及 A 面
100	倒角（Ⅰ、Ⅱ齿圆 12°牙角）	花键孔及端面
110	钳工去毛刺	
120	剃齿 $(z=42)$,公法线长度至尺寸上限	花键孔及 A 面
130	剃齿 $(z=28)$,公法线长度至尺寸上限	花键孔及 A 面
140	齿部高频感应加热淬火:5132	
150	推孔	花键孔及 A 面
160	珩齿（Ⅰ、Ⅱ）至要求尺寸	花键孔及 A 面
170	总检入库	

从表 5-4 中可见，齿轮加工工艺过程大致要经过如下几个阶段，即毛坯加工及热处理、齿坯加工、齿形粗加工、齿端加工、齿面热处理、修正精基准及齿形精加工等。

（一）齿轮热处理

齿轮加工中根据不同要求，常安排两种热处理工序。

1. 齿坯热处理

在齿坯粗加工前后常安排预先热处理——正火或调质。正火安排在齿坯加工前，目的为消除锻造内应力，改善材料的加工性能，使拉孔和切齿加工中刀具磨损较慢，表面粗糙度较小，故生产中应用较多。调质一般安排在齿坯粗加工之后，可消除锻造内应力和粗加工引起的残余应力，提高材料的综合力学性能，但齿坯硬度稍高，不好切削，故生产中应用较少。

2. 齿面热处理

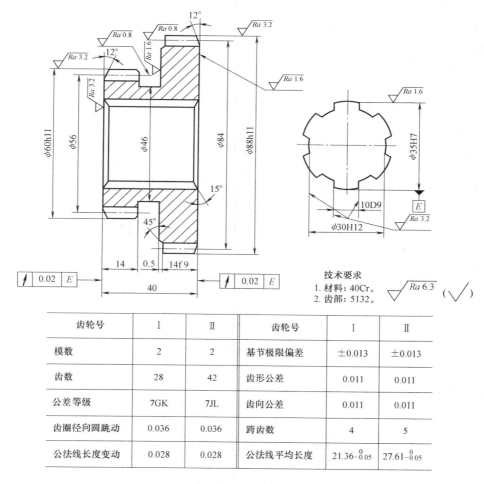

图 5-27　双联齿轮

齿轮号	Ⅰ	Ⅱ	齿轮号	Ⅰ	Ⅱ
模数	2	2	基节极限偏差	±0.013	±0.013
齿数	28	42	齿形公差	0.011	0.011
公差等级	7GK	7JL	齿向公差	0.011	0.011
齿圈径向圆跳动	0.036	0.036	跨齿数	4	5
公法线长度变动	0.028	0.028	公法线平均长度	$21.36_{-0.05}^{0}$	$27.61_{-0.05}^{0}$

齿形加工后为提高齿面的硬度及耐磨性，根据材料与技术要求，常安排渗碳淬火、高频感应加热淬火及液体碳氮共渗等热处理工序。经渗碳淬火的齿轮变形较大，对高精度齿轮尚需进行磨齿加工。经高频感应加热淬火的齿轮变形较小，但内孔直径一般会缩小 0.01～0.05mm，淬火后应予以修正。有键槽的齿轮，淬火后内孔常出现椭圆形，为此键槽加工宜安排在齿轮淬火之后。

（二）定位基准选择

为保证齿轮的加工精度，应根据"基准重合"原则，选择齿轮的设计基准、装配基准和测量基准为定位基准，且尽可能在整个加工过程中保持"基准统一"。

轴类齿轮的齿形加工一般选择中心孔定位，某些大模数的轴类齿轮多选择轴颈和一端面定位。

盘类齿轮的齿形加工可采用两种定位基准。

1）内孔和端面定位，符合"基准重合"原则。采用专用心轴，定位精度较高，生产率高，故广泛用于成批生产中。为保证内孔的尺寸精度和基准端面的跳动要求，应尽量在一次安装中同时加工内孔和基准端面。

2）外圆和端面定位，不符合"基准重合"原则。用端面作轴向定位，以外圆为找正基准，不需专用心轴，生产率较低，故适用于单件小批生产。为保证齿轮的加工质量，必须严格控制齿坯外圆对内孔的径向圆跳动。

（三）齿坯加工

齿坯加工工艺主要取决于齿轮的轮体结构、技术要求和生产类型。轴类、套类齿轮的齿坯加工工艺和一般轴类、套类零件基本相同。下面讨论盘类齿轮的齿坯加工。

1. 中小批生产的齿坯加工

中小批生产尽量采用通用机床加工。对于圆柱孔齿坯，可采用粗车—精车的加工方案：①在卧式车床上粗车齿坯各部分；②在一次安装中精车内孔和基准端面，以保证基准端面对内孔的跳动要求；③以内孔在心轴上定位，精车外圆、端面及其他部分。

对于花键孔齿坯，采用粗车—拉—精车的加工方案：①在卧式车床上粗车外圆、端面和花键底孔；②以花键底孔定位，端面支承，拉花键孔；③以花键孔在心轴上定位，精车外圆，端面及其他部分。

2. 大批量生产的齿坯加工

大批量生产，应采用高生产率的机床（如拉床，单轴、多轴自动车床或多刀半自动车床等）和专用高效夹具加工。无论是圆柱孔齿坯或花键孔齿坯，均采用多刀车—拉—多刀车的加工方案：①在多刀半自动车床上粗车外圆、端面和内孔；②以端面支承、内孔定位拉花键孔或圆柱孔；③以孔在可胀心轴或精密心轴上定位，在多刀半自动车床上精车外圆、端面及其他部分，为车出全部外形表面，常分为两个工序在两台机床上进行。

（四）齿形加工方案选择

齿形加工方案的选择主要取决于齿轮的精度等级、生产批量和齿轮的热处理方法等。

8级或8级精度以下的齿轮加工方案：对于不淬硬的齿轮用滚齿或插齿即可满足加工要求；对于淬硬齿轮可采用滚（或插）齿—齿端加工—齿面热处理—修正内孔的加工方案。热处理前的齿形加工精度应比图样要求提高一级。

6～7级精度的齿轮一般有两种加工方案。

1）剃—珩齿方案：滚（或插）齿—齿端加工—剃齿—表面淬火—修正基准—珩齿。

2）磨齿方案：滚（或插）齿—齿端加工—渗碳淬火—修正基准—磨齿。

剃—珩齿方案生产率高，广泛用于7级精度齿轮的成批生产中。磨齿方案生产率低，一般用于6级精度以上或虽低于6级但淬火后变形较大的齿轮。

随着刀具材料的不断发展，用硬滚、硬插、硬剃代替磨齿、用珩齿代替剃齿，可取得很好的经济效益。

5级精度以上的齿轮一般应取磨齿方案。

（五）齿端加工

齿轮的齿端加工有倒圆、倒尖、倒棱（图5-28）和去毛刺等。倒圆、倒尖后的齿轮，沿轴向滑动时容易进入啮合。倒棱可去除齿端的锐边，这些锐边经渗碳淬火后很脆，在齿轮传动中易崩裂。

用棒铣刀进行齿端倒圆时（图5-29），铣刀在高速旋转的同时沿圆弧做往复摆动，加工一个齿端后工件沿径向退出，分度后再送进加工下一个齿端。

齿端加工必须安排在齿轮淬火之前，通常多在滚（插）齿之后。

图 5-28　齿端加工形式

a）倒圆　b）倒尖　c）倒棱

图 5-29　齿端倒圆加工示意图

（六）精基准修正

齿轮淬火后基准孔常产生变形，为保证齿形精加工质量，对基准孔必须进行修正。

对大径定心的花键孔齿轮，通常用花键推刀修正。推孔时要防止推刀歪斜，有的工厂采用加长推刀前引导来防止推刀歪斜，可取得较好效果。

对圆柱孔齿轮的修正，可采用推孔或磨孔。推孔生产率高，常用于内孔未淬硬的齿轮；磨孔精度高，但生产率低，对整体淬火齿轮、内孔较大齿厚较薄的齿轮，均以磨孔为宜。

磨孔时应以齿轮分度圆定心（图 5-30），这样可使磨孔后的齿圈径向跳动较小，对以后进行磨齿或珩齿有利。为提高生产率，有的工厂以金钢镗代替磨孔也取得了较好效果。采用磨孔（或镗孔）修正基准孔时，齿坯加工时内孔应留加工余量；采用推孔修正时，一般可不留加工余量。

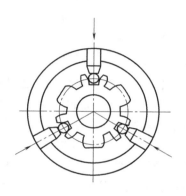

图 5-30　齿轮分度圆定心示意图

三、高精度齿轮加工工艺分析

（一）高精度齿轮加工工艺过程

图 5-31 所示为一高精度齿轮，材料为 40Cr，精度为 655KM，其加工工艺过程见表 5-4。

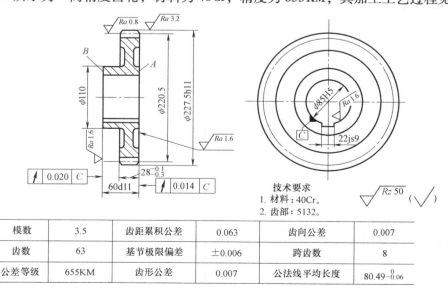

技术要求
1. 材料：40Cr。
2. 齿部：5132。

模数	3.5	齿距累积公差	0.063	齿向公差	0.007
齿数	63	基节极限偏差	±0.006	跨齿数	8
公差等级	655KM	齿形公差	0.007	公法线平均长度	$80.49_{-0.06}^{0}$

图 5-31　高精度齿轮

表 5-4　高精度齿轮加工工艺过程

序号	工 序 内 容	定位基准
10	毛坯锻造	
20	正火	
30	粗车各部分,留加工余量 1.5 ~ 2mm	外圆及端面
40	精车各部分,内孔至 ϕ84.8H7,总长留加工余量 0.2mm,其余至尺寸	外圆及端面
50	检验	
60	滚齿(齿厚留磨加工余量 0.1 ~ 0.15mm)	内孔及 A 面
70	倒角	内孔及 A 面
80	钳工去毛刺	
90	齿部高频感应加热淬火:5132	
100	插键槽	内孔(找正用)及 A 面
110	磨内孔至 ϕ85H5	分度圆和 A 面
120	靠磨大端 A 面	内孔
130	平面磨 B 面至总长	A 面
140	磨齿	内孔及 A 面
150	总检入库	

(二) 高精度齿轮加工工艺特点

(1) 定位基准的精度要求高　由图 5-31 可知,作为定位基准的内孔尺寸为 ϕ85H5,基准端面粗糙度 Ra 为 1.6μm,对基准孔的跳动为 0.014mm,这几项均比一般精度的齿轮要求为高。因此,在齿坯加工中,除了要注意控制端面对内孔的跳动外,尚需留一定的加工余量进行精基准修正。修正基准孔和端面采用磨削,先以齿轮分度圆和端面为定位基准磨内孔,再以孔为定位基准磨端面,控制端面跳动要求,以确保齿形精加工用的精基准的精确度。

(2) 齿形精度要求高　图 5-31 中标注为 655KM。为满足齿形精度要求,其加工方案应选择磨齿方案,即滚齿—齿端加工—高频感应淬火—修基准—磨齿。磨齿精度可达 4 级,但生产率较低。本例齿面热处理采用高频感应淬火,变形较小,故留磨余量可尽量缩小到 0.1mm 左右,以提高磨齿效率。

习　题　五

5-1　齿轮传动的基本要求有哪几个方面?

5-2　滚齿时,若齿坯、夹具、工作台分度蜗轮有制造和安装误差,试比较三者所造成的齿轮加工误差有何异同点?

5-3　影响滚齿的齿轮传动精度的主要因素是什么?应采取什么措施?

5-4　为什么插齿的齿形误差和表面粗糙度比滚齿的小而传递运动准确性比滚齿差?

5-5　比较滚齿与插齿的工艺特点及适用场合。

5-6　试分析剃齿的加工质量。

5-7　比较剃齿与珩齿、珩齿与磨齿的工艺特点及适用范围。

5-8　在不同生产条件下,齿坯加工方案应如何选择?

5-9　齿轮加工的定位基准有哪些方案?如何保证齿坯内外圆同轴和基准面对孔中心线的跳动?它们对齿形加工有何影响?精基准的修正有哪些方案?

5-10　齿轮的典型加工工艺过程有几个阶段？对不同精度的齿轮，其齿形加工方案应如何选择？

5-11　试编制下列双联齿轮（图5-32）的机械加工工艺过程（单件小批生产）。

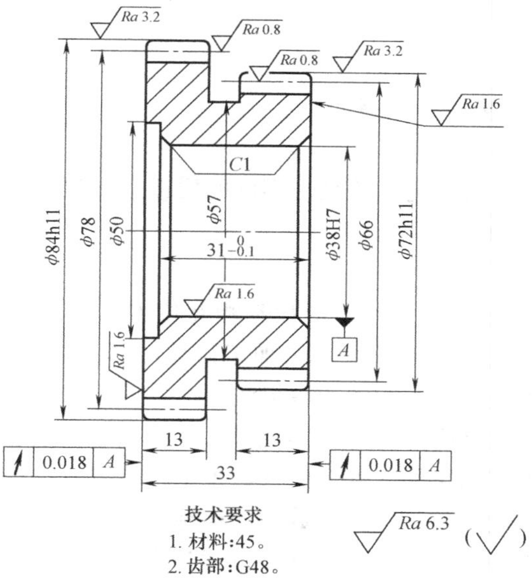

齿 轮 号	Ⅰ	Ⅱ
模 数	3	3
齿 数	26	22
公差等级	766HL	766HL
齿圈径向圆跳动	0.036	0.036
公法线长度变动	0.028	0.028
基圆齿距极限偏差	±0.009	±0.009
齿形公差	0.008	0.008
齿向公差	0.009	0.009
跨 齿 数	3	3
公法线平均长度	$23.15_{-0.06}^{0}$	$22.98_{-0.06}^{0}$

技术要求
1. 材料：45。
2. 齿部：G48。

图　5-32

第六章　机械加工精度

第一节　概　　述

机械产品的质量与零件的质量和装配质量有着密切的关系。零件的质量指标包括加工精度和表面质量。本章主要研究与加工精度有关的内容。

一、机械加工精度的概念

机械加工精度是指零件加工后的实际几何参数（尺寸、形状和相互位置）与理想几何参数的符合程度。实际几何参数与理想几何参数的偏离程度称为加工误差。加工误差越小，加工精度就越高。所以，加工精度与加工误差是一个问题的两种提法。

生产实践证明，任何一种加工方法不管多么精密，都不可能把零件加工得绝对准确，与理想的完全相符。即使加工条件完全相同，加工出来的零件几何参数也不可能完全一样。另外，从机器的使用要求来看，也没有必要要求把零件的几何参数加工得绝对准确，只要其误差值不影响机器的使用性能，就允许误差值在一定的范围内变动，也就是允许一定的加工误差存在。

加工精度是评定零件质量的一项重要指标。零件有关表面的尺寸精度，几何形状精度和相互位置精度之间是有联系的。形状误差应该限制在位置公差内，位置误差要限制在尺寸公差内。一般尺寸精度高，相应的形状、位置要求也高。但是有些特殊功用的零件，其形状精度很高，但其位置精度、尺寸精度要求却不一定高。例如测量用的检验平板，其工作平面的平面度要求很高，但该平面与底面的尺寸要求和平行度要求却很低。

研究加工精度的目的，就是要分析影响加工精度的各种因素及其存在的规律，从而找出减小加工误差、提高加工精度的合理途径。

二、获得加工精度的方法

加工精度包括尺寸精度、几何精度和表面间相互位置精度三个方面。

（一）获得尺寸精度的方法

获得尺寸精度的方法有以下四种。

1. 试切法

试切法是通过试切—测量—调整刀具—再试切，反复进行，直至符合规定的尺寸，然后以此尺寸切出要加工的表面。

2. 定尺寸刀具法

这是使用具有一定形状和尺寸精度的刀具对工件进行加工，并以刀具相应尺寸所得到规定尺寸精度的方法。例如用麻花钻头、铰刀、拉刀、槽铣刀和丝锥等刀具加工以获得规定的尺寸精度。这种加工方法所得到的精度与刀具的制造精度关系很大。

3. 调整法

按零件图（或工序图）规定的尺寸和形状。预先调整好机床、夹具、刀具与工件的相对位置，经试加工测量合格后，再连续成批加工工件，其加工精度在很大程度上取决于调整精度。此法广泛应用于半自动机床、自动机床和自动生产线上。

4. 主动测量法

这是一种在加工过程中，采用专门的测量装置主动测量工件的尺寸并控制工件尺寸精度的方法。例如在外圆磨床和珩磨机上，采用主动测量装置以控制加工的尺寸精度。

（二）获得几何精度的方法

获得几何精度的方法，通常有下列三种。

1. 轨迹法

这种方法是依靠刀具与工件的相对运动轨迹来获得工件形状的。图 6-1a 所示为利用工件的旋转和刀具的 x、y 两个方向的直线运动合成来车削成形表面；图 6-1b 所示为利用刨刀的纵向直线运动和工件的横向进给运动来获得平面。

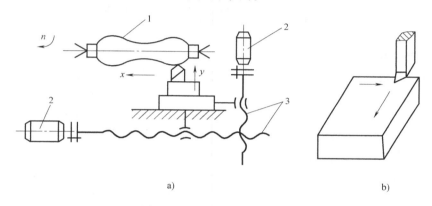

a)　　　　　　　　　　　　　　　　　　　b)

图 6-1　用轨迹法获得工件形状
1—工件　2—步进电机　3—滚珠丝杠

2. 成形法

采用成形刀具加工工件的成形表面以得到所要求的几何形状精度的方法称为成形法。成形法加工可以简化机床结构，提高生产率。如图 6-1a 所示的 x、y 方向的成形运动可以由成形刀具的切削刃几何形状代替；又如用模数铣刀铣齿形，也是用成形刀具来获得所要求的齿形的。

3. 展成法

齿轮上各种齿形加工，如滚齿、插齿等方法都属这种方法。

（三）获得相互位置精度的方法

工件各加工表面相互位置的精度主要和机床、夹具及工件的定位精度有关，如车削端面与轴线的垂直度和中滑板的精度有关，钻孔与底面的垂直度和机床主轴与工作台的垂直度有关，一次安装同时加工几个表面的相互位置精度与工件的定位精度有关。因此，要获得各表面间的相互位置精度就必须保证机床、夹具及工件的定位精度。

三、影响加工精度的原始误差

机械加工中，由机床、夹具、刀具和工件组成的系统，称为工艺系统。在完成任一个加工过程中，由于工艺系统各种原始误差的存在，如机床、夹具、刀具的制造及磨损误差，工件的装夹误差，测量误差，工艺系统的调整误差以及加工中的各种力和热所引起的误差等，使工件与刀具之间正确的几何关系遭到破坏而产生加工误差。这些原始误差，其中一部分与工艺系统的结构状况有关，一部分与切削过程的物理因素变化有关。按照这些误差的性质可以归纳为以下四个方面。

1）工艺系统的几何误差，包括原理误差、机床几何误差、刀具和夹具的制造误差、工件的装夹误差、调整误差以及工艺系统磨损所引起的误差。

2）工艺系统受力变形引起的误差。

3）工艺系统热变形引起的误差。

4）工件的残余应力引起的误差。

机械加工过程中，上述各种误差因素并不是在任何情况下都同时出现的，不同情况下其影响的程度也有所不同，必须根据具体情况进行分析。

第二节　工艺系统的几何误差

一、加工原理误差

加工原理误差是指采用了近似的成形运动或近似的刀刃轮廓进行加工而产生的误差。例如，滚齿加工用的齿轮滚刀，就有两种误差存在：一是刀刃轮廓近似造形误差，由于制造上的困难，采用了阿基米德基本蜗杆或法向直廓基本蜗杆代替渐开线基本蜗杆；二是由于滚刀刀齿数有限，实际上加工出的齿形是一条折线，和理论的光滑渐开线有差异，这些都会产生原理误差。又如车削模数蜗杆时，由于蜗杆的螺距等于蜗轮的周节（即 πm），其中 m 是模数，而 π 是一个无理数（$\pi = 3.1415\cdots$），但是车床的配换齿轮齿数是有限的，选择配换齿轮时只能将 π 化为近似的分数值计算，这就将引起刀具相对于工件的成形运动（螺旋运动）不准确，造成螺距误差。

采用近似的成形运动或近似的刀刃轮廓，虽然会带来加工原理误差，但往往可以简化机床或刀具的结构，有时反而可以得到高的加工精度，并且能提高生产率和经济性。因此，只要其误差不超过规定的精度要求，在生产中仍得到广泛的应用。

二、机床的几何误差

机床的制造误差、安装误差、使用中的磨损等都会在加工中直接影响刀具与工件的相互位置精度，造成加工误差。机床的几何误差主要包括主轴回转误差、导轨导向误差和传动误差。

（一）主轴回转误差

1. 回转误差的概念及其影响因素

机床的主轴是安装工件或刀具的基准，并把动力和运动传给工件或刀具。因此，主轴的回转精度是机床的重要精度指标之一，是决定加工表面几何形状精度、表面波度和表面粗糙度的主要因素。

主轴回转时，由于主轴及其轴承在制造及安装中存在误差，主轴的回转轴线在空间的位置不是稳定不变的。主轴回转误差是指主轴实际回转轴线相对理论回转轴线的"漂移"。主轴回转误差可分为三种基本形式，即轴向窜动、径向跳动和角度摆动（图6-2a、b、c）。实际上，主轴回转运动误差的三种基本形式是同时存在的（图6-2d）。

影响主轴回转精度的主要因素有：

1）主轴误差　主要包括主轴支承轴颈的圆度误差、同轴度误差（使主轴轴心线发生偏

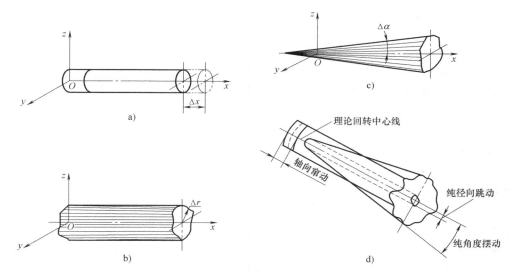

图 6-2　主轴回转误差的基本形式

斜）和主轴轴颈轴向承载面与轴线的垂直度误差（影响主轴轴向窜动量）。

2）轴承误差　轴承误差包括：

① 滑动轴承内孔或滚动轴承滚道的圆度误差（图 6-3a）。

② 滑动轴承内孔或滚动轴承滚道的波度（图 6-3b）。

③ 滚动轴承滚子的形状与尺寸误差（图 6-3c）。

④ 轴承定位端面与轴心线垂直度误差、轴承端面之间的平行度误差。

⑤ 轴承间隙以及切削中的受力变形。

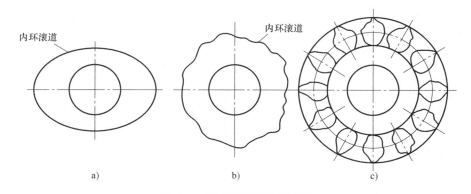

图 6-3　滚动轴承的几何误差

a）滚道的圆度误差　b）滚道的波度　c）滚子的圆度和尺寸

3）主轴系统的径向不等刚度及热变形。

2. 主轴回转误差对加工精度的影响

在分析主轴回转误差对加工精度的影响时，首先要注意主轴回转误差在不同方向的影响是不同的。例如在车削圆柱表面时，回转误差沿刀具与工件接触点的法线方向分量 Δy 对精度影响最大（图 6-4b），反映到工件半径方向上的误差为 $\Delta R = \Delta y$，而切向分量 Δz 的影响最小（图 6-4a），由图 6-4 可看出，存在误差 Δz 时，反映到工件半径方向上的误差为 ΔR，其关系式为

$$(R + \Delta R)^2 = \Delta z^2 + R^2$$

整理中略去高阶微量 ΔR^2 项可得

$$\Delta R = \Delta z^2 / 2R$$

设 $\Delta z = 0.01\text{mm}$，$R = 50\text{mm}$，则 $\Delta R = 0.000001\text{mm}$。此值完全可以忽略不计。因此，一般称法线方向为误差的敏感方向，切线方向为非敏感方向。分析主轴回转误差对加工精度的影响时，应着重分析误差敏感方向的影响。

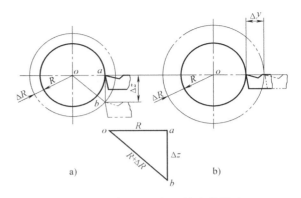

图 6-4　回转误差对加工精度的影响

其次不同类型的机床，其主轴回转误差所引起的加工误差形式也不同。它们可分为两大类，即工件回转类（如车床、内圆磨床和外圆磨床）和刀具回转类（如镗床）。

对于工件回转类机床采用滑动轴承的主轴（如车床），因切削力的方向不变，主轴回转时，作用在支承上的作用力方向也不变，因而轴承孔与主轴颈接触点的位置基本上是固定的，也就是说，主轴颈在回转时总是与轴承孔的某一段接触，如图 6-5a 所示。此时，轴承孔的圆度误差对主轴回转精度的影响较小，而主轴颈的圆度误差则影响较大。

对于刀具回转类机床采用滑动轴承的主轴（如镗床），主轴随刀具一起旋转，由于切削力方向是变化的，主轴轴颈与轴承孔的接触位置也是变化的，因此轴承孔的圆度误差对主轴回转精度的影响是主要的，而主轴颈的圆度误差对主轴回转精度影响较小（图 6-5b）。

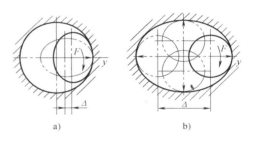

图 6-5　两类主轴回转误差的影响

上述两类机床的主轴如采用滚动轴承时，分析中轴承孔的影响即为外圈滚道的影响；轴颈的影响即为内圈滚道及滚动体的影响。

主轴的纯轴向窜动对工件的内、外圆加工没有影响，但会影响加工端面与内、外圆的垂直度误差。主轴每旋转一周，就要沿轴向窜动一次，向前窜的半周中形成右螺旋面，向后窜的半周中形成左螺旋面，最后切出如端面凸轮一样的形状（图 6-6），并在端面中心附近出现一个凸台。当加工螺纹时，主轴轴向窜动会使加工的螺纹产生螺距的小周期误差。

3. 主轴回转精度的测量

机床主轴回转精度（包括径向跳动、轴向窜动和角度摆动）的测量，在目前的生产过程中主要是利用表测法（图 6-7）。测量时，将精密心棒插入主轴锥孔，在其圆周表面和端部用千分表测出其跳动量。此法简单易行，但存在严重不足，它既不能反映主轴工作状态下的回转精度，也不能把性质不同的误差区分开来。如在测量的径向圆跳动中，既包含了主轴回转轴线的漂移，又含有主轴锥孔相对回转轴线的偏心所引起的径向圆跳动。

为了克服上述缺点，可采用传感器测量法。这种方法能真实地反映主轴工作状态下的回转精度，并且把回转轴线的漂移和相对于平均轴线的偏心测量出来。图 6-8 所示为用于刀具

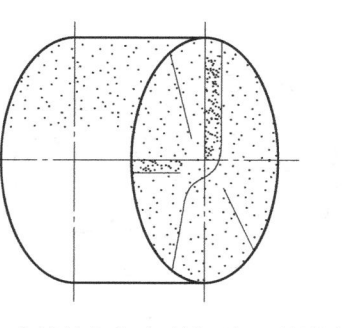

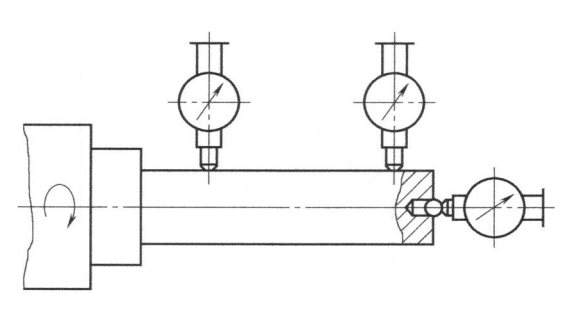

图 6-6 主轴轴向窜动对端面加工的影响　　　图 6-7 主轴回转精度的千分表测量

回转类机床（镗床）的主轴回转精度测量示意图。主轴端部固定一调整盘 5，用于调整标准钢球 3 相对主轴所产生的偏心量，在钢球圆周相互垂直地安装两个位移传感器 1 和 2，传感器和钢球之间保持一定的间隙。当主轴回转时，由于轴心线的漂移引起测量间隙发生微小的变化，两个传感器就发出信号，经放大后分别输入到示波器 4 的水平和垂直的偏转板上。如果测量球是绝对的圆，主轴的旋转也是正确的话，示波器的光屏上将显示出一个以测量球偏心为半径的真圆；若主轴的旋转存在着径向跳动，则传感器输出的信号中，将其跳动量叠加到球心所做的圆周运动上。此时，示波器光屏上的光点将描绘出一个非圆的李沙育图形（图 6-8b），其是由不重合的每转回转误差曲线叠加而成。包容该图形半径差为最小的两个同心圆的半径差 ΔR_{min} 即为主轴回转轴线的漂移量，其影响工件直径的圆度。圆形轮廓线宽度 B 表示随机径向漂移量，其将影响工件的表面粗糙度。

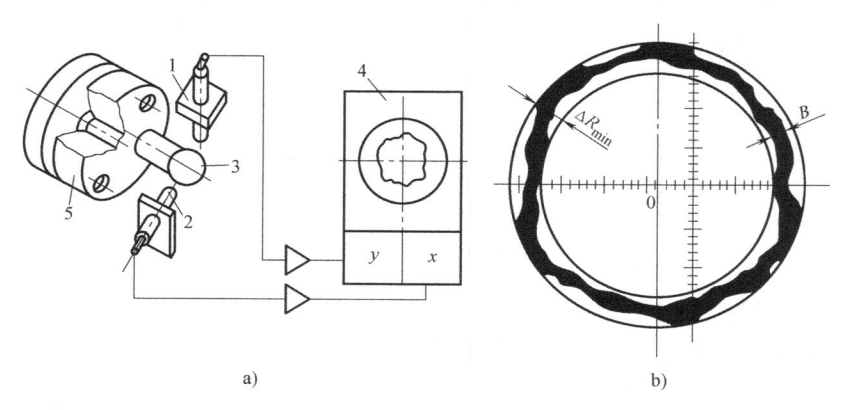

a)　　　　　　　　　　　　　　　b)

图 6-8　用于刀具回转类机床（镗床）的主轴回转精度测量示意图
1、2—位移传感器　3—标准钢球　4—示波器　5—调整盘

　　由于测量时，示波器光屏上的光点是随主轴回转而描绘的图形，其直接反映了镗刀刀尖的轨迹。因而这种方法准确地反映了机床主轴的回转精度。

（二）导轨导向误差

　　机床导轨副是实现直线运动的主要部件，其制造和装配精度是影响直线运动精度的主要因素。导轨误差对零件的加工精度产生直接的影响。

　　1. 导轨在水平面内直线度误差的影响

　　磨床导轨在 x 方向存在误差 Δ（图 6-9a），引起工件在半径方向上的误差 ΔR（图 6-9b）。当磨削长外圆柱表面时，将造成工件的圆柱度误差。

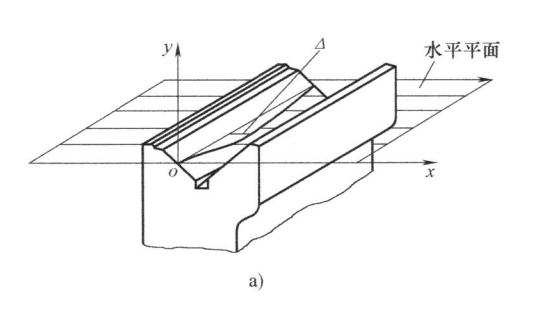
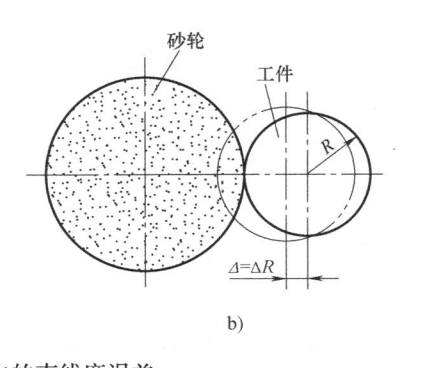

图 6-9 磨床导轨在水平面内的直线度误差

2. 导轨在垂直面内直线度误差的影响

如图 6-10 所示，磨床导轨在 y 方向内存在误差 Δ，磨削外圆时，工件沿砂轮切线方向产生位移，此时，工件半径方向上产生误差 $\Delta R \approx \Delta^2/2R$，对工件的形状精度影响甚小（误差非敏感方向）。但导轨在垂直方向上的误差对平面磨床、龙门刨床、铣床等将引起法向位移，其误差直接反映到工件的加工表面（误差敏感方向），造成水平面上的形状误差。

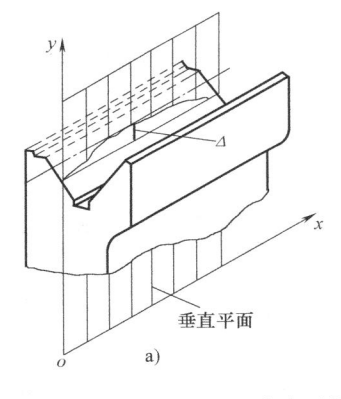
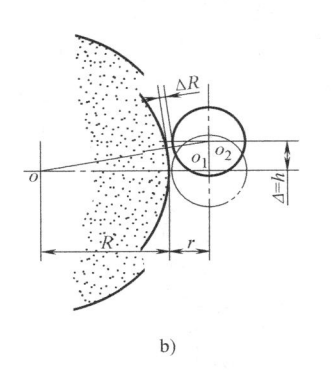

图 6-10 磨床导轨在垂直面内的直线度误差

3. 导轨面间平行度误差的影响

如图 6-11 所示，车床两导轨的平行度产生误差（扭曲），使大溜板产生横向倾斜，刀具产生位移，因而引起工件形状误差。由图 6-11 所示关系可知，其误差值 $\Delta y = H\Delta/B$。

4. 导轨对主轴轴心线平行度误差的影响

当在车床类或磨床类机床上加工工件时，如果导轨与主轴轴心线不平行，则会引起工件的几何形状误差。例如车床导轨与主轴轴心线在水平面内不平行，会使工件的外圆柱表面产生锥度；在垂直面内不平行时，会使工件成马鞍形。

机床的安装对导轨的原有精度影响也很大，尤其是床身较长的龙门刨床、导轨磨床等。因床身

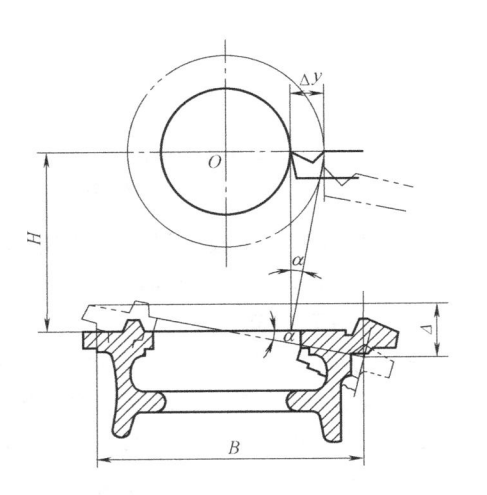

图 6-11 导轨面间的平行度误差

长，刚度差，在本身自重的作用下容易产生变形，如果安装不正确或地基不坚实，都会使床身发生较大的变形，使工件的加工精度受到影响。

（三） 机床的传动误差

对于某些加工方法，为保证工件的精度，要求工件和刀具间必须有准确的传动关系。如车削螺纹时，要求工件旋转一周刀具直线移动一个导程（对于单头螺纹即为一个螺距），如图 6-12 所示。传动时，必须保持 $Ph = iT$ 为恒值，Ph 为工件导程，T 为丝杠导程，i 为齿轮 $z_1 \sim z_8$ 的传动比。所以，丝杠导程和各齿轮的制造误差都必将引起工件螺纹导程的误差。在用单头齿轮滚刀滚齿时，要求滚刀旋转一周工件转过一个齿，如图 6-13 所示。这些成形运动间一定的传动关系都是由机床内传动链来保证的，传动链的传动误差是造成加工误差的主要因素。

现以图 6-13 为例，分析传动链的传动误差对加工精度的影响。滚刀的转动经 64/16 的升速，1:1 地传到差动轮系，经分度挂轮（其齿数为 a、b、c、d、e、f，传动比为 i）传到分度蜗杆，再以 1/96 的传动比经固定在工作台下面的分度蜗轮而传到工件。

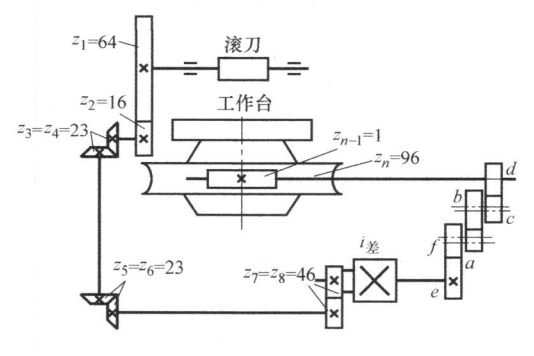

图 6-12　车螺纹的传动链示意图　　　　图 6-13　Y38 型滚齿机传动链示意图

在传动中，各传动元件由于制造和安装的误差都会产生转角误差，这些误差又会在不同程度上影响工件的转角误差。由图 6-13 可以看出，影响传动误差最大的环节是工作台下面的分度蜗杆副，因为它们的传动比为 1/96，在分度蜗杆副以前各环节的转角误差，经分度蜗杆副后就只有原来的 1/96 了，而分度蜗轮的转角误差又将 1:1 地直接反映在工件上。所以，要尽量想办法来提高分度蜗杆副的精度。

为了减少机床传动误差对加工精度的影响，可以采取如下措施。

1） 减少传动链中的环节，缩短传动链。

2） 提高传动副（特别是末端传动副）的制造和装配精度。

3） 消除传动间隙。

4） 采用误差校正机构。

三、工艺系统的其他几何误差

（一） 刀具误差

机械加工中常用的刀具有一般刀具、定尺寸刀具和成形刀具。

一般刀具（如普通车刀、单刃镗刀、平面铣刀等）的制造误差，对加工精度没有直接的影响。但当刀具与工件的相对位置调整好以后，在加工过程中，刀具的磨损将会影响加工误差。

定尺寸刀具（如钻头、铰刀、拉刀、槽铣刀等）的制造误差及磨损误差，均直接影响工件的加工尺寸精度。刀具在安装使用不当时也将影响加工误差。

成形刀具（如成形车刀、成形铣刀、齿轮刀具等）的制造和磨损误差，主要影响工件的形状精度。

（二）夹具误差和装夹误差

夹具误差主要是指夹具的定位元件、导向元件及夹具体等的加工与装配误差，其对工件的位置误差有较大的影响。夹具的磨损是逐渐而缓慢的过程，其对加工误差的影响不很明显，对它们进行定期的检测和维修，便可提高其几何精度。

装夹误差包括定位误差与夹紧误差，在夹具课中已有详述。

（三）调整误差

加工的每一道工序中，为了获得被加工表面的形状、尺寸和位置精度、必须对机床、夹具和刀具进行调整。采用任何调整方法及使用任何调整工具都难免带来一些原始误差，这就是调整误差。

机械加工中，由于生产量不同和加工精度的不同，所采用的调整方法也不一致。如大批大量生产时，一般采用样板、样件、挡块及靠模等调整工艺系统；单件小批生产时，则多采用试切法调整。调整误差的来源，视不同的调整方法而异。

1. 试切法调整

试切法调整，就是对工件进行试切—测量—调整—再试切，直至达到所要求的精度。它的调整误差来源有：

1）测量误差。测量工具的制造误差、读数误差及测量温度、测量力的变化所引起的误差。

2）进给机构的位移误差。在试切中，总是微调刀具的进给量，在低速微量进给中，常会出现进给机构的"爬行"现象，其结果会使刀具的实际进给量比转动刻度盘的数值要偏大或偏小些，造成加工误差。

3）最小切削厚度极限的影响。精加工时，试切的最后一刀余量往往很小，若达到了切削厚度的极限值，则刀具只起挤压而不起切削作用。但正式切削时加工余量较大，切削正常进行，因此工件尺寸就与试切时不同，产生了尺寸误差。

2. 用调整法调整

1）用定程机构调整。在自动机床、半自动机床和自动线上，广泛采用行程挡块、靠模、凸轮等机构来保证加工精度。这些机构的制造精度和刚度以及与其配合使用的离合器、控制阀等的灵敏度，就成了影响调整误差的主要因素。

2）用样件或样板调整。在各种仿形机床、多刀机床和专用机床加工中，常采用专门的样板或样件来调整刀具与刀具、刀具与工件之间的相对位置，以保证加工精度。在这种情况下，样板或样件的制造误差、安装误差和对刀误差就成了影响调整误差的主要因素。

第三节　工艺系统受力变形对加工精度的影响

一、基本概念

由机床、夹具、刀具、工件组成的工艺系统，在切削力、传动力、惯性力、夹紧力以及重力等的作用下，会产生相应的变形（弹性变形及塑性变形）。这种变形将破坏刀刃和工件之间已调整好的正确位置关系，从而产生加工误差。例如车削细长轴时，工件在切削力作用下的弯曲变形，加工后会形成鼓形的圆柱度误差，如图 6-14a 所示。又如在内圆磨床上用横向切入磨孔时，由于磨头主轴弯曲变形，使磨出的孔会形成圆柱度误差，如图 6-14b 所示。

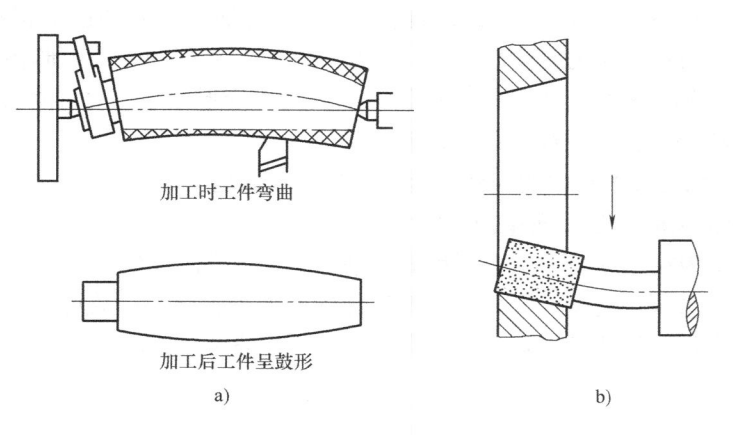

图 6-14 工艺系统受力变形引起的加工误差

从材料力学知道，任何一个受力的物体，总要产生一定的变形。作用力 F 与其引起的在作用力方向上的变形量 y 的比值，称为物体的刚度 k

$$k = F/y$$

切削加工中，工艺系统在各种外力作用下，将在各个受力方向上产生相应的变形。工艺系统受力变形，主要是研究对加工精度影响最大的敏感方向，即通过刀尖的加工表面的法线方向。因此，工艺系统的刚度 k_{xt} 定义为加工表面法向分力 F_y，与刀具在切削力作用下，相对工件在该方向的位移 y_{xt} 的比值，即

$$k_{xt} = F_y/y_{xt}$$

工艺系统的总变形量应是

$$y_{xt} = y_{jc} + y_{dj} + y_{jj} + y_g$$

而

$$k_{xt} = F_y/y_{xt}, k_{jc} = F_y/y_{jc}, k_{dj} = F_y/y_{dj}, k_{jj} = F_y/y_{jj}, k_g = F_y/y_g$$

式中 y_{xt}——工艺系统的总变形量（mm）；

k_{xt}——工艺系统的总刚度（N/mm）；

y_{jc}——机床变形量（mm）；

k_{jc}——机床刚度（N/mm）；

y_{jj}——夹具变形量（mm）；

k_{jj}——夹具刚度（N/mm）；

y_{dj}——刀具变形量（mm）；

k_{dj}——刀具刚度（N/mm）；

y_g——工件变形量（mm）；

k_g——工件刚度（N/mm）。

工艺系统刚度的一般式为

$$k_{xt} = \cfrac{1}{\cfrac{1}{k_{jc}} + \cfrac{1}{k_{jj}} + \cfrac{1}{k_{dj}} + \cfrac{1}{k_g}}$$

因此，当知道工艺系统各个组成部分的刚度后，即可求出系统刚度。

用刚度一般式求解某一系统刚度时，应根据具体情况进行分析。例如外圆车削时，车刀本身在切削力的作用下沿切向（不敏感方向）的变形对加工误差的影响很小，可以忽略不计，这时计算式中可以省去刀具刚度一项。又如镗孔时，镗杆的受力变形将严重地影响加工精度，而工件（如箱体零件）的刚度一般较大，其受力变形很小，故可略去工件刚度一项。

二、工艺系统受力变形引起的加工误差

（一）由于切削力着力点位置变化引起的工件形状误差

1. 在车床两顶尖间车削短而粗的光轴

图 6-15a 所示为在车床上加工短而粗的光轴，由于工件刚度较大，在切削力作用下相对于机床、夹具的变形要小得多，而车刀在敏感方向的变形也很小，故可忽略不计。此时，工艺系统的变形完全取决于头架、尾座（包括顶尖）和刀架的变形。

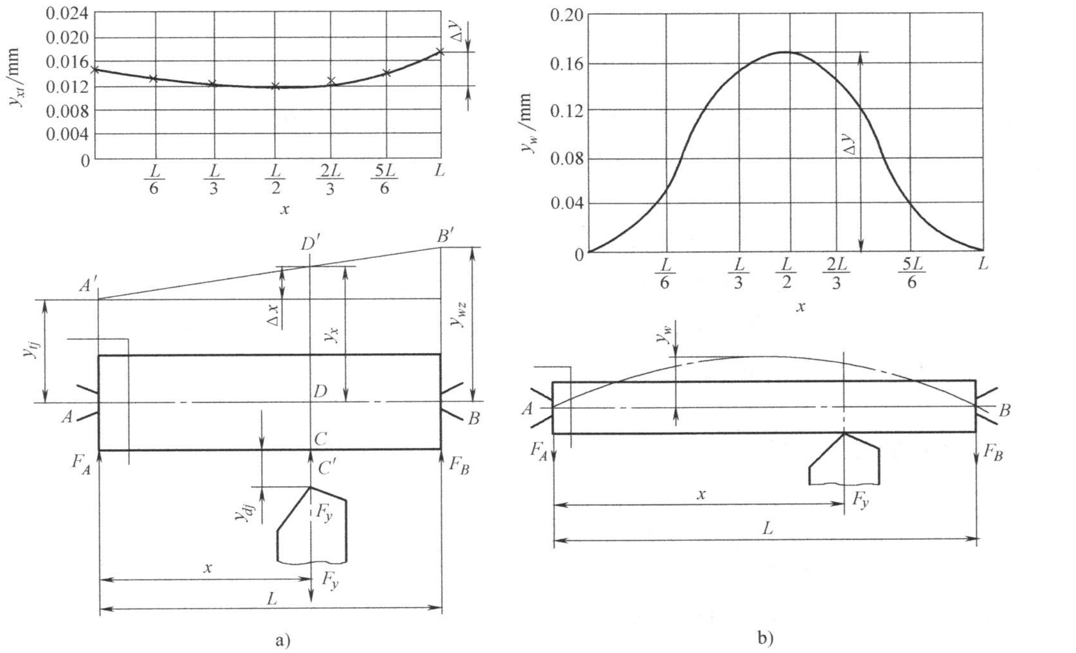

图 6-15　工艺系统变形随着力点位置的变化而变化

当加工中车刀处于图 6-15a 所示位置时，在切削分力 F_y 的作用下，头架由 A 点位移到 A' 点，尾座由 B 点位移到 B' 点，刀架由 C 点位移到 C' 点，它们的位移量分别用 y_{tj}、y_{wz} 及 y_{dj} 表示。而工件轴线 AB 位移到 $A'B'$，刀具切削点处，工件轴线位移量 y_x 为

$$y_x = y_{tj} + \Delta x$$

即　　　　　　　　　　　　　　$y_x = y_{tj} + (y_{wz} + y_{tj})x/L$ 　　　　　　　　　　　（6-1）

设 F_A、F_B 为 F_y 所引起的头架、尾座处的作用力，则

$$y_{tj} = \frac{F_A}{k_{tj}} = \frac{F_y}{k_{tj}}\left(\frac{L-x}{L}\right)$$
$$y_{wz} = \frac{F_B}{k_{wz}} = \frac{F_y}{k_{wz}}\frac{X}{L}$$

(6-2)

将式（6-2）代入式（6-1）得

$$y_x = \frac{F_y}{k_{tj}}\left(\frac{L-x}{L}\right)^2 + \frac{F_y}{k_{wz}}\left(\frac{x}{L}\right)^2$$

工艺系统的总位移量为

$$y_{xt} = y_x + y_{dj} = F_y\left[\frac{1}{k_{dj}} + \frac{1}{k_{tj}}\left(\frac{L-x}{L}\right)^2 + \frac{1}{k_{wz}}\left(\frac{x}{L}\right)^2\right]$$

从上式可以看出，工艺系统的变形是随着力点位置变化而变化的，x 值的变化引起 y_{xt} 的变化，进而引起切削深度的变化，结果使工件产生圆柱度误差。当按上述条件车削时，工艺系统的刚度实为机床的刚度。

2. 在两顶尖间车削细长轴

图 6-15b 所示为在车床上加工细长轴。由于工件细而长，刚度小，在切削力的作用下，其变形大大超过机床、夹具和刀具的变形量。因此，机床、夹具和刀具的受力变形可以忽略不计，工艺系统的变形完全取决于工件的变形。

加工中，当车刀处于图 6-15b 所示位置时，工件的轴心线产生变形。根据材料力学的计算公式，其切削点的变形量为

$$y_w = \frac{F_y(L-x)^2 x^2}{3EI}\frac{1}{L}$$

不同类型的机床，由于着力点的变化而引起刚度的变化形式也不同，其造成的加工误差也有差别。图 6-16a、b 所示为内圆磨床和单臂龙门刨床加工时，由于系统刚度随着着力点位置的变化造成加工误差的形式。

（二）由于切削力变化而引起的加工误差

在切削加工中，往往由于被加工表面的几何形状误差引起切削力的变化，从而造成工件的加工误差。如图 6-17 所示，由于工件毛坯的圆度误差，使车削时刀具的切削深度在 a_{p1} 与 a_{p2} 之间变化，因此，切削分力 F_y 也随切削深度 a_p 的变化由 F_{ymax} 变到 F_{ymin}。根据前面的分析，工艺系统将产生相应的变形，即由 y_1 变到 y_2（刀尖相对于工件产生 y_1 到 y_2 的位移），这样就形成了被加工表面的圆度误差，这种现象称为"误差复映"。误差复映的大小可根据

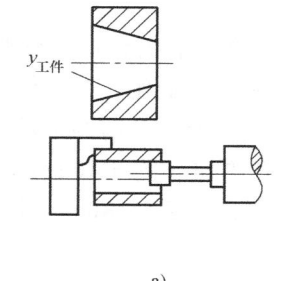
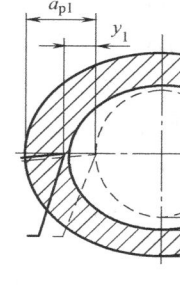
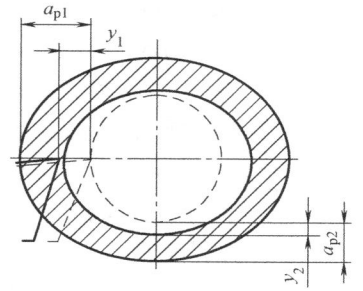

图 6-16　系统刚度变化产生的加工误差　　　　　　　图 6-17　形状误差的复映

刚度计算公式求得。

　　　毛坯圆度的最大误差　　　　　　　　　　$\Delta m = a_{p1} - a_{p2}$　　　　　　　　　　(6-3)

　　　车削后工件的圆度误差　　　　　　　　$\Delta w = y_1 - y_2$　　　　　　　　　　(6-4)

而　　　　　　　　　　　　　　　　$y_1 = F_{ymax}/k_{xt}, \ y_2 = F_{ymin}/k_{xt}$

又　　　　　　　　　　　　　　　　$F_y = \lambda C_{Fz} a_p f^{0.75}$

式中　λ——系数，$\lambda = F_y/F_z$，一般取 0.4；

　　　　C_{Fz}——与工件材料和刀具几何角度有关的系数；

　　　　f——进给量（mm/r）。

所以　　　　　　　　　　　　　　$y_1 = \dfrac{\lambda C_{Fz} a_{p1} f^{0.75}}{k_{xt}}$

　　　　　　　　　　　　　　　　$y_2 = \dfrac{\lambda C_{Fz} a_{p2} f^{0.75}}{k_{xt}}$　　　　　　　　　　(6-5)

将式（6-5）代入式（6-4）及式（6-3）得

$$\Delta w = y_1 - y_2 = \frac{\lambda C_{Fz} f^{0.75}}{k_{xt}}(a_{p1} - a_{p2}) = \frac{\lambda C_{Fz} f^{0.75}}{k_{xt}} \Delta m$$

令　　　　　　　　　　$\dfrac{\Delta w}{\Delta m} = \dfrac{\lambda C_{Fz} f^{0.75}}{k_{xt}} = \dfrac{A}{k_{xt}}$　　　　　　　　　　(6-6)

式中　A——径向切削力系数。

　　　复映系数 ε 定量地反映了毛坯误差在经过加工后减少的程度，其与工艺系统的刚度成反比，与径向切削力系数 A 成正比。要减少工件的复映误差，可增加工艺系统的刚度或减少径向切削力系数（如增大主偏角、减少进给量等）。

　　　当毛坯的误差较大，一次走刀不能满足加工精度要求时，需要多次走刀来消除 Δm 复映到工件上的误差。多次走刀总 ε 值计算如下。

$$\varepsilon_{\Sigma} = \varepsilon_1 \varepsilon_2 \cdots \varepsilon_n = \left(\frac{\lambda C_{Fz}}{k_{xt}}\right)^n (f_1 f_2 \cdots f_n)^{0.75}$$

　　　由于 ε 是远小于 1 的系数，所以经过多次走刀后，ε 已降到很小值，加工误差也可得到逐渐减小而达到零件的加工精度要求（一般经过 2～3 次走刀即可达到 IT7 的精度要求）。

　　　由于切削力的变化而引起加工误差还表现在：材料硬度不均匀而引起的加工误差；用调整法加工一批工件时，若其毛坯余量不一定会造成加工尺寸的分散等。

（三）惯性力、传动力、重力和夹紧力所引起的加工误差

1. 惯性力及传动力所引起的加工误差

　　　切削加工中，高速旋转的部件（包括夹具、工件和刀具等）的不平衡将产生惯性力 F_Q。F_Q 在每一转中不断地改变着方向，因此，它在 y 方向的分力大小的变化，就会使工艺系统的受力变形也随之变化而产生加工误差。如图 6-18 所示，车削一个不平衡的工件，当惯性力 F_Q 与切削力 F_y 方向相反时，将工件推向刀具，使切削深度增加（图 6-18a）；当惯性力 F_Q 与切削力 F_y 方向相同时，工件被拉离刀具，使切削深度减小（图 6-18b），其结果就造成了工件的圆度误差。

　　　例如，当工件重力 W 为 100N，主轴转速 n 为 1000r/min，不平衡质量 m 到旋转中心的距离 S 为 5mm 时，则

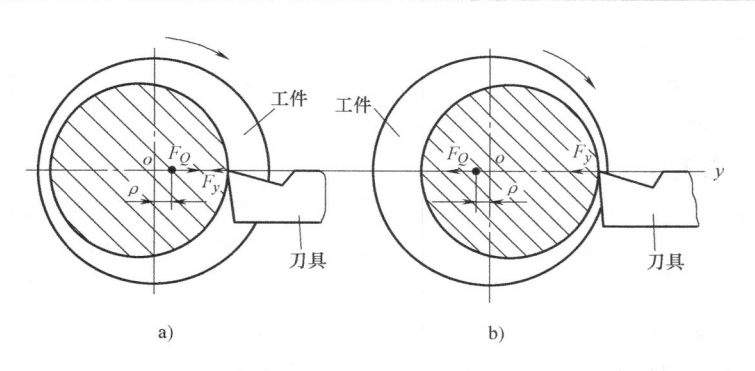

图 6-18　惯性力所引起的加工误差

$$F_Q = mS\omega^2 = \frac{W}{g}S\left(\frac{2\pi n}{60}\right)^2 = \frac{100}{9800} \times 5 \times \left(\frac{2 \times 3.14 \times 1000}{60}\right)^2 N = 558.93N$$

设工艺系统刚度 $k_{xt} = 3 \times 10^4 N/mm$，则半径方向的加工误差为

$$\Delta r = y_{max} - y_{min} = \frac{F_y + F_Q}{k_{xt}} - \frac{F_y - F_Q}{k_{xt}} = \frac{2F_Q}{k_{xt}}$$

$$= \frac{2 \times 558.93}{3 \times 10^4}mm = 0.037mm$$

在车床或磨床类机床上加工轴类工件时，常用单爪拨盘带动工件旋转。如图 6-19 所示，传动力在拨盘的每一转中，经常改变方向，其在 y 方向上的分力有时与切削力 F_y 相同，有时相反。因此，它也会造成工件的圆度误差。为此，在加工精密工件时，改用双爪拨盘或柔性连接装置带动工件旋转。

2. 重力及夹紧力所引起的加工误差

被加工工件在装夹过程中，由于刚度较低或着力点不当，都会引起工件的变形，造成加工误差。如图 6-20 所示，加工发动机连杆大头孔时，由于夹紧力着力点不当，使工件产生夹紧变形，造成加工后两孔中心线不平行及所加工大孔的轴线与定位端面产生垂直度误差。

在工艺系统中，由于零部件的自重也会引起变形，如龙门铣床，龙门刨床刀架横梁的变形，镗床镗杆下垂变形等，都会造成加工误差。

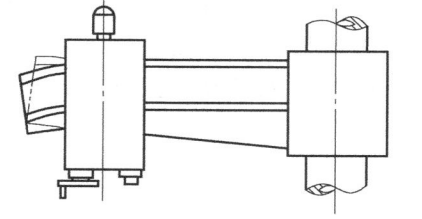

图 6-19　单爪拨盘传动力的影响

图 6-21 所示为摇臂钻床的摇臂在主轴箱自重的影响下所产生的变形，造成主轴轴线与工作台不垂直，从而使被加工的孔与定位面也产生垂直度误差。

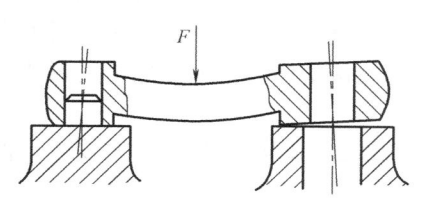

图 6-20　着力点不当引起的加工误差　　　　图 6-21　自重所引起的加工误差

三、机床刚度的测定

由于机床是由许多零部件组成的，其受力变形的情况比单个弹性体的变形复杂得多。因此，目前一般采用实验的方法来测定机床的刚度。

（一）单向静载测定法

单向静载测定法是在机床处于静止状态，模拟切削过程中起决定性作用的力，对机床部件施加静载荷并测量其变形量，通过计算求出机床的静刚度。如图 6-22 所示，在车床顶尖间装一根刚性很大的短轴 2，在刀架上装一个螺旋加力器 5，其间装上测力环 4。当转动加力器的螺钉时，刀架与轴之间就产生作用力，力的大小由测力环中的千分表读出（测力环预先在材料试验机上用标准作用力标定）。作用力一方面传到车床的刀架上，另一方面经过轴传到前后顶尖上。若加力器位于轴的中点，则床头与床尾各受到 1/2 的作用力，而刀架却受到整个作用力的作用。头架、尾座和刀架的变形可分别从百分表 1、3 和 6 中读出。实验时，可连续进行加载，逐渐增大至某一最大值再逐渐减小。

这种静刚度测定法，虽然结构简单，容易进行，但与机床加工时的受力状况出入较大，故一般只能用于比较机床部件刚度的高低。

（二）三向静载测定法

此法为模拟车削加工受力 F_x、F_y、F_z 的比值，从 x、y、z 三个方向加载，这样测定的刚度较接近实际。

图 6-23 所示为三向静载测定装置，在半圆弓形体 1 上每隔 15° 有一螺孔，依照实际加工时切削分力 F_x、F_y 的比例，把加力螺杆 2 旋入相应的螺孔。加力螺杆 2 与可转刀头 14 之间放置测力环 3。再按照所模拟的 F_z 和 F_y 的比例，将测力装置旋转到相应的位置。然后连续施加载荷并由头架、尾座及刀架上的三个百分表分别测出相应的变形量，绘出各有关部件的刚度曲线，求出在一定载荷范围内的平均刚度。

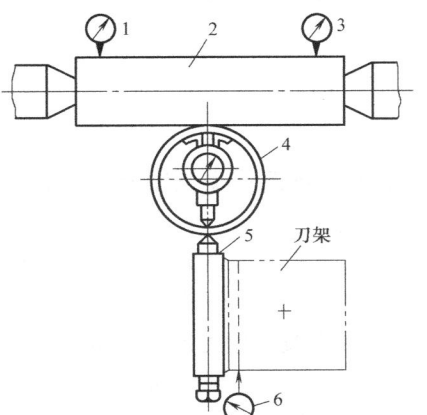

图 6-22　单向静载测定法
1、3、6—百分表　2—轴
4—测力环　5—螺旋加力器

（三）工作状态测定法

1. 车床工作状态测定法

车床工作状态测定法是在切削条件下进行的，因此它较为符合实际情况，其原理是利用复映现象来测定工艺系统的刚度。如图 6-24 所示，在两顶尖间车削直径分别为 D_1 及 D_2 的阶梯轴，由于该轴短而粗，刚度大，加工中的变形可忽略不计。当车削阶梯轴时，切削分力 F_y（$F_y = \lambda C_{Fz} a_p f^{0.75}$）将随切削深度 a_p 的不同而异。因此，在车削 D_1 处的切削力大于车削 D_2 处的切削力，造成工艺系统在加工 D_1 与 D_2 时的位移变化，引起了加工后形成相应的直径 d_1 与 d_2。

加工后零件的加工误差 $\Delta w = d_1 - d_2$ 与毛坯原始误差 $\Delta m = D_1 - D_2$ 的比值为 ε，即据式（6-6）得

$$c = \Delta w / \Delta m = \lambda C_{Fz} f^{0.75} / k_{xt}$$

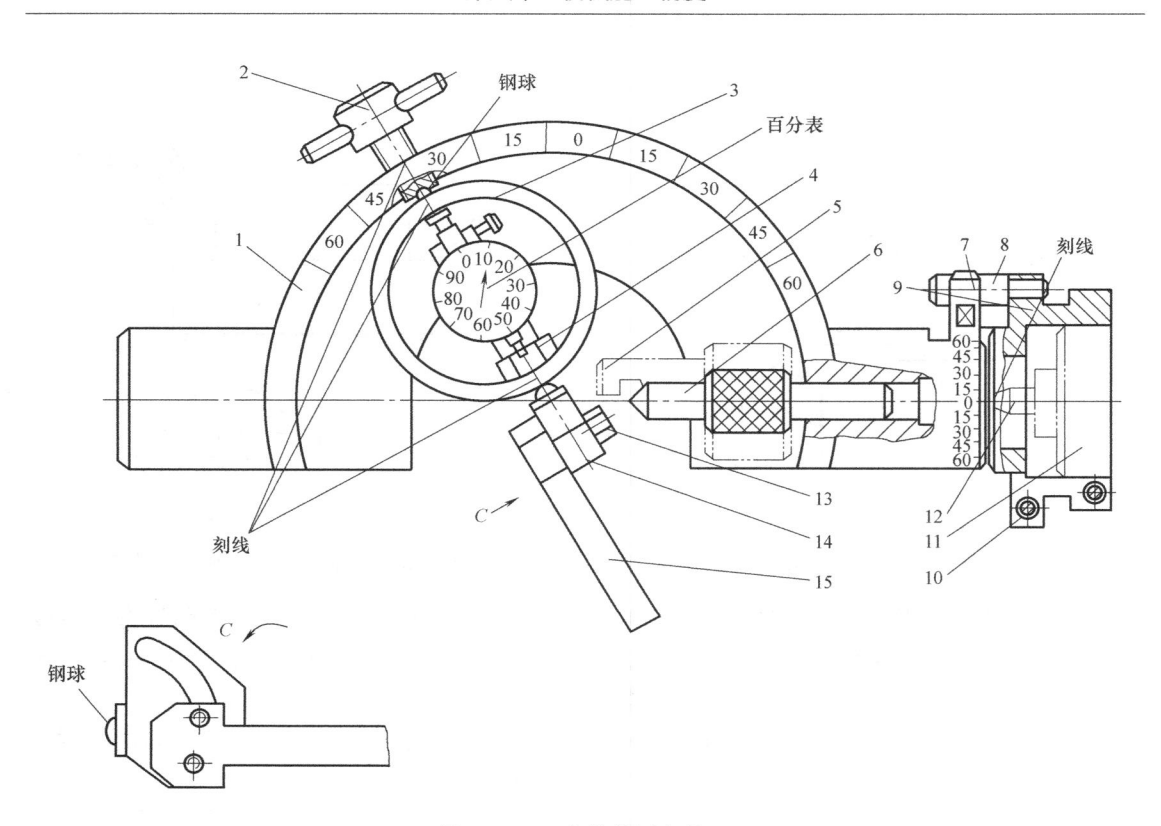

图 6-23　三向静载测定装置

1—半圆弓形体　2—加力螺杆　3—测力环　4—百分表座　5—水平对刀块
6—高度对刀块　7—固定销　8—活动销　9—固定套　10—固定螺钉
11—尾座套筒　12—后顶尖　13—夹紧螺钉　14—可转刀头　15—刀杆

从上式可近似求得工艺系统刚度为

$$k_{xt} = \frac{\lambda C_{Fz} f^{0.75} \Delta m}{\Delta w} = \frac{\lambda C_{Fz}(D_1 - D_2)f^{0.75}}{d_1 - d_2}$$

2. 铣床工作状态测定法

利用误差复映现象也可以用来测量铣床工作状态下的工艺系统刚度。如图 6-25 所示，用一带阶梯的工件进行铣削，将工件装于一特制铣削测力仪上，可直接测得轴向铣削力 F_B，由式（6-3）、式（6-4）和式（6-6）得

$$\varepsilon = \frac{\Delta w}{\Delta m} = \frac{y_1 - y_2}{a_{p1} - a_{p2}} = \frac{F_{B1}/k_{xt} - F_{B2}/k_{xt}}{a_{p1} - a_{p2}} = \frac{F_{B1} - F_{B2}}{k_{xt}(a_{p1} - a_{p2})}$$

所以

$$k_{xt} = \frac{F_{B1} - F_{B2}}{\varepsilon(a_{p1} - a_{p2})} = \frac{\Delta m(F_{B1} - F_{B2})}{\Delta w(a_{p1} - a_{p2})}$$

测出 F_B、Δw、Δm 后，便可求出工艺系统的刚度。

四、影响机床部件刚度的因素

影响机床部件刚度的因素很多，主要有如下几个方面。

1. 连接表面接触变形的影响

零件表面总是存在着宏观和微观的几何误差，连接表面之间的实际接触面积只是名义接

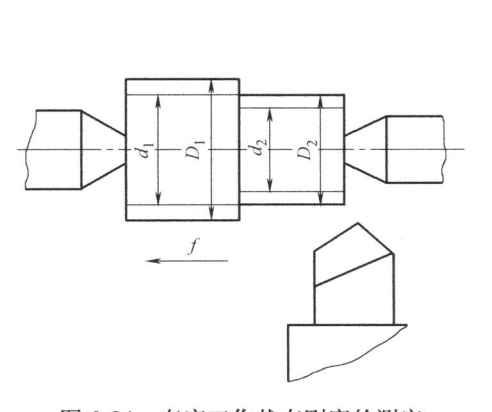

图 6-24　车床工作状态刚度的测定

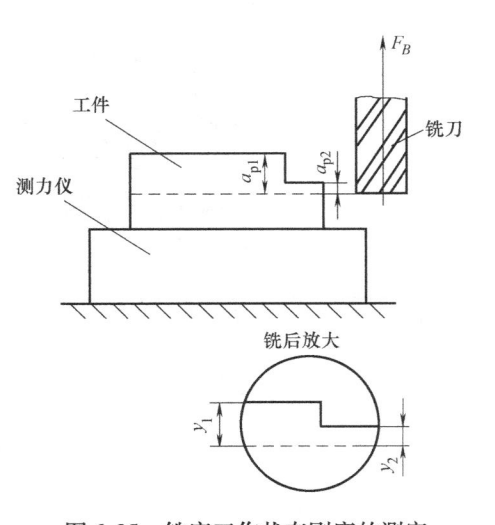

图 6-25　铣床工作状态刚度的测定

触面积的一部分，表面间的接触情况如图 6-26 所示。在外力作用下，这些接触处将产生较大的接触应力，引起接触变形，实验表明，接触变形 y 与压强 p 的关系如图 6-27 所示，接触刚度 （$k_j = \Delta p / \Delta y$） 将随载荷的增大而增大。

影响接触变形的因素主要是零件接触表面的形状精度、表面粗糙度和零件材料的硬度。

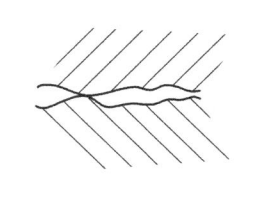

图 6-26　表面间的接触情况

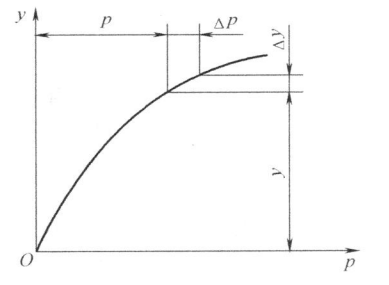

图 6-27　接触变形 y 与压强 p 的关系

2. 部件中薄弱零件的影响

如果部件中有某些刚度很低的零件时，受力后这些零件就会发生较大的变形，使整个部件的刚度降低。如图 6-28 所示，由于溜板部件中的楔铁细而长，刚性差，并且不易加工平直，使接触不良，故在外力作用下最容易发生变形，降低了整个部件的刚度。

3. 间隙和摩擦力的影响

零件接触面间的间隙对接触刚度的影响，主要表现在加工中载荷方向经常变化的镗床和铣床上。当载荷方向改变时，间隙引起位移，影响了刀具与零件表面间的准确位置。如果载荷是单向的，那么在第一次加载消除间隙后，对加工精度影响较小。图 6-29 所示为间隙对部件刚度影响情况。

摩擦力对接触刚度影响的过程是：当加载时，摩擦力阻止变形增加；而卸载时，摩擦力却阻止变形减少。因此使卸载曲线与加载曲线不重合，如图 6-29 所示（表面间的塑性变形也是使卸载曲线与加载曲线不重合的原因）。

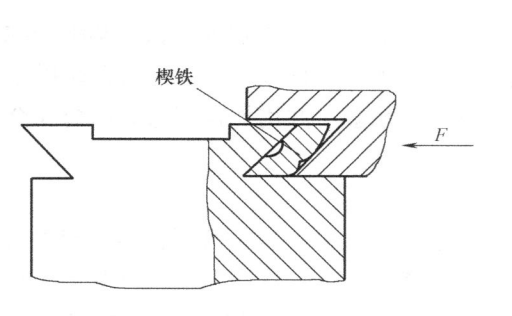

图 6-28　部件刚度薄弱环节

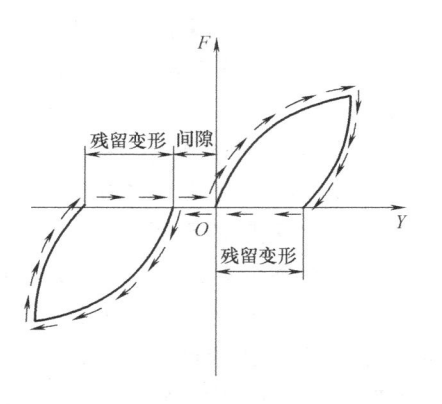

图 6-29　间隙和摩擦力对部件刚度影响情况

五、减少工艺系统受力变形的措施

减少工艺系统的受力变形，是机械加工中保证产品质量和提高生产效率的主要途径之一。根据生产的实际情况，可采取以下几方面的措施。

（一）提高接触刚度

一般部件的刚度都是接触刚度低于实体零件的刚度，所以，提高接触刚度是提高工艺系统刚度的关键。常用的方法是改善工艺系统主要零件接触表面的配合质量，如机床导轨副的刮研，配研顶尖锥体与主轴和尾座套筒锥孔的配合面，研磨加工精密零件用的顶尖孔等，都是在实际生产中行之有效的工艺措施。通过刮研和研磨，提高配合面的形状精度，减小表面粗糙度，使实际接触面增加，微观表面和局部表面的弹性变形与塑性变形减少，从而有效地提高了接触刚度。

提高接触刚度的另一措施是预加载荷，这样可以消除配合面间的间隙，而且还能使零部件之间有较大的实际接触面，减少受力后的变形量。预加载荷法常在各类轴承的调整中使用。

（二）提高工件刚度，减少受力变形

切削力引起的加工误差，往往是由于工件本身刚度不足或工件各个部位刚度不均匀而产生的。特别是加工叉类、细长轴等结构的零件，非常容易变形，在这种情况下，提高工件的刚度就是提高加工精度的关键。主要措施是缩小切削力作用点到工件支承面之间的距离，以增大工件加工时的刚度。图 6-30 所示为车削细长轴时采用中心架或跟刀架以增加工件的刚

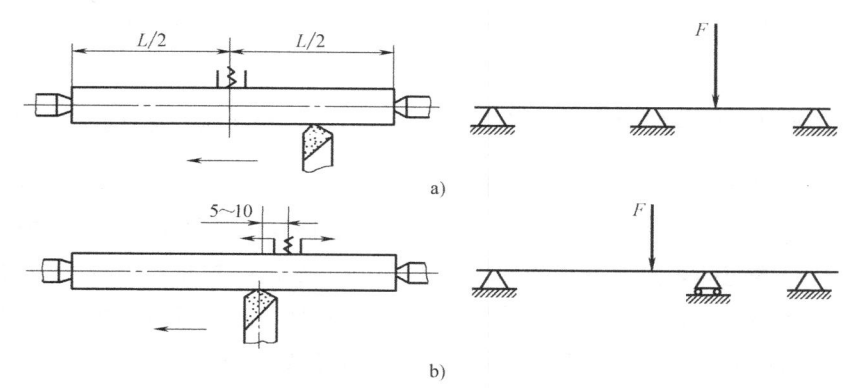

图 6-30　增加支承提高工件刚度

度（图6-30a所示为采用中心架，图6-30b所示为采用跟刀架）。

（三）提高机床部件刚度，减少受力变形

在切削加工中，有时由于机床部件刚度低而产生变形和振动，影响加工精度和生产率的提高，所以加工时常采用一些辅助装置以提高机床部件的刚度。图6-31a所示为在转塔车床上采用固定导向支承套，图6-31b所示为采用转动导向支承套，并用加强杆与导向套配合以提高机床部件刚度的示例。

（四）合理装夹工件，减少夹紧变形

对于薄壁工件的加工，夹紧时必须特别注意选择适当的夹紧方法，否则将会引起很大的形状误差。如加工薄壁套筒时，夹紧前薄壁套筒内外圆都是正圆，用三爪卡盘夹紧后，套筒由于弹性变形而成为三棱形（图6-32a）。镗孔后，内孔成正圆形（图6-32b）。松开自定心卡盘后，工件由于弹性恢复，使已镗的孔成为三棱形（图6-32c）。为了减少加工误差，应使夹紧力沿圆周均匀分布，可采用开口过渡环（图6-32d）或采用专用卡爪（图6-32e）。

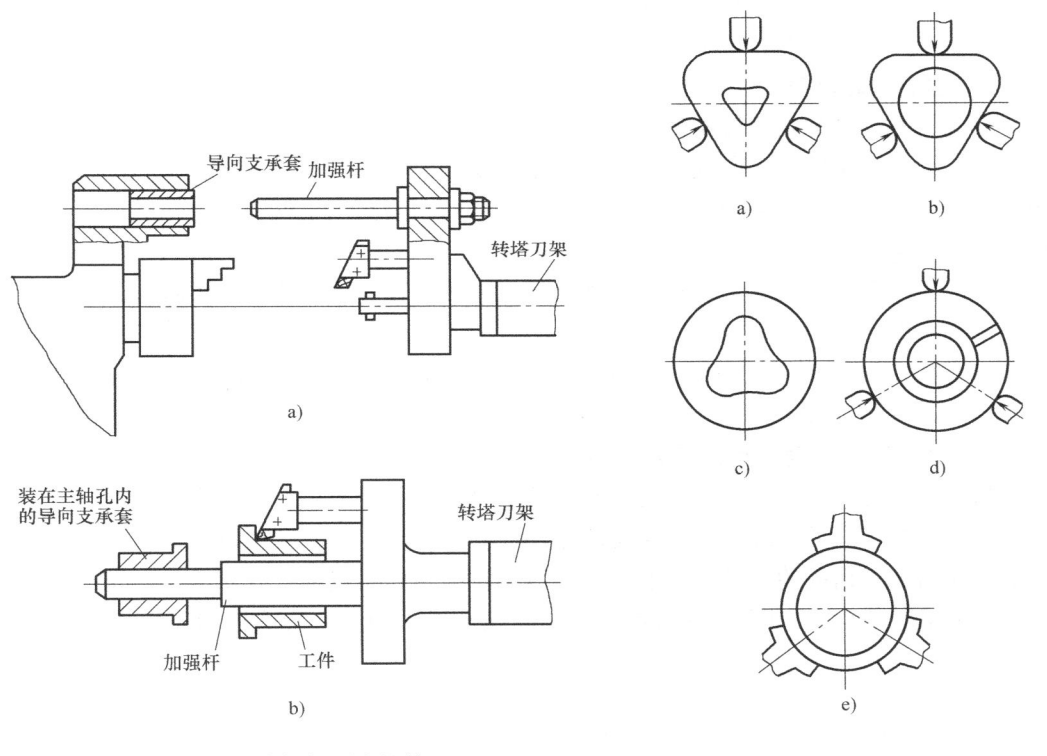

图6-31　提高部件刚度的装置　　　　　　图6-32　夹紧变形引起的误差

又如在平面磨床上磨削薄板工件，如图6-33所示。由于工件毛坯存在形状误差（图6-33a），当磁力将工件吸向磁盘表面时，工件将产生弹性变形（图6-33b）。磨削后，由于弹性恢复，工件已磨完的表面又产生翘曲（图6-33c）。改进办法是在工件与磁力盘之间垫橡皮垫（厚约0.5mm），如图6-33d、e所示。夹紧工件时，橡皮垫被压缩，减少工件的变形，便于将工件的弯曲部分磨掉。这样经多次正反面交替磨削，即可获得平面度较高的平面（图6-33f）。

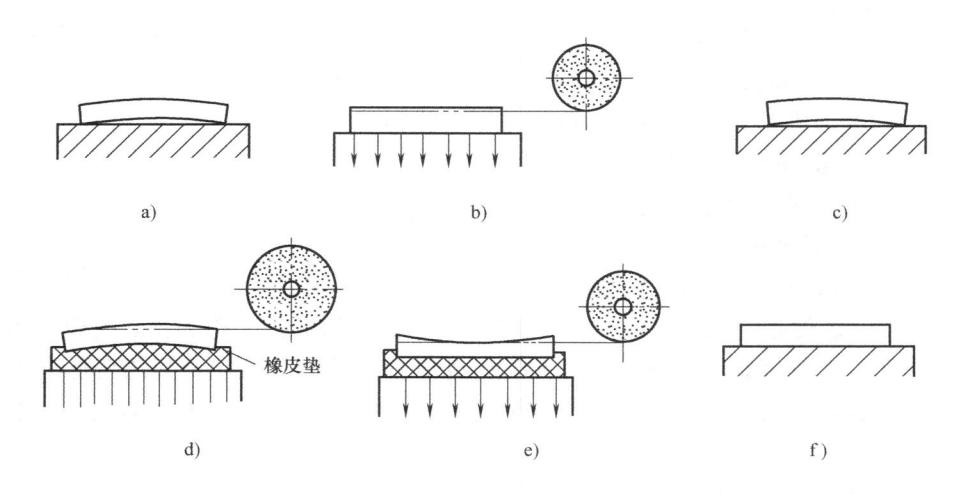

图 6-33　薄板工件磨削

第四节　工艺系统热变形对加工精度的影响

一、概述

在机械加工过程中，工艺系统在各种热源的影响下，常产生复杂的变形，破坏了工件与刀具的相对位置精度，造成了加工误差。据统计，在某些精密加工中，由于热变形引起的加工误差约占总加工误差的 40% ~ 70%。热变形不仅降低了系统的加工精度，而且还影响了加工效率的提高。为了减少热变形的影响，常常需要花费很多时间进行预热或调整机床。特别是高效率、高精度和自动化加工技术的发展，使工艺系统热变形问题更为突出，已成为机械加工技术进一步发展的重要研究课题。

（一）工艺系统的热源

引起工艺系统热变形的热源大致可分为两类，即内部热源和外部热源。

内部热源包括切削热和摩擦热；外部热源包括环境温度和辐射热。

切削热是在切削过程中，切削层金属的弹性变形和塑性变形以及刀具与工件、切屑间的摩擦所产生的。它由工件、切屑、刀具、夹具、机床、切削液以及周围介质传出。车削加工时，大量的切削热被切屑带走，传给工件的热量占 10% ~ 30%，传给刀具的约占 10%。孔加工时，由于大量切屑滞留在孔中，散热条件不好，使大量的切削热传入工件，其热量占 50% 以上。磨削加工时，由于切屑很小，带走的热量也少，大约有 80% 的热量传给工件，使其加工表面温度达 800 ~ 1000℃，这不仅影响工件的加工精度，还会影响加工表面质量（脱碳或烧伤）。切削热是刀具和工件热变形的主要热源。

摩擦热主要是机床和液压系统中运动部件产生的，如电动机、轴承、齿轮传动副、导轨副、液压泵、阀等运动部件均会产生摩擦热，这是机床热变形的主要热源。

工艺系统的外部热源，主要是环境温度的变化和热辐射的影响较大，对大型和精密工件的加工影响比较显著。

（二）工艺系统的热平衡

工艺系统受各种热源的影响，其温度会逐渐升高。与此同时，它们也通过各种传热方式向周围散发热量。当单位时间内传入和散发的热量相等时，则认为工艺系统达到了热平衡。图 6-34 所示为一般机床工作时的温度和时间曲线。由图 6-34 可知，机床开动后温度缓慢升高，经过一段

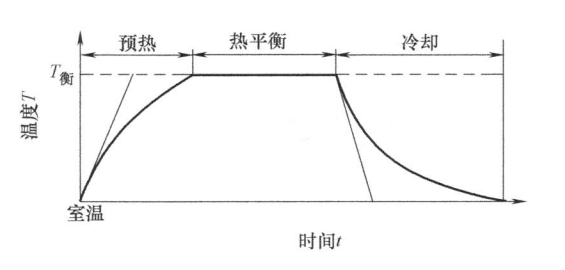

图 6-34　一般机床工作时的温度和时间曲线

时间温度升至 $T_衡$ 便趋于稳定。由开始升温至 $T_衡$ 的这一段时间，称为预热阶段。当机床温度达到稳定值后，则被认为处于热平衡阶段，此时温度场处于稳定，其热变形也就趋于稳定。处于稳定温度场时引起的加工误差是有规律的，因此，精密及大型工件应在工艺系统达到热平衡后进行加工。

二、机床热变形引起的加工误差

机床受热源的影响，各部分温度将发生变化，由于热源分布的不均匀和机床结构的复杂性，机床各部件将发生不同程度的热变形，破坏了机床原有的几何精度，从而引起了加工误差。

车床类机床主轴箱中的轴承、齿轮、离合器等传动副的摩擦使主轴箱和床身的温度上升，从而造成了机床主轴抬高和倾斜。图 6-35 所示为一台车床在空转时，主轴温升与位移的测量结果。主轴在水平方向的位移只有 $10\mu m$，而垂直方向的位移却达到 $180 \sim 200\mu m$。这对于刀具水平安装的卧式车床的加工精度影响较小，但对于刀具垂直安装的自动车床和转塔车床来说，对加工精度的影响就不容忽视了。

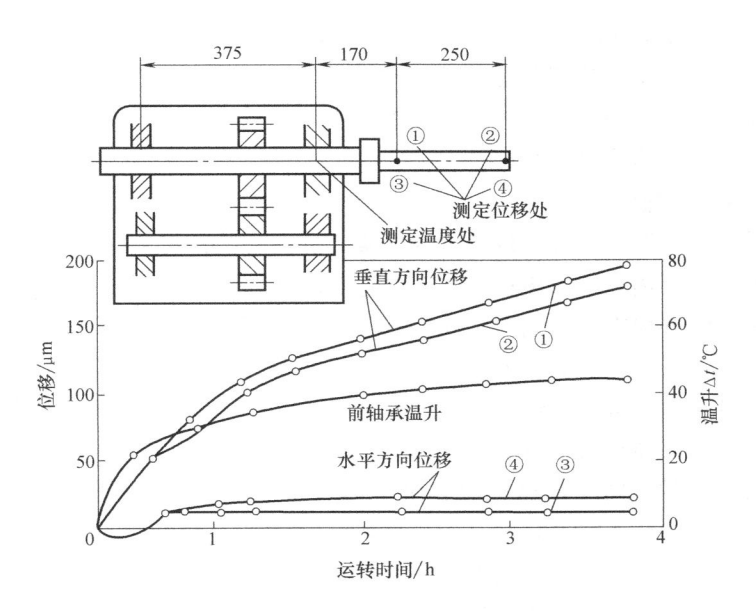

图 6-35　车床主轴箱热变形

图 6-36 所示为外圆磨床温升和热变形的测量结果。当采用该机床进行切入式定程磨削时，被磨工件直径的变化 Δd 达 $100\mu m$。它与该机床工作台和砂轮架间的热变形 x 基本相符。由此可见，影响加工尺寸一致性的主要因素是机床的热变形。

对大型机床如导轨磨床、外圆磨床、龙门铣床等长床身部件，其温差的影响也是很显著的。一般由于温度分层变化，床身上表面比床身的底面温度高而形成温差，因此床身将产生弯曲变形，表面呈中凸状，如图6-37所示。

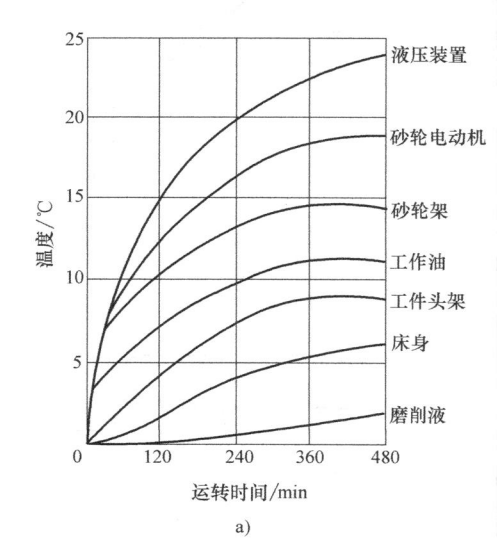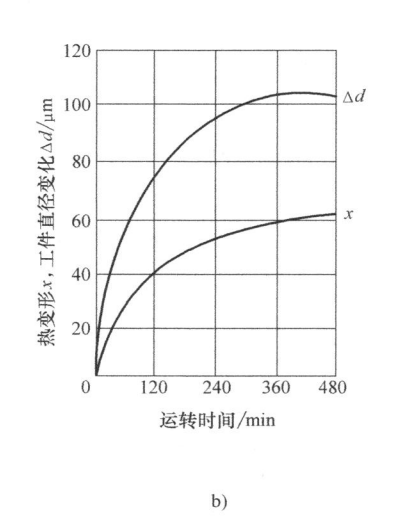

图6-36 外圆磨床的温升和热变形的测量结果

a）运转时间和各部温升的变化 b）热变形对工件误差的影响

假设床身长 $L = 3120\text{mm}$，高 $H = 620\text{mm}$，温差 $\Delta t = 1℃$，铸铁线膨胀系数 $\alpha = 11 \times 10^{-6}/℃$，床身的变形量为

$$\Delta = \alpha \Delta t \frac{L^2}{8H}$$

$$= 11 \times 10^{-6} \times 1 \times \frac{(3120)^2}{8 \times 620}\text{mm}$$

$$= 0.022\text{mm}$$

这样，床身导轨的直线性明显受到影响。另外立柱和溜板也因床身的热变形而产生相应的位置变化（图6-37）。

图6-38所示为大型平面磨床工作台热变形的实测记录。该磨床采用液压驱动工作

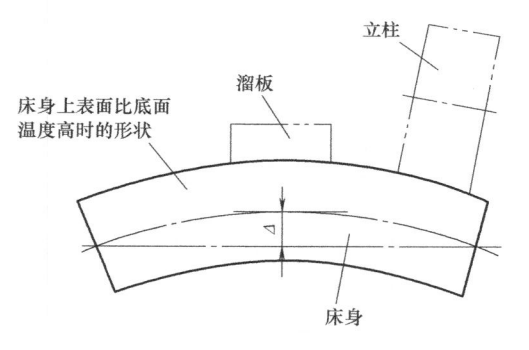

图6-37 床身纵向温差热效应的影响

台，由于油温的变化，引起工作台的热变形（图6-38中虚线）。这种热变形将影响工件的平行度误差。当采用冷却器使油液冷却后，虽收到一定效果，但由于电磁吸盘的发热，使工作台上部温度仍然较高，工作台变形仍然较大（图6-38中实线）。

图6-39所示为几种机床的热变形趋势。

三、工件热变形引起的加工误差

在切削加工中，工件的热变形主要是切削热引起的，有些大型精密工件同时还受环境温度的影响。由于加工方法、工件材料、结构尺寸等的不同，工件受热变形情况和对加工精度的影响也不同。

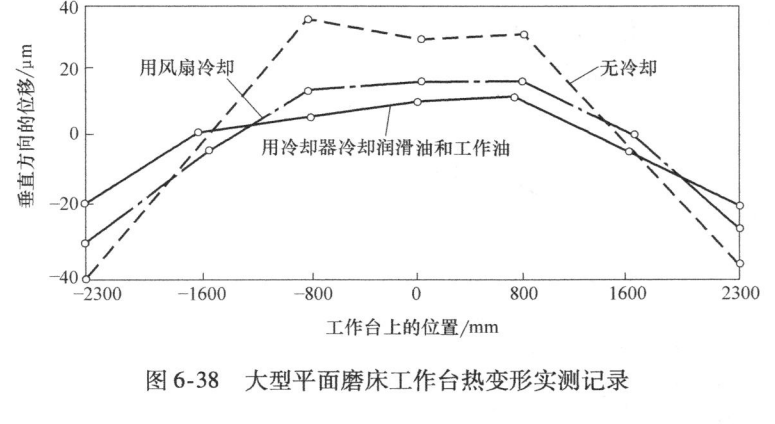

图 6-38　大型平面磨床工作台热变形实测记录

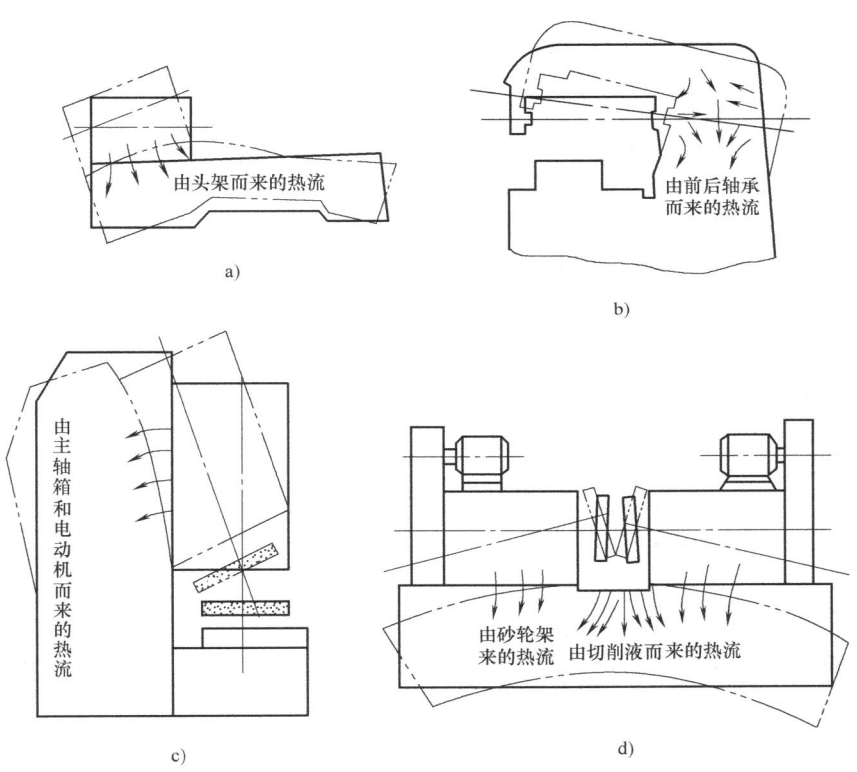

图 6-39　几种机床的热变形趋势
a）车床　b）铣床　c）立式平面磨床　d）双端面磨床

　　轴类工件在车削或磨削时，一般是均匀受热，温度逐渐升高，其直径也逐渐胀大，胀大部分将被刀具切去，待工件冷却后则形成圆柱度和直径尺寸的误差。

　　细长轴在顶尖间车削时，热变形将使工件伸长，导致工件的弯曲变形，加工后将产生圆柱度误差。

　　精密丝杠磨削时，工件的受热伸长会引起螺距的积累误差。例如磨削长度为 3000mm 的丝杠，每一次走刀温度将升高 3℃，工件热伸长量为 $\Delta = 3000 \times 12 \times 10^{-6} \times 3\,\mathrm{mm} = 0.1\,\mathrm{mm}$

（12×10^{-6}为钢材的热膨胀系数）。而 6 级丝杠螺距积累误差，按规定在全长上不许超过
0.02mm，可见热变形对加工精度影响的严重性。

床身导轨面的磨削，由于单面受热，与底面产生温差而引起热变形，使磨出的导轨产生
直线度误差。

薄圆环磨削，如图 6-40 所示，虽近似均匀受热，但磨削时磨削热量大，工件质量小，
温升高，在夹压处散热条件较好，该处温度较其他部分低，加工完毕工件冷却后，会出现棱
圆形的圆度误差。

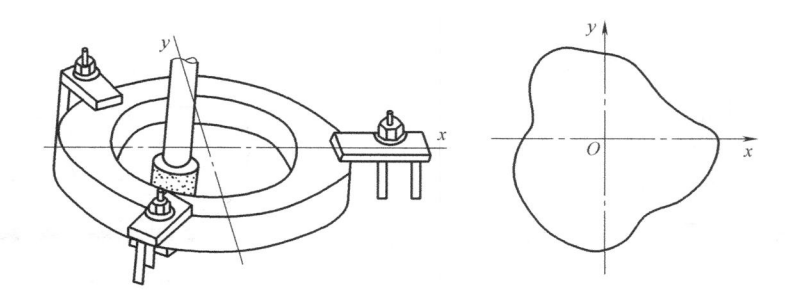

图 6-40　薄圆环磨削时热变形的影响

当粗、精加工时间间隔较短时，粗加工时的热变形将影响到精加工，工件冷却后将产生
加工误差。例如在一台三工位的组合机床上，通过钻孔—扩孔—铰孔三个工位顺序加工套
件。工件的尺寸为外径 440mm，长 40mm，铰孔后内径 420H7，材料为钢材。钻孔时切削用
量为 $n = 310 \text{r/min}$，$f = 0.36 \text{mm/r}$。钻孔后温升竟达 107℃，接着扩孔和铰孔。当工件冷却后
孔的收缩量已超过精度规定值。因此，在这种情况下，一定要采取冷却措施，否则将出现
废品。

应当指出，在加工铜、铝等线膨胀系数较大的有色金属时，其热变形尤其明显，必须引
起足够的重视。

四、刀具热变形引起的加工误差

切削热虽然大部分被切屑带走或传入工
件，传到刀具上的热量不多，但因刀具切削
部分质量小（体积小），热容量小，所以刀
具切削部分的温升大。例如用高速钢刀具车
削时，刃部的温度高达 700 ~ 800℃，刀具热
伸长量可达 0.03 ~ 0.05mm。因此对加工精
度的影响不容忽略。图 6-41 所示为车削时
车刀的热变形与时间的关系曲线。当车刀连
续车削时，车刀变形情况如曲线 1，经过
10 ~ 20min 即可达到热平衡，此时车刀变形
的影响很小；当车刀停止切削后，车刀冷却
变形过程如曲线 3；当车削一批短小轴类工
件时，加工由于需要装卸工件而时断时续，

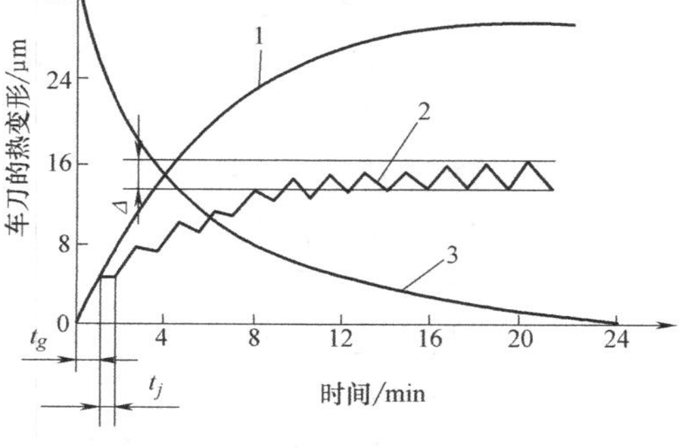

图 6-41　车刀的热变形与时间的关系曲线
t_g—切削时间　t_j—停止切削时间

车刀进行间断切削，热变形在 Δ 范围内变动，其变形过程如曲线 2。

五、减少工艺系统热变形的主要途径

（一）减少发热和隔热

切削中内部热源是机床产生热变形的主要根源。为了减少机床的发热，在新的机床产品中凡是能从主机上分离出去的热源，一般都有分离出去的趋势。如电动机、齿轮箱、液压装置和油箱等已有不少分离出去的实例。对于不能分离出去的热源，如主轴轴承、丝杠副、高速运动的导轨副、摩擦离合器等，可从结构和润滑等方面改善其摩擦特性，减少发热，如采用静压轴承、静压导轨、低黏度润滑油、锂基润滑脂等。也可以用隔热材料将发热部件和机床大件分隔开来，如图 6-42 所示在磨床砂轮架 3 和滑座 6 之间加入隔热垫 5，使砂轮架上的热传不到滑座中；在快进油缸 7 的活塞杆与进给丝杠副 9 之间使用隔热联轴器 8，以防进给油缸中油温的变化影响丝杠。

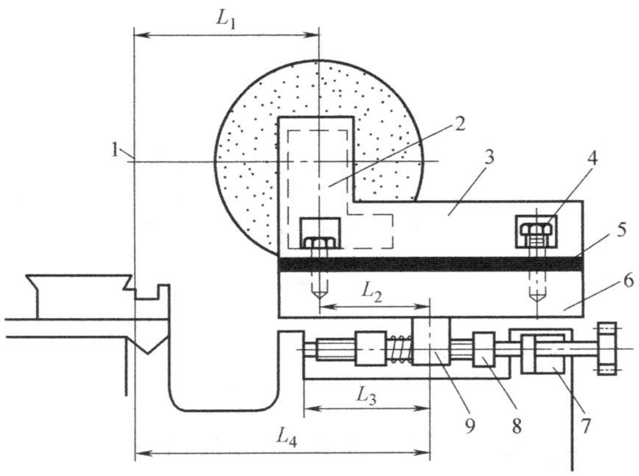

切削过程中，切屑和切削液也是使工艺系统产生热变形的重要因素。对切屑传出的热，可采用及时清除、切削液冷却或在工作台上装隔热板来减少它的影响。精密加工中可采用恒温切削液。如 S7450 型螺纹磨床采用恒温切削液淋浴工件（图 6-43），机床的空心母丝杠也通过恒温油，以降低工件与母丝杠的

图 6-42　采用隔热减少热变形
1—工件中心　2—轴承油池　3—砂轮架　4—螺钉　5—隔热垫
6—滑座　7—快进油缸　8—隔热联轴器　9—进给丝杠副

温差，提高加工精度的稳定性。图 6-43 中泵 1 将油打入冷却箱 S，然后流回 N 油箱，使油温下降。工作时油经泵 2 打入电加热器 M，电测温元件 W 测出其温度在 X 仪表上显示。油温有偏差时，由 Z 调节加热器的热量，使油温达到预定的温度，然后通过管道淋浴在被加工的丝杠上。

（二）加强散热能力

为了消除机床内部热源的影响，可以采用强制冷却的办法，吸收热源发出的热量，从而控制机床的温升和热变形，这是近年来使用较多的一种方法。图 6-44 所示为一台坐标镗床采用强制冷却的试验结果。曲线 1 为没有采用强制冷却时的情况，机床运行 6h 后，主轴中心线到工作台的距离产生了 190μm（垂直方向）的热变形，且尚未达到热平衡。曲线 2 为采用了强制冷却后，上述热变形减少到 15μm，且在不到 2h 内机床就达到了热平衡，可见强制冷却的效果是非常显著的。

目前，大型数控机床、加工中心机床都普遍使用冷冻机对润滑油和切削液进行强制冷却，以提高冷却的效果。

（三）用热补偿法减少热变形的影响

单纯的减少温升有时不能收到满意的效果，可采用热补偿法使机床的温度场比较均匀，从而使机床产生均匀的热变形以减少对加工精度的影响。图 6-45 所示为平面磨床采用热空

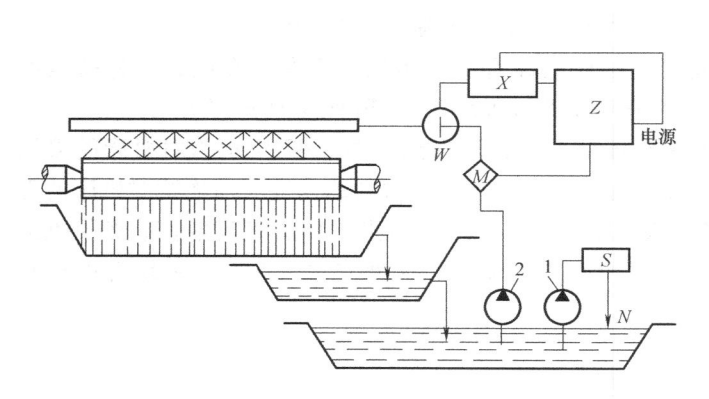

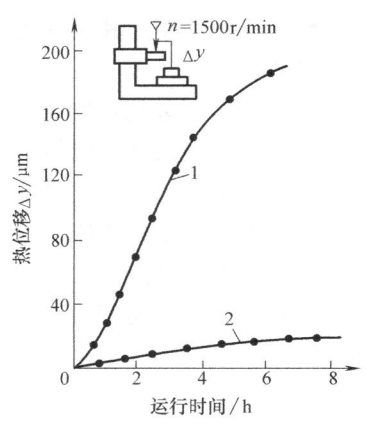

图 6-43　螺纹磨床工件淋浴恒温控制系统
1、2—泵

图 6-44　一台坐标镗床采用强制冷却
的试验结果

气加热温升较低的立柱后壁，以减少立柱前后壁的温度差而减少立柱的弯曲变形。图 6-45 中热空气从电动机风扇排出，通过特设的管道引向防护罩和立柱的后壁空间。采用这种措施后，工件端面平行度误差可降低为原来的 1/3 ~ 1/4。

图 6-46 所示为 M7150A 型平面磨床所采用的均衡温度场措施示意图。该机床床身较长，加工时，由于工作台纵向运动速度较高，床身上部温升高于下部，使床身产生不均匀的热变形而造成导轨的中凸。改善措施是一方面将油池 1 搬出主机并做成一个单独的油箱，另外在床身下部开出热补偿油池 2，利用带有余热的回油流经床身下部，使床身下部温度升高，以达到减少床身上、下部的温差。采用这种措施后，床身上、下部温差降至 1 ~ 2℃，导轨中凸量由原来的 0.265mm 降至 0.052mm。

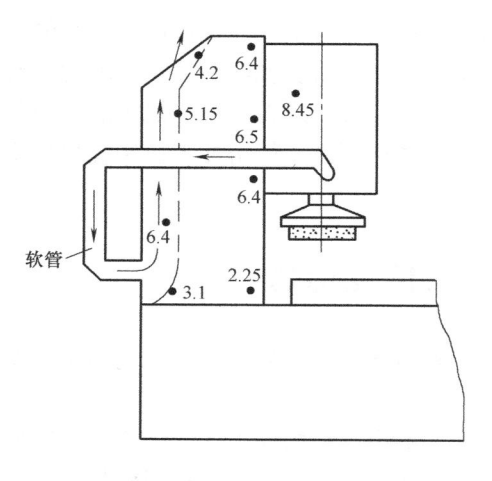

图 6-45　均衡立柱前后壁的温度场

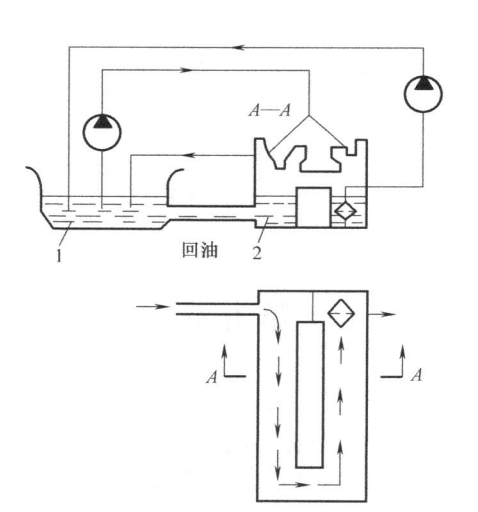

图 6-46　M7150A 型平面磨床所采用的
均衡温度场措施示意图
1、2—油池

（四）控制温度的变化

环境温度的变化和室内各部分的温差，将使工艺系统产生热变形，从而影响工件的加工精度和测量精度。因此，在加工或测量精密零件时，应控制室温的变化。

精密机床（如精密磨床、坐标镗床、齿轮磨床等）一般安装在恒温车间，以保持其温度的恒定。恒温精度一般控制在 ±1℃，精密级为 ±0.5℃，超精密级为 ±0.01℃。

采用喷油冷却整台机床是一种控制温度变化的先进方法。图 6-47 所示为对机床的喷油冷却示意图。它是将机床及周围的工作地封闭在一个透明的塑料罩内，喷嘴连续对机床的工作区域喷射恒温油液（20℃），油液不仅带走热量，同时也带走了切屑和灰尘。油液回收经过滤后输送到热交换器中，温度降至 20℃ 后再继续使用。这种方法可使工作环境温度控制在 ±0.01℃。

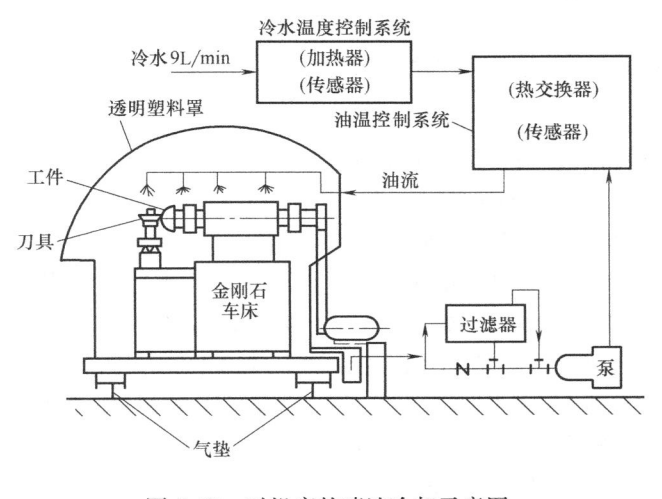

图 6-47　对机床的喷油冷却示意图

采用机床预热也是一种控制温度变化的方法。由热变形规律可知，热变形影响较大的是在工艺系统升温阶段，当达到热平衡后，热变形趋于稳定，加工精度就容易控制。因此，对精密机床特别是大型精密机床，可在加工前预先开动，高速空转，或人为地在机床的适当部位附设加热源预热，使它达到热平衡后再进行加工。基于同样原因，精密加工机床应尽量避免较长时间的中途停车。

第五节　工件内应力对加工精度的影响

工艺系统受力变形总的来说可以分为两个方面，即外力和内力。外力引起工艺系统的变形及对加工精度的影响在第三节中已详述。

工件在没有外加载荷的情况下，仍然残存在工件内部的应力称内应力或残余应力。工件在铸造、锻造及切削加工后，内部存在的各个内应力处于暂时平衡，可以保持形状精度的暂时稳定。但只要外界条件发生变化，如环境温度变化、继续进行切削加工、受到撞击等，内应力的暂时平衡就会被打破而进行重新分布，这时工件将产生变形，甚至造成裂纹等现象。内应力是影响加工精度的一个隐患，因此，在精密加工中，如何消除内应力的影响是一个重要的课题。

工件内应力的重新分布不仅影响工件加工本身的精度，而且对装配精度也有很大的影响。内应力存在于工件的内部，而且其存在和分布情况相当复杂，下面只进行一些定性的分析。

一、毛坯的内应力

在铸、锻、焊等毛坯的生产过程中，由于工件各部分的厚薄不均，冷却速度不均匀而产生内应力。毛坯的结构越复杂，各部分的壁厚越不均匀，散热条件差别越大，则毛坯内部产生的内应力也越大。具有内应力的毛坯在短时间内是看不出什么变化的，内应力暂时处于相对平衡状态。但当条件变化后，这种暂时的平衡状态便被破坏，内应力就要重新分布，工件就明显地出现变形。

图 6-48 所示为一个内外截面厚薄不同的铸件在浇注后的冷却过程中产生内应力的情况。

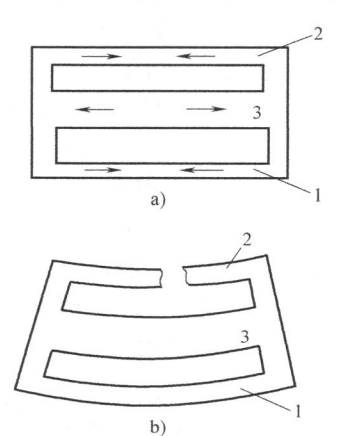

图 6-48 铸件因应力而引起的变形

当铸件冷却时，由于壁 1 和壁 2 比较薄，散热较易，所以冷却较快；壁 3 较厚，散热较慢。当壁 1 和壁 2 从塑性状态冷却至弹性状态（约 620℃）时，壁 3 的温度还比较高，尚处于塑性状态。这时，壁 1 和壁 2 冷却收缩时，壁 3 不起牵制作用，铸件内部未产生内应力。但当壁 3 冷却至弹性状态时，壁 1 和壁 2 的温度已降低很多，收缩速度变得很慢，而这时壁 3 收缩较快，就受到了壁 1 和壁 2 的阻碍。此时，壁 3 受到了拉应力，而壁 1 和壁 2 则受到了压应力，形成了相对平衡的状态（图 6-48a）。

如果在铸件壁 2 上开一个缺口，则壁 2 的压应力消失，原来的应力相对平衡被破坏，工件的内应力要重新分布，这时在壁 1 和壁 3 的内应力作用下，壁 3 收缩，壁 1 膨胀，工件发生弯曲变形（图 6-48b），直至内应力重新分布到新的相对平衡为止。

图 6-49 所示为车床床身内应力引起的变形情况。铸造时，床身导轨表面及床腿面冷却速度较快，中间部分冷却速度较慢，因此形成了上下表层受压应力，中间部分受拉应力的状态。当将导轨表面铣或刨去一层金属时，和图 6-48b 所示开口一样，内应力将重新分布和平衡，整个床身将产生弯曲变形。

二、冷校直引起的内应力

细长的轴类零件，如光杠、丝杠、曲轴、凸轮轴等在加工和运输中很容易产生弯曲变形，因此，大多数在加工中安排冷校直工序，这种方法简单方便，但会带来内应力，引起工件变形而影响加工精度。图 6-50 所示为冷校直和引起内应力的情况。

在弯曲的轴类零件（图 6-50a）中部施加压力 F，使其产生反弯曲（图 6-50b），这时，轴的上层 AO 受压力，下层 OD 受拉力，而且使 AB 和 CD 产生塑性变

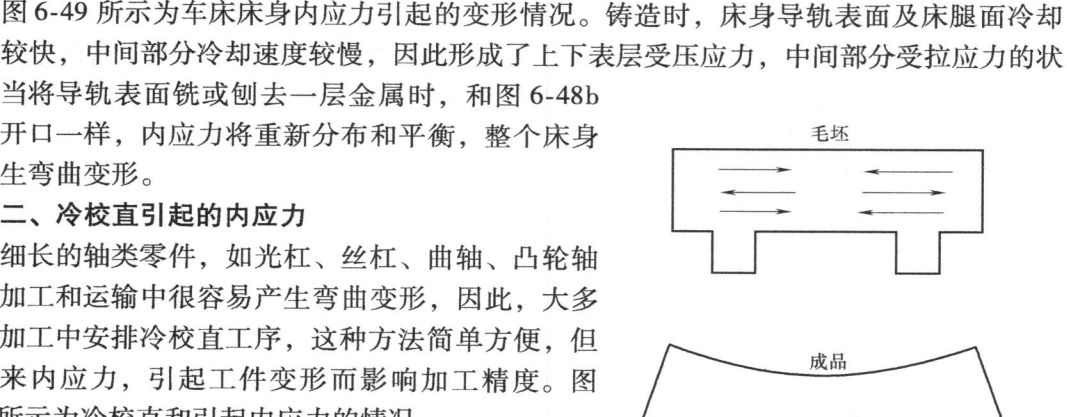

图 6-49 床身因内应力引起的变形

形，为塑变区，内层 *BO* 和 *CO* 为弹变区（图6-50d）。如果外力加得适当，在去除外力后，塑变区的变形将保留下来，而弹变区的变形将全部恢复，应力重新分布，工件就会变形而成为图6-50e所示。

但是，零件的冷校直只是处于一种暂时的相对平衡状态，只要外界条件变化，就会使内应力重新分布而使工件产生变形。例如，将已冷校直的轴类零件进行加工（如磨削外圆）时，由于外层 *AB*、*CD* 变薄，破坏了原来的应力平衡状态，使工件产生弯曲变形（图6-50f），其方向与工件的原始弯曲一致，但其弯曲度有所改善。

因此，对于精密零件的加工是不允许安排冷校直工序的。当零件产生弯曲变形时，如果变形较小，可加大加工余量，利用切削加工方法去除其弯曲度，这时要注意切削力的大小，因为这些零件刚度很差，极易受力变形；如果变形较大，则可用热校直的方法，这样可减小内应力，但操作比较麻烦。

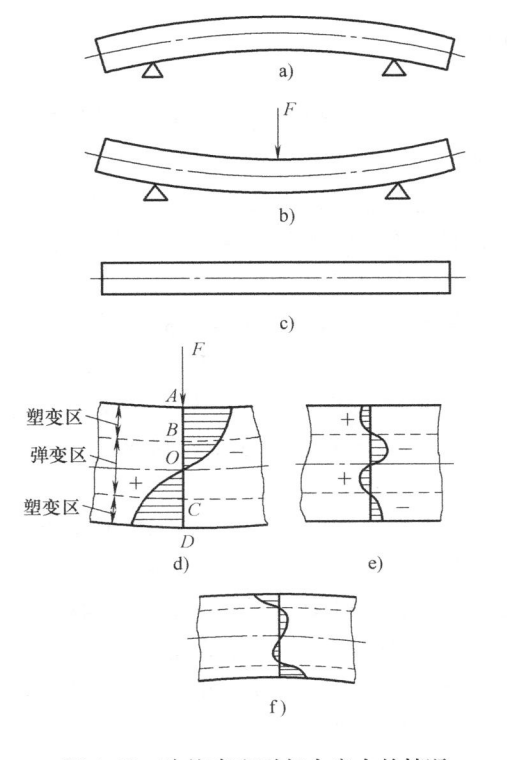

图6-50　冷校直和引起内应力的情况

三、工件切削时的内应力

工件在进行切削加工时，在切削力和摩擦力的作用下，使表层金属产生塑性变形，体积膨胀，受到里层组织的阻碍，故表层产生压应力，里层产生拉应力。

此外，切削热也会使工件产生内应力。金属在切削时，如果表层温度超过弹性变形范围，则会产生热塑性变形，切削后，表层温度下降快，冷却收缩也比里层大，当温度降至弹性变形范围内，表层收缩受到里层的阻碍，因而产生拉应力，里层将产生平衡的压应力。

在大多数情况下，热的作用大于力的作用。特别是高速切削、强力切削、磨削等，热的作用占主要地位。磨削加工中，表层拉力严重时会产生裂纹。

四、减少或消除内应力的措施

1. 合理设计零件结构

在零件结构设计中，应尽量缩小零件各部分厚度尺寸的差异，以减少铸、锻毛坯在制造中产生的内应力。

2. 采取时效处理

（1）自然时效　在毛坯制造之后，或粗、精加工之间，让工件停留一段时间，利用温度的自然变化，经过多次热胀冷缩，使工件的内应力逐渐消除。这种方法效果好，但需要时间长（一般要半年至五年）。

（2）人工时效　将工件放在炉内加热到一定温度，再随炉冷却以达到消除应力的目的。这种方法对大型零件需要一套很大的设备，其投资和能源消耗较大。

（3）振动时效　以激振的形式将振动的机械能加到含大量内应力的工件内，引起工件内部晶格变化以消除内应力的方法，一般在几十分钟便可消除内应力，适用于大小不同的铸、锻、焊接件毛坯及有色金属毛坯。这种方法不需要庞大的设备，所以比较经济、简便，且效率高。

3. 合理安排工艺过程

安排机械加工工艺时，把粗、精加工分开在不同的工序中进行，使粗加工后的残余应力有一定时间重新分布，以减少对精加工的影响。在大型工件的加工时，粗、精加工往往在一道工序中完成，这时应在粗加工后松开工件，让工件自由变形，然后再用较小的夹紧力夹紧工件再进行精加工。

第六节　提高加工精度的措施

在上述各节对影响加工精度诸因素的讨论中，对提高加工精度问题已有所述，本节将对此问题进行较有系统的介绍。

提高加工精度的措施大致可归纳为以下几个方面。

一、直接减少原始误差法

这是生产中应用很广的一种基本方法。这种方法是在查明影响加工精度的主要原始误差因素之后，设法对其直接进行消除或减少。例如，车削细长轴时，采用跟刀架、中心架可消除或减少工件弯曲变形所引起的加工误差。采用大进给量反向切削法，基本上消除了轴向切削力引起的弯曲变形。若辅以弹簧顶尖，可进一步消除热变形所引起的加工误差。又如在加工薄壁套筒内孔时，采用过渡圆环以使夹紧力均匀分布，避免夹紧变形所引起的加工误差。

二、误差补偿法

误差补偿法是人为地制造一种误差，去抵消工艺系统固有的原始误差，或者利用一种原始误差去抵消另一种原始误差，从而达到提高加工精度的目的。

例如用预加载法精加工磨床床身导轨，借以补偿装配后受部件自重而引起的变形。磨床床身是一个狭长的结构，刚度较差，在加工时，导轨三项精度虽然都能达到，但在装上进给机构、操纵机构等以后，便会使导轨产生变形而破坏了原来的精度，采用预加载法可补偿这一误差。

又如用校正机构提高丝杠车床传动链的精度。在精密螺纹加工中，机床传动链误差将直接反映到工件的螺距上，使精密丝杠加工精度受到一定的影响。为了满足精密丝杠加工的要求，采用螺纹加工校正装置以消除传动链造成的误差（图6-51）。

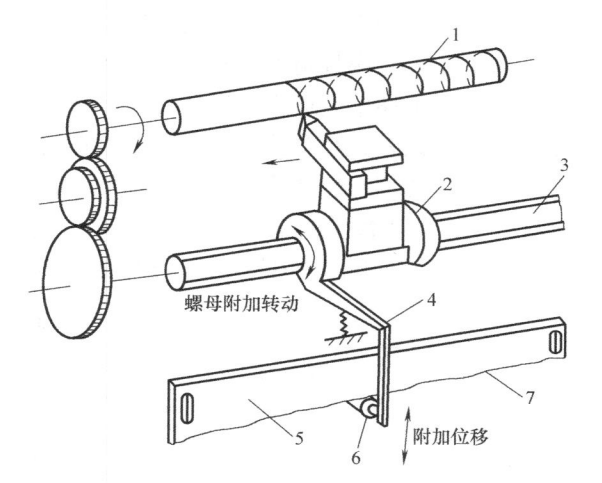

图 6-51　螺纹加工校正装置
1—工件　2—丝杠螺母　3—车床丝杠
4—杠杆　5—校正尺　6—滚柱　7—工作尺面

三、误差转移法

误差转移法的实质是转移工艺系统的几何误差、受力变形和热变形等。例如，磨削主轴锥孔时，锥孔和轴颈的同轴度不是靠机床主轴回转精度来保证，而是靠夹具保证，当机床主轴与工件采用浮动连接以后，机床主轴的原始误差就不再影响加工精度，而转移到夹具来保证加工精度（见第二章）。

在箱体的孔系加工中，在镗床上用镗模镗削孔系时，孔系的位置精度和孔间距的尺寸精度都依靠镗模和镗杆的精度来保证，镗杆与主轴之间为浮动连接（见第四章），故机床的精度与加工精度无关，这样就可以利用普通精度和生产率较高的组合机床来精镗孔系。由此可见，往往在机床精度达不到零件的加工要求时，通过误差转移的方法，能够用一般精度的机床加工高精度的零件。

四、就地加工法

在加工和装配中，有些精度问题牵涉到很多零部件间的相互关系，相当复杂。如果单纯地提高零件精度来满足设计要求，有时不仅困难，甚至不可能达到。此时若采用就地加工法就可解决这种难题。

例如在转塔车床制造中，转塔上六个安装刀具的孔，其轴心线必须保证与机床主轴旋转中心线重合，而六个平面又必须与旋转中心线垂直。如果单独加工转塔上的这些孔和平面，装配时要达到上述要求是相当困难的，因为其中包含了很复杂的尺寸链关系。因而在实际生产中采用了就地加工法，即在装配之前，这些重要表面不进行精加工，等转塔装配到机床上以后，再在自身机床上对这些孔和平面进行精加工。具体方法是在机床主轴上装上镗刀杆和能做径向进给的小刀架，对这些表面进行精加工，便能达到所需的精度（图8-10）。

又如龙门刨床、牛头刨床，为了使它们的工作台面分别与横梁或滑枕保持位置的平行度关系，都是装配后在自身机床上，进行就地精加工来达到装配要求的。平面磨床的工作台面，也是在装配后利用自身砂轮精磨出来的。

五、误差分组法

在加工中，由于工序毛坯误差的存在，造成了本工序的加工误差。毛坯误差的变化，对本工序的影响主要有两种情况：复映误差和定位误差。如果上述误差太大，不能保证加工精度，而且要提高毛坯精度或上工序加工精度是不经济的。这时可采用误差分组法，即把毛坯或上工序尺寸按误差大小分为 n 组，每组毛坯的误差就缩小为原来的 $1/n$，然后按各组分别调整刀具与工件的相对位置或调整定位元件，就可大大地缩小整批工件的尺寸分散范围。

例如，某厂加工齿轮磨床上的交换齿轮时，为了达到齿圈径向跳动的精度要求，将交换齿轮的内孔尺寸分成三组，并用与之尺寸相应的三组定位心轴进行加工，其分组尺寸见表6-1。

表 6-1　分组尺寸　　　　　　　　　　　　　　　　（单位：mm）

组别	心轴直径 $\phi25^{+0.011}_{+0.002}$	工件孔径 $\phi25^{+0.013}_{0}$	配合精度
第1组	$\phi25.002$	$\phi25.000 \sim \phi25.004$	±0.002
第2组	$\phi25.006$	$\phi25.004 \sim \phi25.008$	±0.002
第3组	$\phi25.011$	$\phi25.008 \sim \phi25.013$	$+0.002$ -0.003

误差分组法的实质，是用提高测量精度的手段来弥补加工精度的不足，从而达到较高的

精度要求。当然，测量、分组需要花费时间，故一般只是在配合精度很高，而加工精度不宜提高时采用。

六、误差平均法

此法是利用有密切联系的表面之间的相互比较和相互修正，或者利用互为基准进行加工，以达到很高的加工精度。

有密切联系的表面分为以下三种类型。

（1）配偶件的表面　如配合精度要求很高的轴和孔，常用对研的方法来达到。所谓对研，就是配偶件的轴和孔互为研具相对研磨。在研磨前有一定的研磨量，其本身的尺寸精度要求不高，在研磨过程中，配合表面相对研擦和磨损的过程，就是两者的误差相互比较和相互修正的过程。

（2）成套件的表面　如三块一组的标准平板，是利用相互对研、配刮的方法加工出来的。因为三个表面能够分别两两密合，只有在都是精确的平面的条件下才有可能，还有如直尺、角度规、多棱体、标准丝杠等高精度量具和工具，都是利用误差平均法制造出来的。

（3）自身相关的表面　如精密分度盘分度槽的加工，就是一个非常典型的利用误差平均法的例子。如图6-52所示，分度盘6的分度槽已铣出，现进行精磨分度槽面。卡爪1起分度定位作用，并可绕小轴2转动，小轴2可进行左右微量调节，从而使卡爪1也可以进行左右微调，以使砂轮能磨出最高的槽面（也即是分度角最小的槽面）为准。由弹簧4的作用，使卡爪1的另一端紧靠在销钉3上。磨削时，砂轮5除回转外还沿分度盘的轴向往复运动。当磨好一个槽面后（如槽面1），即以槽面1定位磨槽面2，如此循环下去。如果在磨削过程中，有某些槽面磨不到，可在磨完一圈后将小轴2适当左移，再重复上述过程，直到各槽面全部磨出为止，即可获得分度很高的分度盘。

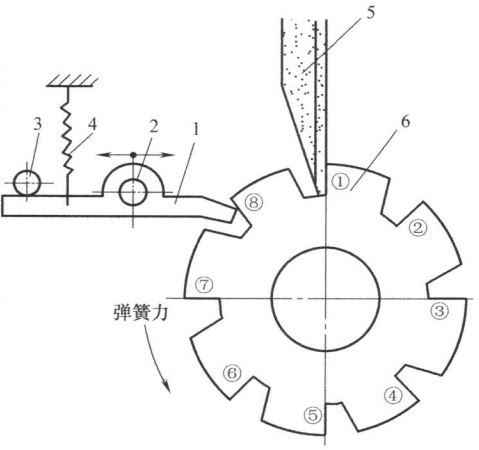

图6-52　精密分度盘分度槽面的磨削
1—卡爪　2—小轴　3—销钉
4—弹簧　5—砂轮　6—分度盘

上述加工能获得精密分度的原因是：在圆周中，全部分度角的总和为360°，如果某些分度角偏小，则必定有另一些分度角偏大，此即为"圆分度误差封闭性"原理。开始磨削时，砂轮总是先磨到分度角偏小的槽面，使其分度角增大，同时对那些偏大的分度角必然会相应地减少。随着磨削过程的进行，逐渐增大偏小的分度角，同时减小偏大的分度角，结果使所有分度角的误差均逐渐趋近于零。

通过以上几个例子可知，采用误差平均法可以最大限度地排除机床误差的影响。

习　题　六

6-1　什么叫做原始误差？它包括哪些内容？它与加工误差有何关系？

6-2　什么是主轴回转误差？它可分解成哪三种基本形式？其产生原因是什么？对加工精度有何影响？

6-3　什么是误差敏感方向？若原始误差方向与敏感方向成 ψ 角，则加工误差应如何计算？

6-4　在车床上用两顶尖安装工件车削细长轴时，产生图 6-53 所示的三种情况的误差。试分析其原因并指出消除或减小这些误差的方法。

6-5　在车床上加工一长度为 800mm，直径为 $\phi60$mm，材料为 45 钢的光轴（图 6-54）。已知机床各部件的刚度分别为 $k_{tj} = 70000$N/mm，$k_{wz} = 40000$N/mm，$k_{dj} = 50000$N/mm。加工时的切削力 $F_z = 600$N，$F_y = 0.4F_z$。试计算在一次走刀后的轴向形状误差。

6-6　在卧式铣床上铣削键槽（图 6-55），经测量发现，靠工件两端深度大于中间，且中间的深度比调整的深度尺寸小，试分析产生这一误差的原因，并设法克服或减小这种误差。

6-7　说明误差复映的概念，误差复映系数的大小与哪些因素有关？

6-8　工件产生残余应力的主要原因有哪几方面？为了减小残余应力的影响，在工艺方面采取哪些措施？

6-9　提高加工精度的主要措施有哪几方面，举例说明。

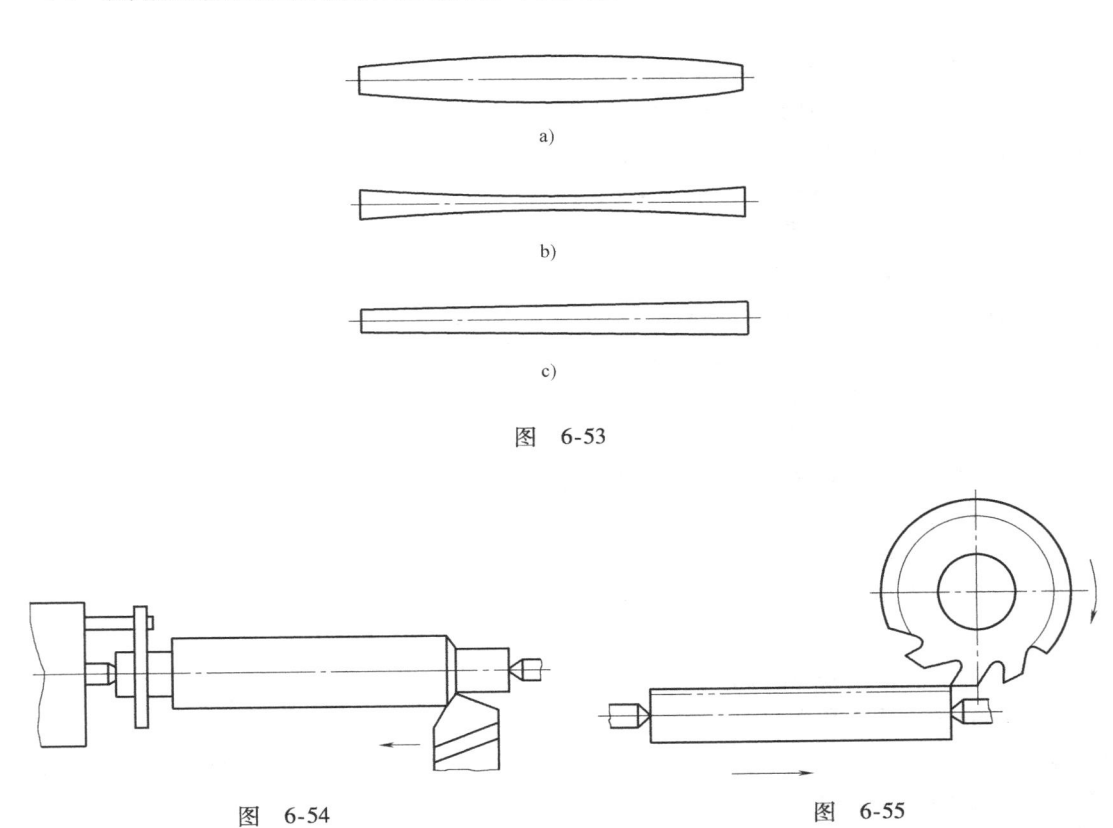

a)

b)

c)

图　6-53

图　6-54　　　　　　　　　　　　　　　　图　6-55

第七章　机械加工表面质量

第一节　概　　述

一、机械加工表面质量含义

机器零件的加工质量，除了加工精度外，还有加工表面质量，它是零件加工后表面层状态完整性的表征。

随着现代机器制造工业的飞速发展，对机器零件的要求日益提高，一些重要的零件必须在高速、高温、高压和重载条件下工作，表面层的任何缺陷，不仅直接影响零件的工作性能，而且使零件加速磨损、腐蚀和失效，因而必须重视表面质量问题。零件加工表面质量包括如下几项。

（一）加工表面的几何特征

加工表面的几何特征，主要由表面粗糙度和表面波度两部分组成（图7-1）。

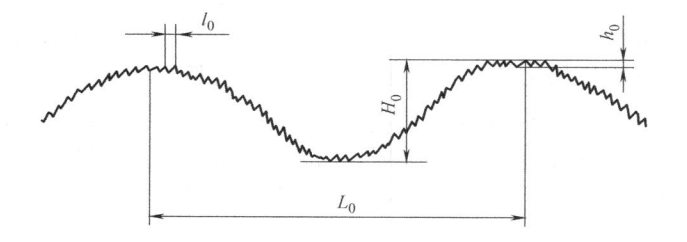

图7-1　表面粗糙度和波度

1）表面粗糙度　它是指已加工表面的微观几何误差。现行的国家标准 GB/T 1031—2009 规定，表面粗糙度参数值从下列两项中选取：①表面轮廓的算术平均偏差 Ra；②表面轮廓的最大高度 Rz。

2）表面波度。即介于宏观几何形状误差与表面粗糙度之间的周期性几何形状误差，其大小是以波长 l_0 和波高 h_0 表示的。表面波度主要是由加工过程中工艺系统的振动引起的。表面波度现尚无国家标准。

（二）加工表面层的物理力学性能

加工表面层的物理力学性能的变化、主要有以下三方面内容。

1. 加工表面的冷作硬化

它是指工件经机械加工后表面层的强度、硬度有提高的现象，也称为表面层的冷硬或强化。通常以冷硬层深度 h、表面层的显微硬度 H 以及硬化程度 N 表示，其中

$$N = \frac{H}{H_0} \times 100\%$$

式中　H_0——金属原来的硬度。

2. 加工表面层的金相组织变化

机械加工（特别是磨削）中的高温使工件表层金属的金相组织发生了变化，大大降低零件使用性能。

3. 加工表面层的残余应力

指机械加工中工件表面层所产生的残余应力。它对零件使用性能的影响大小取决于它的方向、大小和分布状况。

二、机械加工表面质量对机器使用性能和使用寿命的影响

在零件的机械加工中，加工表面产生的表面微观几何形状误差和表面层物理力学性能的变化，虽然只发生在很薄的表面层，但它们都影响机器零件的使用性能，从而进一步影响机器的使用性能和使用寿命。

（一）表面质量对零件耐磨性的影响

零件工作表面的耐磨性不仅与摩擦副的材料和润滑情况有关，而且还与两个相互运动零件的表面质量有关。当两个零件的摩擦表面接触时，实际上只有占名义接触面积很小一部分的凸峰顶部接触。在外力作用下，凸峰接触部分就产生了很大的压强，且表面产生弹性变形、塑性变形及剪切等现象，即产生了接触面磨损，即使在有润滑的条件下，也因接触点处压强过大，超过了润滑油膜存在的临界值使油膜破坏而形成干摩擦，进而也会产生工作表面的磨损。但若其工作表面的表面粗糙度值太小，则不利于润滑油的储存，致使接触面形成半干或干摩擦，甚至使接触面间的分子吸附力增大而发生分子黏合，使磨损加剧。如图 7-2 所示的磨损曲线，其中 Ra_1 和 Ra_2 分别是轻、重负荷条件下最耐磨的表面粗糙度值。

零件加工表面层的冷作硬化减少了摩擦副接触表面的弹性和塑性变形，从而提高了耐磨性。但并不是冷作硬化程度越高表面耐磨性也越高，当加工表面过度硬化（即过度冷态塑性变形）时，将引起表面层金属组织的过度"疏松"，甚至产生微观裂纹和剥落。为此，对任何一种金属材料也都有一个表面冷作硬化程度的最佳值 H_a，低于或高于这个数值时磨损量都会增加，如图 7-3 所示。

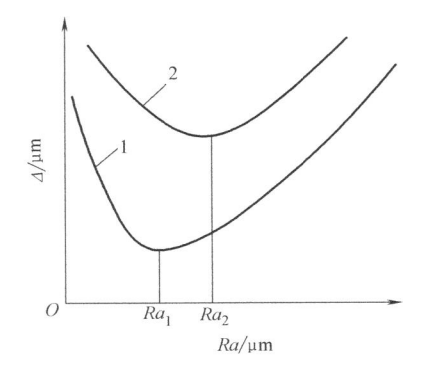

图 7-2　表面粗糙度与磨损量的关系
1—轻负荷　2—重负荷

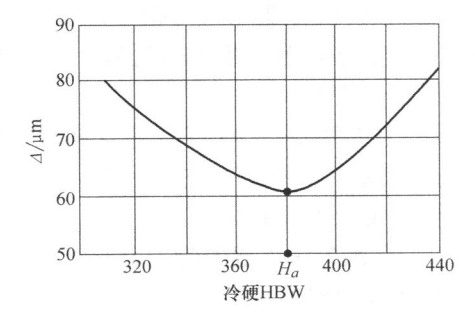

图 7-3　冷硬与磨损量的关系

（二）表面质量对零件耐腐性的影响。

化学腐蚀是由于在粗糙表面的凹谷处易积聚腐蚀性介质而产生的化学反应。腐蚀性介质一般在粗糙表面的凹谷处，特别是在表面裂纹中作用最严重。腐蚀的过程往往是通过凹谷处

的微小裂纹向金属层的内部进行，因此，表面粗糙度值越大，就越容易被腐蚀。此外，当表面层存在有残余压应力时，有助于表面微小裂纹的封闭，阻碍侵蚀作用的扩展，从而提高了表面的耐腐能力。

（三）表面质量对零件疲劳强度的影响

在交变载荷作用下，零件的表面粗糙度、划痕和裂纹等缺陷会引起应力集中现象，在微观的低凹处的应力易于超过材料的疲劳极限而出现疲劳裂缝。不同加工方法得到的表面粗糙度值不同，其疲劳强度也有所不同。表面粗糙度值越大，疲劳强度也越低。越是优质钢材，晶粒越细小，组织越致密，则表面粗糙度对疲劳强度的影响也越大。加工表面层的冷作硬化能阻碍已有裂纹的扩大和新的疲劳裂纹的产生，故可提高零件的疲劳强度。

加工表面层的残余应力对疲劳强度的影响很大，若表面层的残余应力为压应力，则能部分抵消交变载荷施加的拉应力，阻碍和延缓疲劳裂纹的产生或扩大，从而可以提高零件的疲劳强度。若表面层的残余应力为拉应力，则容易使零件在交变载荷作用下产生裂纹，从而大大降低零件的疲劳强度。

第二节　影响加工表面粗糙度的因素

一、切削加工中影响表面粗糙度的因素及改善的工艺措施

（一）影响表面粗糙度的因素

机械加工中，形成表面粗糙度的主要原因可归纳为两方面：一是切削刃和工件相对运动轨迹所形成的残留面积——几何因素；二是在加工过程中在工件表面产生塑性变形，并产生积屑瘤、鳞刺和振动等——物理因素。

（二）降低表面粗糙度的工艺措施

1. 选择合理的切削用量

1）适当地减少进给量 f。进给量 f 对加工表面粗糙度的影响如图 7-4 所示。在粗加工和半精加工中，当 $f > 0.15 \text{mm/r}$ 时，进给量 f 大小决定了加工表面残留面积的大小，因而，适当地减少进给量 f 将使表面粗糙度值 Rz 减少。

2）选择适当的切削速度 v。切削速度对表面粗糙度的影响比较复杂，一般情况下在低速或高速切削时，不会产生积屑瘤，故加工后表面粗糙度值较小。切削速度 v 越高，切削过程中切屑和加工表面层的塑性变形的程度越小，加工后表面粗糙度值也就越小，如图 7-5 所示的 Rz 曲线。

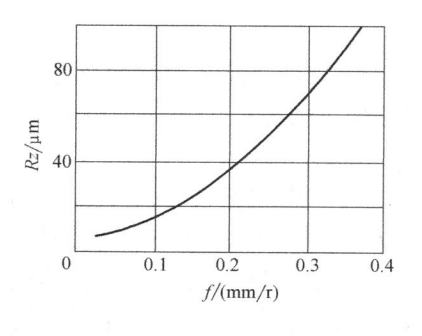

图 7-4　进给量 f 对加工表面粗糙度的影响

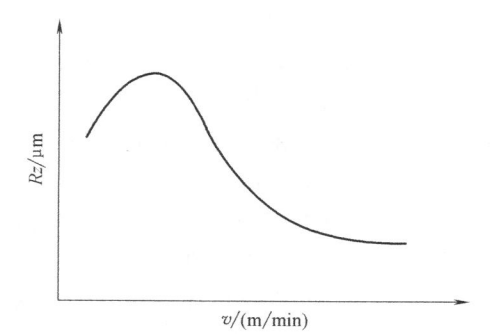

图 7-5　切削速度对表面粗糙度的影响

在中等切削速度时，切削刃上易出现积屑瘤，它将使加工的表面粗糙度增大。试验证明，产生积屑瘤的临界速度将随加工材料、切削液及刀具状况等条件的不同而不同。由此可见，用较高的切削速度，既可使生产率提高又可使表面粗糙度值减小。所以不断地创造条件以提高切削速度，一直是提高工艺水平的重要方向，其中发展新刀具材料和采用先进刀具结构，常可使切削速度大为提高。

3）选择适当的背吃刀量 a_p。一般地说背吃刀量 a_p 对加工表面粗糙度的影响是不明显的。但当 a_p 小到一定数值以下时，由于切削刃不可能刃磨得绝对尖锐而具有一定的刃口半径，因此正常切削就不能维持，常出现挤压、打滑和周期性地切入加工表面，从而使表面粗糙度值增大。为降低加工表面粗糙度值，应根据刀具刃口刃磨的锋利情况选取相应的 a_p 值。

2. 选择适当的刀具几何参数

1）增大刃倾角 λ_s 对降低表面粗糙度值有利。因为 λ_s 增大，实际工作前角也随之增大，切削过程中的金属塑性变形程度随之下降，于是切削力 F 也明显下降，这会显著地减轻工艺系统的振动，从而使加工表面粗糙度值减小。

2）减少刀具的主偏角 κ_r 和副偏角 κ_r' 和增大刀尖圆弧半径 r_ε，可减少切削残留面积，使其表面粗糙度值减小。

3. 改善工件材料的性能

采用热处理工艺来改善工件材料的性能是减小其表面粗糙度值的有效措施。例如，工件材料金属组织的晶粒越均匀，粒度越细，加工时越能获得较小的表面粗糙度值。为此对工件进行正火或回火处理后再加工，能使加工表面粗糙度值明显减小。

4. 选择合适的切削液

切削液的冷却和润滑作用均对减小加工表面粗糙度值有利，其中更直接的是润滑作用。当切削液中含有表面活性物质，如硫、氯等化合物时，润滑性能增强，能使切削区金属材料的塑性变形程度下降，从而减小了加工表面粗糙度值。用油作为切削液时，可使其表面粗糙度值减小，如在铰孔时用煤油（对铸铁工件）或用豆油、硫化油（对钢件）作切削液，均可获得较小的表面粗糙度值。

5. 选择合适的刀具材料

不同的刀具材料，由于化学成分的不同，在加工时刀面硬度及刀面表面粗糙度的保持性，刀具材料与被加工材料金属分子的亲合程度，以及刀具前后刀面与切屑和加工表面间的摩擦系数等均有所不同。实践证明，在相同的切削条件下，用硬质合金刀具加工所获得的表面粗糙度要比用高速钢刀具的小。

（三）　防止或减小工艺系统振动

工艺系统的低频振动，一般在工件的加工表面上产生表面波度，而工艺系统的高频振动将对加工的表面粗糙度产生影响。为降低加工的表面粗糙度值，则必须采取相应措施以防止加工过程中高频振动的产生。

在上述影响加工表面粗糙度的几何因素和物理因素中，究竟哪个为主，这要根据不同情况而定。一般来说，对脆性金属材料的加工是以几何因素为主。而对塑性金属材料的加工，如对切削截面很小和切削速度很高的高速细镗加工，其加工的表面粗糙度主要是由几何因素引起的；对切削截面宽而薄的铰孔加工，由于切削刃很直很长，切削加工时，其表面粗糙度值主要是物理因素而不是几何因素决定的。

二、磨削加工中影响表面粗糙度的因素及其改善的工艺措施

磨削加工表面粗糙度的形成，与磨削过程中的几何因素、物理因素和工艺系统振动等有关。从纯几何角度考虑，可以认为在单位加工面积上，由磨粒的刻划和切削作用形成的刻痕数越多、越浅，则表面粗糙度值越小。或者说，通过单位加工面积的磨粒数越多，表面粗糙度值越小。由上述可知，影响磨削加工表面粗糙度有如下因素。

（一）磨削用量

1）提高砂轮速度 $v_{砂}$。砂轮速度 $v_{砂}$ 越高，通过单位加工面积的磨粒数越多，表面粗糙度越小，如图 7-6 所示。

2）降低工件速度 $v_{工}$。工件速度 $v_{工}$ 越低，砂轮相对工件的进给量 f 越小，则磨后的表面粗糙度越小，如图 7-7 所示。

由于磨削深度 a_{p} 对加工表面粗糙度有较大的影响，因此在精密磨削加工的最后几次走刀总是采用极小的磨削深度。实际上这种极小的磨削深度不是靠磨头进给获得，而是靠工艺系统在前几次进给走刀中磨削力作用下的弹性变形逐渐恢复实现的，在这种情况下的走刀常称为空走刀或无进给磨削。精密磨削的最后阶段，一般均应进行这样的几次空走刀，以便得到较小的表面粗糙度值。增加无进给磨削次数可使表面粗糙度值 Ra 由 $0.05\mu m$ 降到 $0.04\mu m$ 以下。采用细粒度磨轮需进行 $20\sim30$ 次无进给磨削才能使加工表面粗糙度值 Ra 降到 $0.01\mu m$ 以下的镜面要求。

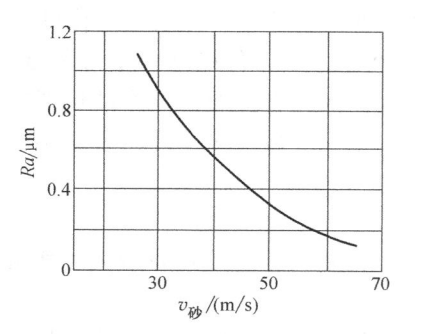

图 7-6 砂轮速度 $v_{砂}$ 对表面粗糙度的影响

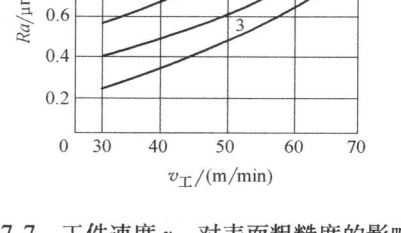

图 7-7 工件速度 $v_{工}$ 对表面粗糙度的影响

1—$a_{p}=0.03mm$ 2—$a_{p}=0.02mm$

3—$a_{p}=0.01mm$

（二）砂轮

1）选择适当粒度的砂轮。砂轮粒度对加工表面粗糙度有影响，砂轮越细，磨削表面粗糙度值越小。但砂轮太细，只能采用很小的磨削深度（$a_{p}\leqslant0.0025mm$），还需时间很长的空走刀，否则砂轮易被堵塞，造成工件烧伤。为此，一般磨削所采用的砂轮粒度代号都不超过 F80，常用的是 F40～F60。

2）选择小的磨削深度 a_{p}。磨削深度 a_{p} 的增大将增加塑性变形程度，从而影响加工的表面粗糙度。

3）精细修整砂轮工作表面。在磨削加工的最后几次走刀之前，对砂轮进行一次精细修整，使每个磨粒产生多个等高的微刃，从而使工件的 Ra 值降低。

此外，在磨削加工过程中，切削液的成分和洁净程度、工艺系统的抗振性能等对加工表面粗糙度的影响也很大，也是不容忽视的因素。

第三节　影响加工表面物理力学性能的因素

一、加工表面层的冷作硬化

在切削或磨削加工过程中，若加工表面层产生的塑性变形使晶体间产生剪切滑移，晶格严重扭曲，并产生晶粒的拉长、破碎和纤维化，引起表面层的强度和硬度提高的现象，称为冷作硬化现象。

表面层的硬化程度取决于产生塑性变形的力、变形速度及变形时的温度。力越大，塑性变形越大，产生的硬化程度也越大。变形速度越大，塑性变形越不充分，产生的硬化程度也就相应减小。变形时的温度影响塑性变形程度，温度高，硬化程度减小。

（一）影响表面层冷作硬化的因素

1. 刀具

刀具的刃口圆角和后刀面的磨损对表面层的冷作硬化有很大影响，刃口圆角和后刀面的磨损量越大，冷作硬化层的硬度和深度也越大。

2. 切削用量

在切削用量中，影响较大的是切削速度 v 和进给量 f。当 v 增大时，则表面层的硬化程度和深度都有所减小。这是由于一方面切削速度增大会使温度增高，有助于冷作硬化的回复；另一方面由于切削速度的增大，刀具与工件接触时间短，使工件的塑性变形程度减小。当进给量 f 增大时，则切削力增大，塑性变形程度也增大，因此表面层的冷作硬化现象也严重。但当 f 较小时，由于刀具的刃口圆角在加工表面上的挤压次数增多，因此表面层的冷作硬化现象也会增大。

3. 被加工材料

被加工材料的硬度越低和塑性越大，则切削加工后其表面层的冷作硬化现象越严重。

（二）减少表面层冷作硬化的措施

1）合理选择刀具的几何参数，采用较大的前角和后角，并在刃磨时尽量减小其切削刃口圆角半径。

2）使用刀具时，应合理限制其后刀面的磨损程度。

3）合理选择切削用量，采用较高的切削速度和较小的进给量。

4）加工时采用有效的切削液。

二、表面层的金相组织变化

机械加工过程中，在加工区由于加工时所消耗的能量绝大部分转化为热能而使加工表面出现温度的升高。当温度升高到超过金相组织变化的临界点时，就会产生金相组织变化。磨削加工切削速度高，切削时产生大量的切削热。这些热量部分由切屑带走，很小一部分传入砂轮，若冷却效果不好，则很大一部分将传入工件表面。因此，磨削加工是一种典型的易于出现加工表面金相组织变化的加工方法。

影响磨削加工时金相组织变化的因素有工件材料、磨削温度、温度梯度及冷却速度等。当磨削淬火钢时，若磨削区温度超过马氏体转变温度而未超过其相变临界温度，则工件表面原来的马氏体组织将产生回火现象，转化成硬度降低的回火组织（索氏体或贝氏体），称为回火烧伤；若磨削区温度超过相变临界温度，由于切削液的急冷作用，使工件表面最外层会出现二次淬火的马氏体，而其下层因冷却速度较慢仍为硬度降低的回火组织，称为淬火烧伤；若不用切削液进行干磨时超过相变的临界温度，由于工件冷却速度较慢使磨削后表面硬度急剧下降，则产生了退火烧伤。

此外，对一些高合金钢，如轴承钢、高速钢、镍铬钢等，由于其传热性能特别差，在不能得到充分冷却时，常易出现相当深度的金相组织变化，并伴随出现极大的表面残余拉应力，甚至产生裂纹。零件加工表面层的烧伤和裂纹将使它的使用性能大幅度下降，使用寿命也可能数倍、数十倍地下降，甚至根本不能使用。

三、表面层的残余应力

工件经机械加工后，其表面层都存在残余应力。残余压应力可提高工件表面的耐磨性和受拉应力时的疲劳强度，残余拉应力的作用正好相反。若拉应力值超过工件材料的疲劳强度极限时，则使工件表面产生裂纹，加速工件的损坏。引起残余应力的原因有下面三方面。

（一）冷态塑性变形引起的残余应力

在切削力作用下，已加工表面受到强烈的冷塑性变形，其中以刀具后刀面对已加工表面的挤压和摩擦产生的塑性变形最为突出，此时基体金属受到影响而处于弹性变形状态。切削力除去后，基体金属趋向恢复，但受到已产生塑性变形的表面层的限制，恢复不到原状，因而在表面层产生残余压应力。

（二）热态塑性变形引起的残余应力

工件加工表面在切削热作用下产生热膨胀，此时基体金属温度较低，因此表层产生热压应力。当切削过程结束时，表面温度下降，由于表层已产生热塑性变形并受到基体的限制，故而产生残余拉应力。切削温度越高，热塑性变形越大，残余拉应力也越大，有时甚至产生裂纹。磨削时产生的热塑性变形比较明显。

（三）金相组织变化引起的残余应力

切削时产生的高温会引起表面层的金相组织变化。不同的金相组织有不同的密度，马氏体密度 $\rho_{马} = 7.75 g/cm^3$，奥氏体密度 $\rho_{奥} = 7.96 g/cm^3$，铁素体密度 $\rho_{铁} = 7.88 g/cm^3$。以淬火钢磨削为例，淬火钢原来的组织中的马氏体，磨削加工后，表层可能产生回火，马氏体变为接近珠光体的贝氏体或索氏体，密度增大而体积减小，产生残余拉应力。如果表面温度超过 Ac_3，冷却又充分，表面层的残留奥氏体转变为马氏体，体积膨胀，产生残余压应力。

四、减小残余拉应力、防止表面烧伤和裂纹的工艺措施

当零件表面具有残余拉应力时，其疲劳强度会下降，为此，应尽可能在机械加工中避免或减小残余拉应力。在磨削加工过程中，产生残余拉应力、烧伤和裂纹的主要原因是磨削区的温度过高。为降低磨削区温度，可从减少磨削热的产生和加速磨削热的传出这两条途径入手，其具体措施如下。

（一）合理选择磨削用量

减小磨削深度可以减少工件表面的温度，故有利于减轻烧伤。

增加工件速度和进给量，由于热源作用时间减少，使金相组织来不及变化，因而能减轻

烧伤，但会导致表面粗糙度增大。一般采用提高砂轮速度和较宽砂轮来弥补。

（二）合理选择砂轮并及时修整

砂轮的粒度越细、硬度越高时自砺性差，则磨削温度也增高。砂轮组织太紧密时磨屑堵塞砂轮，易出现烧伤。

砂轮钝化时，大多数磨粒只在加工表面挤压和摩擦而不起切削作用，使磨削温度增高，故应及时修整砂轮。

（三）改善冷却方法

采用切削液可带走磨削区的热量，避免烧伤。常用的冷却方法效果较差，这是由于砂轮高速旋转时，圆周方向产生强大气流，使切削液很难进入磨削区，因此不能有效地降温。为改善冷却方法，可采用图 7-8 所示的内冷却砂轮。切削液从中心通入，靠离心力作用，通过砂轮内部的空隙从砂轮四周的边缘甩出，因此切削液可直接进入磨削区，冷却效果甚好。但必须采用特制的多孔砂轮，并要求切削液经过仔细过滤，以免堵塞砂轮。

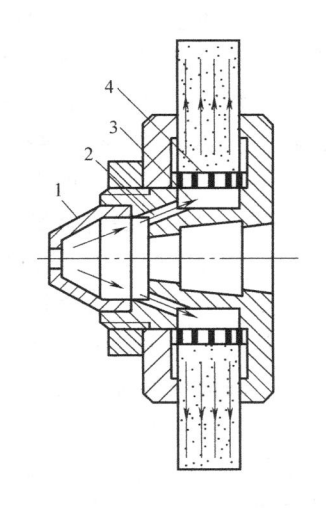

图 7-8　内冷却砂轮结构
1—锥形盖　2—切削液通孔　3—砂轮
中心腔　4—有径向小孔的薄壁套

第四节　机械加工中的振动及其控制措施

机械加工过程中，在工件和刀具之间常常产生振动。产生振动时，工艺系统的正常切削过程便受到干扰和破坏，从而使加工表面出现振纹，降低了加工精度和表面质量。强烈的振动会使切削过程无法进行，甚至造成刀具"崩刃"。为此，常被迫降低切削用量，致使机床、刀具的工作性能得不到充分的发挥，限制了生产率的提高。振动还影响刀具和机床的寿命，还会发出刺耳的噪声，恶化了工作环境，影响工人的健康。

机械加工过程中产生的振动，按其产生的原因来分，可分为自由振动、强迫振动和自激振动三大类。自由振动往往是由于切削力的突然变化或其他外界力的冲击等原因所引起的。这种振动一般可以迅速衰减，因此对机械加工过程的影响较小。而强迫振动和自激振动都是不能自然衰减而且危害较大的振动。下面就这两种振动形式进行简单的分析。

一、机械加工中的强迫振动

（一）强迫振动产生的原因

机械加工中的强迫振动，是一种由工艺系统内部或外部周期交变的激振力（即振源）作用下引起的振动。机械加工中引起工艺系统强迫振动的激振力，主要来自以下几方面。

1）机床上高速回转零件的不平衡。机床上高速回转的零件较多，如电动机转子、带轮、主轴、卡盘和工件、磨床的砂轮等，由于不平衡而产生激振力 F（即离心惯性力）。图 7-9 所示是一个安装在简支梁上的电动机，以 ω 的角速度旋转时，假如由于电动机转子不平衡而产生离心力 F_0，则 F_0 沿 x 方向的分力 F_x（$F_x = F_0 \cos wt$）就是该梁的外界周期性干扰力。在这一干扰力作用下，简支梁将进行不衰减的振动。

2）机床传动系统中的误差。机床传动系统中的齿轮，由于制造和装配误差而产生周期性的激振力。此外，传动带接缝、轴承滚动体尺寸差和液压传动中油液脉动等各种因素均可能引起工艺系统强迫振动。

3）切削过程本身的不均匀性。切削过程的间歇特性，如铣削、拉削及车削带有键槽的断续表面等，由于间歇切削而引起切削力的周期性变化，从而引起振动。

4）外部振源。由邻近设备（如冲压设备、龙门刨等）工作时的强烈振动通过地基传来．使工艺系统产生相同（或整倍数）频率的强迫振动。

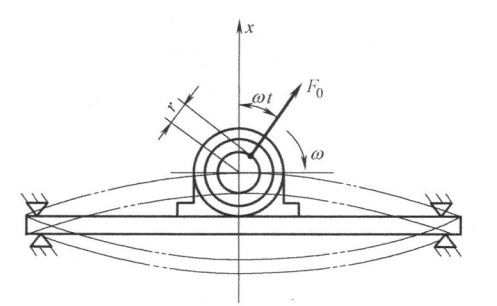

图 7-9　强迫振动力学模型

（二）强迫振动的主要特点

综合上面的讨论，可以看出强迫振动的主要特点。

1）强迫振动是在外界周期性干扰力的作用下产生的，但振动本身并不能引起干扰力的变化。当干扰力停止时，则工艺系统的振动也随着停止。

2）不管振动系统本身的固有频率如何，强迫振动的频率总是与外界干扰力的频率相同。

3）强迫振动的振幅大小在很大程度上决定于干扰力的频率与系统固有频率的比值 λ。当比值 λ 等于或接近于 1 时，振幅将达到最大值，这种现象通常称为"共振"。

4）强迫振动的振幅大小还与干扰力、系统刚度及其阻尼系数有关。

（三）减小强迫振动的措施和途径

一般来说，可采用下列措施减小强迫振动。

1）减小或消除振源的激振力。例如精确平衡各回转零部件，对电动机的转子和砂轮不但要进行静平衡，而且要进行动平衡。轴承的制造精度以及装配和调试质量常常对减小强迫振动有较大的影响。

2）隔振。即在振动的路线中安放具有弹性性能的隔振装置，使振源所产生的大部分振动由隔振装置来吸收，以减少振源对加工过程的干扰，如将机床安置在防振地基上及在振源与刀具和工件之间设置弹簧或橡胶垫片等。

3）提高工艺系统的刚度及增大阻尼。其目的是使强迫振动的频率远离系统的固有频率，如前所述使其避开共振区，使在 $\lambda \ll 0$ 或 $\lambda \gg 0$ 的情况下加工，采用刮研接触面来提高部件的刚度。

4）采用吸振器和阻尼器（图 7-20、图 7-21、图 7-22 和图 7-23）。

（四）机械加工过程中强迫振源的查找方法

如果已经确认机械加工过程中发生了强迫振动，就要设法查找振源，以便去除振源或减小振源对加工过程的影响。由强迫振动的特征可知，强迫振动的频率总是与干扰力的频率相等或者是它的倍数，我们可以根据强迫振动的这个规律去查找强迫振动的振源。

二、自激振动及其控制

（一）自激振动的概念

切削加工时，在没有周期性外力作用的情况下，刀具与工件之间也可能产生强烈的相对振动，并在工件的加工表面上残留下明显的、有规律的振纹。这种由振动系统本身产生的交变力激发和维持的振动称为自激振动。

下面以图 7-10 所示电铃的工作原理来模拟并说明切削过程中出现的自激振动现象。当压下按钮 8 时，电流通过 6—5—2 与电池 1 构成闭合回路，电磁铁 2 就产生磁力（由零→最大）吸引衔铁 7，从而带动小锤 4 敲击铜铃 3。当弹簧片 5 被吸引瞬时，触点 6 处断电，电磁铁失电而磁力减小（由最大→零）。小锤靠弹簧片的弹力复位，触点 6 通电又构成闭合回路，电磁铁再次吸引衔铁使小锤敲击铜铃。如此循环而形成振动。电铃的自激振动系统如图 7-11 所示。它由两部分组成：弹簧片、小锤和衔铁组成振动元件，以产生振动；电磁铁和电路组成调节元件，以产生交变力。两者的关系为：交变力使振动元件产生振动、位移，又对调节元件产生反馈作用，以便再次产生交变力 F。小锤敲击铜铃的频率取决于弹簧片、小锤和衔铁本身的参数（质量、刚度和阻尼）。而振动消耗于阻尼和动摩擦的能量，则由系统本身的电池供给。由于电铃的振动过程不存在任何周期性的外界振源，其频率又相当于系统的固有频率，因此它是区别于强迫振动的自激振动。

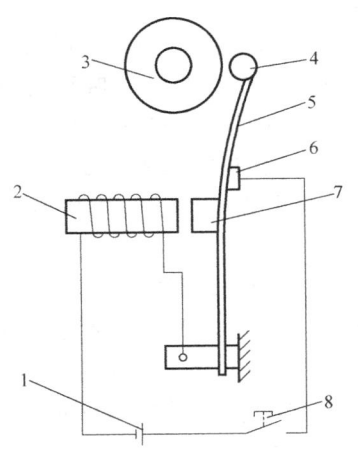

图 7-10　电铃的工作原理

1—电池　2—电磁铁　3—铜铃　4—小锤
5—弹簧片　6—触点　7—衔铁　8—按钮

自激振动的特点主要有：

1）自激振动是一种不衰减的振动。外部振源在最初起触发作用，但维持振动所需的交变力是由振动过程本身产生的，所以切削运动一停止，交变力也随之消失，自激振动也停止。

2）自激振动的频率等于或接近于系统的固有频率。

3）自激振动是否产生以及振幅的大小取决于振动系统在每一周期内输入和消耗的能量的对比情况。当输入的能量小于消耗的能量时，则自激振动停止。

（二）控制自激振动的途径

现从工艺角度出发，介绍一些控制自激振动的基本途径。

1. 合理选择切削用量

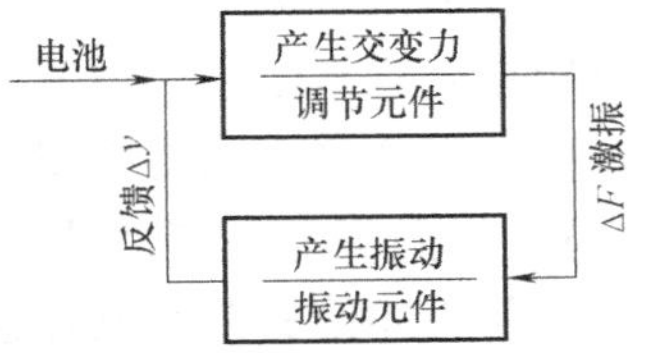

1）切削速度 v 的选择。图 7-12 所示为车削时速度 v 与振幅 A 的关系曲线。在切削速度 $v = 20 \sim 60\text{m/min}$ 范围内，振幅 A 较大，最易产生振动。所以选择高速或低速切削可避免自激振动，又能提高生产率和降低表面粗糙度。

图 7-11　电铃的自激振动系统

2）进给量 f 的选择。如图 7-13 所示，增大进给量 f 可使振幅 A 减小，因此在加工表面粗糙度允许的情况下，选择较大的进给量以避免自激振动。

3）背吃刀量 a_p 的选择。根据背吃刀量 a_p 与切削宽度 b 的关系（$b = a_\mathrm{p}/\sin\kappa_\mathrm{r}$），当主偏角 κ_r 不变时，随着 a_p 增大 b 也增大，振幅 A 也不断增大（图 7-14）。由于切削宽度 b 对振动影响较大，故选择 a_p 时应使 $b < b_{\min}$（不会产生自激振动的极限切削宽度）。

2. 合理选择刀具的几何参数

1）前角 γ_o 的选择。前角 γ_o 对振动影响较大，如图 7-15 所示，随着 γ_o 增大，振幅 A 随之下降。但在切削速度较高时，前角对振动的影响将减弱，所以高速切削时即使用负前角的刀具也不致产生强烈的振动。

2）主偏角 κ_r 的选择。主偏角 κ_r 增大时切削力 F_y 将减小，同时切削宽度 b 也减小。由

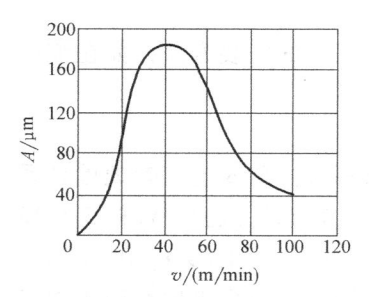

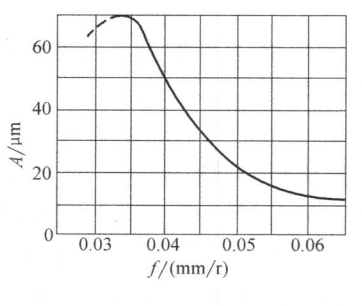

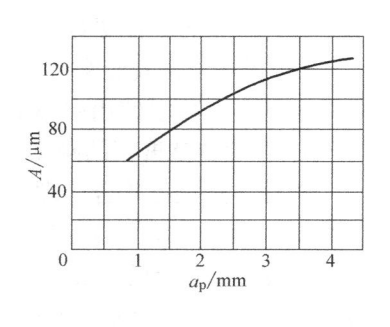

图 7-12　切削速度与振幅的关系　　　图 7-13　进给量与振幅的关系　　　图 7-14　背吃刀量与振幅的关系

图 7-16 可见，随着 κ_r 的增大，振幅将逐渐减小，但当 $\kappa_r = 90°$ 时振幅最小。

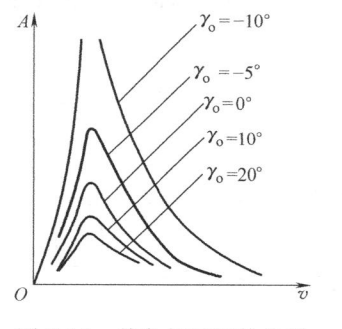

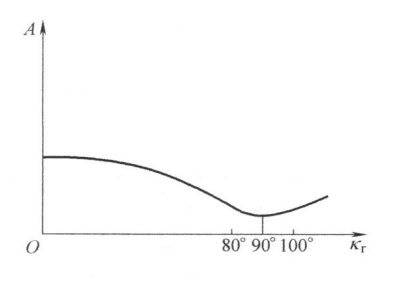

图 7-15　前角与振幅的关系　　　　　　　图 7-16　主偏角与振幅的关系

3）后角 α_o 的选择。后角 α_o 减小到 $2° \sim 3°$ 时，使振动有明显的减弱。但不能太小，以免后刀面与加工表面之间发生摩擦，反而引起振动。通常可在刀具主后面上磨出一段负倒棱，能起到很好的消振作用。

4）刀尖圆角半径 γ_ε 的选择。刀尖圆角半径 γ_ε 增大时 F_y 随之增大，因此为减小振动，应选择 γ_ε 越小越好，但会使刀具寿命降低和表面粗糙度增大，故应综合考虑。

3. 提高工艺系统的抗振性

1）提高机床的抗振性。对于已经使用的机床，主要提高机床零件之间的接触刚度和接触阻尼，如用刮研连接表面和增强连接刚度等方法来提高机床的抗振性。

2）提高刀具的抗振性。刀具应具有较高的弯曲与扭转刚度、高的阻尼系数和弹性模量。图 7-17 所示为复合结构镗刀杆，其夹持端使用高弹性模量的硬质合金杆 2，为提高阻尼性能，在刀头端使用钢管 1，既可减轻重量，又能放置吸振块 4，且加工工艺性好。这种组合式刀杆的抗振性能较好。其中图 7-17b所示为圆锥形刀杆，它具有更高的动、静刚

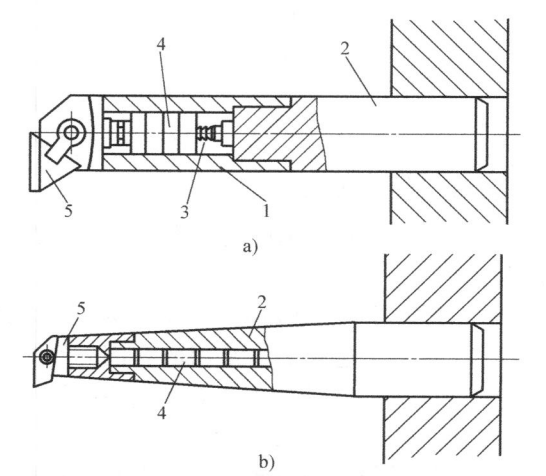

图 7-17　复合结构镗刀杆
1—钢管　2—硬质合金杆　3—弹簧
4—吸振块　5—镗刀块

度，因此其抗振性能更好。

3）提高工件安装刚性。加工中工件的抗振性，主要取决于工件的安装方法，如在细长轴的车削中，可以使用中心架或跟刀架。

4. 合理调整振型的刚度比和方位角

根据上述振型耦合原理，合理调整振型的刚度比 k_2/k_1 及选择方位角 α 能有效地提高系统的抗振性，抑制自激振动。例如采用图 7-18 所示的削扁镗杆进行镗孔试验。镗杆 5 直径为 d，其削扁部分的厚度 $a = (0.6 \sim 0.8)d$，形成两个互相垂直的具有不同刚度 k_1 和 k_2 的刚度主轴 x_1 和 x_2。镗刀 2 装在刀头 1 的方孔中，并用两个螺钉 3 锁紧。刀头再用螺钉 4 固定在镗杆 5 的任意角度位置上，根据需要可以转位来调整其方位角 α（α 为加工表面法向 y 与镗杆 5 的削边垂线 x_1 的夹角），以消除自激振动，保证镗孔质量。图 7-19 所示为削扁镗杆镗孔示意图，通过试验证明，当 $0° < \alpha < 60°$ 镗孔时，系统最不稳定，即产生强烈的自激振动；当 $115° < \alpha < 150°$ 时系统最稳定，不会出现自激振动。

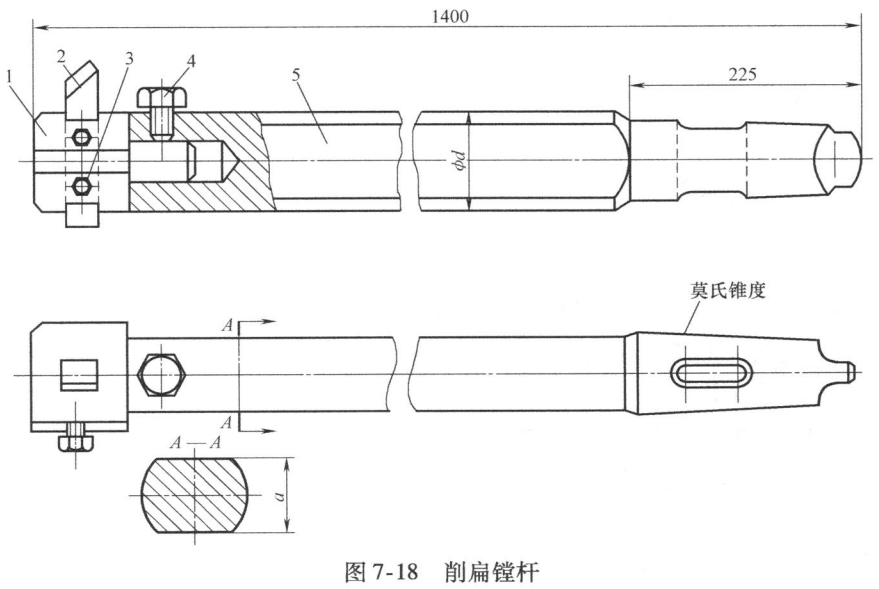

图 7-18　削扁镗杆

1—刀头　2—镗刀　3、4—螺钉　5—镗杆

5. 采用减振装置

当使用上述各种措施还达不到消振目的时，可采用减振装置。减振装置可分阻尼器和吸振器两种。

1）阻尼器。它通过阻尼作用，将振动能量转换成热能散失掉，以达到减振目的。阻尼越大，减振效果也越好。常用的有固体摩擦阻尼器、液体摩擦阻尼器和电磁阻尼器等。图 7-20 所示为装在车床跟刀架 6 上使用的干摩擦阻尼器，利用多层弹簧片 5 相互摩擦来消耗振动能量。图 7-21 所示为液压阻尼器，当柱塞随工件振动时，将油液从液压缸前腔经小孔压向液压缸后腔，利用通过小孔的阻尼来减振。

2）吸振器。

① 动力式吸振器。它是通过弹性元件把一个附加质量连接到振动系统上，这个附加质量在振动系统激励下也发生振动。利用附加质量的动力作用与系统的激振力相抵消，以减弱

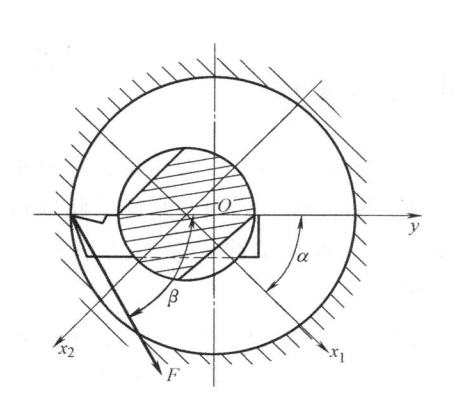

图 7-19　削扁镗杆镗孔示意图

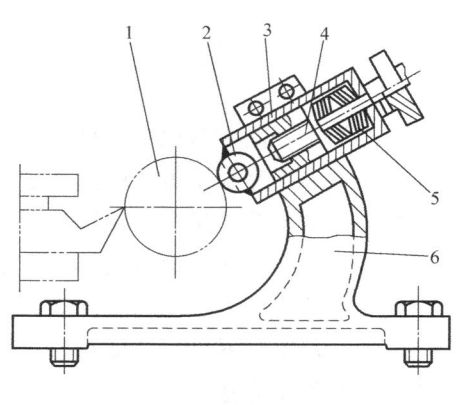

图 7-20　干摩擦阻尼器
1—工件　2—触头　3—壳体　4—调节杆
5—多层弹簧片　6—跟刀架

振动。图 7-22 所示为用于镗杆的动力式吸振器。它是用微孔橡胶衬垫 2 作弹性零件，并有阻尼作用，因而能获得较好的消振作用。

②　冲击式吸振器。它是由一个自由冲击的质量与壳体组成。当系统振动时，由于自由质量的往复运动，产生冲击吸收能量，从而减小振动。图 7-23 所示为镗孔用的冲击式吸振器。镗杆 1 内固定镗刀头 2，镗杆端孔中放置冲击块 3，并用螺塞 4 封住，冲击块与端孔径向保持 0.10～0.20mm 间隙，当镗杆发生振动时，冲击块将不断撞击镗杆吸收振动能量，因此能消除振动。

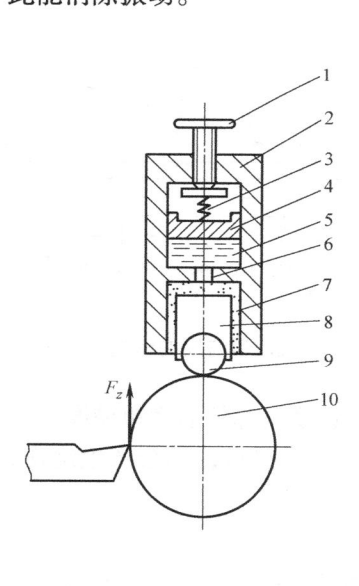

图 7-21　液压阻尼器
1—调节杆　2—壳体　3—弹簧
4—活塞　5—液压缸后腔
6—小孔　7—液压缸前腔
8—柱塞　9—触头　10—工件

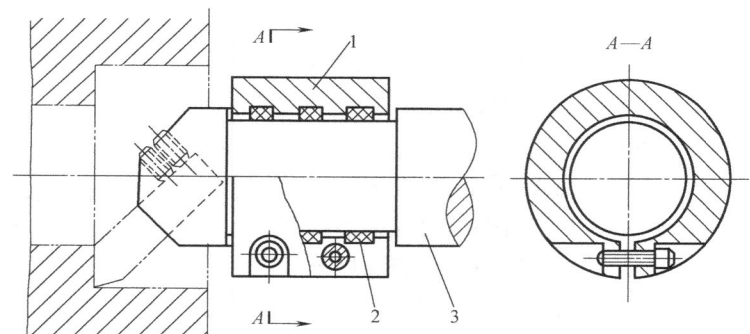

图 7-22　用于镗杆的动力式吸振器
1—附加质量　2—微孔橡胶衬垫　3—镗杆

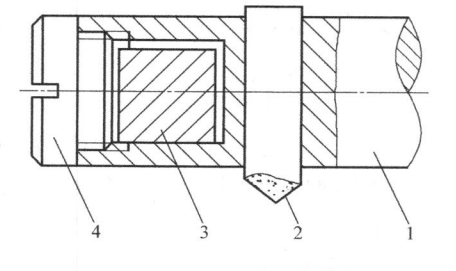

图 7-23　镗孔用的冲击式吸振器
1—镗杆　2—镗刀头　3—冲击块　4—螺塞

第五节　控制加工表面质量的途径

零件的加工表面质量取决于最终工序的加工方法。因此，要控制加工表面质量，零件主要工作表面最终工序加工方法的选择是至关重要的。由于表面粗糙度、表面残余应力状况将直接影响零件的配合质量和使用性能，因此选择零件主要工作表面的最终工序加工方法时，须考虑该零件主要工作表面的具体工作条件和可能的破坏形式。

在交变载荷作用下，机器零件表面上的局部微观裂纹会因拉应力的作用而扩大，最后导致零件断裂。从提高零件抵抗疲劳破坏的角度考虑，零件表面最终工序应选择能在表面产生残余压应力的加工方法。

1. 控制磨削参数

磨削加工可获得较低的表面粗糙度，是常用的一种提高表面质量的加工方法。但磨削既能降低工件表面粗糙度，又能引起表面烧伤。磨削表面粗糙度大小和是否产生磨削烧伤主要受磨削参数的影响，因此要获得高的表面质量，必须合理控制磨削参数。

砂轮的粒度对表面粗糙度有较大影响。磨粒越细小，加工表面的表面粗糙度也越小，如图7-24所示。要获得较小的表面粗糙度，应选择磨粒较细的砂轮。但随磨粒的减小，产生磨削烧伤的可能性会增大。为防止工件烧伤，只能采用很小的磨削深度，且需要时间很长的空走刀，使磨削效率下降。为此，砂轮磨粒常选用F46～F60，一般不超过F80。

磨削过程中的砂轮速度、工件速度及工件的轴向进给量均对表面粗糙度有较大影响，在磨削过程中应根据表面粗糙度要求合理选择。

磨削深度对表面粗糙度也有较大影响，因此常用无进给磨削完成精磨加工的最后几次走刀，以提高工件表面质量。

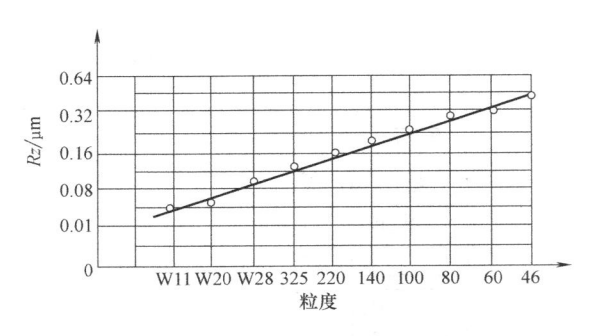

图7-24　砂轮粒度对表面粗糙度的影响

2. 采用超精加工、珩磨等光整加工方法作为最终加工工序

超精加工、珩磨等都是利用磨条以一定的压力压在工件的被加工表面上，并进行相对运动以提高工件精度、降低表面粗糙度的一种工艺方法。由于切削速度低、磨削压强小，所以加工时产生很少的热量，不会产生烧伤，并可使表面具有残余压应力。

3. 采用喷丸、滚压、辗光等强化工艺

对于承受高应力、交变载荷的零件，可采用喷丸、滚压、辗光等强化工艺，使表面层产生残余压应力和加工硬化且能降低表面粗糙度，同时可消除磨削等工序的残余拉应力，因此可以大大提高疲劳强度及抗应力腐蚀的性能。但是采用强化工艺时不能造成过度硬化，过度硬化会引起显微裂纹和材料剥落，带来不良后果。因此，采用强化工艺时应合理选择和控制工艺参数，以获得所需要的强化表面。

习 题 七

7-1　零件机械加工表面质量主要包含哪些内容？它们对零件的使用性能和使用寿命有什么影响？

7-2　在切削加工中，减小工件表面粗糙度的工艺措施有哪些？

7-3　在磨削加工中，减小工件表面粗糙度的工艺措施有哪些？

7-4　在切削加工中，造成工件表面层的冷作硬化的原因是什么？应如何控制？

7-5　在切削加工中，造成工件表面层的残余应力的原因是什么？应如何控制？

7-6　在磨削加工中，造成工件表面烧伤的原因是什么？应如何防止？

7-7　机械加工中产生强迫振动的原因是什么？应如何控制？

7-8　比较强迫振动和自激振动的异同点。

第八章　机械装配工艺基础

第一节　概　述

一、装配的概念

任何机械都是由许多零件和部件组成的。根据规定的技术要求，将若干零件结合成部件，或将若干零件和部件结合成机械的过程叫装配。前者叫部装，后者叫总装。

装配是整个机械制造工艺过程中的最后一个环节。装配工作对机械质量影响很大。若装配不当，即使所有零件都合格，也不一定能装配出合格的、高质量的机械。反之，若零件制造精度并不高，而在装配中采用适当的工艺方法，进行选配、刮研、调整等，也能使机械达到规定的要求。因此，制订合理的装配工艺规程，采用新的装配工艺，提高装配质量和装配劳动生产率，是机械制造工艺的一项重要任务。

二、装配工作的基本内容

机械装配是产品制造的最后阶段，装配过程中不是将合格零件简单地连接起来，而是要通过一系列工艺措施，才能最终达到产品质量的要求。常见的装配工作有以下几项。

1. 清洗

机械装配过程中，零部件的清洗对保证产品的装配质量和延长产品的使用寿命均有重要的意义。清洗的目的是去除零件表面或部件中的油污及机械杂质。清洗方法有擦洗、浸洗、喷洗和超声波清洗等。常用的清洗液有煤油、汽油、碱液及各种化学清洗液等。

2. 连接

在装配过程中有大量的连接工作。连接的方式一般有两种，即可拆卸连接和不可拆卸连接。

可拆卸连接在装配后可以很容易拆卸而不致损坏任何零件，且拆卸后仍可重新装配在一起。常见的可拆卸连接有螺纹联接、键联接和销联接等。

不可拆卸连接在装配后一般不再拆卸，如要拆卸会损坏其中的某些零件。常见的不可拆卸连接有焊接、铆接和过盈连接等。

3. 校正与配作

在产品装配过程中，特别在单件小批生产条件下，为了保证装配精度，常需进行一些校正和配作。这是因为完全靠零件精度来保证装配精度往往是不经济的，有时甚至是不可能的。

校正是指产品中相关零部件间相互位置的找正、找平并通过各种调整方法以保证达到装配精度要求；配作是指配钻、配铰、配刮及配磨等，其是和校正调整工作结合进行的。

4. 平衡

对于转速较高、运转平稳性要求高的机械，为防止使用中出现振动，装配时，应对其旋转零部件进行平衡。

平衡有静平衡和动平衡两种方法。对于直径较大、长度较小的零件（如带轮和飞轮等），一般只需进行静平衡；对于长度较大的零件（如电机转子和机床主轴等），则需进行动平衡。

对旋转体的不平衡量可采用下述方法校正：①用钻、铣、磨、锉、刮等方法去除质量；②用补焊、铆接、胶接、喷涂、螺纹联接等方式加配质量；③在预设的平衡槽内改变平衡块的位置和数量（如砂轮的静平衡）。

5. 验收试验

机械产品装配完后，应根据有关技术标准和规定，对产品进行较全面的检验和试验工作，合格后才准出厂。

金属切削机床的验收试验工作通常包括机床几何精度的检验，空运转试验，负荷试验和工作精度试验等。

除上述装配工作外，喷漆、包装等也属于装配工作。

三、装配的组织形式

在装配过程中，可根据产品结构特点和批量大小的不同，采用不同的装配组织形式（图 8-1）。

（一）固定式装配

固定式装配是将产品或部件的全部装配工作安排在一固定的工作地上进行装配，装配过程中产品位置不变，装配所需的零部件都汇集在工作地附近。

对单件和中、小批生产，或装配时不便移动的大型机械，或装配时移动会影响装配精度的产品，均宜采用固定式装配。

（二）移动式装配

移动式装配是将产品或部件置于装配线上，通过连续或间歇的移动使其顺次经过各装配工作地以完成全部装配工作，有固定节奏和自由节奏两种方式。

移动式装配的特点是较细地划分装配工序，广泛采用专用设备及工装，生产率高，对工人技术水平要求较低，质量容易保证，多用于大批量生产。

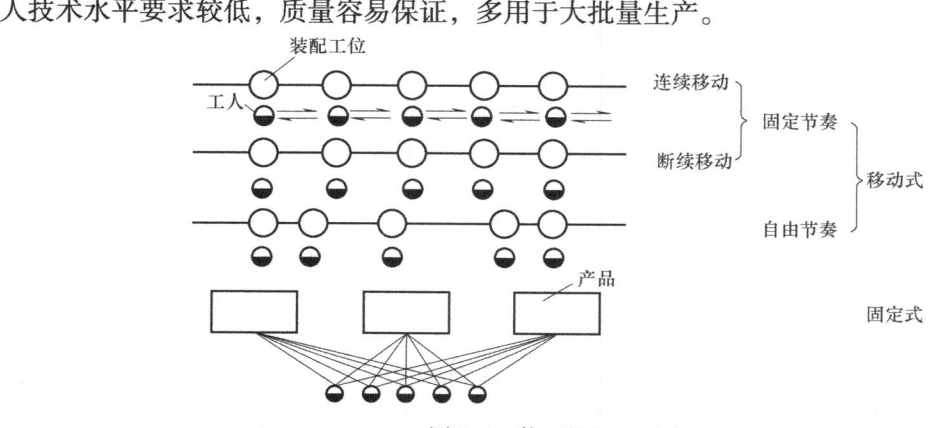

图 8-1　装配的组织形式

第二节　机械产品的装配精度

一、装配精度的概念

机器的质量是以其工作性能、使用效果、精度和寿命等指标综合评定的。它主要取决于结构设计、零件质量及其装配精度。

装配精度一般包括零部件间的相互距离精度、相互位置精度和相对运动精度。

1. 相互距离精度

相互距离精度是指相关零部件间的距离尺寸的精度，包括间隙、配合要求。例如卧式车床前后两顶尖对床身导轨的等高度。

2. 相互位置精度

装配中的相互位置精度是指相关零部件间的平行度、垂直度、同轴度及各种跳动等。例如台式钻床主轴轴线对工作台台面的垂直度。

3. 相对运动精度

相对运动精度是指产品中有相对运动的零部件在运动方向和相对速度上的精度，包括回转运动精度、直线运动精度和传动链精度等。例如滚齿机滚刀与工作台的传动精度。

此外，装配精度还包括接触精度要求，如齿轮啮合、锥体配合以及导轨之间的接触精度要求等。

二、装配精度与零件精度间的关系

机械及其部件都是由零件所组成的，装配精度与相关零部件制造误差的累积有关。显然，装配精度取决于零件，特别是关键零件的加工精度。例如卧式车床尾座移动对床鞍移动的平行度，就主要取决于床身导轨 A 与 B 的平行度（图 8-2）；又如车床主轴锥孔轴线和尾座套筒锥孔轴线的等高度（A_0），就主要取决于主轴箱、尾座及座板的 A_1、A_2 及 A_3 的尺寸精度（图 8-3）。

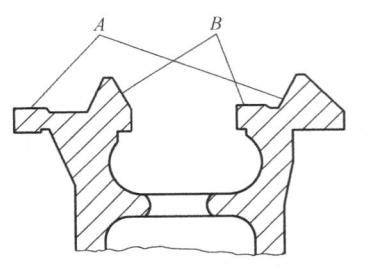

图 8-2 床身导轨简图

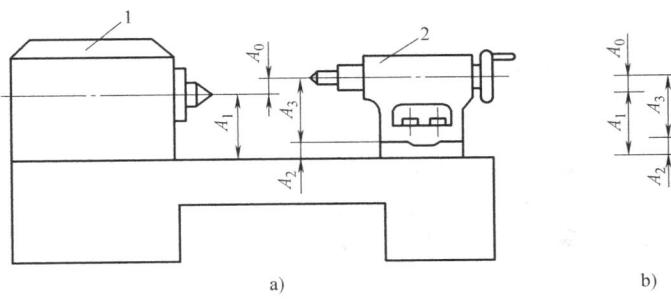

a)   b)

图 8-3 主轴箱主轴中心与尾座套筒中心等高示意图

1—主轴箱 2—尾座

另一方面，装配精度又取决于装配方法，在单件小批生产及装配精度要求较高时装配方法尤为重要。例如图 8-3 所示的等高度要求是很高的。如果靠提高尺寸 A_1、A_2 及 A_3 的尺寸精度来保证是不经济的，甚至在技术上也是很困难的。比较合理的办法是在装配中通过检测，对某个零部件进行适当的修配来保证装配精度。

因此，机械的装配精度不但取决于零件的精度，而且取决于装配方法。零件精度是保证装配精度的基础，但有了精度合格的零件，若装配方法不当也可能装配不出合格的机械，反之当零件制造精度不高时，若装配方法恰当（如选配、修配、调整等），也可装配出具有较高装配精度的产品。所以为保证机械的装配精度，应从产品结构、机械加工及装配等方面进行综合考虑，选择适当的装配方法，并合理地确定零件的加工精度。而装配尺寸链分析，是进行综合分析的有效手段。

三、装配尺寸链

（一）装配尺寸链的基本概念

装配尺寸链是产品或部件在装配过程中，由相关零件的有关尺寸（表面或轴线间距离）或相互位置关系（平行度、垂直度或同轴度等）所组成的尺寸链。基本特征依然是封闭性，即由一个封闭环和若干个组成环所构成的尺寸链呈封闭图形，如图 8-3b 所示。装配尺寸链各环的定义及特征同第一章所述。装配尺寸链封闭环的基本特征，依然是不具有独立变化的特性，是装配后才自然形成的，多为产品或部件的装配精度要求，如图 8-3 所示的 A_0。装配尺寸链中的组成环是指那些对装配精度有直接影响的零件上的尺寸或相互位置关系，如图 8-3 所示的 A_1、A_2 及 A_3。显然，A_2 和 A_3 是增环，A_1 是减环。

装配尺寸链按照各环的几何特性和所处的空间位置，大致可分为线性尺寸链、角度尺寸链、平面尺寸链和空间尺寸链。其中最常见的是前两种。

线性尺寸链是由彼此平行的直线尺寸所组成的尺寸链，如图 8-3b 所示，其所涉及的都是距离尺寸的精度问题。角度尺寸链是由角度（含平行度和垂直度）尺寸所组成的尺寸链，如图 8-4b 所示，其各环的几何特征多为平行度或垂直度，其所涉及的都是相互位置精度问题。

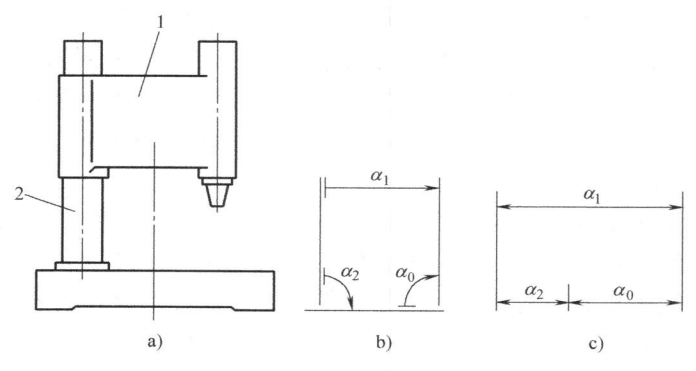

图 8-4　台式钻床装配尺寸链
1—主轴箱体　2—立柱

（二）装配尺寸链的建立

运用装配尺寸链去分析和解决装配精度问题，首先要正确地建立装配尺寸链，即正确地确定封闭环，并根据封闭环的要求查明各组成环。

前已知，装配尺寸链的封闭环多为产品或部件的装配精度。为正确地确定封闭环，必须深入了解产品的使用要求及各部件的作用，明确设计人员对产品及部件提出的装配技术要求。装配尺寸链的组成环是对产品或部件装配精度有直接影响的环节，为了迅速而正确地查明各组成环，必须仔细地分析产品或部件的结构，了解各个零件连接的具体情况。查找组成环的一般方法是：从封闭环任意一端开始，沿着装配精度要求的位置方向，将与装配精度有关的零件尺寸依次首尾相连，直到与封闭环另一端相接为止，形成一个封闭形的尺寸图，图上的各个尺寸即是组成环。

例如，图 8-3 所示的装配关系中，主轴中心与尾座中心的等高度要求（A_0）为封闭环，按上述方法很快即可查出组成环 A_1、A_2 和 A_3。又如图 8-4a 所示的台式钻床主轴轴线对底座工作台面的垂直度要求，影响此项装配精度的有关零件主要是主轴箱体 1 和立柱 2。因此，主轴箱体上两孔间的平行度以及立柱中心线对其端面的垂直度，是角度尺寸链的组成环（图 8-4b）。

相互位置的角度尺寸链可以转化成平行尺寸链。在台钻工作台面上作其理想垂线，由于立柱端面安装在工作台面上，故理想垂线也是立柱端面的理想垂线。因此，主轴中心对工作台面的垂直度可转化成对理想垂线的平行度 α_0，立柱中心对其端面的垂直度也可转化成对理想垂线的平行度 α_2，则角度尺寸链转化成平行尺寸链（图 8-4c）。

在建立装配尺寸链时，应注意以下几点。

（1）按一定层次分别建立产品与部件的装配尺寸链　机械产品一般都比较复杂，为便于装配和提高效率，整个产品多划分为若干部件，装配工作分为总装和部装。因此，应分别建立产品总装的尺寸链和部装的尺寸链。产品总装尺寸链以产品精度标准为封闭环，以总装中有关零部件为组成环。部装尺寸链以部件装配精度要求为封闭环（总装时则为组成环），以有关零件为组成环。这样分层次建立的装配尺寸链比较清晰，表达的装配关系也更清楚。

（2）在保证装配精度的前提下，装配尺寸链可适当简化　图 8-3 所示的车床主轴中心与尾座中心等高度的装配要求，其影响因素除了主轴锥孔中心线至床身平导轨的高度（A_1）、尾座底板厚度（A_2）、尾座顶尖套锥孔中心线至尾座底面距离（A_3）外，还有主轴滚动轴承内外圈滚道的同轴度、主轴锥孔中心线与主轴支承轴颈的同轴度、尾座顶尖套锥孔与其外圆的同轴度、尾座顶尖套与尾座孔的配合间隙、床身上安装主轴和尾座的平导轨间的高度差等。通常由于上述误差相对 A_1、A_2 和 A_3 的误差而言是较小的，故装配尺寸链可简化为图 8-3b 所示的情况。

（3）装配尺寸链的组成应符合最短路线（环数最少）原则　由尺寸链的基本理论可知，封闭环的公差等于各组成环公差之和。当封闭环公差一定时，组成环越少，分配到各组成环的公差越大。因此，在装配精度要求一定的条件下，为使各组成环的公差大一些，便于加工，要求组成环尽可能少一些。为此，必须使与装配精度有关的零件仅以一个相关尺寸列入尺寸链，装配尺寸链的组成环的数目也就会最少。

如图 8-5a 所示，尾座套筒装配时，要求后盖 3 装入后，螺母 2 在尾座套筒内的轴向窜动不大于某一数值。由于后盖尺寸标注不同，可建立两个装配尺寸链。图 8-5c 较图 8-5b 多了一个组成环，其原因是 B_1 和 B_2 同在后盖 3 上，它们本身又构成一个工艺尺寸链，其封闭环是 A_3，这个尺寸才是影响装配精度的相关尺寸，以 A_3 列入装配尺寸链，组成环的环数就可以减少。

按最短路线原则所确定的组成环，应作为设计尺寸标注在零件图上，其公差必须通过装配尺寸链求解。

（4）当同一装配结构在不同位置方向上有装配精度要求时，应按不同方向分别建立装配尺寸链　例如常见的蜗杆副结构，为保证正常啮合，蜗杆副两轴线间的距离（啮合间隙）、蜗杆轴线与蜗轮中间平面的对称度均有一定要求，这是两个不同位置方向的装配精度，因此需要在两个不同方向分别建立装配尺寸链。

（三）装配尺寸链的计算

目前，尺寸链的计算有两种方法，即极值法（极大极小法）和概率法。极值法是在各

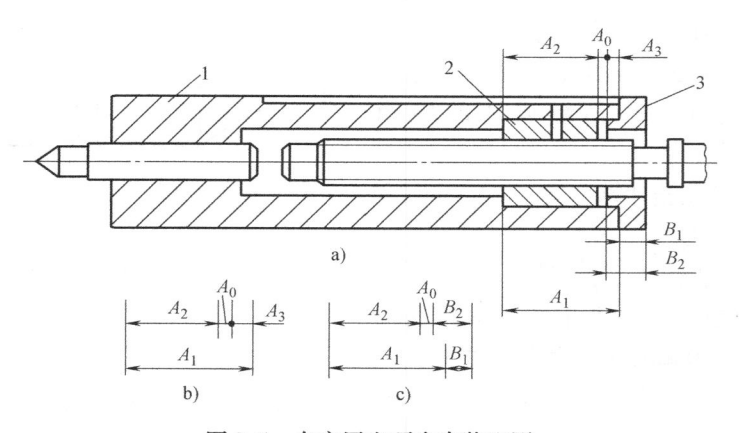

图 8-5　车床尾座顶尖套装配图
1—顶尖套　2—螺母　3—后盖

组成环同时出现极值（极大值或极小值）时，仍能保证封闭环的要求。极值法的特点是简单可靠，但在封闭环公差较小且组成环较多时，各组成环公差将会更小，使加工困难，成本提高。极值法计算见第一章。概率法考虑到各组成环同时出现极值的概率是很小的，利用概率论原理来进行尺寸链计算，在上述情况下比极值法将更合理。下面着重予以讨论。

1. 各环公差值的概率法计算

在装配尺寸链中，各组成环是有关零件上的加工尺寸或位置关系。这些加工数值是一些彼此独立的随机变量，根据概率论原理，作为各组成环合成结果的封闭环也是一个随机变量，而且两者的标准差 σ_i 和 σ_0 有下列关系，即

$$\sigma_0 = \sqrt{\sum_{i=1}^{m} \sigma_i^2} \tag{8-1}$$

由误差统计分析可知，当误差呈正态分布，且分布中心与公差带中心重合时，可取各组成环的公差值 $T_i = 6\sigma_i$，封闭环的公差值 $T_0 = 6\sigma_0$，代入式（8-1）可得

$$T_0 = \sqrt{\sum_{i=1}^{m} T_i^2} \tag{8-2}$$

即当各环呈正态分布时，封闭环公差等于各组成环公差平方和的平方根。

若各组成环公差都相等，即 $T_i = T_{av,s}$，则各组成环平均公差 $T_{av,s}$ 为

$$T_{av,s} = \frac{T_0}{\sqrt{m}}$$

而极值法的 $T_{av,L} = \dfrac{T_0}{m}$，两者相比可明显看出，概率法可将组成环的平均公差扩大 $\sqrt{m}$ 倍。m 越大，扩大倍数越大。可见概率法适用于环数较多的尺寸链。

2. 封闭环上、下极限偏差的确定

用概率法解尺寸链时，利用封闭环和各组成环的平均尺寸进行计算往往比较方便。在图 8-6 中，左面为组成环尺寸的正态分布曲线，右面为组成环的公差带。可以看出，组成环尺寸分布中心与公差带中心是重合的。此时组成环的平均尺寸可按下式计算，即

$$L_{iav} = L_i + \Delta_i \tag{8-3}$$

式中　L_i——组成环的公称尺寸；

　　　Δ_i——组成环公差带中心对公称尺寸的坐标值，称为组成环的中间偏差。

根据第一章尺寸链计算公式

$$\Delta_0 = \sum_{i=1}^{n} \overrightarrow{\Delta_i} - \sum_{n+1}^{m} \overleftarrow{\Delta_i}$$

即封闭环的中间偏差等于所有增环的中间偏差之和减去所有减环的中间偏差之和。

封闭环的上、下极限偏差可按下式求得，即

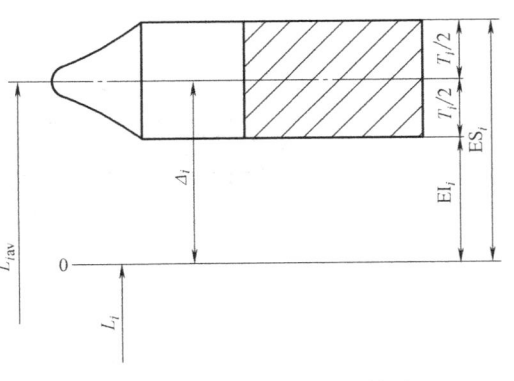

图 8-6　尺寸正态分布时的计算关系

$$ES_0 = \Delta_0 + \frac{T_0}{2} \tag{8-4}$$

$$EI_0 = \Delta_0 - \frac{T_0}{2} \tag{8-5}$$

第三节　装配方法及其选择

在机械装配中常用的装配方法可以分为三种，即互换法、修配法和调整法。

一、互换法

互换法按其互换性质，可分为完全互换法、不完全互换法和分组互换法。

（一）完全互换法

完全互换法在装配时不经任何选择、修配和调整，用合格的零件，均可达到装配精度的要求。完全互换法解装配尺寸链采用极值法。

图 8-7a 所示为车床离合器齿轮轴装配图，为保证齿轮能在轴上灵活转动而要求装配后的轴向间隙为 0.05 ~ 0.4mm。由于它是装配后才能形成的尺寸，是自然形成的，所以是封闭环。根据各零件间的相互关系及装配尺寸链最短路线原则，可建立装配尺寸链如图 8-7b 所示，其组成环为 $L_1 = 34$mm，$L_2 = 22$mm，$L_3 = 12$mm，其中 L_1 为增环，L_2、L_3 为减环。

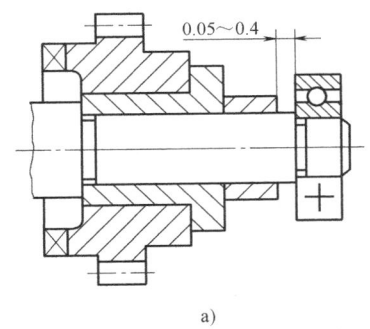
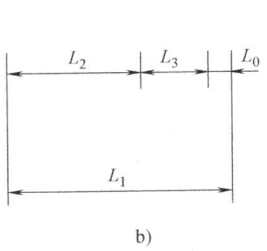

a)　　　　　　　　　　　　　　　　b)

图 8-7　车床离合器齿轮轴

封闭环的公称尺寸 $L_0 = (34 - 22 - 12)$mm $= 0$mm

所以 $$L_0 = 0^{+0.4}_{+0.05}\,\mathrm{mm}$$

按第一章尺寸链公式，各组成环平均公差为

$$T_{\mathrm{av,L}} = \frac{T_0}{m} = \frac{0.35}{3}\,\mathrm{mm} \approx 0.12\,\mathrm{mm}$$

将各组成环的公差绝对平均分配显然是不合理的，应根据加工尺寸的大小，加工工艺的难易程度等，调整各组成环的公差为

$$T_1 = 0.18\,\mathrm{mm},\, T_2 = 0.12\,\mathrm{mm},\, T_3 = 0.05\,\mathrm{mm}$$

调整后的各组成环公差之和应等于封闭环公差，即

$$T_1 + T_2 + T_3 = (0.18 + 0.12 + 0.05)\,\mathrm{mm} = 0.35\,\mathrm{mm} = T_0$$

在确定各组成环公差带的位置时，一般按金属的"单向入体"原则确定，而留一个组成环公差带位置通过计算求得，以满足封闭环的要求。这一环叫协调环，协调环应是容易制造和便于测量的。

在上例中，若取 $L_2 = 22^{\ 0}_{-0.12}\,\mathrm{mm}$，$L_3 = 12^{\ 0}_{-0.05}\,\mathrm{mm}$，$L_1$ 作为协调环。

各环的中间偏差分别为 $\Delta_0 = 0.225\,\mathrm{mm}$，$\Delta_2 = -0.06\,\mathrm{mm}$，$\Delta_3 = -0.025\,\mathrm{mm}$。

按求封闭环中间偏差的公式得出

$$0.225\,\mathrm{mm} = \Delta_1 - (-0.06 - 0.025)\,\mathrm{mm}$$

所以 $$\Delta_1 = 0.14\,\mathrm{mm}$$

$$\mathrm{ES}_1 = \left(0.14 + \frac{0.18}{2}\right)\mathrm{mm} = 0.23\,\mathrm{mm}$$

$$\mathrm{EI}_1 = \left(0.14 - \frac{0.18}{2}\right)\mathrm{mm} = 0.05\,\mathrm{mm}$$

所以 $$L_1 = 34^{+0.23}_{+0.05}\,\mathrm{mm}$$

上例为尺寸链的反计算法，即已知封闭环公差求组成环公差，常用于根据装配精度来确定各组成环的尺寸及公差。另一种正计算法，按已知的组成环尺寸及公差求封闭环尺寸及公差，用于对图样的尺寸及公差进行校验。

完全互换法可使装配过程简单，质量稳定，生产率高，工人技术要求低，装配工时易确定，便于组织流水作业或自动化装配，零件可组织专业化生产，降低成本，机器维修方便，因此，应优先考虑完全互换法。但当装配精度要求较高，尤其是组成环较多时，零件难以按经济精度加工。因此完全互换法多用于大批量生产中高精度的少环尺寸链或低精度的多环尺寸链。

（二）不完全互换法

不完全互换法也称部分互换法。正如实际生产所表明的，在同一装配部件中各组成环都是极限尺寸的情况极少，因此，可利用概率法放宽尺寸链的各组成环公差，使加工容易，降低成本，并将废品率控制在一个较小的百分数内。

例如用概率法解图 8-7 所示的尺寸链。设各组成环均是正态分布，且分布中心与公差带中心重合。

各组成环平均公差为

$$T_{\mathrm{av,s}} = \frac{T_0}{\sqrt{m}} = \frac{0.35\,\mathrm{mm}}{\sqrt{3}} \approx 0.2\,\mathrm{mm}$$

在根据加工尺寸大小和加工工艺的难易程度分配各组成环的公差时，必须满足各组成环

公差的平方和的平方根要小于或等于封闭环的公差。

取 $\qquad T_1 = 0.28\text{mm}, T_2 = 0.18\text{mm}, T_3 = 0.1\text{mm}$

校验 $\sqrt{T_1^2 + T_2^2 + T_3^2} = \sqrt{0.28^2 + 0.18^2 + 0.1^2}\text{mm} = \sqrt{0.1208}\text{mm} \approx 0.348\text{mm} < 0.35\text{mm}$

取 $L_2 = 22_{-0.18}^{\ 0}\text{mm}$，$L_3 = 12_{-0.1}^{\ 0}\text{mm}$，$L_1$ 为协调环。各环的中间偏差为

$$\Delta_0 = +0.225\text{mm}, \Delta_2 = -0.09\text{mm}, \Delta_3 = -0.05\text{mm}$$

求协调环的中间偏差，即

$$+0.225\text{mm} = \Delta_1 - (-0.09 - 0.05)\text{mm} \quad \Delta_1 = +0.085\text{mm}$$

即可得出 L_1 尺寸为

$$L_1 = \left(34 + 0.085 \pm \frac{0.28}{2}\right)\text{mm} = 34_{-0.055}^{+0.225}\text{mm}$$

由上例计算可知，用不完全互换法（概率法）比用完全互换法（极值法）求出的各组成环公差相应扩大，从而降低了加工成本。但从概率论原理出发，在正态分布的情况下，装配后存在 0.27% 的疵品，故称为不完全互换法。而只要更换个别零件，这些疵品是可以修复的，所以常常忽略不计。

不完全互换法具有完全互换法的优点，适用于大批量生产中精度要求较高而环数较多的装配尺寸链。

（三）分组互换法

当装配精度要求很高时，其组成环公差必然很小，致使加工困难而很不经济。这时可将各组成环公差扩大数倍，按经济精度加工，然后将零件按要求的原公差分组，并按相应组进行装配，这种方法叫分组互换法。

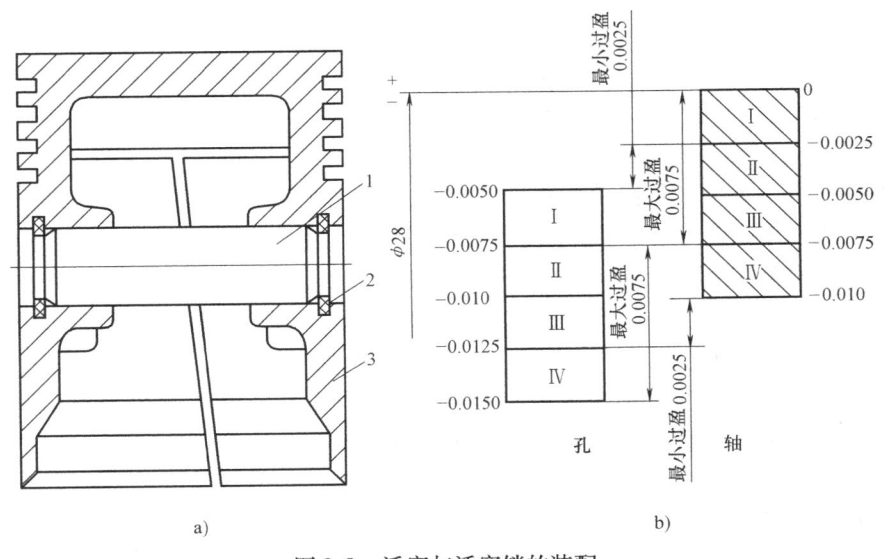

图 8-8 活塞与活塞销的装配
1—活塞销 2—挡圈 3—活塞

例如图 8-8 所示活塞与活塞销的装配，要求活塞销孔与活塞销外径在冷态装配时应有 0.0025 ~ 0.0075mm 的过盈量，即配合公差仅为 0.005mm。若活塞与活塞销采用完全互换法装配，且销孔与活塞直径的公差按等公差分配，则它们的公差都为 0.0025mm。选用基轴制

配合，则活塞销直径 $d = \phi 28 _{-0.0025}^{\ 0}$ mm，销孔直径 $D = \phi 28 _{-0.0075}^{-0.005}$ mm。显然，制造如此精确的活塞销和销孔既困难又不经济。实际生产中采用的办法是将上述公差值都增大四倍（$d = \phi 28 _{-0.01}^{\ 0}$ mm，$D = \phi 28 _{-0.015}^{-0.005}$ mm），这样即可用高效率的无心磨和金刚镗分别加工活塞销和销孔，然后用精密量仪进行测量，并按尺寸大小分成四组，涂上不同颜色，以便进行分组装配。具体分组情况见表8-1。

表8-1　活塞销与活塞销孔直径分组尺寸　　　　　　　　（单位：mm）

组别	标志颜色	活塞销直径 d $\phi 28 _{-0.010}^{\ 0}$	活塞销孔直径 D $\phi 28 _{-0.015}^{-0.005}$	配合情况	
				最小过盈	最大过盈
Ⅰ	红	$\phi 28 _{-0.0025}^{\ 0}$	$\phi 28 _{-0.0075}^{-0.0050}$	0.0025	0.0075
Ⅱ	白	$\phi 28 _{-0.0050}^{-0.0025}$	$\phi 28 _{-0.0100}^{-0.0075}$		
Ⅲ	黄	$\phi 28 _{-0.0075}^{-0.0050}$	$\phi 28 _{-0.0125}^{-0.0100}$		
Ⅳ	绿	$\phi 28 _{-0.0100}^{-0.0075}$	$\phi 28 _{-0.0150}^{-0.0125}$		

从该表可以看出，各组的公差和配合性质与原要求相同。

采用分组互换法装配时应注意以下几点。

1）为保证分组后各组的装配精度和配合性质符合原设计要求，配合件的公差应相等，公差增大的方向要相同，增大的倍数应相同且等于以后的分组数，即等公差同向放大同倍数。

2）分组数不宜多（一般为3～6组），尺寸公差只要放大到经济加工精度即可，否则会增加零件的测量、分类、保管等工作量，将使组织工作复杂化。

3）分组后各组内相配合零件的数量要相等，形成配套，否则会出现某些尺寸零件的积压浪费现象。

4）分组互换法只能将尺寸公差放大，而不能将形状公差、位置公差、表面粗糙度放大。

分组互换法既能扩大各组成环的公差，又能保证装配精度的要求；同组内的零件装配具有互换性的优点，适用于大批量生产中装配精度要求很高且环数很少的场合。例如滚动轴承的装配即采用分组互换法。

二、修配法

在单件生产和成批生产中，对那些装配精度要求较高的多环尺寸链，各组成环先按经济精度加工，装配时通过修配某一组成环的尺寸，使封闭环达到规定的精度，这就叫修配法。

由于修配法的尺寸链中各组成环的尺寸均按经济精度加工，装配时封闭环的误差会超过规定的允许范围。为补偿超差部分的误差，必须修配加工尺寸链中某一组成环。被修的零件叫修配环或补偿环。一般应选形状比较简单，修配面小，便于修配加工，便于装卸，并对其他尺寸链没有影响的零件作修配环。修配环在零件加工时应留有一定的修配量。

生产中通过修配达到装配精度的方法很多，常见的有以下三种。

（一）单件修配法

这种方法是将零件按经济精度加工后，装配时将预定的修配环用修配加工来改变其尺寸，以保证装配精度。

例如图8-3所示，卧式车床前后顶尖对床身导轨的等高度要求为0.06mm（只许尾座高），此尺寸链中的组成环有三个：主轴箱主轴中心到底面高度 $A_1 = 205$ mm，尾座底板厚度

$A_2 = 49\text{mm}$，尾座顶尖中心到底面距离 $A_3 = 156\text{mm}$。A_1 为减环，A_2、A_3 为增环。

若用完全互换法装配，则各组成环平均公差为

$$T_{iav} = \frac{T_0}{3} = \frac{0.06}{3}\text{mm} = 0.02\text{mm}$$

这样小的公差将使加工困难，所以一般采用修配法，各组成环仍按经济精度加工。根据用镗模镗孔的经济加工精度，取 $T_1 = 0.1\text{mm}$，$T_3 = 0.1\text{mm}$，根据半精刨的经济加工精度，取 $T_2 = 0.15\text{mm}$。由于在装配中修刮尾座底板的下表面是比较方便的，修配面也不大，所以选尾座底板为修配件。

组成环的公差一般按单向入体原则分布，此例中 $A_1 = (205 \pm 0.05)\text{mm}$，$A_3 = (156 \pm 0.05)$ mm。至于 A_2 的公差带分布，要通过计算确定。

修配环在修配时对封闭环尺寸变化的影响有两种情况，一种是使封闭环尺寸变大，另一种是使封闭环尺寸变小。因此，修配环公差带分布的计算也相应分为两种情况。

图 8-9 所示为封闭环公差带与组成环累积误差的关系。图中 T_0、L_{0max} 和 L_{0min} 分别为封闭环的公差和极限尺寸；T_0'、L_{0max}' 和 L_{0min}' 分别为各组成环的累积误差和极限尺寸；F_{max} 为最多修配量。

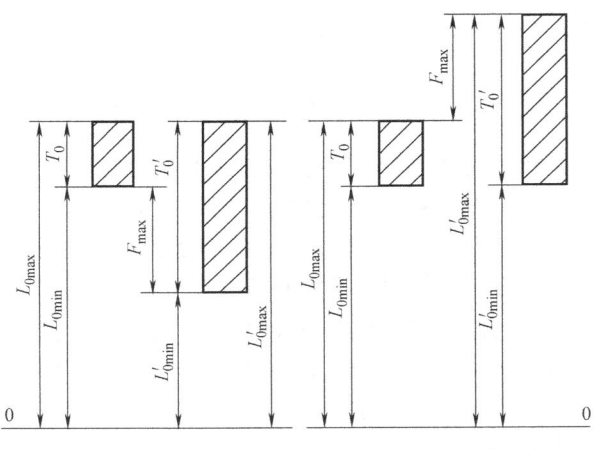

图 8-9　封闭环公差带与组成环累积误差的关系
a)"越修越大"时　b)"越修越小"时

当修配结果使封闭环尺寸变大时，简称"越修越大"，从图 8-9a 可知

$$L_{0max} = L_{0max}' = \sum_{i=1}^{n} \overrightarrow{L}_{imax} - \sum_{n+1}^{m} \overleftarrow{L}_{imin} \tag{8-6}$$

当修配结果使封闭环尺寸变小时，简称"越修越小"，从图 8-9b 可知

$$L_{0min} = L_{0min}' = \sum_{i=1}^{n} \overrightarrow{L}_{imin} - \sum_{n+1}^{m} \overleftarrow{L}_{imax} \tag{8-7}$$

上例中，修配尾座底板的下表面，使封闭环尺寸变小，因此应按求封闭环最小极限尺寸的公式（8-7）计算。

$$A_{0min} = A_{2min} + A_{3min} - A_{1max}$$
$$0 = A_{2min} + 155.95\text{mm} - 205.05\text{mm}$$
$$A_{2min} = 49.10\text{mm}$$

因为 $T_2 = 0.15\text{mm}$，所以 $A_2 = 49^{+0.25}_{+0.1}\text{mm}$。

修配加工是为了补偿组成环累积误差与封闭环公差超差部分的误差，所以最多修配量 $F_{max} = \Sigma T_i - T_0 = (0.1 + 0.15 + 0.1 - 0.06)\text{mm} = 0.29\text{mm}$，而最小修配量 $= 0$。考虑到车床总装时，尾座底板与床身配合的导轨面还需配刮，则应补充修正，取最小修刮量为 0.05mm，修正后的 A_2 尺寸为 $49^{+0.3}_{+0.15}\text{mm}$，此时最多修配量 $= 0.34\text{mm}$。

(二) 合并修配法

这种方法是将两个或多个零件合并在一起进行加工修配。合并加工所得的尺寸可看作一个组成环，这样减少了组成环的环数，就相应减少了修配的劳动量。

如上例中，为减少对尾座底板的修配量，一般先把尾座和底板的配合面加工后，配刮横向小导轨，然后再将两者装配为一体，以底板的底面为基准，镗尾座的套筒孔，直接控制尾座套筒孔至底板底面的尺寸公差，这样组成环 A_2、A_3 合并成一环，仍取公差为 0.1mm，其最多修配量 $= \Sigma T_i - T_0 = (0.1 + 0.1 - 0.06)\text{mm} = 0.14\text{mm}$，修配工作量相应减少了。

合并加工修配法在装配中应用较广，但由于零件要对号入座，给组织装配生产带来一定麻烦，因此多用于单件小批生产中。

(三) 自身加工修配法

在机床制造中，有一些装配精度要求，是在总装时利用机床本身的加工能力，"自己加工自己"，可以很简捷地解决，这即是自身加工修配法。

例如图 8-10 所示，在转塔车床装配中，要求转塔上六个安装刀架的大孔中心线必须保证和机床主轴回转中心线重合，而六个平面又必须和主轴中心线垂直。若将转塔作为单独零件加工出这些表面，在装配中达到上述两项要求，是非常困难的。当采用自身加工修配法时，这些表面在装配前不进行精加工，而是在转塔装配到机床上后，在主轴上装镗杆，使镗刀旋转，转塔做纵向进给运动，依次精镗出转塔上的六个孔；再在主轴上装个能径向进给的小刀架，刀具边旋转边径向进给，依次精加工出转塔的六个平面。这样可很方便地保证上述两项精度要求。

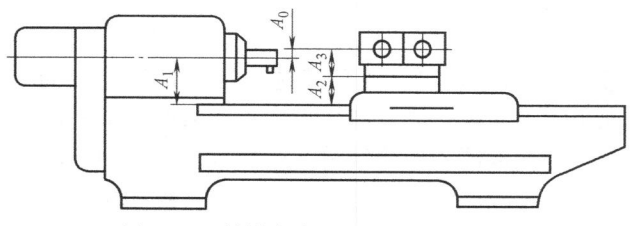

图 8-10 转塔车床转塔自身加工修配

修配法的特点是各组成环零部件的公差可以扩大，按经济精度加工，从而使制造容易，成本低。装配时可利用修配件的有限修配量达到较高的装配精度要求，但装配中零件不能互换，装配劳动量大（有时需拆装多次），生产率低，难于组织流水生产，装配精度依赖于工人的技术水平。修配法适用于单件和成批生产中精度要求较高的装配。

三、调整法

1. 调整法的原理

在结构设计中，选择或增添一个与装配精度要求有关的零件作为调整零件，装配时调节零件的相对位置或选用尺寸合适的调整件，以达到要求的装配精度。这样使制造相配零件时，不需一味地追求高的零件加工精度，而是使调整零件的尺寸变化起到补偿装配累积误差的作用，故称其为补偿件。

2. 调整法的基本方式

（1）动（或可变）调整法 用改变调整件的位置（移动、旋转或移动旋转同时进行）来达到装配精度，常用螺纹、凸轮、楔等，如自行车的轴挡、车床横向进给导轨中的镶条等。图 8-11 所示为轴承间隙的调整，采用调整螺钉和锁紧螺母结构。调整过程中不需拆卸零件，比较方便，调整尺寸在一定范围内连续。

（2）固定调整法　在装配尺寸链中选定一个或加入一个零件作为调整环。作为调整环的零件是按一定的尺寸间隔级别制成的一组专门零件，根据装配时的需要，选用其中某一级别的零件来补偿，以保证所需要的装配精度。通常使用的调整件有轴套、垫圈和垫片等。图8-12 所示为车床主轴齿轮组件间隙的调整采用垫圈为调整件，以垫圈的厚度尺寸 A_K 作为调整环。这种方法在汽车、拖拉机和自行车等生产中应用很广，在不影响接触刚度的情况下，在产量大、精度高的装配中，采用固定调整件会使装配精度的调整更为方便。

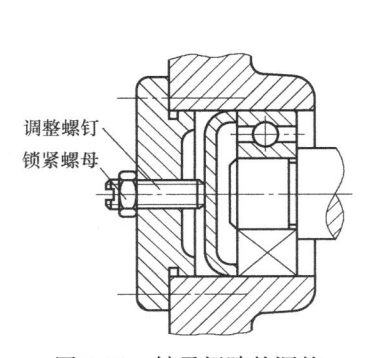

图 8-11　轴承间隙的调整

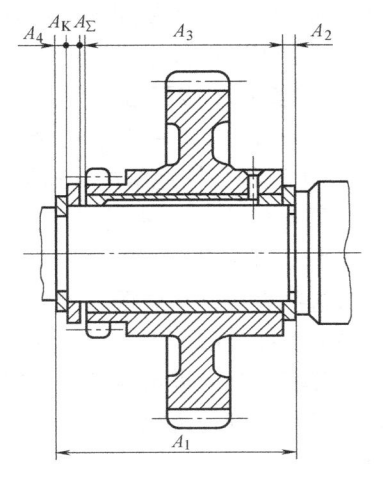

图 8-12　车床主轴齿轮组件间隙的调整

（3）误差抵消调整法　也称为定向或角度选配法。各被组装的零部件都是有误差的，将各相配零件的误差大小和方向进行测量和标记，在组装时调节零部件间的相互位置和误差的方向，使这些误差可以相互抵消或部分抵消，达到或提高封闭环的装配精度。在机床主轴与轴承装配中，常采用这种装配法保证主轴的前端径向圆跳动精度。

3. 调整法的特点

相配零件按经济精度加工，装配后可达到较高的装配精度；增加了调整件的制造、调整工作量，不易流水作业；装配质量取决于调整工人的技术水平，质量不稳定。

这种装配法在装配精度要求高且产品数量不多，或数量多但装配作业现场不宜采用修配法、互换法的场合中使用。

综上所述，为保证或提高产品的最终精度要求，除尽量保证零件的加工精度外，采取适当的装配方法，消除装配过程中的累积误差，在不提高零件制造精度的条件下也能获得要求的装配精度。

第四节　装配工作法与典型部件的装配

一、装配工作法

（一）螺纹联接

螺纹联接装配时应满足的要求：①螺栓杆部不产生弯曲变形，头部、螺母底面应与被联接件接触良好；②被联接件应均匀受压，互相紧密贴合，联接牢固；③一般应根据被联接件形状，螺栓的分布情况，按一定顺序逐次（一般为2~3次）拧紧螺母。如有定位销，应先从定位销附近开始。图8-13所示为螺母拧紧顺序示例，图中编号即为拧紧顺序。

螺纹联接可分为一般紧固螺纹联接和规定预紧力的螺纹联接。控制螺纹的预紧力可采用定力矩扳手。

（二）过盈连接

过盈连接一般属于不可拆卸的固定连接。近年来由于液压套合法的应用，其可拆性日益增加。过盈连接主要有压入配合法、热胀配合法、冷缩配合法。

压入配合法通常采用以下方法：冲击压入，即用锤子或重物冲击；工具压入，即用螺旋式、杠杆式或气动式工具压入；压力机压入，即采用螺旋式、杠杆式或液压式压力机压入。

热胀配合法通常采用火焰、介质、电阻或感应等加热方法将包容件加热再自由套入被包容零件中。

冷缩配合法通常采用干冰、低温箱、液氮等冷却方法将被包容零件冷缩再自由装入包容件中。

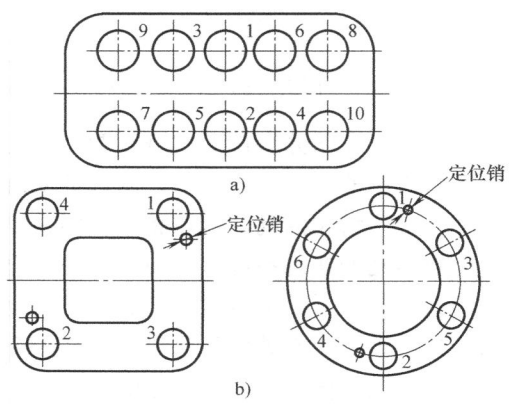

图8-13 螺母拧紧顺序示例

二、典型部件的装配

（一）滚动轴承的装配

滚动轴承在各种机械中使用非常广泛，在装配中应根据轴承的类型和配合来确定装配方法和装配顺序。

深沟球轴承是属于不可分离型的轴承，采用压入法装配时，不允许通过滚动体传递压力若轴承内圈与轴颈配合较紧，外圈与壳体孔配合较松，则先将轴承压入轴颈，如图8-14a所示，然后连同轴一起装入壳体中。若外圈与壳体孔配合较紧，则先将轴承压入壳体孔中，如图8-14b所示。轴的另一端轴承的装配，可用图8-14c所示的方式装入。还可以采用轴承内圈热胀法、外圈冷缩法或壳体加热法及轴颈冷缩法进行装配，其一般在60~100℃范围内的油中热胀，其冷却温度不得低于-80℃。

圆锥滚子轴承的内外圈是分开安装的。圆锥滚子轴承的径向间隙e与轴向间隙c的关系是$e = \tan\beta$，其中β为轴承外圈滚道母线对轴线的夹角，一般为11°~16°，因此调整轴向间隙也即调整了径向间隙。轴向间隙通常用垫片来调整（图8-15）。调整时，先将端盖在不用垫片的条件下用螺钉紧固在壳体上。端盖将推动轴承外圈右移，直至轴承的径向间隙完全消除为止。这时测量端盖与壳体端面间的缝隙a_1，根据所需径向间隙e，求出轴向间隙$c = e/\tan\beta$，即可求得垫片厚度$a = a_1 + c$。

（二）圆柱齿轮传动的装配

齿轮装配后的基本要求：达到规定的传动精度；齿轮齿面达到规定的接触精度；齿轮副齿轮间的啮合侧隙应符合规定要求。

渐开线圆柱齿轮传动多用于传动精度要求高的场合。如果装配中出现不允许的齿圈径向圆跳动，就会产生较大的运动误差。因此首先要使齿轮正确地安装到轴颈上，不允许出现几何偏心和歪斜；对于运动精度要求较高的齿轮传动，若齿轮副的传动比为1或整数，应考虑

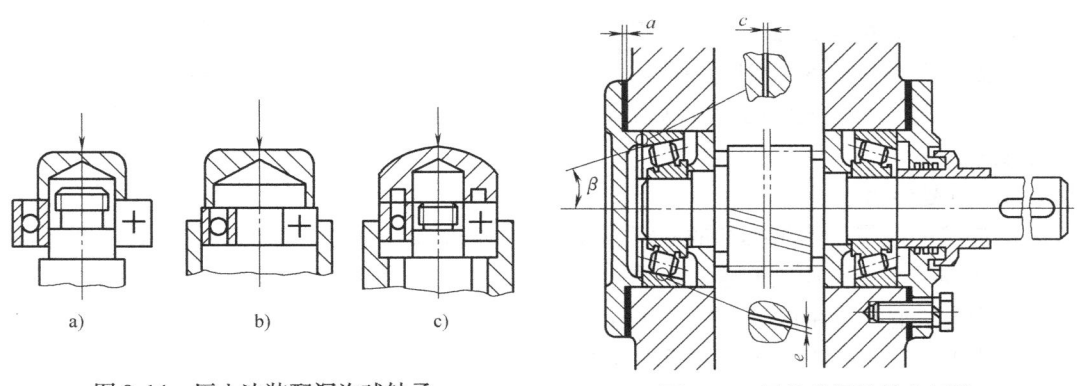

图 8-14　压入法装配深沟球轴承　　　　　图 8-15　用垫片调整轴向间隙

其齿距累积误差的分布情况，进行圆周定向装配，使误差得到一定程度的补偿。装配时先分别测定两齿轮的齿距累积误差，确定最大值的最高点和最低点位置，做上标记，然后进行相位调整，使两齿轮的高、低点相互补偿，以抵消部分累积误差。

齿轮传动的接触精度是以齿面接触斑痕的位置和大小来判断的，与运动精度有一定的关系，即运动精度低的齿轮传动，其接触精度也不高。因此装配齿轮副时，常需要检查齿面的接触斑痕，以考核其装配得是否正确。图 8-16 所示为渐开线圆柱齿轮副装配后常见的接触斑痕分布情况。图 8-16a 所示为正常接触；图 8-16b、c 所示为同向偏接触和异向偏接触，说明两齿轮的轴线不平行，可在中心距允许的范围内刮削轴瓦或调整轴承座予以纠正；图 8-16d 所示为偏齿顶接触，说明两齿轮中心距超过规定值，一般装配无法纠正；图 8-16e 所示为沿齿向游离接触，齿圈上各齿面的接触斑痕由一端逐渐移向另一端，说明齿轮端面（基面）与回转轴线不垂直，可卸下齿轮，修整端面予以纠正。另外还可能沿齿高游离接触，说明齿圈径向圆跳动过大，可卸下齿轮，重新正确安装。

装配圆柱齿轮时，齿轮副的啮合侧隙是由各有关零件的加工误差决定的，一般装配无法调整。侧隙大小的检查方法有下列两种。

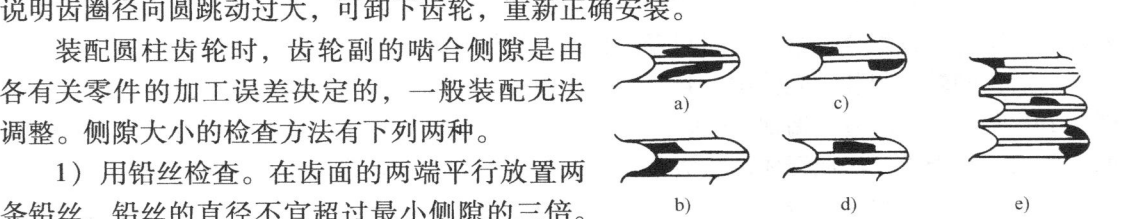

图 8-16　渐开线圆柱齿轮副装配后常见的接触斑痕分布情况

1）用铅丝检查。在齿面的两端平行放置两条铅丝，铅丝的直径不宜超过最小侧隙的三倍。转动齿轮挤压铅丝，测量铅丝最薄处的厚度，即为侧隙的尺寸。

2）用百分表检查。将百分表测头同一齿轮面沿齿圈切向接触，另一齿轮固定不动，摇动可动齿轮.从一侧接触转到另一侧接触，百分表上的读数差值即为侧隙的尺寸。

第五节　装配工艺规程的制订

装配工艺规程是用文件、图表等形式规定下来的装配工艺过程。它是装配生产的指导性技术文件，又是进行装配生产计划及技术准备的主要依据，也是设计装配工装、装配车间的主要依据。

装配工艺规程对保证产品的装配质量、提高装配生产效率、缩短装配周期、减轻工人的劳动强度、缩小装配车间面积、降低生产成本等方面都有重要作用。

制订装配工艺规程时需要的原始资料有产品的装配图、部分零件图、产品的验收标准和技术要求、生产纲领和现有生产条件等。

一、制订装配工艺规程的步骤

1. 产品分析

研究产品图和验收技术条件，审查产品结构的装配工艺性，分析装配尺寸链，确定保证产品精度的装配方法。

2. 确定装配的组织形式

根据生产规模及产品结构尺寸、重量等确定装配生产的组织形式。

3. 划分装配单元及确定装配顺序

从工艺角度出发，将产品分解成可以独立装配的单元，以便组织装配工作。装配单元常分为零件、合件、组件、部件。装配单元划分后，可确定各装配单元合理的装配顺序。

4. 绘制装配工艺系统图

产品装配单元的划分及其装配顺序，可通过装配工艺系统图表示（现以图 8-18 所示 ZT512 台式钻床装配图为例，绘制装配工艺系统图，如图 8-17 所示）。图中装配单元用长方格表示，其上方注明装配单元的名称，左下方为装配单元的编号，右下方为装配单元的数量。

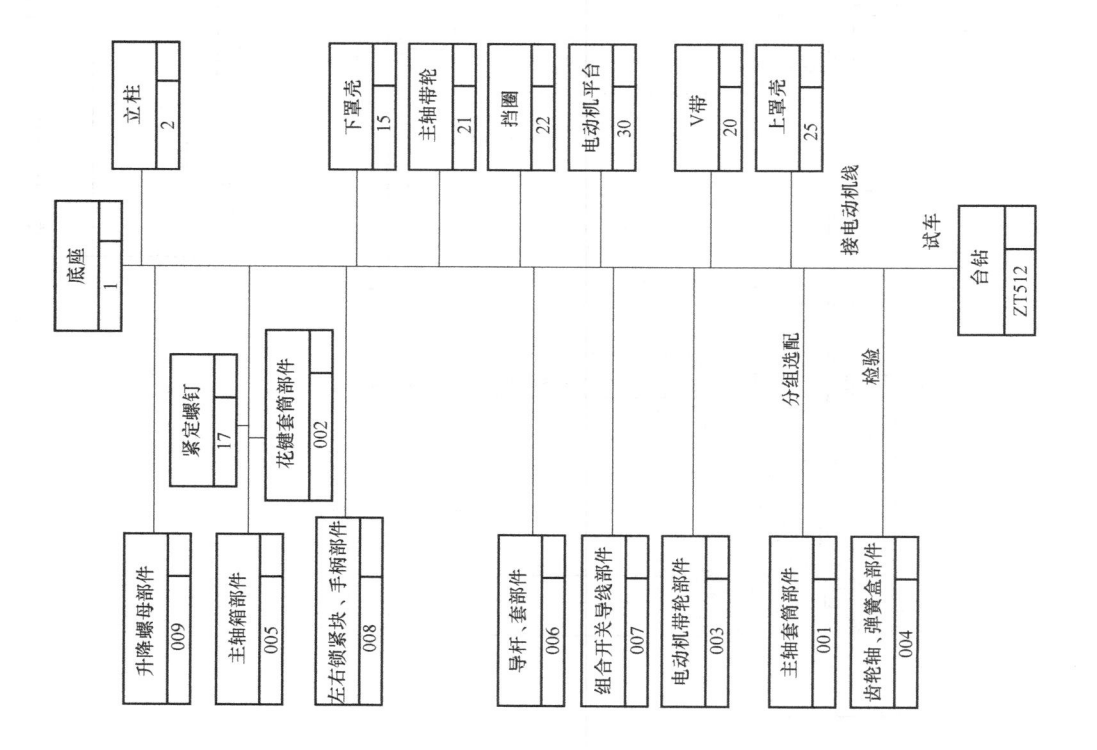

图 8-17　台钻装配工艺系统图

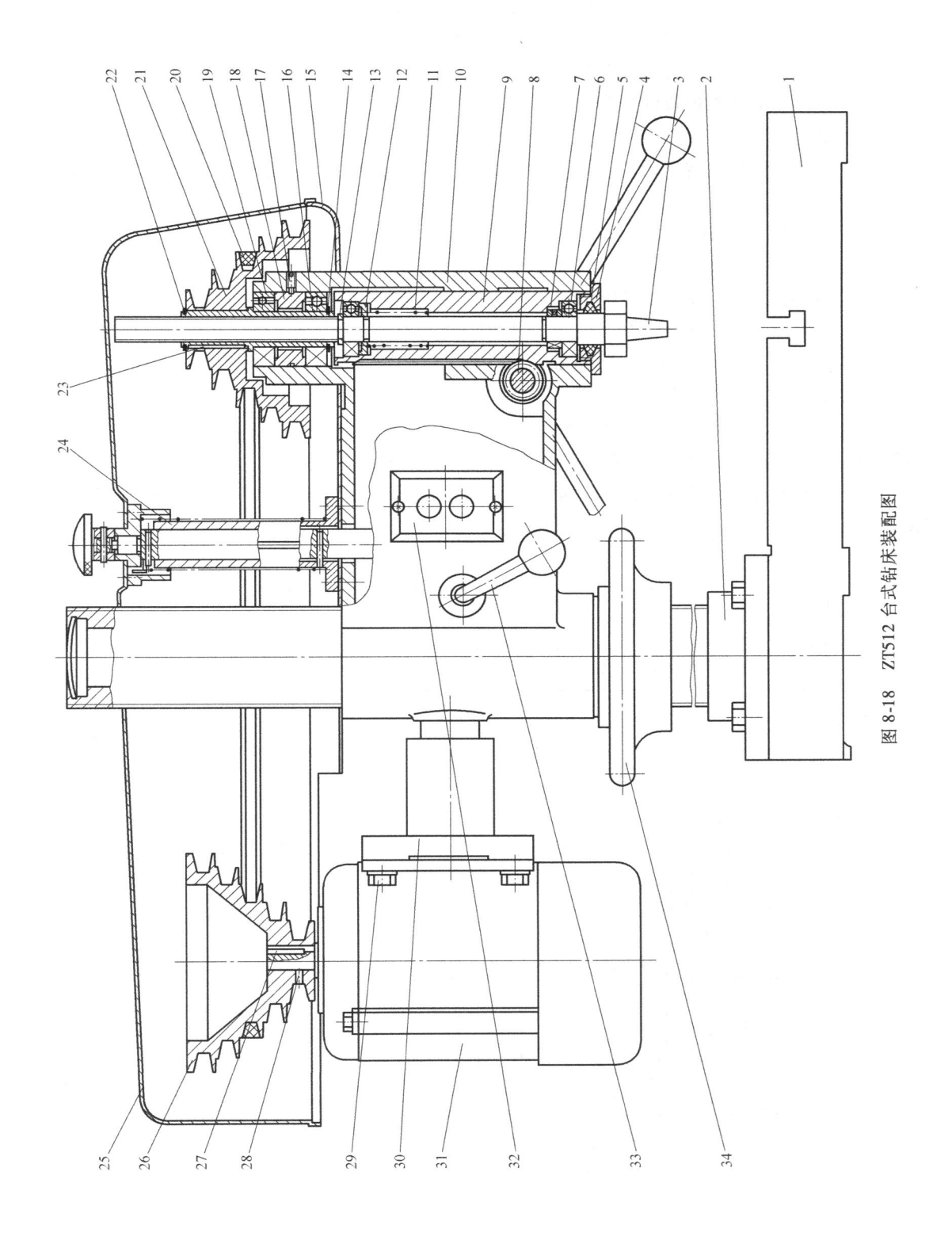

图 8-18 ZT512 台式钻床装配图

对于结构较简单的产品可只绘出产品装配工艺系统图；对于结构复杂、零部件多的产品还可按装配单元分级绘制装配单元系统图（图8-19）

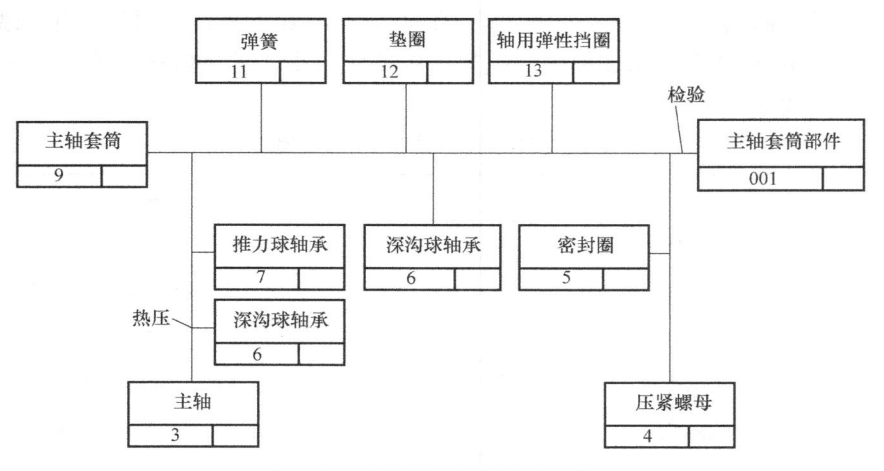

图8-19 主轴套筒装配单元系统图

5. 划分装配工序，确定各工序的具体内容

划分工序内容包括确定工序数目、顺序、工作内容、所需的设备及工装、各工序装配质量要求、工时定额等。

6. 编制装配工艺文件

装配工艺文件包括装配工艺路线卡或装配工序卡。

二、划分装配工序的一般原则

1）预处理工序先行。如零件的清洗、倒角、清除毛刺与飞边、油漆等工序要安排在前。

2）先下后上。先装处于机器下方的有关零部件，再装处于机器上方的零部件，使重心始终处于最稳定状态。

3）先内后外。使先装部分不会成为后续作业的障碍。

4）先难后易。开始装配时，基础件上有较大的安装、调整、检测空间，便于较难零部件的装配。

5）先重大后轻小。一般先安装机体等重大的基础件，再将一些轻小的零部件装在基础件上。

6）先精密后一般。先将影响机器精度的零部件安装调试好，再装一般要求的零部件。

7）安排必要的检验工序。对产品质量和性能有影响的重要工序或易出废品的工序后面均应安排检验工序。

8）电线、液压管、油管的安装工序一定要合理安排，不能疏忽。

三、装配实例分析

图8-18所示的ZT512台式钻床装配图（局部有省略、简化）的零部件明细表见表8-2。

ZT512台钻主要装配精度要求有主轴回转精度（轴端径向圆跳动0.01mm），主轴回转中心对底座工作台面的垂直度要求0.03mm，底座平面度要求0.02mm（只许中凹）。其中，底座平面度主要靠底座本身加工精度来保证；主轴回转中心对底座工作台面的垂直度要求主要靠台钻主轴箱体上立柱孔与主轴孔间的平行度和立柱中心对立柱端面的垂直度来保证，采用部分互换法装配，必要时修配底座上的立柱安装表面；主轴回转精度的影响因素较多，其中要求主轴齿条套筒与主轴箱体孔的配合间隙为 0.003 ~ 0.008mm，采用分组选配法装配。根据台钻的年产量 5000 台，属成批生产；其结构尺寸较小，重量较轻，确定其装配组织形式为移动式流水线装配。

表 8-2 ZT512 台式钻床零部件明细表

件号	名　　称	件号	名　　称
1	底座	18	垫圈
2	立柱	19	2 × 深沟球轴承 6205/P6
3	主轴	20	V 带 A1168
4	压紧螺母	21	主轴带轮
5	密封圈	22	轴用弹性挡圈 24
6	2 × 深沟球轴承 6203/P6	23	平键 4 × 4 × 36
7	推力球轴承 5103/P6	24	导杆、套部件
8	齿轮轴、弹簧盒部件	25	上罩壳
9	主轴套筒	26	电动机带轮
10	主轴箱部件	27	平键 4 × 4 × 25
11	弹簧	28	紧定螺钉 M8 × 10
12	垫圈	29	4 × 螺钉 M8 × 30
13	轴用弹性挡圈 17	30	电动机平台
14	轴用弹性挡圈 25	31	电动机 A02-7124
15	下罩壳	32	组合开关导线部件
16	花键套筒	33	左右锁紧块、手柄部件
17	紧定螺钉 M6 × 16	34	升降螺母部件

根据台钻的结构，可将其划分为数个装配单元，见表 8-3，其中主要有升降螺母部件、电动机带轮部件、主轴箱部件、主轴套筒部件、花键套筒部件、齿轮轴、弹簧盒部件、导杆、套部件等。以底座为装配基准件，按照前一工序不得影响后一工序装配的基本原则，依次从下到上、从内到外，确定台钻的装配顺序，绘制出台钻装配工艺系统图（图 8-17）和装配单元系统图（图 8-19）。

表 8-3 装配单元简表

名　　称	代号	所含零件件号
主轴套筒部件	001	3、4、5、6、7、9、11、12、13
花键套筒部件	002	14、16、18、19、23
电动机带轮部件	003	26、27、28、29、31
齿轮轴弹簧盒部件	004	8

（续）

名　称	代号	所含零件件号
主轴箱部件	005	10
导杆、套部件	006	24
组合开关导线部件	007	32
左右锁紧块、手柄部件	008	33
升降螺母部件	009	34

　　按装配工艺系统图划分工序内容和所需设备、工装，编制装配工艺规程。台式钻床的装配工艺路线见表8-4，主轴套筒部件装配工艺过程见表8-5。

表8-4　台式钻床的装配工艺路线

序号	工　作　内　容
10	将底座1吊上装配线工作台
20	把立柱2固定在底座1上，旋紧螺栓4×M12
30	把升降螺母部件009装到立柱2上，要求能自由滑落
40	把主轴箱部件005装到立柱2上，再将花键套筒部件002装在主轴箱部件005上，并用紧定螺钉17使其和主轴箱部件005固定
50	将左右锁紧块、手柄部件008装入主轴箱10孔φ32H7中，要求锁紧后手柄位置应在正上方或正下方，其偏差为±30°，松开手柄，不得抱死立柱
60	将主轴箱部件005与升降螺母部件009用螺钉3×M5联接并锁紧
70	将下罩壳15装在主轴箱部件005上方
80	把主轴带轮21装入花键套筒16上，再装上轴用弹性挡圈22
90	将导杆、套部件006装到主轴箱10和下罩壳15上方，锁紧螺钉3×M8
100	将电动机平台30装入主轴箱尾部上，要求能自由轴向移动
110	将组合开关导线部件007装入主轴箱，旋紧螺钉4×M3，并固定好护线软套
120	装上电动机带轮部件003，锁紧螺钉4×（M8×25），装上V带20
130	将上罩壳25装在导杆、套部件006上，要求上、下罩壳配合良好，导杆在导套内移动灵活
140	将主轴套筒部件001按分组选配装入主轴箱部件005的φ50H7孔内，保证间隙为0.003~0.008mm，要求移动灵活，并能随其重量自行下滑
150	装上齿轮轴、弹簧盒部件004，调整弹簧，使主轴套筒9下移，放手后可自动复位
160	按电气装配工艺要求，接好电动机线
170	检验主轴跳动
180	检验主轴中心对底座垂直度，返修至合格
190	检验底座平面度，复检综合垂直度
200	试车
210	清洗、上油、包装
220	外观总检
230	起吊至木箱底板上、钉箱、入库

表 8-5　主轴套筒部件装配工艺过程

装配工艺过程卡片	产品型号	ZT512	零(部)件图号		文件编号		
	产品名称	台式钻床	零(部)件名称	主轴套筒	共　页	第　页	

工序号	工序名称	工　序　内　容	装配部门	设备及工艺装备	辅助材料	工时定额(分)
10	加热	将主轴套筒的轴承 2×6203/P6,5103/P6 紧圈套入主轴 3 前轴承位,并贴紧主轴加热 150~160℃	装配	电热自动恒温油炉		
20	部装	1. 6203/P6 轴承套入主轴 3 前轴承位,并贴紧主轴 φ25 端面 2. 5103/P6 紧圈套入主轴 3 前轴承位,并贴紧 6203/P6 轴承		钳子	手套	
30	检	检验轴承 6203/P6 是否灵活并到位,5103/P6 紧圈是否到位				
40	部装	1. 将 5103/P6 滚动轴承涂上锂基润滑脂后,放入 5103/P6 滚动环及松圈到主轴上 2. 6203/P6 及 5103/P6 涂上锂基润滑脂 3. 将已装上轴承的主轴轻压入主轴套筒 6203/P6 到位,再装入轴用弹性挡圈 13 到主轴槽内,涂锂基润滑脂于后轴承 6203/P6 上 4. 将主轴套筒 6203/P6 装入密封圈的压紧螺母 4 槽内,再将已装入密封圈的压紧螺母 4 旋转应轻松灵活,无卡住现象		弯嘴式轴用挡圈钳 专用扳手	锂基润滑脂	
50	检	1. 检查主轴 3 对主轴套筒 9 旋转应轻松并调整,无卡住现象 2. 将主轴套筒 9 固定在夹具上检查并调整,主轴 3 的短圆锥处跳动在 0.003mm 以内,花键尾部跳动小于 0.02mm	检验	专用夹具,千分表		
60	总装	装入工位器具				

Z512W-900-1/07

			设计(日期)	校核(日期)	标准化(日期)	会签(日期)	审核(日期)

描图							
描校							
底图号	标记	处数	更改文件号	签字	日期	标记	处数	更改文件号	签字	日期
装订号							

习　题　八

8-1　试述装配精度概念及其与零件精度的关系。

8-2　保证机器或部件装配精度的方法有哪几种？

8-3　图 8-20 所示装配关系，要求带轮与套筒之间保证留有 0.5~0.8mm 间隙。试按装配尺寸链最短路线原则列出与轴向间隙有关的装配尺寸链简图，且分别用极值法和概率法确定有关零件尺寸的上、下极限偏差（左、右两套筒零件尺寸相同）。

8-4　图 8-21 所示为主轴部件局部装配关系。为保证弹性挡圈能顺利装入，要求保证轴向间隙为 0.05~0.42mm。已知齿轮厚 32.5mm，弹性挡圈厚 $2.5_{-0.12}^{\ 0}$ mm（标准件），试分别按极值法和概率法确定各组成零件有关尺寸的上、下极限偏差。

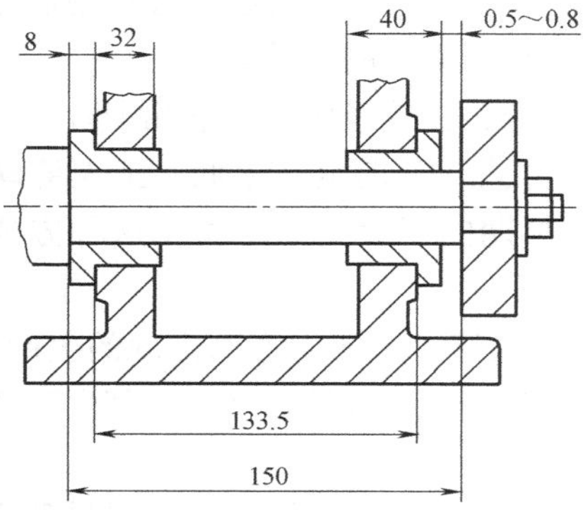

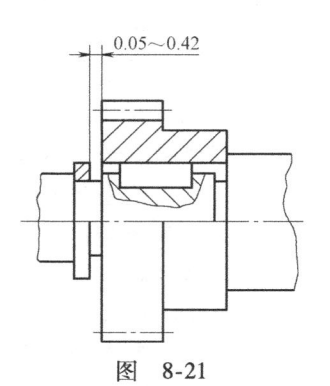

图　8-20

图　8-21

8-5　图 8-22 所示为键与键槽装配示意图。键宽 20mm，要求保证间隙为 0.05~0.15mm。

（1）当大批量生产时，采用完全互换法装配，试求各环的上、下极限偏差。

（2）当单件小批生产时，采用修配法装配，试确定修配环，并求各环的上、下极限偏差，确定最小修配量。

8-6　图 8-23 所示为镗夹具简图，要求定位面到孔中心距离为（155±0.01）mm，定位板厚 20mm，试用修配法确定各组成环尺寸及其上、下极限偏差，确定最小修配量。

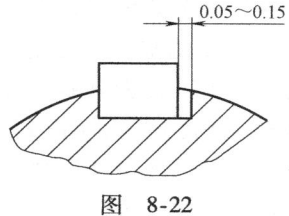

图　8-22

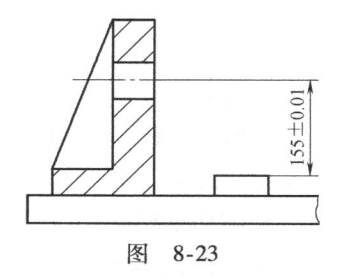

图　8-23

8-7　图 8-17 中花键套筒部件包括花键套筒 16，轴用弹性挡圈 14，深沟球轴承 19（2×6205/P6），垫圈 18，平键 23。试绘制花键套筒部件的装配单元系统图。

第九章 现代加工工艺简介

第一节 概　　述

一、机械制造业的发展过程

机械制造业的发展过程是一个不断提高机械制造产品的加工精度、表面质量、自动化水平和不断降低制造成本的过程。因此，制造技术的一个基本出发点就是在充分利用现有的科学技术最新成果的基础上，优质、高产、低消耗地生产出所需要的产品来。

机械制造业发展至今，按其生产方式的变化进行划分，大致经历了如下几个阶段。

（1）劳动密集型生产方式　这是一种落后的生产方式，劳动生产率低，工人劳动强度大，对工人的技术水平要求高，产品精度一致性差。早期的工业生产均属于这种方式。目前，这种生产方式正逐渐被淘汰。

（2）设备密集型生产方式　这是一种随着汽车、机床等大工业生产而出现的生产方式。劳动生产率较高，对工人的技术水平要求相对较低，产品精度一致性较好。但其生产率的提高来自众多设备的投入，对多品种生产的适应性较差。

（3）信息密集型生产方式　这是一种较先进的生产方式，它实现了人与机器设备之间的信息交流，机器设备可以通过所获得的信息，快速、准确地实现加工。因此，这种生产方式的自动化程度和适应性较强。数控机床、加工中心等就是这种生产方式所使用的典型设备。

（4）知识密集型生产方式　这是一种继信息密集型生产方式之后产生的新的生产方式。制造系统不但能与人进行息交流，而且由于本身具有专家系统、数据库等必要的解决问题的知识，使其能在获取较少信息的情况下完成加工要求。因此，这种生产方式的自动化水平和适应性进一步提高，柔性制造系统（FMS）、计算机集成制造系统（CIMS）是这种生产方式的典型代表。

（5）智能密集型生产方式　这是一种目前正在研究和实施的全新的生产方式。它试图使制造系统本身具有人工智能，而不是只具有对某一问题专一的、有限的知识。因此，这种制造技术的实施，将使人们梦寐以求的"无图样加工"和"无人化加工"成为可能。目前正研究的智能制造系统（IMS）、智能型计算机集成制造系统（I-CIMS）就属于这种生产方式。

上述生产方式中的前两种就是所谓的传统制造技术，而后三种则属于现代制造技术。不难看出，以传统制造技术进行生产时，产品的质量和劳动生产率的提高依赖于大量人力和机器设备的投入，而现代制造技术则强调了生产的自动化程度和适应性，强调了新工艺方法和新技术的投入。

二、现代制造技术的一般含义

随着科学技术特别是微电子技术和计算机技术的飞速发展，使得传统的机械制造技术在近二十年来发生了极为深刻和广泛的变化，主要表现在以下几个方面。

1）新材料、难加工材料不断涌现，极大刺激和推动了材料加工技术的发展。例如，航空发动机为了适应高温、高压、高速的工作环境，使用了高温合金和强度很高的钛合金；为了适应超精密、超高速切削与磨削的需要，广泛采用了金刚石、陶瓷等新型刀具材料。这些新型材料由于成分、组织复杂，物理、力学性能各异，因此在对这些新材料加工过程中，出现了一系列新技术和新工艺，如电加工，超声波加工，激光束、电子束、离子束加工，加热切削，振动切削等。

2）超精密加工技术飞速发展，作用日益突出。随着宇航、电子工业的迅猛发展，对组成机器的零部件，如导航陀螺、电子芯片、磁盘等的加工精度和表面质量提出了近乎苛刻的要求。例如，为了能使集成电路芯片达到单片集成几百万甚至上亿个元件的集成度，就必须使用制造芯片的基片达到微米或亚微米级的加工精度和纳米级的表面粗糙度，而且没有加工变质层。为了满足这样的加工要求，超精密加工技术已与计算机技术、微电子技术等紧密地结合起来，形成了包括精密测量、在线检测、实时控制、反馈补偿及恒温、净化、防振等一系列相关技术在内的综合技术。超精密加工的方法也日趋增加和完善，目前常见的现代超精密加工方法主要有金刚石超精密切削，超精密磨料加工（如弹性发射加工，机械化学抛光，流体浮动抛光等）及综合利用其他能量（如电、光、声、热、化学等）的特种超精密加工技术。

3）生产的自动化程度空前提高。现代制造业的特点之一是多品种生产在生产结构中占有绝对优势的比重。这是由于社会需求多样性明显增加，迫使即使像汽车制造业这样一贯被视为大量生产的行业，为了满足市场需求和保持企业活力，也不得不从历来的单一品种的生产方式向多品种生产方式转化。现代制造业的另一特点是生产批量越来越小，产品的更新换代频率明显加快。这就要求现代制造技术必须拥有相当高的自动化水平和灵活的应变能力。随着计算机技术在机械制造业中的广泛应用，使得机械制造技术进入了柔性自动化、智能化、集成化的新阶段。目前，在制造系统中较为成功的自动化技术主要有成组技术（GT）、计算机辅助制造（CAM）、柔性制造系统（FMS）、计算机集成制造系统（CIMS）等现代技术。

机械制造过程是一个从零件的毛坯开始，到加工工艺规程的制订，加工精度和表面质量的保证，直至将零件装成合格产品的全过程。因此，现代制造技术的含义相当广泛。一般认为，现代制造技术是传统制造技术与微电子、计算机、自动控制等现代高新技术交叉融合的结果，是一个集机械、电子、信息、材料和管理技术于一体的新型交叉学科。它使制造技术的技术内涵和水平发生了质的变化。因此，凡是那些能够融合当代科技进步的最新成果，最能发挥人和设备的潜力，最能体现现代制造水平的制造技术均称为现代制造技术。

现代制造技术的产生和发展给传统的机械制造业带来了勃勃生机。现代制造技术已成为当代举世瞩目的高新技术。因此，作为从事机械制造技术的专业工作者，有必要对其内容和发展有所了解。

第二节 特种加工技术

一、特种加工的概念

第二次世界大战后，随着宇航、电子等尖端技术的飞速发展，新型工业材料不断涌现并被采用，并且零件的形状越来越复杂，对零件的加工精度和表面质量的要求也越来越高，传统的加工方法已经很难，甚至无法胜任这样的加工要求，特种加工技术就是在这种前提下产生和发展起来的。

特种加工是相对传统的切削加工而言的，是指那些除了车、铣、刨、磨、钻等传统的切削加工之外的一些新的加工方法。它与传统切削加工的主要不同是：

1）加工过程所使用的能量不是主要依靠机械能，而是更多地依靠其他能量（如电、化学、光、声、热等）进行加工

2）工具硬度可以低于被加工材料硬度。

3）加工过程中工具和工件之间不存在显著的机械切削力。

这些特点使得特种加工技术在加工超硬材料、异形零件及表面质量（如残余应力、加工变质层等）要求较高的零件过程中表现出巨大的优越性。

特种加工的方法很多，至今已有几十种，而且随着科学技术的发展，一些新的、多种能量复合的特种加工技术将不断涌现。本节将主要介绍电火花、电解、超声、激光束、电子束、离子束等特种加工技术的基本原理、工艺特点及它们在难加工材料加工中的应用。

二、电火花加工

电火花加工是利用工具电极和工件电极之间脉冲性火花放电时所产生的电腐蚀现象来蚀除多余的金属，而使工件达到预定的尺寸、形状及表面质量。

电火花腐蚀的主要原因是在电火花放电时，火花通道中瞬时产生大量的热，达到很高的温度，足以使任何金属材料熔化、汽化而被蚀除掉，形成放电凹坑。把这种电腐蚀现象用于对金属材料的尺寸加工时，必须解决以下问题。

1）工具电极与工件被加工表面之间必须保持一定的放电间隙（通常为几微米至几百微米）。因此，在电火花加工过程中，必须具有工具电极的自动进给和调节装置，以保证极间正常的火花放电。

2）火花放电必须是瞬间的脉冲性放电，这样才能使火花放电时所产生的热量局限在很小的范围内，以完成对工件的尺寸加工。因此，电火花加工必须采用脉冲电源。

3）火花放电必须在绝缘强度较高的液体介质中进行（如煤油、皂化液等），以有利于产生脉冲性火花放电。

电火花加工原理示意图，如图9-1所示。工件1与工具4分别与脉冲电源2的两输出端相连接。自动进给调节装置3使工具和工件之间保持一定的放电间隙。当脉冲电压加到两极之间时，便在当时条件下相对某一间隙最小处或绝缘强度最低处击穿介质，在该局部产生火花放电，瞬时高温使工件和工具表面都能除掉一小部分材料，各自形成一个小凹坑。脉冲放电结束后，经过一段时间间隙（即脉冲间隙），使工作液恢复绝缘后，第二个脉冲又加在两极上，又会在间隙最小或绝缘强度最低处击穿放电，工具电极不断地向工件电极进给，就将工具的形状复制到工件上，从而加工出所需要的零件。

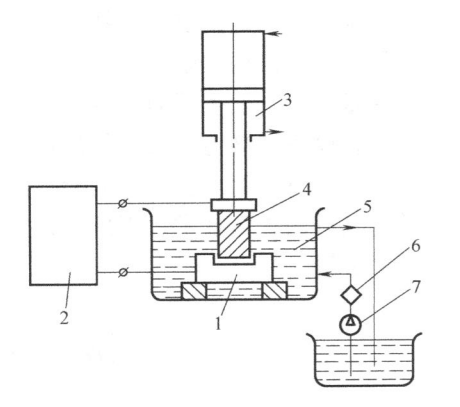

图9-1　电火花加工原理示意图

1—工件　2—脉冲电源　3—自动进给调节装置

4—工具　5—工作液　6—过滤器　7—工作液泵

三、电解加工

电解加工是利用金属在电解液中的电化学阳极溶解原理，将工件加工成形的。图 9-2 所示为电解加工原理示意图。工件接直流电源正极，工具接负极。两极之间的电压一般为 5 ~ 25V。工具向工件缓慢进给，使两极间保持较小的间隙（0.05 ~ 1mm），具有一定压力（0.5 ~ 2MPa）的电解液（通常为 NaCl 或 $NaNO_3$ 溶液）从间隙中流过，这时，作为阳极的工件金属逐渐被电解腐蚀，电解产物被高速（5 ~ 50m/s）的电解液带走。

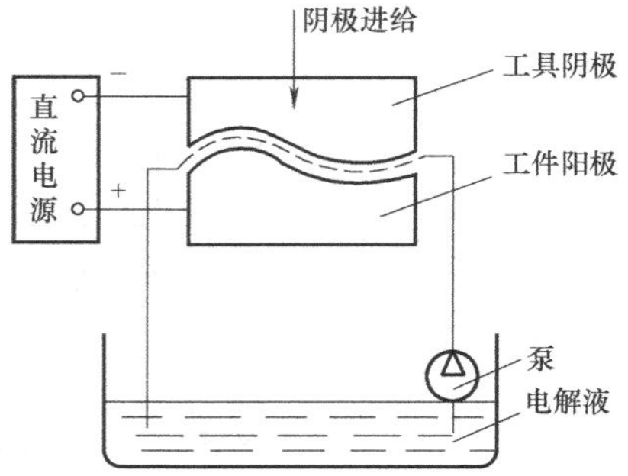

图 9-2　电解加工原理示意图

四、超声加工

超声加工是利用工具端面进行超声频（16 ~ 25kHz）振动，通过工作液中悬浮磨料对工件表面冲击抛磨来实现加工的。图 9-3 所示为超声加工原理示意图。加工时，在工具 3（一般为 15 钢制成）和工件 1 之间加入工作液 2（一般为水和煤油与磨料混合而成的悬浮液），并使工具以很小的压力 P 轻轻作用于工件上。超声波发生器 7 将工频交流电转变为有一定功率输出的超声频电振荡，超声换能器 5 将超声频电振荡转变为超声机械振动，但其振幅很小，一般只有 0.005 ~ 0.01mm，无法满足加工要求。因此，需借助振幅扩大棒 4 将振幅放大到 0.5 ~ 0.1mm 左右。这样，固定在振幅扩大棒 4 端头的工具 3 即产生了能满足加工要求的超声振动。工具端面的超声振动，迫使工作液中的悬浮磨料以很大的速度不断地撞击、抛磨被加工表面，使加工区域内的工件材料被粉碎成很小的微料，从工件表面脱落下来。循环流动的工作液不断带走加工碎屑，同时，也使得加工区域中的磨料不断得到更新。随着工具的不断进给，上述加工过程继续进行，工具的形状便被复映到工件上，直至达到要求的尺寸和形状为止。

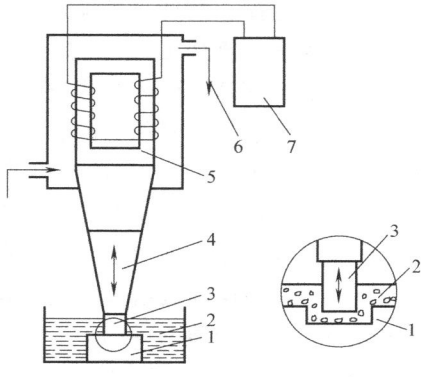

图 9-3　超声加工原理示意图
1—工件　2—工作液　3—工具　4—振幅扩大棒
5—超声换能器　6—冷水　7—超声波发生器

五、激光加工

激光是 20 世纪 60 年代出现的新型光源。一般地讲，激光是由处于激发状态的原子、离子或分子受激辐射而发出的得到加强的光。它具有强度高、单色性好、相干性好和方向性好等特性。利用激光的上述特性，可经过一系列光学系统，把激光光束聚焦成极小的光斑，从而获得 $10^7 ~ 10^{11}$ W/cm² 的能量密度及 10000℃ 以上的高温，在千分之几秒甚至更短的时间内，足以使任何材料熔化和汽化而被蚀除下来，实现加工。

激光加工原理示意图，如图 9-4 所示。实现激光加工的设备主要包括激光器、电源、光学系统和机械系统四个部分。激光器可分为固体激光器、气体激光器、液体激光器和半导体激光器。激光加工中应用较广泛的是固体激光器和液体激光器。

六、电子束加工

电子束加工是在真空状态下，利用高速电子的冲击动能转化成局部热能而对材料进行加

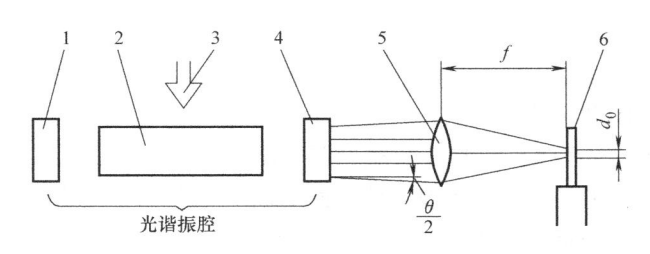

图 9-4　激光加工原理示意图

1—全反射镜　2—聚光器　3—冷却水　4—部分反射镜　5—透镜　6—工件

工的。电子束加工原理示意图,如图 9-5 所示。在真空状态下,利用电能将阴极(钨丝)加热到 2700℃以上,发射出电子并形成电子云,在阳极吸引下,使电子朝着阳极方向加速运动,经聚焦后得到能量密度极高(可达 $10^6 \sim 10^9 \, W/cm^2$)、直径仅为几微米的电子束。它以极高的速度作用到被加工表面上,使被加工部位的材料在极短的时间(几分之一微秒)内温度迅速升至几千摄氏度的高温,从而把局部材料瞬时熔化或汽化掉,实现了去除加工。

七、等离子射流加工

气体被加热到高温而离解成自由电子和正离子的状态,称为等离子体。利用高温、高速的等离子射流喷射到工件上进行加工的方法,称为等离子射流加工。等离子射流加工原理示意图,如图 9-6 所示。在阳极与阴极之间产生电弧放电,并从侧面通入形成涡流的气体,气体被电弧离解成等离子体后,由下部的喷嘴喷射出高温、高速的等离子射流,对工件进行加工。图 9-6a 所示为加工导电性材料,图 9-6b 所示为加工非导电性材料。等离子射流加工主要用于切割、车削加工和焊接(称为等离子电弧焊)等。

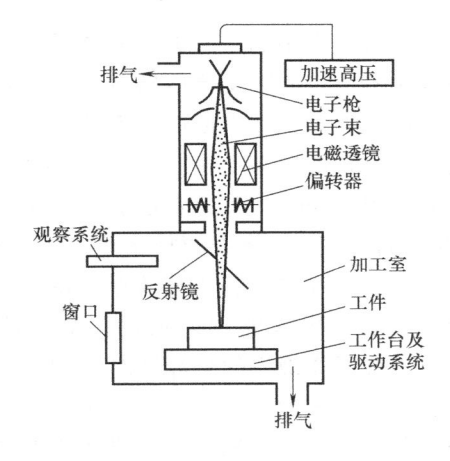

图 9-5　电子束加工原理示意图

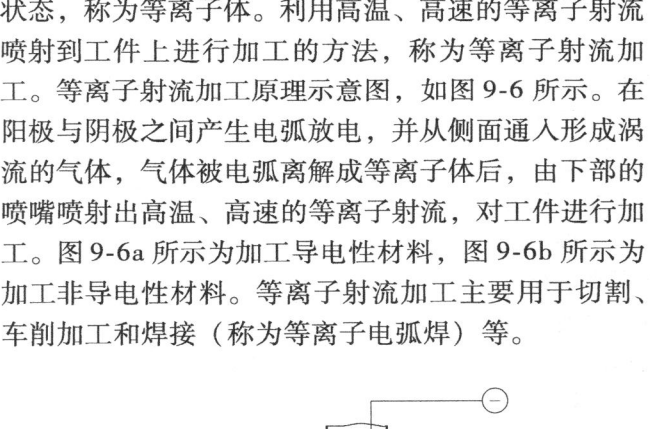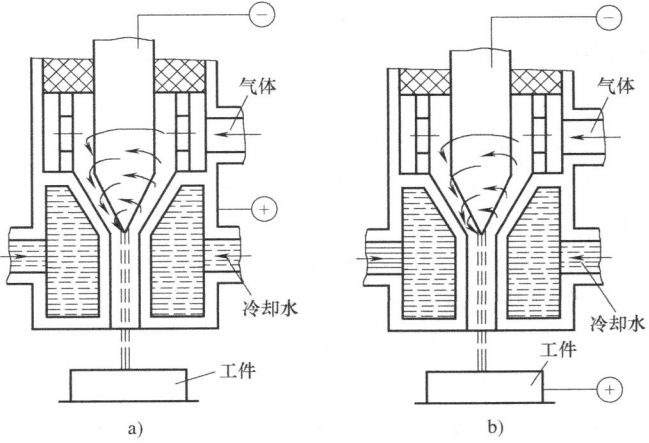

图 9-6　等离子射流加工原理示意图

第三节　微米/纳米技术

科学技术向微小领域发展，由毫米级、微米级继而涉足纳米级，人们把这个领域的技术称为微米/纳米技术（Micro&Nano-Technology）。

当前，微米/纳米技术在国际上已使人类在改造自然方面进入一个新的层次，即以微米层次深入到原子、分子级的纳米层次。它作为20世纪出现的高技术，发展十分迅猛，并由此开创了纳米电子、纳米材料、纳米生物、纳米机械、纳米制造、纳米测量等新的高技术群。正像产业革命、抗生素、核能以及微电子技术的出现和应用所产生的巨大影响一样，微米/纳米技术将开发物质潜在的信息和结构潜力，使单位体积物质储存、处理信息和运动控制的能力实现又一次飞跃。在信息、材料、生物、医疗等方面，导致人类认识和改造世界的能力取得重大突破。从技术手段上，传统的机械加工、IC工艺和特种工艺（如电子束、离子束、分子束、激光束加工等）将有很大的发展；从技术和产业领域上，精密机械、材料科学技术、微电子技术、光学技术、信息技术、精细化工、物理和生命科学技术、生态农业将产生新的突破。所以，目前发达国家都在国家科学研究规划中投入大量的资金和人力的同时，开始注意对关键微米/纳米技术实行保密与技术封锁。

一、微米技术

1. 微小尺度的设计理论研究

微型系统的设计并非简单的机械微小化，而需要从物理及物质相互作用等方面进行重新研究，形成一整套的设计理论与方法，其研究重点应包括微动力学、微流体力学、微热力学、微机械学、微光学等，并且注重现代设计方法如CAD技术、仿真与拟实技术等在微型系统设计中的应用，通过上述研究解决微型系统设计中的尺寸效应、表面效应、误差效应及材料性能等的影响。微细加工技术与测量定位、控制技术是密切联系的，相应的测量定位、控制要高 $1 \sim 2$ 个数量级，需要亚微米级及纳米级。

2. 微细加工技术

微细加工技术包含超精机械加工、IC工艺、化学腐蚀、能量束加工等方法。对于简单的面、线轮廓的加工，可以采用单点金刚石和CBN切削、磨削、抛光等技术来实现，如激光陀螺的平面反射镜和平面度误差要求小于30nm，表面粗糙度值 Ra 小于1nm等。而对于稍稍复杂一点的结构，用机械加工的方法是不可能的，特别是制造复合结构，当今较为成熟的技术仍是IC工艺硅加工技术，如美国研制出直径仅为 $60 \sim 120 \mu m$ 的砖微型静电马达等。另外建立在深层同步辐射光刻、电镀、铸塑技术基础的LIGA技术，在制作具有很大纵横比的复杂微结构方面取得重大进展，并日趋成熟，其横向尺寸可小到 $0.5 \mu m$，加工精度达 $0.1 \mu m$。同时能量束加工如离子束加工、分子束加工、激光束加工以及电化学加工、精密电火花加工等，在微细加工甚至纳米加工领域发挥着越来越重要的作用。

3. 精密测试技术

具有微米及亚微米测量精度的几何量与表面形貌测量技术也已成熟，如具有 $0.01 \mu m$ 精度的HP5528双频激光干涉测量系统，具有 $0.01 \mu m$ 精度的光学与触针式轮廓扫描系统等。因此，目前精密测试技术的一个重要研究对象是微结构的力学性能，如谐振频率、弹性模量、残余应力的测试和微结构的表面形貌及内部结构，如微体缺陷、微裂纹、微沉积物的测试，由此出现了软 X 射线显微镜、扫描光声显微镜等新技术。

4. 微系统技术

在研究微系统设计、加工、测量的基础上，国内外较广泛地开展了微型传感、微执行机构、微电子信号处理等方面的研究工作，如已制作出微型力传感器、微型泵、微电动机等。下一阶段的目标是如何将微机构、微传感器、微执行器、微电子信号处理电路等集成于一体，这种集成技术也是建立于微细加工的基础之上，其主要研究问题包括微系统的宏、微界面接口技术，封装技术，粘接技术，系统自检、自律、自校正技术等。同时已经研制出了一些典型微系统，如用于化学成分检测的微成分检测系统（5mm×5mm×3mm），用于心脏状态监测的微系统（ϕ4mm×8mm），用于导航的微惯性系统（20mm×20mm×5mm）等。

二、纳米技术

纳米技术通常指纳米级 0.1～100nm 的材料、设计、制造、测量、控制和产品的技术。纳米技术是科技发展的一个新兴领域。它不仅仅是将加工和测量精度从微米级提高到纳米级的问题，而是人类对自然的认识和改造方面，从宏观领域进入到物理的微观领域，深入了一个新的层次，即从微米层深入到分子、原子级的纳米层次。在深入到纳米层次时，所面临的绝不是几何上的"相似缩小"的问题，而是一系列新的现象和新的规律。在这纳米层次上，也就是原子尺寸级别的层次上，一些宏观的物理量，如弹性模量、密度、温度等已要求重新定义，在工程科学中习以为常的欧几里得几何，牛顿力学，宏观热力学和电磁学都已不能正常描述纳米级的工程现象和规律，而量子效应、物质的波动特性和微观涨落等已是不可忽略的因素，甚至成为主导因素。

纳米技术主要包括：纳米级精度和表面形貌的测量；纳米级表层物理、化学、力学性能的检测；纳米级精度的加工和纳米级表层的加工——原子和分子的去除、搬迁和重组；纳米材料；纳米级传感器和控制技术；微型和超微型机械；微型和超微型机电系统和其他综合系统；纳米生物学等。

纳米技术作为一个新兴的横断技术领域，覆盖范围极广，下面主要介绍纳米电子、纳米机械、纳米材料、纳米加工及纳米测量技术。

1. 纳米电子技术

在过去的 40 年里，晶体管的特征尺寸由 10mm 减小到小于 1μm，现在商用上可实现在一个集成片上包含 100 万个单元。对于这种尺度的电子线路，宏观规律仍旧有效，然而未来一二十年的科技发展使尺寸进一步缩小 10～100 倍进入到纳米尺度，量子力学及电子的波动性就不能不再考虑了。目前扫描探针显微技术可以在表面上形成纳米级宽度的线条，如日本、英国、美国均已成功地加工出了 5～20nm 的线条，由此将集成电路的几何结构进一步减小，超越目前发展中的极限，因而使得功能密度和数据通过率达到目前难以想象的水平。在这个尺度上，新的物理效应将会出现，利用它可以发展新颖的量子器件，像原子开关、共振隧道二极管、量子激光器等器件。纳米电子技术的另一个诱人的研究方向是发展分子电子器件和生物芯片，其以分子组合为基础，是一种全新的电子元件。

2. 纳米机械技术

纳米机械技术包括的领域很广，其研究基础包括纳米加工过程的动力学模拟、纳米构件与表面分子工程、纳米摩擦学等。这里所指的纳米机械是能实现纳米尺寸上某种功能的机械，如纳米制造没备及纳米执行器。纳米执行器能实现纳米尺度的移动与定位。典型的纳米执行器有两种：一种是基于线性电动机的 Yoshida 系统，有 1nm 定位精度和 200nm/s 的速度；另一种是基于压电陶瓷管的蠕动爬行装置，以步进方式很容易实现 1nm 的定位以及在扫描隧道显微镜（Scanning Tunneling Microscope，简称 STM）和原子力显微镜（AtomicForce Microscope，简称 AFM）上达到 0.01nm 的精确定位。

3. 纳米材料技术

纳米材料技术是发展最早且研究最深入的学科。纳米材料由于其结构的特殊性，如大的表面比、小尺寸效应、界面效应、量子效应和量子隧道效应等，使纳米材料出现许多不同于传统材料的独特性能，从而使其在未来新材料上充当角色，如隐身材料，高灵敏度、高响应的传感材料，多功能复相陶瓷材料等。纳米材料还为基础研究提供可控参数的样品，如纳米薄膜、纳米超微粉等用于研究上述效应。

4. 纳米加工技术

纳米加工技术的发展面临两大途径。一方面是将传统的超精加工技术，如机械加工（单点金刚石和 CBN 刀具切削、磨削、抛光）、电化学加工（ECM）、电火花加工（EDM）、离子和等离子体蚀刻、分子束外延（MBE）、物理和化学气相沉积、激光束加工、LIGA 技术等向其极限精度逼近，使其具有纳米的加工能力。另一方面，开拓新效应的加工方法，如 STM 对表面的纳米加工，可操纵原子和分子，并对表面进行刻蚀。如美国的 IBM 公司利用 STM 将 35 个原子排出"IBM"三个字样，且在硅片上覆盖一层 20nm 厚的聚甲基丙烯酸甲酯（PMMA），再利用 STM 光刻，得到 10nm 宽的线条等。

5. 纳米测量技术

以上所涉及有关纳米技术的研究，均离不开对它们的分析测试工作——纳米测量技术，或称为纳分析和纳探针技术，其中纳探针技术发展迅速并较为成熟。随着 20 世纪 80 年代 STM 的出现，使人们能直接观察到物质表面的原子结构，把人们带到了微观世界。STM 具有极高的空间分辨率（横向小于 0.1nm，纵向小于 0.01nm）和广泛的适用性，在国际上一度掀起 STM 的热潮，并在一定程度上推动了纳米技术的产生与发展。基于 STM 发展起来了一系列利用探针与样品的不同相互作用，来探测表面或界面纳米尺寸上表现出来的物理与化学性质的扫描探针显微镜（Scanning Probe Microscope，简称 SPM），如原子力显微镜（AFM）、磁力显微镜（MFM）、摩擦力显微镜（LFM）、弹道电子发射显微镜（BEEM）、光子扫描隧道显微镜（PSTM）、扫描离子电导显微镜（SICM）、扫描热显微镜（STM）、扫描力显微镜（SFM）等。另外光学干涉显微测量技术也得到长足的发展，如外差干涉测量技术、超短波长干涉测量技术。外差干涉光学轮廓仪具有约 0.1nm 的分辨率，X 射线干涉测量仪是以硅的 101 面的晶格间距（约 0.2nm）作为测量基准，具有 0.01nm 的分辨本领。而微细结构的缺陷，如金属聚积物、微沉积物、微裂纹等测试的纳米分析技术目前发展尚不成熟。据报道，国外在该领域的研究工作主要有用于晶体缺陷的激光扫描层析技术（Laser Scanning Tomograph，简称 LST），其探测微料尺度的分辨率达 1nm；用于研究样品顶部几个微米之内缺陷情况的纳米激光雷达技术（Nanolidar），其探测尺度分辨率也达 1nm。

三、微小型化的尺寸效应

（1）力的尺寸效应　在微小尺寸领域，与特征尺寸 L 的高次方成比例的惯性力、电磁力（L^3）等的作用相应减小，而与尺寸的低次方成比例的黏性力、弹性力（L^2）、表面张力（L^1）、静电力（L^0）等的作用相对增大。

（2）表面效应　随着尺寸的减小，表面积（L^2）与体积（L^3）之比相对增大，因而热传导、化学反应等加速，表面间的摩擦阻力显著增大。

（3）误差效应　对于微小构件，加工误差与构件尺寸之比相对增大，这可能使微小机构的特性受误差影响增大。

（4）材料性能　尺寸减小，材料内部缺陷减少，材料的机械强度大幅度增大。微型薄膜构件的弹性模量、抗拉强度、残余内应力、破坏韧性、疲劳强度等与块材不尽相同，尺寸减小到一定程度，有些宏观物理量甚至要重新定义。微观摩擦的机理也在研究中。

另外，随着尺寸减小，人们需要进一步研究微动力学、微细管道流体特性、微小物体的热力学特性以及 CAD、仿真和拟实技术等。

四、微细加工工艺

1. 半导体加工技术

半导体加工技术即半导体的表面和立体的微细加工，是在以硅为主要材料的基片上，进行沉积、光刻与腐蚀的工艺过程。半导体加工技术使 MEMS 的制作具有低成本、大批量生产的潜力。

（1）光刻加工技术　光刻加工是用照相复印的方法将光刻掩膜上的图形印制在涂有光致抗蚀剂（光刻胶）的薄膜或基材表面，然后进行选择性腐蚀，刻蚀出规律的图形。所用的基材有各种金属、半导体和介质材料。光致抗蚀剂是一类经光照后能发生交联、分解或聚合等光化学反应的高分子溶液。光刻加工工艺的基本过程通常包括涂胶、曝光、显影、坚膜、腐蚀、去胶等步骤。在制造大规模、超大规模集成电路等场合，需采用 CAD 技术，把集成电路设计和制造结合起来，即进行自动制版。

光刻质量和光致抗蚀剂种类、光刻工艺及掩膜版质量直接相关。为了提高光刻分辨率，制造更高密度的集成电路以及降低缺陷密度和提高生产率，人们提出了一系列的改进措施，主要有：在光掩膜制作上采用移相掩膜（Phase-Shift Masks）技术；在曝光工序上采用以激发深紫外波长的准分子激光器这一曝光光源，显著提高曝光分辨率；采用光致抗蚀剂化学增幅技术，提高辐照曝光的感光灵敏度；在刻蚀技术方面，为了实现 $0.1 \sim 0.01\,\mu m$ 图形超精加工，人们加强高能粒子束直接扫射成像技术的研究。

（2）体微型机械加工技术　体微型机械加工就是一种对硅衬底的某些部位用腐蚀技术有选择地除去一部分以形成微型机械结构的工艺，常用的主要有湿法腐蚀和干法腐蚀两种。

湿法腐蚀是应用化学腐蚀的方法对硅片进行加工的技术，一般有各向同性化学腐蚀、各向异性化学腐蚀和电化学腐蚀。干法腐蚀是利用粒子轰击对材料的某些部位进行选择性腐蚀的方法，即采用等离子体腐蚀、离子束和溅射腐蚀、反应离子束腐蚀等工艺来腐蚀多晶硅膜、氧化硅膜、氮化硅膜以形成微型机械结构。目前，随着干法腐蚀技术的发展，已形成以干法为主，干、湿结合的刻蚀工艺。

（3）表面微型机械加工技术　表面微型机械加工技术是在硅表面根据需要生长多层薄膜，如二氧化硅（SiO_2）、多晶硅、氮化硅、磷硅玻璃膜层（PSG）。采用选择性腐蚀技术，去除部分不需要的膜层，在硅平面上形成所需要的形状，甚至是可动部件。去除的部分膜层一般称为"牺牲层"，整个加工过程都在硅片表面层上进行，其核心技术是"牺牲层"技术。

该技术的优点是：在制造过程中所使用的材料和工艺与常规集成电路生产有很强的兼容

性，不必另外投资；再者，只要在制膜上略加改动，就可以用同样的方法制造出大量的不同结构。其最大的优势在于把机械结构和电子电路集成一起的能力，从而使微产品具有更好的性能和更高的稳定性。

2. 光刻电铸

光刻电铸即 LIGA（德文，Lithographie Galvano forming Abformung）工艺，利用 X 射线的深层光刻与电铸相结合，能够实现高深宽比的金属、塑料等多种材料的微细加工。与牺牲层腐蚀工艺结合，已制造出直径为微米级尺寸的金属齿轮以及微小的加速度计等。低成本的 LIGA 工艺和准 LIGA 的加工工艺也在研究中。

LIGA 技术是 20 世纪 80 年代初期德国卡尔斯鲁耳原子能研究中心为铀-235 研制微型喷嘴结构的过程中产生的。该技术是一种由半导体光刻工艺派生出来的，采用光刻方法一次生成三维空间微型机械构件的方法，经过十几年的发展已趋成熟。

LIGA 技术的机理由深层 X 射线光刻、电铸成形及塑注成形三个工艺组成。它的主要工艺过程为 X 光光刻掩膜板的制作、X 光深光刻、光刻胶显影、电铸成形、塑模制作、塑模脱膜成形等。具体过程为先用聚乙-甲基丙烯酸甲酯等作光致抗蚀剂涂在基板上，再在基板上盖上已刻好图形的金属掩膜，再用 X 线使光刻胶层曝光、显影，将未曝光部分溶解掉，制成抗蚀层的结构图形，再在抗蚀层结构图形的间隙处镀上镍、铜或金等金属至所需厚度，制成金属模，再以此模为母模注射塑料型芯，再将型芯电镀成金属构件。

LIGA 技术具有平面内几何图形的任意性、高深宽比、高精度、小粗糙度、原材料的多元性等突出优点，适用于多种金属、非金属材料制成大缩比的微型构件。LIGA 技术在微型机械加工领域中完全打破了硅平面工艺框架，成为最有前途的三维构件的工艺手段。

LIGA 技术的不足之处在于 LIGA 所需的 X 射线同步辐射源比较昂贵稀少，致使其应用受到限制。准 LIGA 技术采用商用光刻胶或光敏聚酰亚胺连同近紫外光源，实现大纵横比的电镀模具制作。由于该技术可使用常规设备和工艺，即使这些模具在厚度和高纵横比方面不能与 LIGA 技术相媲美，准 LIGA 技术也会被人们所接受。

3. 集成电路（IC）技术

这是一种发展十分迅速且较成熟的制作大规模电路的加工技术，在微型机械加工中使用较为普遍，是一种平面加工技术。但该技术的刻蚀深度只有数百纳米，且只限于制作硅材料的零部件。

4. 超微型机械加工和电火花线切割加工

用小型精密金属切削机床及电火花、线切割等加工方法，制作毫米级尺寸左右的微型机械零件，是一种三维实体加工技术，加工材料广泛，但多是单件加工、单件装配，费用较高。

精密微细切削加工适合所有金属材料、塑料及工程陶瓷，适合具有回转表面的微型零件加工，如圆柱体、螺纹表面、沟槽、圆孔及平面加工，切削方式有车削、铣削、钻削。精密微细磨削可用于硬脆材料的圆柱体表面、沟槽、切断的加工，微细电火花加工是利用微型 EDM 电极对工件进行电火花加工，可以对金属、聚晶金刚石、单晶硅等导体、半导体材料做垂直工件表面的孔、槽、异型成形表面的加工。微细电火花线切割加工（WEDG）也可以加工微细外圆表面，在工件的一侧装有线切割用的钼丝，工件做回转运动，钼丝在走丝中对工件放电并沿工件轴线做进给运动，完成对工件外圆的加工。

第四节　成组技术

随着传统的单一品种的大批量生产方式在制造业中比重的逐步下降，多品种小批量生产不断增加，产生了新的生产模式——大批量定制生产（Mass Customization Production，简称MCP）。新的生产模式的目的是如何在单件小批量生产过程中，产生像大批量生产的效益。那么在新的生产模式下，如何组织生产、增加柔性、提高生产效率，以满足多变的市场需求呢？成组技术（GroupTechnology，简称GT）作为一种有效的工具，在各种先进制造技术的支持下，重新焕发了活力。

一、成组技术的基本概念

成组技术（GT）的基础是相似性。相似性是指不同类型、不同层次的系统间存在的某些共同的物理、化学、几何、生物学或功能等方面的具体属性或特征。"相似"是指属性或特征相同，但在数值上有差别的现象。

在机械制造工业中，大批量生产可采用各种自动机床和自动生产线来提高生产率，单件小批量生产可采用扩大各种高效数控机床的应用范围来提高经济效益。但在成批量多品种生产时，上述两种方法都不能解决其提高生产率和经济效益问题。成组加工工艺就是将结构和加工工艺相接近的零件集中在一起以扩大零件的批量，使大批量生产中行之有效的高效率工艺方法和设备可以用到成批生产中去，以达到较高的技术经济指标。

随着计算机技术和数控技术的飞速发展，成组技术与之结合，大大地推动了中小批量生产的自动化进程。成组技术不仅用于金属切削加工、冲压和装配等制造工艺方面，而且在产品零件设计、工艺设计、劳动定额测定、生产管理等各个方面都得到应用。同时，成组技术成为进一步发展计算机辅助设计（Computer Aided Design，简称CAD）、计算机辅助工艺过程设计（Computer Aided Process Planning，简称CAPP）、计算机辅助制造（Computer Aided Manufacturing，简称CAM）等方面的重要技术基础。

机械产品中零件间的相似性是客观存在的，且遵循一定的分布规律。大量的统计资料表明，各种机械产品的组成零件大致可以分为复杂件（或称特殊件）、相似件和简单件三大类，而其中相似件（如各种轴、套、法兰盘、齿轮等）约占零件总数的70%。这些相似件之间在结构形状和加工工艺方面存在着大量的相似特征。

成组技术正是研究和利用了有关事物中的相似性，将多种产品中的品种众多的零件，按一定的相似性准则分类编组以形成零件组，把同一零件组中诸零件原先分散的小的批量汇集成较大的成批生产量。这样就把原先的多品种转化为少品种，小批量转化为大批量，并以这些组为基础，组织生产的各个环节，从而实现多品种中小批生产的产品设计，使制造和管理合理化，从而克服了传统的小批量生产方式的缺点，使小批量生产能获得接近大批量生产的技术经济效果。

二、零件分类编码系统

零件分类编码是对零件相似性进行识别的一个重要手段，也是GT的基本方法。零件分类编码就是用数字来描述零件的几何形状、尺寸和工艺特征，也就是零件特征的数字化。

1. 零件分类的基本原理

零件分类是根据零件的特征来进行的，这些特征一般可分为以下3个方面。

（1）结构特征　零件的几何形状、尺寸大小、结构功能、毛坯类型等。

（2）工艺特征　零件的毛坯形状、加工精度、表面粗糙度、加工方法、材料、定位夹紧方式、选用机床类型等。

（3）生产组织与计划特征　加工批量，制造资源状况，工艺过程跨车间、工段、厂际协作等情况。

零件的特征用相应的标志表示，这些标志很多，可由分类系统中的相应环节来描述。零件各种特征的标志按一定规则排成若干个"列"，每"列"就称为码位，也叫纵向分类环节；在每个列（码位）内又安排若干"行"（通常为 10、16、26），每一"行"称为"项"，也叫横向分类环节，用来描述同一类型各种零件的特征要素。

2. 零件分类编码的作用

零件分类编码系统是将零件进行分类编码的一种工具，是实施成组技术的基础和重要手段。因此在实施成组技术的过程中，必须首先建立相应的零件分类编码系统，然后应用这个编码系统使零件的有关信息代码化，据此对零件进行分类分组，以便促进零件设计的标准化、系列化和通用化，辅助人工或计算机的工艺过程编制和进行成组加工车间的平面设计，改进数控加工的程序编制，使工艺设计合理化，促进工装和工艺路线标准化，为计算机辅助制造打下基础，进一步以成组的方式组织生产。

零件的分类编码反映了零件固有的名称、功能、结构、形状和工艺特征等信息。分类码对于每种零件而言不是唯一的，即不同的零件可以拥有相同的或接近的分类码，因此就能划分出结构相似或工艺相似的零件组来。

3. 零件分类编码系统简介

由于实施成组技术的目的、范畴和手段不同，迄今为止，世界各国已制定了几十种编码系统。

（1）Opitz 零件分类编码系统　Opitz 零件分类编码系统是 20 世纪 60 年代由德国阿享工业大学奥匹兹（H. Opitz）教授主持并指导下，得到德国机床制造商协会的支持，所制定的通用零件分类系统（又称 VDW 系统）。Opitz 系统是一个十进制九位数码的分类编码系统，其基本结构如图 9-7 所示。

Opitz 系统前面五位数码表示零件的形状特征，称为主码。第 1 位数码主要用来区分回转体与非回转体零件。对于回转体零件，用 L/D 来区分盘状、短轴和长轴类零件，接着提出了回转体零件中的异形零件和特殊零件。对于非回转体零件，则用 A/B 与 A/C（A > B > C）来区分杆状、板状和块状类零件，同样也考虑了特殊类零件形状。第 2 ~ 5 位数码，则是对第一位码所确定的零件类别的形状细节，进行进一步的描述和细分。对于正常的回转体零件，按外部形状→内部形状→平面加工→辅助孔及齿形加工的顺序细分。对于有异形的回转体零件，则按主要形状→内外表面形状→平面加工→辅助孔及齿形加工的顺序细分。对于非回转体零件，则按主要形状→主要孔加工→平面加工→辅助孔及齿形加工的顺序细分。至于回转体类和非回转体类中的特殊零件，其第 2 ~ 5 位数码的分类标志内容都留给使用企业按各自产品的特殊零件的结构与工艺特征来自行确定。

系统后四位数码称为辅助代码，这是一个公用部分，即不论回转体或非回转体零件都要使用。第 6 位数码表示零件的主要尺寸，回转体零件为最大直径 D，非回转体零件为最大长度 L。第 7 位数码表示零件材料，也附带部分热处理信息。第 8 位数码表示毛坯形式（棒

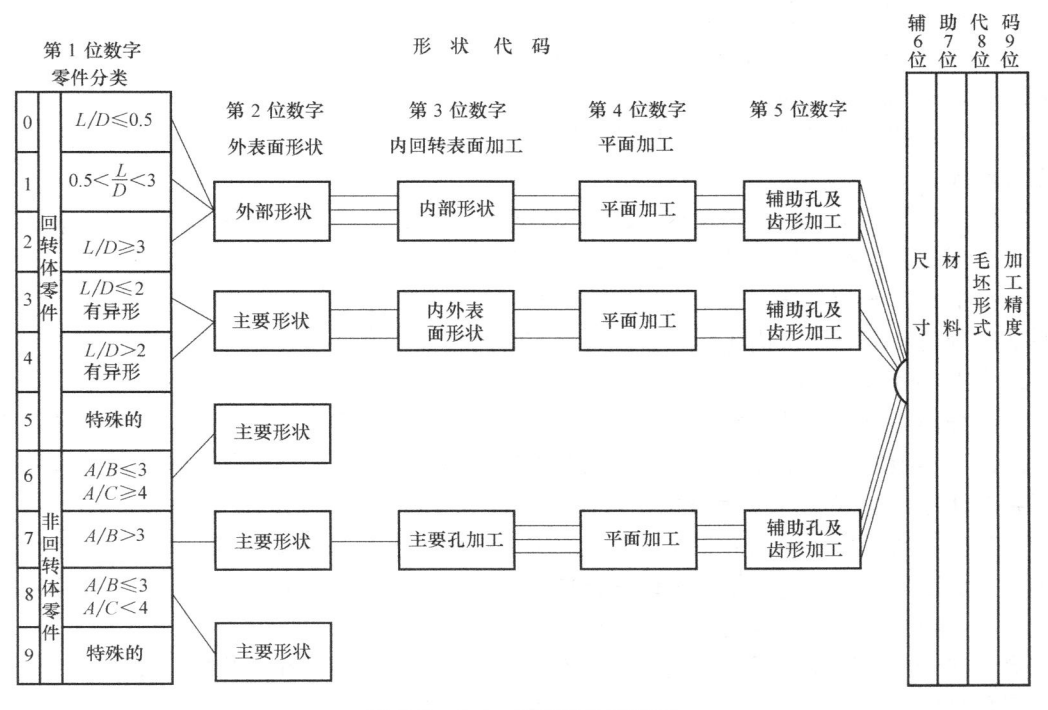

图 9-7   Opitz 系统结构示意图

料、锻件、铸件或焊接件等）。第 9 位数码表示零件表面的加工精度要求。

Opitz 系统的主要特点为：

1）结构比较简单，只有 9 位数码，方便记忆和手工分类编码。

2）系统的分类标志以零件结构特征为主，隐含工艺信息，但工艺信息尚不详细。

3）系统虽然有一位数码表示精度，但零件的精度既有尺寸精度又有几何形状精度和位置精度，所以只用一位数码不能表示完全。

4）系统的分类标准仍不够严密和准确。主码中各特征码的排列顺序是按特征项的难易程度排列的。如果零件在同一码位上具有多种特征，编码时必须选择难度最大的特征，因而造成"高代码掩盖低代码"的问题。如图 9-8 所示回转体零件，在描述其内表面形状要素时，具有功能槽，所以它的第三位数码可以编为 3，但因其内表面还有功能锥面（锥孔），其特征码为 7，因而该零件第三位数码应编为 7，显然，这样是不太合理的。

Opitz 系统分类编码示例如图 9-9 所示。由此图可以看出编码"以数代形"的绝妙作用。利用一个 9 位数码，就能描述出一个零件的形状、尺寸和材料，本来需要用冗长而复杂的文字或语言才能说清楚的，现在只要用简单的几个数码就能大体

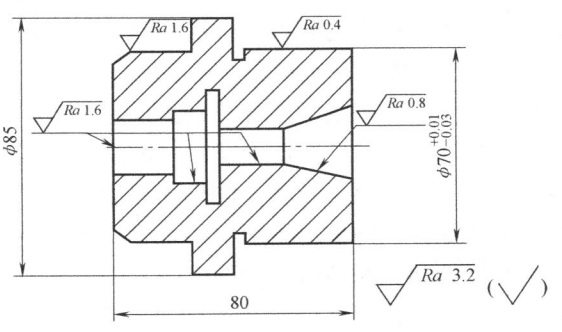

零件名称: 内锥套
材料及热处理: 45钢锻件高频淬火

图 9-8   Opitz 系统"高代码掩盖低代码"问题举例

上交代清楚了。因而，在成组技术条件下，除了传统的工程图是一种通行的工程技术语言外，分类编码是另一种"以数代形"的通行语言。

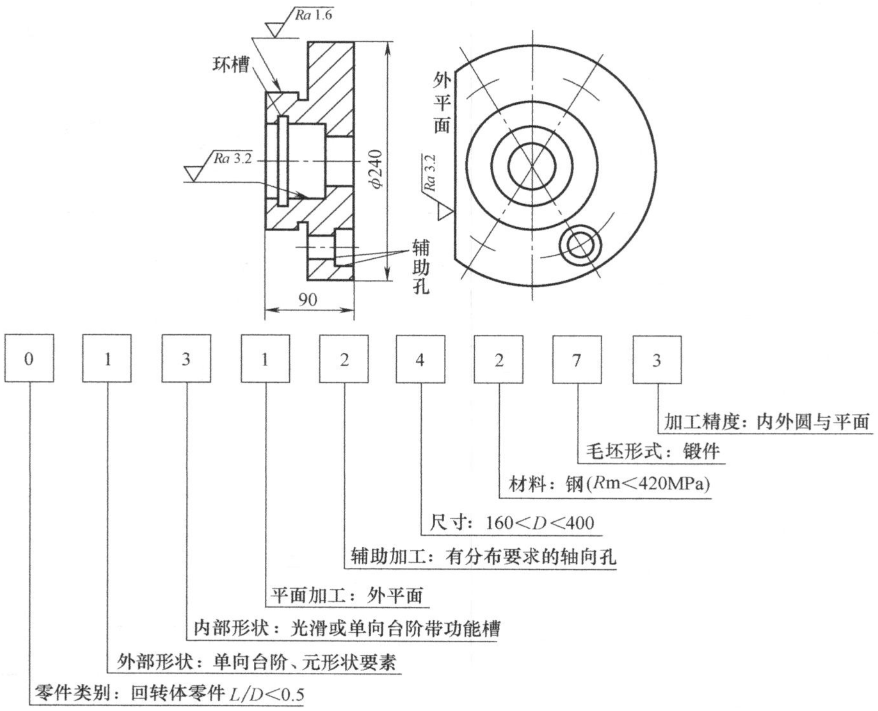

图 9-9　Opitz 系统分类编码示例

（2）JLBM-1 零件分类编码系统　　JLBM-1 零件分类编码系统是由我国原机械工业部于1982 年组织有关科技人员制定并经批准的一项指导性技术文件，是一个适用于机械制造厂在设计、工艺、制造和生产管理部门应用成组技术的多用途分类编码系统。

此系统采用 15 个码位，每个码位包含 10 项特征码。该系统第 1、2 位构成一个功能名称矩阵，反映了零件的功能和主要形状，列入名称类别的零件都是各行业具有共性的常用零件，便于通过名称进行设计检索和分类。但是，企业或工厂在应用此系统前，必须对本企业的零件名称进行标准化处理，并有明确的解释。第 3 ～ 9 位码表示零件的主要形状和加工特征。第 10 ～ 15 位码为辅助码，表示零件的材料、毛坯、尺寸和精度等。

（3）面向工艺的分类编码系统　　前述零件分类编码系统，如用于制造，根据工艺相似性分零件组（或族），则其中包含的工艺信息远远不够，不能满足编制成组工艺文件的需要。为此，德国斯图加特（Stuttgart）大学图奋查莫尔（K. Tuffentsammer）等人研制了一种以工艺分类为目标的工艺分类编码系统。此系统按不同的加工方法（如车、钻、铣、磨）有不同的编码表。每一种编码表的第一位码都是该种加工方法所用为工件安装用的夹具。表 9-1 列出了车削加工用的工艺分类编码表。车削工艺分类码共有 8 位：第 1 位码为自定心卡盘、单动卡盘等；第 2 位为工件直径及其对应的夹具尺寸规格；第 3 位为工件长度；第 4 ～ 6 位为车削加工中需要用到的通用或专用附件；第 7 位为材料；第 8 位为精度。

表 9-1　车削加工用的工艺分类编码表

代码	第1位 夹具种类	第2位 尺寸（夹具尺寸）自定心卡盘大小 孔径/mm；D/mm	第3位 L/mm（L/D）	第4位 特殊装置	第5位 加工用的装置（镗刀杆夹头）	第6位 复式刀库	第7位 材料	第8位 精度
0	自定心卡盘（外部加工用）	孔径42；D/mm<40	L/D<0.1	不用	不用	不用	灰铸铁（形）	粗加工
1	自定心卡盘（内部加工用）	160，孔径42；41~100	L/D<0.5	纵向仿形	钻孔、锪孔、铰孔，攻螺纹或滚压螺纹	同一截面形截面加工无精度要求	钢材（形）	精加工
2	单动卡盘	250，孔径60；101~200	卡盘最大尺寸	端面仿形	只加工内面	同一或两形截面加工，有精度要求	非铁金属（形）	配合（内部）+（外部）
3	弹簧夹头	315，孔径80；201~300	加工轴<500	纵向和端面仿形	1和2	倒角加工，钻孔<φ48mm形切削	锯下的灰铸铁形切削	配合（内部）+（外部）
4	心轴	400，孔径80；301~400	加工轴500~1000	小锥度切削装置±12°	倒角、车槽、内形切，但在等级3不可形切削	3和2	锯下的钢材	位置精度
5	压板	500，孔径125；401~500	加工轴1~2m	大锥度	形切、车槽、外倒角，可仿形		锯下的非铁金属	位置精度
6	两顶尖	501~1000	加工轴2~5m	短螺纹	形切、车槽、内倒角，可仿形		GG棒	磨削精度
7	带中心顶尖	>1000	加工轴>5m	丝杠	内部及外部同时加工		棒钢	磨削精度
8	中心架			仿形切削用螺纹	用刀架进行加工		非铁金属棒料	滚花或滚边精度
9	花盘（使用鸡心夹头）			仿形形零件—非球形零件	用4和5进行自动车削		非金属	

此工艺编码系统设计的思想和 GT 技术先行者——苏联的米特洛范诺夫早期在工厂推行 GT 的经验一致。只有应用相同夹具的零件，才能分在同一组（族）内。这样，在同一组内更换零件时可使调整时间最短。此外，加工中的各种工艺装备，尤其是夹具对分组的重要性显而易见。对整体几何形状有较大差别，但在机床上操作主要内容相似的零件应该属于同一零件组（族）。这使工艺和工艺装备各有继承性，提供了各种工艺装备和工艺有可"重复使用"的机会。由于不同工厂在工艺和工艺装备上有相当差别，因此这类工艺编码系统在移植时有较大工作量，影响到这类系统的推广应用。

（4）美国 MICLASS 分类编码系统　此系统先由荷兰在 20 世纪 70 年代开发，后由美国 OIR（Organization for Industrial Research）改进并维护，目前已改称 MULTICLASS 系统。MICLASS 系统是在美国较为流行并为不少工厂企业所采用的一种系统。此系统共有 30 位码，前 18 位码由 OIR 规定其内容，后 12 位码由用户按自身需要确定。此系统为一树状结构，后一码位的含义取决于前一码位。表 9-2 列出了前 18 位码的特征含义。有专门的交互式软件协助用户使用此系统编码。MICLASS 为一非公开的商品系统。

表 9-2　MICLASS 前 18 位码的特征含义

码位	特 征 含 义
0	系统前缀
1	主要形状分类
2、3	外部和内部形状
4	加工要素
5、6	功能描述
7~12	尺寸（长度、直径或长、宽、高）
13	公差
14、15	材料
16	毛坯形状
17	产量
18	安装方位

综上所述，可见零件分类编码系统的主要应用领域还是在设计中，可以促进设计的标准化，增加图样重复使用的机会，减少设计和绘图工作量。但在以后的生产准备和制造过程中并不起多大作用。面向工艺的分类编码系统不完全受零件总体几何形状的限制，考虑较多的工艺和工艺装备因素。只要零件加工过程中，某些工序相似就能组织成组加工，便于重复使用。但是在当今 FMS 和 CIMS 迅速发展条件下，以上这些分类编码系统都未能满足这一发展要求，尚应努力研究开发突破性的新的分类编码系统。

4. 零件分类成组的方法

施行成组技术时，首先必须按零件的相似特征将零件分类成组，然后才能以成组的方式进行工艺设计和组织生产。编码分类法是一种比较科学和有效的分类成组方法，其具体做法是首先根据具体情况选用合适的编码系统，然后对零件进行编码，根据零件的代码按照一定的准则将零件分类归并成组。

零件的编码工作可以由编码人员根据编码法则以手工方式进行，也可采用计算机辅助编码系统软件用人机对话的方式对零件进行自动编码。常用的编码分类方法有以下几种。

（1）特征码位法　从零件代码中选择其中反映零件工艺特征的部分代码作为分组的依据，就可以得到一组具有相似工艺特征的零件族，这几个码位就称为特征码位。表 9-3 中，规定 1、2、6、7 四个码位相同的零件划分为一组。可以看出这组零件的特征为轴类零件 $L/D > 3$，具有双向阶梯的外圆柱面，直径 $D > 20 \sim 50\text{mm}$，材料为优质钢。所以这组零件可以在相同的机床上用相同装夹方法进行加工。零件 4 虽然第 Ⅱ 位代码是 6 而不是 4，但是它与上面三个零件相比仅多了一个功能槽，故也可归并在这一类中。

表 9-3　用特征码位法分组

件号	简图	Opitz 代码									特征码位的含义
		Ⅰ	Ⅱ	Ⅲ	Ⅳ	Ⅴ	Ⅵ	Ⅶ	Ⅷ	Ⅸ	
1		2	4	0	2	3	1	3	7	1	
2		2	4	0	3	0	1	3	7	1	
3		2	4	0	3	3	1	3	7	1	
4		2	6	0	0	0	1	3	0	1	

（2）码域法　码域法是对零件代码各码位的特征规定几种允许的数据，用它作为分组的依据，就将相应码位的相似特征放宽了范围。在表 9-4 中的零件族特征矩阵表上，横向数字表示码位，纵向数字表示各个码位上的代码，表中 "×" 表示的范围称为码域。表 9-4 中的零件族特征矩阵是根据大量统计资料和生产经验而制订的零件相似性特征矩阵。凡零件各码位落在该码域内，即划分为同一零件组。表 9-4 中的 3 个零件即为一组，或称为一个零件族。这种分类方法就称为码域法。

除上述编码分类法以外，生产中有时还采用视检法和工艺流程分析法对零件进行分类成组。工艺流程分析法是一种研究工厂生产活动中物料流程客观规律的统计方法，其实质是通过分析，寻求工厂本已客观存在着的加工族及其相应的加工设备组，以达到零件分类成组的目的。

表 9-4　码域法分组

（a）零件族特征矩阵										（b）零件	（c）代码

	1	2	3	4	5	6	7	8	9
0	×	×	×	×	×	×		×	×
1	×	×		×		×		×	×
2	×	×		×	×	×	×		
3				×	×	×	×		
4							×		
5							×		
6							×		
7							×		
8									
9									

（b）零件	（c）代码
	210030401
	110301301
	220021200

由上述分析可知，采用编码分类法对零件分类需将很多的零件编码逐个与零件族特征矩阵比较匹配，人工实际操作起来既烦琐又容易出错，但用计算机来做就非常方便。

习 题 九

9-1 什么是特种加工？它与传统的切削加工有何不同？

9-2 试述电火花加工的原理和特点。

9-3 电子束加工、等离子射流加工和激光加工相比各自的适用范围如何，三者各有什么优缺点？

9-4 试述 Opitz 系统的主要特点。

9-5 试述零件分类成组的方法。

参 考 文 献

[1] 朱焕池. 机械制造工艺学 [M]. 北京：机械工业出版社，1999.

[2] 李凯岭. 机械制造工艺学 [M]. 北京：清华大学出版社，2014.

[3] 徐宏海. 数控加工工艺 [M]. 2 版. 北京：化学工业出版社，2008.

[4] 魏康民. 机械制造技术 [M]. 2 版. 北京：机械工业出版社，2007.

[5] 魏康民，机械加工工艺方案设计与实施 [M]. 北京：机械工业出版社，2010.

[6] 魏康民，王晓宏. 机械制造工艺装备 [M]. 重庆：重庆大学出版社，2004.

[7] 刘守勇. 机械制造工艺与机床夹具 [M]. 北京：机械工业出版社，1994.

[8] 周世学. 机械制造工艺与夹具 [M]. 北京：北京理工大学出版社，1999.

[9] 闻健萍. 机械制造实习教程 [M]. 北京：机械工业出版社，1999.

[10] 赵良才. 计算机辅助工艺设计 [M]. 北京：机械工业出版社，1999.

职业教育机电类专业系列教材

机械制造工艺学练习册

姓名　　＿＿＿＿＿＿＿＿＿

班级　　＿＿＿＿＿＿＿＿＿

学号　　＿＿＿＿＿＿＿＿＿

机械工业出版社

目　　录

一、工艺规程的制订

1-1　生产过程、工艺过程和机械加工工艺过程的含义是什么？

答：

1-2　工序和工步分别是怎样定义的？划分工序的主要依据是什么？如何划分工步？

答：

1-3　机械制造企业为什么要划分生产类型？划分生产类型的依据是什么？

答：

1-4　某机床厂年产 CA6140 卧式车床 500 台，已知机床主轴（$n=1$）备品率为 10%，废品率为 2%，试计算主轴的生产纲领。此主轴加工属于何种生产类型？工艺过程应有什么特点？

答：

1-5　有图 1-1 所示一批工件，铣侧面 I、水平面 I 和侧面 II、水平面 II 时，若加工过程分别为：

1）每个工件都先铣 I，然后回转 180°铣 II，直至一批工件完工。

2）每个工件都先铣 I，直至一批工件都铣完 I 后再铣 II。

3）每个工件都同时铣 I 和 II，直至一批工件铣完。

以上三种加工情况各有几个工序？每个工序有几次安装和几个工位？

答：

图　1-1

1-6　在大批生产条件下，加工图 1-2 所示齿轮，毛坯为 45 钢模锻件，试按表 1-1 的加工顺序用数字区分工序（1、2、3…）、安装（一、二、…）、工位（I、II、III、…）及工步［(1)、(2)、(3)、…]。

表 1-1　齿轮的加工顺序

顺序	工序	安装	工位	工步	加工内容
1					在立钻上钻孔 ϕ19.2mm（即 ϕ20mm 处）
2					在同一立钻上锪端面 A

顺序	工序	安装	工位	工步	加工内容
3					在拉床上拉孔 $\phi 20^{+0.023}_{0}$ mm
4					在同一立钻上倒角 C2
5					调头，在同一立钻上倒角 C2
6					在插床上插一键槽
7					在同一插床上插另一键槽（夹具回转 120°）
8					在多刀车床上粗车外圆、端面 B
9					在卧式车床上精车 $\phi 84^{\ 0}_{-0.14}$ mm
10					在同一车床上精车端面 B
11					在滚齿机上滚齿 (1) $v_1 = 25$ m/min，$a_{p1} = 4.5$ mm，$f_1 = 1.0$ mm/r（粗滚） (2) $v_2 = 35$ m/min，$a_{p2} = 2.2$ mm，$f_2 = 0.5$ mm/r（精滚）
12					在钳工台上去毛刺
13					检验

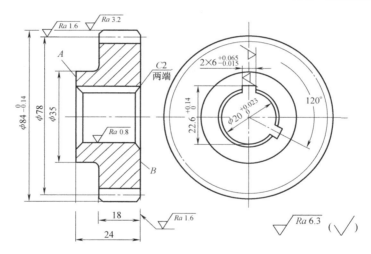

图 1-2

1-7 图 1-3 所示一批工件，钻孔 $4 \times d$ 时，若加工过程分别为：

1）用四轴钻同时钻四个孔。

2）先钻一个孔，然后使工件回转 90° 钻下一个孔，如此循环操作，直至把四个孔钻完。以上两种加工情况各有几个工步和工位？

答：

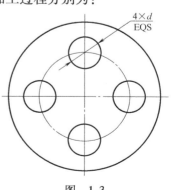

图 1-3

1-8 在一般加工条件下，图 1-4 所示各种零件在结构工艺性方面存在什么问题？试提出改进意见。

答：

1-9 试分析比较表 1-2 中所列各组零件结构工艺性的好坏。

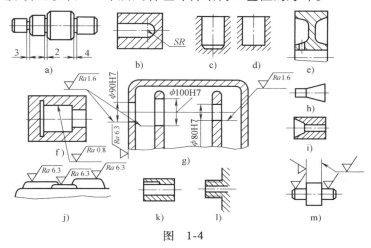

图 1-4

答：

表 1-2 结构工艺性对比分析

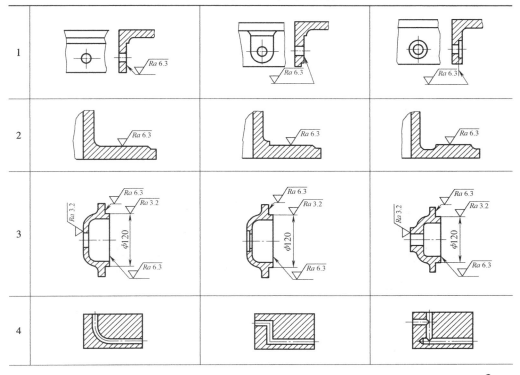

5	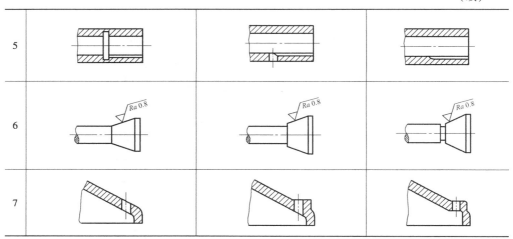		
6			
7			

1-10　零件在机械加工前为什么要定位？

答：

1-11　试叙述基准、工序基准、定位基准、测量基准和装配基准的概念，并举例说明它们之间的关系。

答：

1-12　选择粗基准和精基准时分别应遵循哪些原则？

答：

1-13　试选择图 1-5 所示各零件加工时的粗基准。

答：

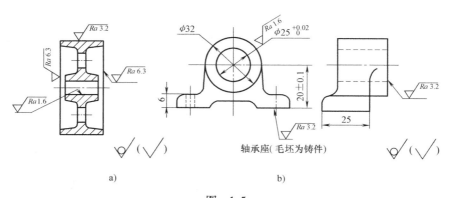

a)　　　　　　　b)

图　1-5

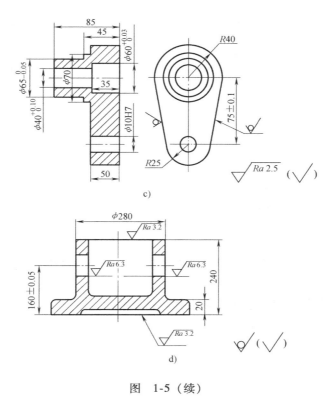

c)

d)

图 1-5（续）

1-14 为什么定位基准与设计基准不重合时，会产生基准不重合误差？为什么基准不重合误差会产生在用调整法加工时？

答：

1-15 图 1-6 所示为工件简图，A、B、C 是设计尺寸。

1）用调整法加工各尺寸，用表面 1 定位（图 1-6b），试问加工哪些尺寸时定位基准与设计基准重合？加工哪些尺寸时基准不重合？

2）若用试切法加工是否可避免出现基准不重合问题？为什么？

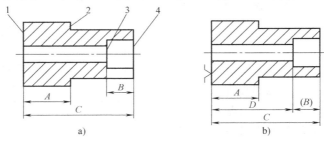

a)　　　　　　　　　　b)

图 1-6

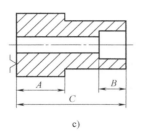
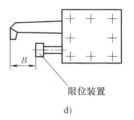

c)   d)

图 1-6（续）

3）若用表面 1 定位，加工尺寸 A 和 C（图 1-6c），再用图 1-6d 所示装置加工尺寸 B，那么是否能说明表面 4 是加工尺寸 B 的基准？为什么？

答：

1-16 图 1-7a 所示为工件简图，图 1-7b、c 所示为铣削平面 2 和镗孔 II 时的工序图。试指出：

1）平面 2 的设计基准、定位基准和测量基准。

2）孔 II 的设计基准、定位基准和测量基准。

答：

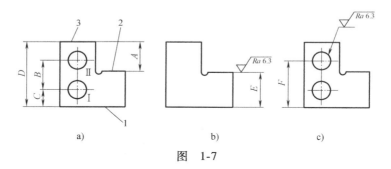

a)   b)   c)

图 1-7

1-17 图 1-8 所示为工件简图，设孔 O_1 及各平面均已加工，试选择钻孔 O_2、O_3 时的定位基准。

答：

1-18 图 1-9 所示为铣削某立柱安装面 A、导轨面 B 的两种定位基准选择方案。图 1-9a 所示方案为先铣 A 面，然后以 A 面定位铣 B 面；图 1-9b 所示方案为

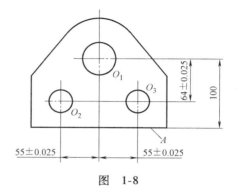

图 1-8

先铣 B 面，然后以 B 面定位铣 A 面。若 A、B 面长度之比为 $a:b = 1:3$，设以 A 或 B 面定位时定位误差均为 0.1mm，试问哪种定位方案使导轨面相对安装面的垂直度误差较小？

答：

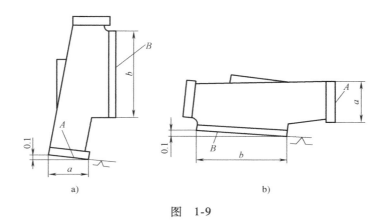

图 1-9

1-19 图 1-10 所示工件，材料为 HT200，图已绘出主要尺寸。镗孔 $\phi50H7$ 及铣 H 面分两道工序加工。试分别选择镗孔 $\phi50H7$ 和铣 H 面两道工序的定位基准。

答：

1-20 图 1-11 所示工件的孔及底面 B 已加工完毕，在加工上平面 A 时，应选择哪个面作为定位基准较合理？试列出两种可能的定位方案并进行比较。

答：

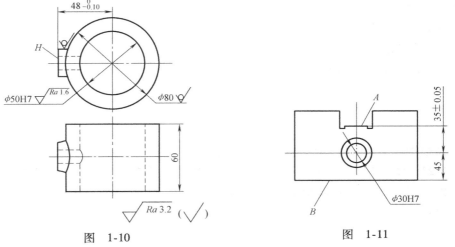

图 1-10   图 1-11

1-21 图 1-12 所示工件，已知其加工方案（表 1-3），试选择定位基准。

答：

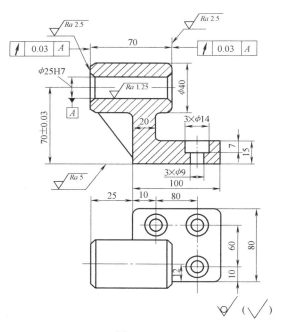

图 1-12

表 1-3 加工方案

顺　　序	工序内容	设　　备	定位基准
1	铣底面	铣床	
2	车端面、钻孔、镗孔、倒角	车床	
3	车另一端面、倒角	车床	
4	钻扩小孔	钻床	

1-22 加工图 1-13 所示工件，欲保证下列尺寸和相互位置精度：

1）槽中心通过孔中心。

2）槽侧面平行 *AA* 面。

3）保证尺寸 *a*、*b*、*L*。

答：

试根据表 1-4 所列加工顺序选择定位基准。

1-23 图 1-14 所示为车床尾座简图，主要技术要求如图所示。试选择加工底面时的粗基准及加工孔 $\phi100H6$ 的精基准。

答：

表 1-4　根据加工顺序选择定位基准

加工顺序	定位基准	加工顺序	定位基准
1. 铣底面		4. 铣槽	
2. 铣右侧面		5. 铣 AA 面	
3. 钻孔			

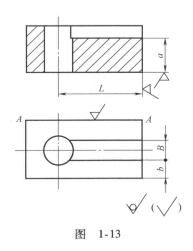

图　1-13

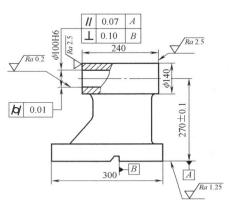

图　1-14

1-24　何谓加工经济精度？在生产实践中如何应用这一概念？

答：

1-25　拟订零件机械加工工艺路线时，

1) 主要需解决哪几方面的问题？

2) 选择加工方法时应考虑哪些因素？

3) 根据什么划分加工阶段？

答：

1-26　怎样确定所拟工序应采用工序集中还是工序分散的方式来安排加工工序？

答：

1-27　如图 1-15 所示，套筒零件的圆柱面（ϕA、ϕB、ϕC、ϕD）间有较高的同轴度要求，端面 M、N、P、Q 间有较高的平行度要求，且平面与外圆、内孔间有较高的垂直度要求。制订此零件小批生产的工艺

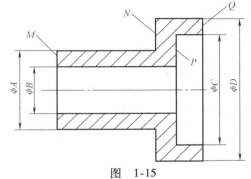

图　1-15

规程应遵循什么原则？工件的位置精度如何保证？

答：

1-28 试举例说明若在零件加工过程中不划分粗加工、半精加工和精加工阶段时，将对零件的加工精度产生哪些影响？

答：

1-29 在大批量生产条件下，加工一批直径为 $\phi 25^{\ 0}_{-0.03}$ mm、长度为 58mm 的光轴，其表面粗糙度 $Ra < 0.16\mu$m，材料为 45 钢。请确定该轴的加工方案。

答：

1-30 何谓工序集中？何谓工序分散？决定工序集中与分散的主要因素是什么？为什么说目前和将来大多倾向于采用工序集中的原则来组织生产？

答：

1-31 正火或退火应安排在加工过程的何处为宜？调质、淬火分别应安排在哪两个加工阶段之间？

答：

1-32 何谓辅助工序？它包括哪些种类的工序？其中在哪些情况下，必须安排单独的加工质量检验工序？

答：

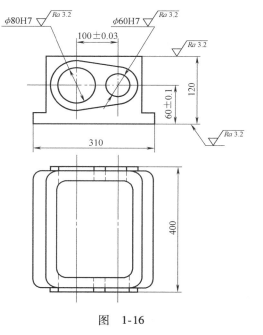

图 1-16

1-33 图 1-16 所示为箱体，其工艺路线如下：

1）粗、精刨底面。

2）粗、精刨顶面。

3）粗、精铣两端面。

4）在卧式镗床上先粗镗、半精镗、精镗孔 ϕ80H7，然后将工件准确移动（100 ± 0.03）mm，再粗镗、半精镗、精镗孔 ϕ60H7。

该零件为中批生产，试分析上述工艺路线有无原则性错误，并提出改进方案。

答：

1-34 试拟订图 1-17 所示零件的机械加工工艺路线。已知该零件的毛坯为铸件，孔未铸出。生产类型为成批生产。

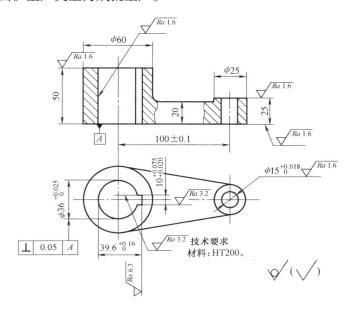

图 1-17

参考方案列于表 1-5，其主要工序的工序简图如图 1-18。

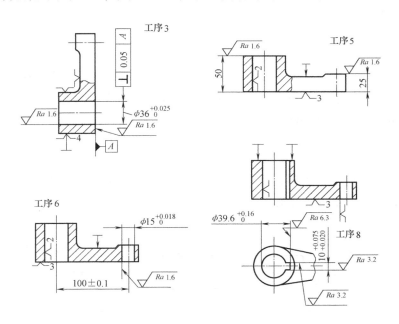

图 1-18

表 1-5　机械加工工艺路线

工 序 号	工序名称	工 序 内 容	设 备
1	铸造		
2	退火		
3	车	粗、精车 A 面及大孔	CA6140
4	检验		
5	铣	铣大、小端面	X6025
6	钻	钻-扩-铰小孔	Z5125
7	钳	去毛刺、倒锐棱	
8	插	插键槽	B5025
9	检验		

1-35　影响工序余量的主要因素有哪些？试举例说明是否在任何情况下都要考虑这些因素？

答：

1-36　工艺尺寸链的主要特征是什么？怎样判定封闭环？

答：

1-37　在什么情况下要进行工艺尺寸换算？为什么说要尽量避免工艺尺寸换算？

答：

1-38　某轴轴颈粗、精车工序尺寸分别为 $\phi 50.9_{-0.35}^{\ 0}$ mm 和 $\phi 50_{-0.025}^{\ 0}$ mm。试求精车工序的公称余量、最大余量、最小余量，并以示意图表示。

答：

1-39　一批工件孔 $\phi 36_{-0.025}^{\ 0}$ mm 在半精镗之后进行机铰孔（浮动铰刀）作为终加工工序。若半精镗公差为 0.062mm，最大粗糙度为 0.005mm，表面破坏层深度为 0.03mm，试求铰孔余量及镗孔工序尺寸。

答：

1-40　如图 1-19 所示零件，在成批生产的条件下，试计算在外圆表面加工中各道工序的工序尺寸及其公差。

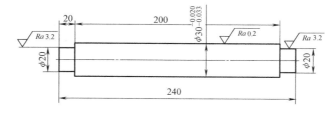

图　1-19

答： 首先确定此外圆表面的加工方案（以 $\phi30^{-0.020}_{-0.033}$mm 为例）。

因此零件是成批生产，故对其外圆表面加工可采取如下方案。

热轧棒料——粗车——半精车——粗磨——精磨。

查《机械制造工艺设计手册》加工余量部分，可知各工序的公称余量分别为

精磨　　　0.10mm

粗磨　　　0.30mm

半精车　　1.50mm

按公称余量确定各道工序的工序尺寸分别为

精磨　　　按图样规定为 $\phi30$mm

粗磨　　　$\phi(30+0.10)$mm$=\phi30.10$mm

半精车　　$\phi(30.10+0.30)$mm$=\phi30.40$mm

粗车　　　$\phi(30.40+1.50)$mm$=\phi31.90$mm

热轧棒料　$\phi35$mm

最后按所采用各种加工方法的经济加工精度（查《机械制造工艺设计手册》经济加工精度部分）及有关公差表确定各道工序尺寸的公差（热轧棒料的尺寸及公差由《机械加工工艺设计手册》查得），并按"入体原则"进行标注，最后确定各道工序的工序尺寸及其公差如下：

精磨　　　按图样规定 $\phi30^{-0.020}_{-0.033}$mm

粗磨　　　$\phi30.10^{\ 0}_{-0.021}$mm

半精车　　$\phi30.40^{\ 0}_{-0.33}$mm

粗车　　　$\phi31.90^{\ 0}_{-0.52}$mm

热轧棒料　$\phi35$mm±0.6mm

1-41　如图 1-20 所示零件，欲加工上平面，其尺寸精度要求为 $80^{-0.03}_{-0.05}$mm，试计算在上平面加工过程中粗铣、精铣、粗磨及精磨各道工序的工序尺寸及其公差？

答：

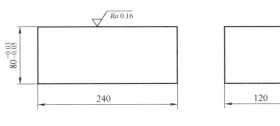

图　1-20

1-42　图 1-21 所示为柴油机调速套筒零件，要求保证尺寸 (41 ± 0.15)mm。在磨削 M 槽工序中，为了提高定位精度和使加工定位方便，现采用右端面及内

孔定位。

试重新标注此工序尺寸

答：

1-43 图 1-22 所示零件，先以左端外圆定位在车床上加工右端面及 $\phi65mm$ 外圆至图样要求尺寸，钻孔 $\phi25mm$，扩孔 $\phi30mm$，镗孔至 $\phi50H8$ 并保证孔深尺寸 L，然后再调头以已加工过的右端面及外圆定位加工其他各表面至图样要求尺寸，试计算在调头前镗孔孔深 L 的尺寸及其公差。

答：

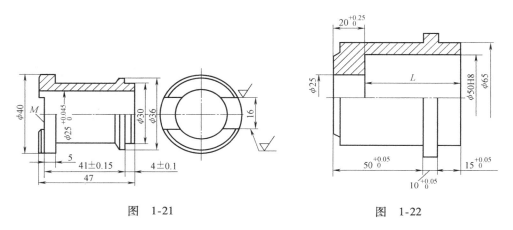

图 1-21   图 1-22

1-44 图 1-23a 所示零件，若按图 1-23b、c 所示两道工序完成加工，试校验零件的所有设计尺寸能否得到保证？若有的设计尺寸不能保证，工序尺寸应如何修改？

答：

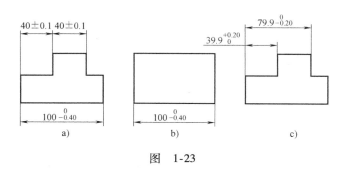

图 1-23

1-45 图 1-24a 所示零件，若按图 1-24b ~ d 所示三道工序完成加工，试校验

设计尺寸 $40_{-0.30}^{0}$ mm 能否得到保证，并确定工序尺寸 H 及其极限偏差。

答：

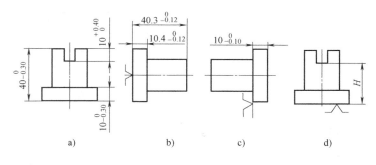

图 1-24

1-46 图 1-25a 所示为零件部分轴向尺寸，经图 1-25b、c 所示两道工序完成轴向尺寸加工，试确定工序尺寸 L 及其极限偏差。

答：

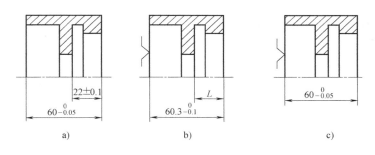

图 1-25

1-47 图 1-26 所示零件除键槽外，其他表面均已加工，达到尺寸要求。若成批生产时的最后一道切削工序是以大端端面作为轴向定位基准，用调整法铣键槽，试确定铣槽工序尺寸 L。

答：

1-48 在卧式铣床上，用调整法铣削图 1-27 所示零件上的槽 $32_{0}^{+0.5}$ mm。

1）若以大端面作为轴向定位，试绘工艺尺寸链图并求调刀尺寸（即从定位基准到键槽左侧的尺寸）。

2）若以小端端面定位，试计算有关工艺尺寸。

3）对两种定位方案进行比较。

答：

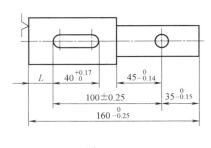

图 1-26

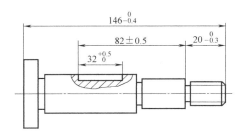

图 1-27

1-49 图 1-28 所示零件,最后一道切削工序是通过测量尺寸 A 和 H 来调刀铣削右端的缺口,以保证尺寸 (60 ± 0.3) mm 和 $10_{-0.20}^{0}$ mm。试确定尺寸 A、H 及其极限偏差。

答:

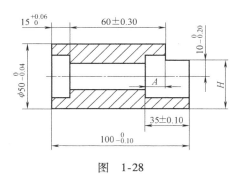

图 1-28

1-50 图 1-29a 所示为箱体简图,图中已标注有关尺寸,按工厂资料,该零件加工的部分工序草图如图 1-29b 所示(以底面及其上两销孔定位),试求精镗时的工序尺寸及其极限偏差?

答:

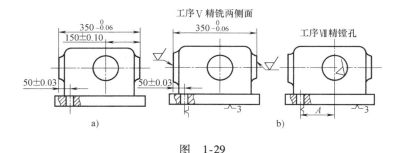

图 1-29

1-51 图 1-30a 所示零件的尺寸 (6 ± 0.10) mm 不便测量,生产中一般通过测量尺寸 L_3 进行间接测量。当测量基准与设计基准不重合时,试确定工艺尺寸 L_3 及其极限偏差,并分析在这种情况下是否会产生假废品。

答:

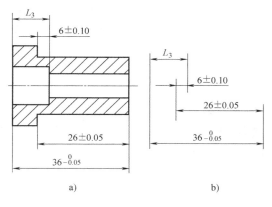

图 1-30

1-52 图 1-31 所示零件，尺寸 $10^{+0.20}_{0}$ mm 可以分别采用小圆柱下素线或大圆柱下素线进行测量。试确定两个方案的测量尺寸并进行方案对比。

答：

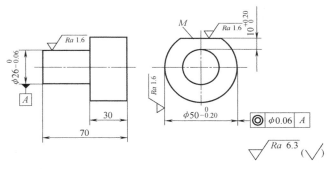

图 1-31

1-53 图 1-32a 所示零件，经图 1-32b、c 所示两道工序加工即完成全部轴向尺寸的设计要求。试求 A、B 两工序尺寸及其极限偏差。

答：

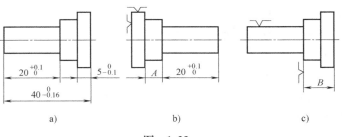

图 1-32

1-54 图 1-33 所示零件，最后工序加工时是以 M 面为基准定距装刀（即调整法）加工孔 $\phi 30^{+0.05}_{0}$mm，试确定有关工序尺寸及其极限偏差（允许调整已知组成环的尺寸公差）。

答：

1-55 图 1-34 所示零件在最后加工工序磨槽时应达到图样规定的槽宽和对称度的要求。已知磨槽前的铣槽工序尺寸为 $19.6^{+0.140}_{0}$mm，对孔 A 的对称度为 0.2mm，试校验磨削余量是否合适。

答：

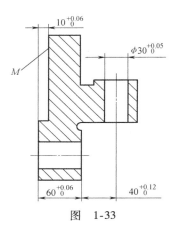

图 1-33

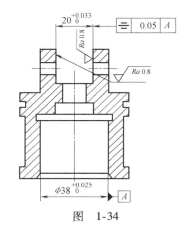

图 1-34

1-56 图 1-35 所示零件，最后工序铣缺口须保证尺寸 (10 ± 0.20)mm 和 $5^{\;0}_{-0.06}$mm。若按成批生产调整法加工：

1）A、B、C 三个表面分别选为本工序定位基准时，计算工艺尺寸。

2）分析这三个基准方案之优劣。

答：

1-57 图 1-36 所示为零件图、毛坯图及各道工序的工序简图，其机械加工的工序是锻造、车削、调头车、钻孔、磨削。试计算各道工序的工序尺寸。

已知：调头车时保证 A_3，其经济精度为 0.2mm，最小余量为 1.7mm；磨削保证 A_5 时，最小余量为 0.3mm；车削保证 A_1 时，经济精度为 0.5mm。

答：

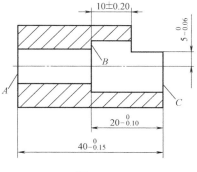

图 1-35

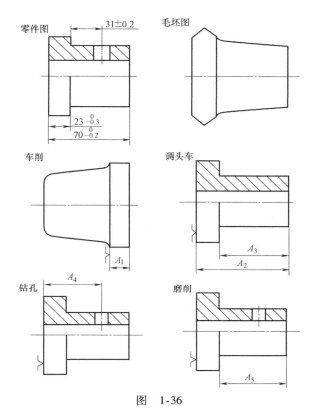

图 1-36

1-58 图 1-37a 所示零件，通过图 1-37b、c 所示两道工序达到轴向尺寸的加工要求。试求工序尺寸 L_1、L_2 及其极限偏差。

答：

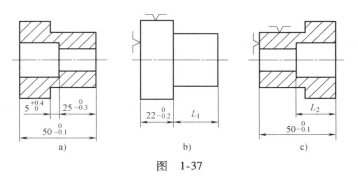

图 1-37

1-59 图 1-38 所示为零件简图。三个圆弧槽的设计基准为素线 A。当圆弧槽加工后，A 点将不存在。为了测量方便，只能选择素线 B 或内孔素线 C 作为测量基准。试确定两种情况下的测量尺寸。

答：

1-60 图1-39所示零件，轴颈 $\phi 106_{-0.015}^{0}$ mm 上要渗碳淬火。要求零件磨削后保留渗碳层深度为 0.9 ~ 1.1mm。其工艺过程为：

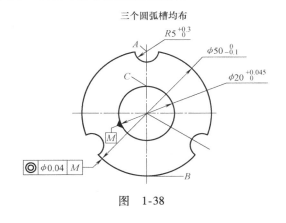

图 1-38

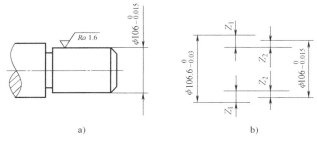

a)　　　　　　　　b)

图 1-39

1）车外圆至 $\phi 106.6_{-0.03}^{0}$ mm。

2）渗碳淬火，渗入深度为 Z_1。

3）磨外圆至 $\phi 106_{-0.015}^{0}$ mm。

试确定渗碳工序渗入深度 Z_1。提示：尺寸链如图1-39所示。

答：

1-61 某零件的孔径尺寸要求镀铬后为 $\phi 40_{0}^{+0.027}$ mm，规定镀铬层深度为 0.008 ~ 0.012mm，试确定镀铬前的孔径加工尺寸。

答：

1-62 某零件直径为 $\phi 32_{-0.05}^{0}$ mm，渗碳层深度为 0.5 ~ 0.8mm。现为使此零件可和另一种零件同炉进行渗碳，限定其工艺渗碳层深度为 0.8 ~ 1.0mm。试计算渗碳前车削工序的直径尺寸及其上下极限偏差？

答：

1-63　何谓时间定额？何谓单件时间定额？如何计算单件时间定额？

答：

1-64　单件时间定额包括哪些方面？举例说明各方面的含义。

答：

1-65　什么叫工艺成本？工艺成本由哪几部分组成？如何对不同工艺方案进行技术经济分析？

答：

1-66　提高机械加工生产率的工艺措施有哪些？结合实习中的实例加以说明。

答：

二、典型零件加工工艺

2-1 轴类零件外圆表面的精加工主要有哪些加工方法？为什么采用这些方法能获得高的表面质量？

答：

2-2 既能提高加工精度又能获得更小的表面粗糙度值的外圆表面的精密加工方法有哪几种？分别说明怎样获得？

答：

2-3 对于空心主轴加工，应如何确定定位基准？在具体实施中应注意哪些问题？

答：

2-4 细长轴加工有何工艺特点？有哪些工艺措施？

答：

2-5 磨削主轴前端锥孔，一般以支承轴颈作为定位基准。试分析比较以下三种安装方式的优缺点及适用场合。

1）一头夹，一头架中心架，仔细校正。

2）两头架中心架，工件与机床浮动连接。

3）专用夹具安装，工件与机床浮动连接。

答：

2-6 钻、扩、铰孔为什么最好在一次安装中完成？在车床上进行钻—扩—铰，在钻模中进行钻—扩—铰和在多工位机床中进行钻—扩—铰有何异同点？

答：

2-7 精细镗孔（金刚镗）为什么能获得高的加工精度和表面质量？

答：

2-8 为什么箱体加工的精基准通常采用统一的精基准？试举例比较采用"一面两销"或"几个面"组合定位，两种定位方案的优缺点及其适用的场合。

答：

2-9 平行孔系的主要技术要求是什么？生产中常采用哪几种方法进行加工？各种加工方法分别有何特点？

答：

2-10 同轴孔系的主要技术要求是什么？生产中常用哪几种方法进行加工？各种加工方法分别有何特点？

答：

2-11 交叉孔系的主要技术要求是什么？生产中常用哪几种方法进行加工？各种加工方法分别有何特点？

答：

2-12 在箱体加工中，粗、精加工分阶段进行有何好处？在什么情况下粗、精加工又往往合并在一道工序进行？这时应采取哪些工艺措施来保证加工精度？

答：

2-13 分离式箱体的粗、精基准应如何确定？

答：

2-14 用浮动镗刀加工箱体上的孔有什么好处？它能否提高孔的相互位置精度？为什么？

答：

2-15 为了增加箱体在加工过程中的刚性，在确定合理的夹紧部位时，应着重注意哪些问题？

答：

2-16 孔系加工坐标尺寸的计算。

图 2-1 所示为一个箱体零件的工序简图，在镗床上加工 Ⅰ 轴与 Ⅱ 轴孔系。

已知：孔距为（100 ± 0.06）mm；孔连心线与水平线夹角 $\beta = 30°$；$x = （60 ± 0.02）$mm；$y = （60 ± 0.02）$mm。

试：1）选原始孔。

2）确定以原始孔为坐标原点，加工另一孔的坐标尺寸及其公差。

3）若以 O 点为坐标原点时，求坐标尺寸及其公差。

答：

2-17　图 2-2 所示为箱体零件，现在镗床上采用坐标镗加工两孔，已知孔 Ⅰ 坐标的基本尺寸为 $x_1 = 180mm$，$y_1 = 130mm$，两孔的孔距为 $L = (200 \pm 0.10)mm$。试按等公差法计算确定孔 Ⅱ 坐标的基本尺寸及两孔各坐标尺寸的公差。

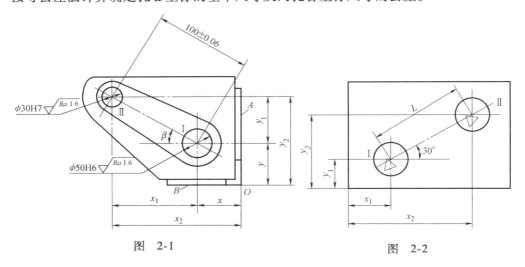

图　2-1　　　　　　　　　　　　　　图　2-2

答：

2-18　在坐标镗床上加工镗模板上的三个孔，其孔间距如图 2-3 所示。镗模板上三个孔的加工顺序是先镗好孔 Ⅰ，然后以孔 Ⅰ 为基准用坐标法分别按坐标尺寸去镗孔 Ⅱ 及孔 Ⅲ。试按等公差法计算确定各孔之间的坐标尺寸及其公差。

答：

2-19　为保护齿轮加工精度，在齿轮加工工艺中应注意哪两项工艺问题？为什么？

答：

2-20　在滚齿时为提高齿轮工作平稳性精度，应对滚刀哪些参数提出较高的要求？为什么？

答：

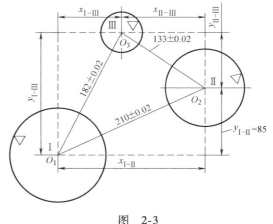

图　2-3

2-21　为什么插齿加工的齿轮，其公法线长度变动比滚齿加工大？

答：

2-22 为什么剃齿加工能提高被加工齿轮的传动平稳性，但不能提高其传递运动准确性？

答：

2-23 试比较齿轮滚刀的制造和安装误差、分度蜗轮的制造和安装误差对齿轮加工精度的影响有何不同？

答：

2-24 现场加工中若发现某批齿轮的运动精度（传递运动准确性）超差，试分析，判断产生废品的主要原因是什么？应采取哪些相应的措施以消除误差保证加工精度？

答：

2-25 引起齿轮传动不平稳的主要原因是什么？为提高齿轮传动的平稳性，减少噪声及振动，应着重采取哪些措施？

答：

2-26 分析影响齿轮接触精度的主要原因及应采取的措施。

答：

2-27 为滚切高精度齿轮，若其他条件相同，在下列给出的条件中，应如何选择？为什么？

1）单头滚刀或双头滚刀。

2）大直径滚刀或小直径滚刀。

3）标准长度滚刀或加长长度（比标准长度大1.5倍）滚刀。

4）顺滚或逆滚。

答：

2-28 剃齿前的切齿工序是采用滚齿合适还是采用插齿合适呢？为什么？

答：

2-29 若齿轮的公法线长度变动量需严格控制，插齿后的精加工应选择哪种加工方法呢？

答：

2-30　为什么珩齿的表面质量高于剃齿，而其修正误差的能力又低于剃齿呢？
答：

2-31　度量用的标准齿轮的齿形精加工，应采用剃齿、珩齿还是磨齿呢？为什么？
答：

2-32　在各种磨齿方法中，哪些属于间断分度磨齿法？哪些属于连续分度磨齿法？并试从加工原理、加工精度、生产率和应用范围进行比较。
答：

2-33　就你所了解的各种齿轮磨床中，哪种磨齿精度最高？它的高精度是由哪些基本环节保证的？
答：

2-34　选择齿形加工方案的依据是什么？磨齿方案一般用于什么场合？为什么？
答：

2-35　试确定8级精度淬硬齿轮的加工方案。
答：

2-36　对于7级精度，但需严格控制切向误差的圆柱齿轮，应采用怎样的加工方案？并说明为什么？
答：

2-37　齿坯精度对齿轮加工的精度有何影响？如何保证齿坯内外圆同轴度及定位用端面与内孔的垂直度？
答：

2-38　在一般的齿轮加工过程中大致分为哪几个加工阶段？高精度齿轮加工有

何特点？

答：

2-39 根据齿轮的不同要求，在加工中常安排哪几种热处理？其目的是什么？通常采用怎样的热处理方式？

答：

2-40 齿轮轴零件如图 2-4 所示，材料为 45 钢，进行工艺分析，按图编写加工程序。

答：

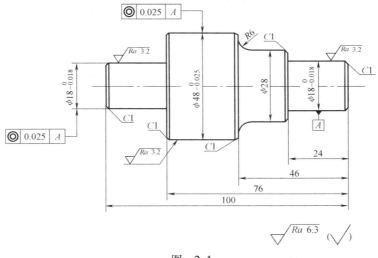

图 2-4

2-41 零件如图 2-5 所示，材料为 45 钢，尺寸 80mm×80mm×30mm 前道工序已加工完成，进行工艺分析，按图编写加工程序。

答：

2-42 编制图 2-6 所示凸模工作零件加工工艺过程。

答：

2-43 编制图 2-7 所示凹模工作零件加工工艺过程。

答：

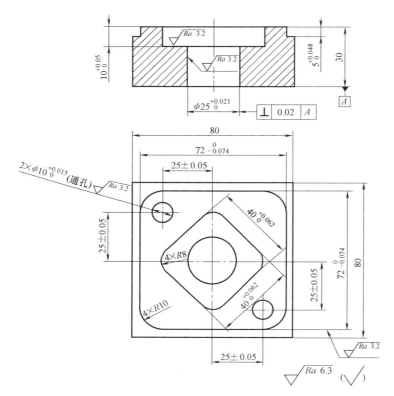

图 2-5

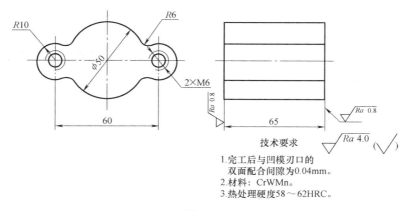

技术要求

1. 完工后与凹模刃口的
双面配合间隙为0.04mm。
2. 材料：CrWMn。
3. 热处理硬度58～62HRC。

图 2-6

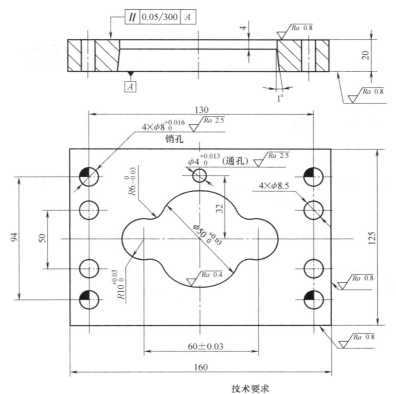

技术要求
1.材料：CrWMn。
2.热处理硬度58～62HRC。

图 2-7

三、机械加工精度和表面质量

3-1 近似加工运动原理误差与机床传动链误差有何区别?

答:

3-2 由于齿轮滚刀刀刃齿数有限所造成的齿形误差,是由于近似加工运动引起的还是由于近似刃形引起的?为什么?

答:

3-3 试分析滚动轴承的外环内滚道及内环外滚道的形状误差(图 3-1)所引起主轴回转轴线的运动误差,对被加工零件精度有什么影响?

答:

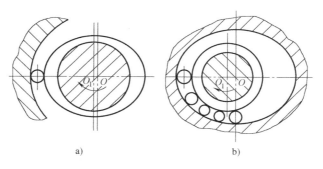

图　3-1

3-4 试分析在车床上加工时,产生下述误差的原因?

1)内孔与外圆同轴度误差;端面与外圆垂直度误差(图 3-2)。

2)在车床上镗孔时,被加工孔圆度误差(图 3-3)。

3)在车床上镗孔时,被加工孔圆柱度误差(图 3-4)。

答:

3-5 试说明车削前,工人经常在刀架上装上镗刀修整三爪的工作面或花盘的端面(图 3-5)的目的是什么?试分析能否提高主轴的回转精度。

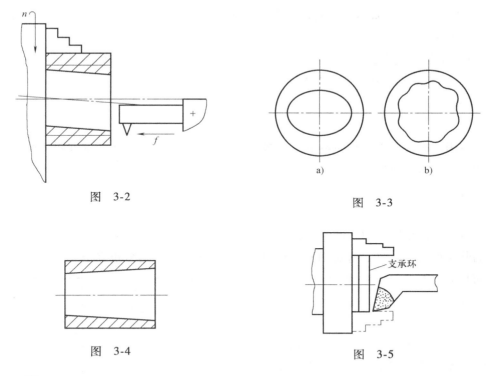

图 3-2

图 3-3

图 3-4

图 3-5

答：

3-6 在外圆磨床上磨削圆度要求高的外圆时，将工件装夹于死顶尖间是什么道理？这时，对两顶尖孔有哪些要求？如何实现这些要求？

答：

3-7 在内圆磨床上磨削圆锥孔时，若工件回转轴线与砂轮回转轴线不等高，则磨后的圆锥孔会产生怎样的加工误差？当用标准检验棒做着色检验接触情况时，会出现什么现象？

答：

3-8 在车床上用自定心卡盘夹持轴承外环的外圆进行镗孔时，若不计工件变形，试问自定心卡盘的制造误差（如有偏心）对镗孔的尺寸、几何形状及相互位置精度（如孔对定位外圆的同轴度误差）有无直接影响？为什么？

答：

3-9　在卧式铣镗床上镗孔，试分析以下两种加工方案影响镗杆回转精度的主要因素有哪些？

1）工件直接在机床上按划线找正装夹，镗杆与主轴刚性联接，悬臂镗孔。

2）工件在镗模中装夹，镗杆与主轴浮动联接。

答：

3-10　提高机床主轴回转精度有哪些途径？在实际生产中转移主轴回转误差常用的工艺方法有哪些？

答：

3-11　在车床上加工圆盘件的端面时，有时会出现圆锥面（中凸或中凹）或端面凸轮似的形状（如螺旋面），试从机床几何误差的影响分析造成图3-6所示的端面几何误差的原因是什么？

答：

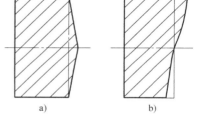

3-12　为什么对车床床身导轨在水平面的直线度要求高于在垂直面的直线度要求？而对平面磨床的床身导轨其要求则相反呢？对镗床导轨的直线度为什么在水平面与垂直面都有较高的要求？

答：

图　3-6

3-13　在立式车床上高速车削盘形零件的内孔。如果毛坯的回转不平衡质量较大，那么在只考虑此不平衡质量和夹持系统刚度影响的条件下，试分析加工后内孔将产生怎样的加工误差？

答：

3-14　如图3-7所示，在车床上加工心轴，粗、精车外圆 A 及台肩面 B，经检测发现 A 有圆柱度误差，B 对 A 有垂直度误差。试从机床几何误差的影响，分析产生以上误差的主要原因有哪些？

答：

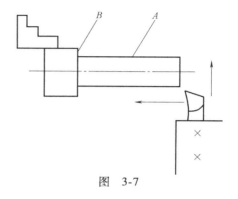

图　3-7

3-15 工具车间加工夹具的钻模板时，其中两道工序的加工情况及技术要求如图 3-8 所示。

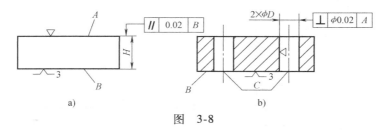

图 3-8

工序Ⅲ（图 3-8a） 在卧式铣床上铣 A 面。

工序Ⅳ（图 3-8b） 在立钻上钻两孔 C。

试从机床几何误差的影响，分析这两道工序产生相互位置误差的主要原因是什么？

答：

3-16 当在机床上直接安装被加工的工件，且只考虑机床几何精度的影响时，试分析在下述各种加工方案中影响获得有关表面位置精度的主要因素。

1）在车床或内圆磨床上加工与外圆有同轴度要求的套类工件的内孔。

2）在卧式铣床或牛头刨床上加工与底平面平行或垂直的平面。

3）在立式钻床上钻、扩和铰削加工与底面垂直的内孔。

4）在卧式铣镗床上加工车床光杠上的键槽。

5）在卧式镗床上采用主轴进给加工与工件底面平行的内孔。

答：

3-17 当龙门刨床床身导轨不直时（图 3-9），加工后的工件会成什么形状？

1）当工件刚度很差时。

2）当工件刚度很大时。

答：

3-18 在卧式铣镗床上加工箱体孔，若只考虑镗杆刚度的影响，试在图 3-10 中画出下列四种镗孔方式加工后孔的几何形状，并说明为什么？

1）镗杆送进，有后支承。

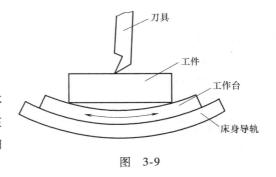

图 3-9

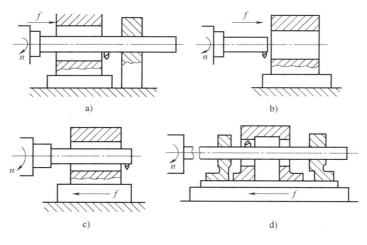

图 3-10

2）镗杆送进，没后支承。

3）工作台送进。

4）在镗模上加工。

答：

3-19 在 X52 型立式铣床上，使用直径 $d=110\text{mm}$ 的镶齿硬质合金端铣刀，铣削宽度 $B=100\text{mm}$ 的条形工件的上平面。加工时，为避免不参加切削的刀齿划伤已加工好的表面，在实际生产中常采用将铣床主轴向工作台进给方向倾斜一个不大的角度的办法（图 3-11）。试求在保证铣削后平面度误差不大于 0.1mm 的条件下，主轴应倾斜多大的角度？

答：

3-20 在立轴转塔车床上，用转塔刀具车孔（图 3-12）。如果转塔的定位销松动，每次不能转到固定的位置，那么将导致：

1）车出来的孔有锥度。

2）孔的轴线与孔端面不垂直。

3）孔径不准。

试判别上述三种说法，哪一种是正确的？

答：

3-21 在卧式铣镗床上镗箱体两壁上的同轴孔，由于两孔相距较远，镗杆又不

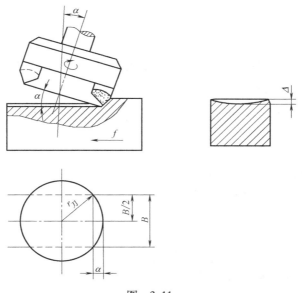

图 3-11

能伸出太长，故先镗一侧壁的孔，然后将工作台转 180°，再镗另一侧壁的孔。结果两壁的孔不同轴，试分析其产生的原因？

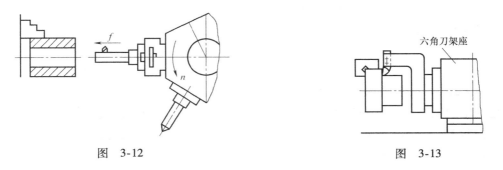

图 3-12

图 3-13

答：

3-22 试分析在转塔车床上，按图 3-13 所示加工外圆时，影响直径误差的因素中，导轨在垂直面内和水平面内的弯曲，哪项误差影响大，并与卧式车床比较有什么不同？为什么？

答：

3-23 在车床上加工丝杠和滚齿机上加工齿轮时，产生传动链误差最主要的环节是什么？它们引起的误差对一批工件而言误差属于什么？通常采用哪些措施来提高传动链精度？

答：

3-24 在滚齿机上若被加工齿轮分度圆直径 $D = 100\text{mm}$，滚切传动链中最后一个交换齿轮的分度圆直径 $d = 200\text{mm}$，分度蜗轮副的降速比为 1:96，交换齿轮的齿距累积误差为 0.12mm，试求由此引起的工件的齿距偏差为多少？

答：

3-25 刀具的制造误差及刀具的磨损在哪些加工场合会直接影响加工精度？它们产生的加工误差属于哪种性质的误差？

答：

3-26 如图 3-14 所示工件在车床上加工，其加工顺序如下：

1）先以外圆 A 和端面 B 定位，精车外圆 C、端面 D、外圆 E 及内孔 F。

2）调头，以外圆 E 和端面 D 定位，精车外圆 A 和端面 B。

试分析比较 B、D 对 C 的位置精度哪个高？A、E 对 C 的位置精度哪个高？为什么？

答：

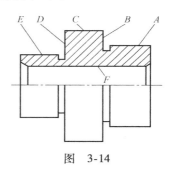

图 3-14

3-27 一批轴在卧式铣镗床上加工两端顶尖孔，已知轴的毛坯尺寸为 $\phi 80^{+0.8}_{-0.3}\text{mm}$，采用 90°V 形块和螺旋压板装夹。若不考虑工作台回转 180°时的机床定位精度的影响，试分析计算加工后顶尖孔对外圆可能产生的最大同轴度误差是多少？

答：

3-28 现铰制一批工件上的孔 $\phi 40^{+0.025}_{0}\text{mm}$。已知：铰刀的尺寸及极限偏差为 $\phi 40^{+0.02}_{+0.01}\text{mm}$，铰刀切削刃的径向圆跳动量为 0.0045mm。若不考虑刀具磨损及其他因素的影响，试分析计算铰孔后的直径误差 $\Delta d = ?$ 能否满足加工要求？

答：铰刀属于定尺寸刀具，因此孔径尺寸主要是铰刀的复映。再加之铰刀切削刃的径向圆跳动引起的孔径扩大。若仅考虑这两项原始误差的影响，则铰后最大孔径为 （40.02 + 0.009）mm = 40.029mm。显然，孔径超差了 0.004mm，即 $\Delta d = 0.004\text{mm}$。

为了减少定尺寸刀具制造误差对加工精度的影响，在实际生产中对这类刀具的尺寸及极限偏差，可根据实际加工条件合理地确定。

3-29 在车床（或磨床）上加工相同尺寸及相同精度的内外圆柱面时，加工内圆表面的走刀次数往往较外圆表面多。试分析其原因。

答：

3-30 何谓调整误差？调整的内容主要有哪些？试切法与调整法有何区别？影响样件调整法调整误差的主要因素有哪些？

答：

3-31 图3-15所示工件钻孔时，若因钻孔部位壁薄，可能会产生怎样的加工误差？为什么？

答：

3-32 在外圆磨床上磨削薄壁套筒，工件安装在夹具上（图3-16），当磨削外圆至图样要求的尺寸（合格），卸下工件后发现工件外圆呈鞍形，试分析造成此项误差的原因？

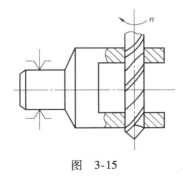

图 3-15

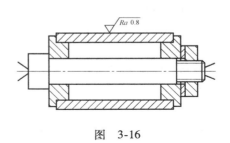

图 3-16

答：

3-33 在内圆磨床上加工盲孔时（图3-17），若只考虑磨头的受力变形，试分析孔表面可能产生怎样的加工误差？

答：

3-34 在车床两顶尖间加工工件，如图3-18所示。若工件刚度极大，机床刚度不足，且 $k_{头架} > k_{尾座}$，试分析图示两种情况加工后的形状误差。

答：

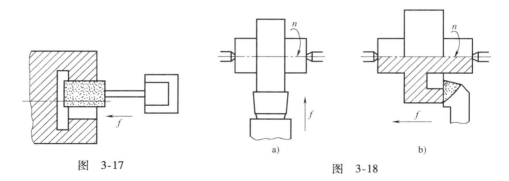

图 3-17 图 3-18

3-35 试分析影响连接表面接触刚度的主要因素有哪些？为减少接触变形通常应采用哪些措施？

答：

3-36 在车床上车削一细长轴，若车削前工件的横截面有圆度误差（如呈椭圆），且车床头架刚度大于尾座刚度。试分析此时在只考虑工艺系统受力变形的影响条件下，一次走刀后工件径向及纵向形状误差。

答：

3-37 应用误差复映规律说明工件经多次加工而逐步提高其加工精度的原因。
答：

3-38 误差复映系数 ε 的物理意义是什么？怎样求 ε？
答：

3-39 在卧式铣镗床上采用浮动镗刀块精镗孔时，是否会出现误差复映现象？为什么？
答：

3-40 在车床上半精加工一工件上已钻过的孔，试分析在车床本身具有准确成形运动的条件下，一次走刀后能否消除原加工内孔对端面的垂直度误差？为什么？
答：

3-41 若铸件的一个待加工平面上有一个冒口未铲平（图 3-19），试分析该平面铣削后可能产生怎样的加工误差？
答：

3-42 在车床卡盘上精镗工件上一短孔。若已知粗镗孔的圆度误差为 0.5mm，工艺系统刚度 $k_{系}$ = 8000N/mm，走刀量 f = 0.2mm/r，C_{Fy} = 2000 N/mm^2，F_y/F_z = 0.4。

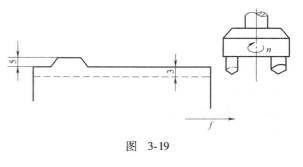

图 3-19

1）试问一次走刀能否使精镗后孔的圆度误差控制在 0.01mm 以内？

2）若想一次走刀达到 0.01mm 的圆度要求，应选用多大的走刀量？

答：

3-43 机械加工过程的工艺系统有哪些热源？什么是机床（车床、铣床、刨床、镗床及磨床等）、工件和刀具的主要热源？

答：

3-44 在外圆磨床上磨削一批工件的外圆表面，用标准卡规检验全部合格，但取下工件后过了一段时间，则发现有部分工件再用同一标准卡规检查时，其止端也通过了，试分析其原因。

答：

3-45 在车床上加工细长轴时，由于切削热的影响，工件将产生什么样的加工误差？如何解决？

答：

3-46 磨削 CA6140 车床床身的导轨面，若床面长度 L = 2240mm，高度 H = 400mm，磨削后床身导轨上下面的温差 Δt = 5℃，试估算由于工件热变形使加工后床身导轨产生的直线度误差为多少？（线膨胀系数 α = 1.1 × 10^{-5}K^{-1}）

答：

3-47 在车床的自定心卡盘上精镗一批薄壁钢套的内孔（图 3-20），工件以 $\phi50h6$ 定位，用调整法加工，试分析影

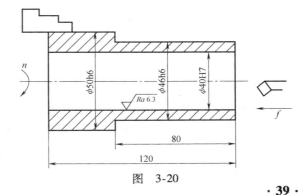

图 3-20

响镗孔的尺寸、几何形状及孔对已加工外圆 $\phi46h6$ 的同轴度误差的主要因素有哪些？并分别指出由这些因素引起的加工误差属于哪一类性质的误差？

答：影响孔径尺寸精度的因素如下。

1）镗刀的尺寸调整误差属于常值系统误差。

2）镗刀的磨损属于变值系统误差。

3）铜套的均匀热变形（加工后孔缩小）属于常值系统误差。

影响孔几何形状精度的因素如下。

圆度误差：

1）薄壁铜套的夹紧变形属于随机误差。

2）车床主轴的径向圆跳动属于常值系统误差。

圆柱度误差：

1）机床导轨的几何误差（纵导轨在水平面不直；前后导轨扭曲；纵导轨与机床主轴不平行）属于常值系统误差。

2）机床主轴的摆动属于常值系统误差。

3）工件在纵向由于切削力作用点的变化引起工件变形不均属于常值系统误差。

影响孔 $\phi40H7$ 对外圆 $\phi46h6$ 同轴度误差的因素如下。

1）基准不符误差（$\phi46h6$ 与 $\phi50h6$ 的同轴度误差）属于随机误差。

2）工件外圆 $\phi50h6$ 的形状误差引起工件安装误差属于随机误差。

3）自定心卡盘的制造和安装误差属于常值系统误差。

3-48 如图 3-21 所示，在专用镗床上精镗活塞销孔时，镗刀轴回转，工件装夹在镗床工作台上的夹具中（工件以活塞底面 A 和止口 B 定位），工作台做直线进给运动。活塞销孔精镗后必须保证：

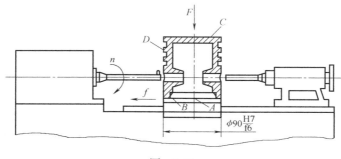

图 3-21

1）销孔尺寸 $\phi28_{-0.08}^{-0.05}\,\mathrm{mm}$，其圆度公差小于 $0.005\,\mathrm{mm}$。

2）销孔轴线与活塞裙部 D 轴线的垂直度公差为 $0.035\,\mathrm{mm}/100\,\mathrm{mm}$，位置度公差为 $0.1\,\mathrm{mm}$。

3）销孔轴线距活塞顶部 C 的尺寸为（56 ± 0.08）mm。

试分别分析影响上述各项精度要求的主要误差因素有哪些?

答:

3-49 某厂加工一批齿条,由于月终任务紧,毛坯锻造后未经热处理即送到车间加工,当牙齿铣好后,发现这批齿条都产生翘曲,如图 3-22 所示。试分析产生这种现象的原因。

答:

3-50 轴冷校直后原来凸出处和凹下处,将分别产生何种内应力?它们能否相互抵消?

答:

3-51 牛头刨床在装配完成后检验其精度,发现工作台面与滑鞍面不平行(图 3-23),可选用什么措施来达到其精度要求?

答:

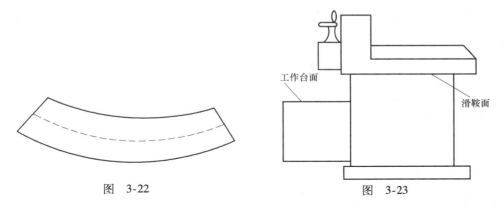

图 3-22   图 3-23

3-52 平板是最基本的检验工具,是划线和检验零件的基准,要加工平板必须用标准平板,但若没有标准平板,要加工精密平板应该怎么办?

答:

3-53 误差分组法的实质是什么?一般用于什么场合?

答:

3-54 在机械加工中为什么会产生表面层的物理力学性能的变化?这些变化主要包括哪些方面?

答:

3-55 表面质量对零件的耐磨性有什么影响？

答：

3-56 冷作硬化层对零件疲劳强度有何影响？

答：

3-57 用冷压法滚压零件表面后，为什么能提高零件的疲劳强度？

答：

3-58 表面残余应力（拉应力或压应力）对疲劳强度有何影响？为什么？

答：

3-59 无进给磨削是如何获得磨削深度的？为什么要采用无进给磨削？

答：

3-60 切削加工过程中的振动有哪几种类型？彼此有何区别？各自产生的原因何在？

答：

3-61 在车削加工中，当被加工工件相对于主轴的回转轴线出现质量偏心时，会产生什么振动？该振动的频率与什么因素有关？

答：

3-62 在刨床上加工工件时，使用的刨刀为什么经常采用弯形刀杆？若不采用弯形刀杆将产生什么问题？

答：

3-63 自激振动有何特点？控制自激振动的基本途径有哪些？

答：

四、机械装配工艺基础

4-1 什么叫装配精度？包括哪些内容？试举例说明。

答：

4-2 影响装配精度的因素有哪些？试举例说明。

答：

4-3 装配的组织形式有哪几种？各有何特点？分别用于什么场合？

答：

4-4 装配尺寸链分为几类？怎样根据技术要求正确建立装配尺寸链？

答：

4-5 什么叫装配尺寸链的最短路线原则？为什么应遵循这个原则？

答：

4-6 装配尺寸链的计算方法有几种？各用于什么场合？

答：

4-7 图 4-1 所示为某车床主轴局部装配简图。双联齿轮在装配后要求在轴向有 $A_0 = 0.05 \sim 0.2 \text{mm}$ 的间隙，试查找组成环并建立装配尺寸链。

答：

4-8 图 4-2 所示为车床床鞍压板机构，包括床身 5、床鞍 2、压板 1、塑料导轨板 3 和 4 及螺钉 6。试查找影响压板与床身底面之间装配间隙 A_0 的零件尺寸，并列出尺寸链。

答：

4-9 图 4-3 所示为一齿轮传动箱局部剖视图。试建立为保证间隙 A_0 的装配尺寸链。

答：

4-10　图 4-4 所示为变速箱,为了保证轴向间隙 0.5 ~ 1mm,根据尺寸链最短路线原则,试列出与该项技术要求有关的尺寸链,并注明封闭环、增减环。

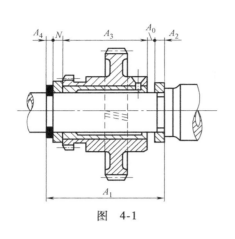

图　4-1

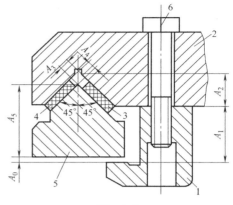

图　4-2

1—压板　2—床鞍　3、4—塑料导
轨板　5—床身　6—螺钉

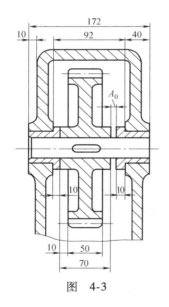

图　4-3

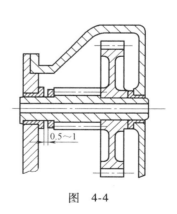

图　4-4

答:

4-11　试查明图 4-5 所示卧式铣镗床总装线上保证主轴回转轴线与工作台面平行度精度的装配尺寸链。

答:

4-12 如图4-6所示，各有关零件的尺寸分别为 $A_1 = 46_{-0.04}^{0}$ mm，$A_2 = 30_{0}^{+0.03}$ mm，$A_3 = 16_{+0.03}^{+0.06}$ mm。试计算装配后溜板压板与床身下平面之间的间隙 $A_0 = ?$

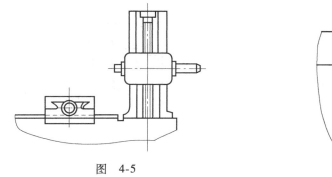

图 4-5

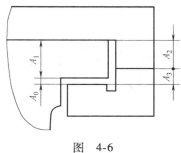

图 4-6

答：

4-13 今有一个六环装配尺寸链，封闭环的公差 $T_0 = 0.44$ mm，用极值法计算出的各组成环的公差分别为 $T_1 = 0.02$ mm、$T_2 = 0.02$ mm、$T_3 = 0.2$ mm、$T_4 = 0.1$ mm、$T_5 = 0.1$ mm。当各组成环呈正态分布时，若按概率法计算零件公差，可以放大多少倍？并说明放大公差的道理。

答：

4-14 图4-7所示为曲轴、连杆及轴套类等零件组成的部件，装配后要求其轴向间隙为 $0.1 \sim 0.2$ mm。图样上原设计尺寸分别为 $A_1 = 150_{0}^{+0.10}$ mm，$A_2 = A_3 = 75_{-0.06}^{-0.02}$ mm。试验算原设计尺寸是否能保证完全互换的装配要求？若不能保证时，试重新分配尺寸的公差及上、下极限偏差。

答：

4-15 图4-8所示为一个对开齿轮箱部件，其各组成环的公称尺寸标注如图。装配后要求齿轮的轴向窜动量为 $1 \sim 1.75$ mm。试分别用极值法和概率法确定各组成环的公差及极限偏差。

答：

4-16 图4-9所示齿轮部件轴是固定的，齿轮在轴上回转。按工作条件，齿轮左右端面与挡环之间的间隙为 $0.10 \sim 0.35$ mm，试计算用不完全互换法装配时，各组成环的公差及其上、下极限偏差。

答：

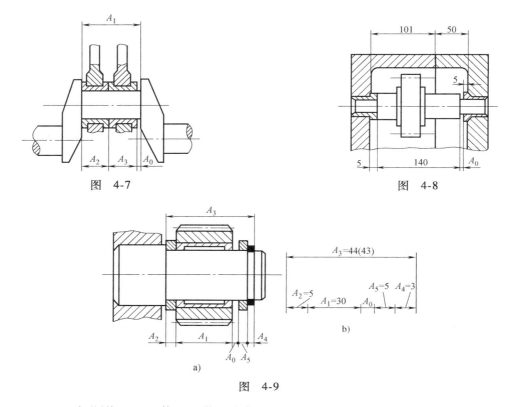

图 4-7

图 4-8

图 4-9

4-17 何谓修配法？修配法装配有何特点？一般适用于什么场合？

答：

4-18 采用修配法获得装配精度时，如何选取修配环？若修配环在装配尺寸链中所处的性质（指增环或减环）不同时，计算修配尺寸的公式是否相同？

答：

4-19 图 4-10a 所示为牛头刨摇杆机构中摇杆与滑块的装配，要求装配后的间隙保持在 0.03 ～ 0.05mm，试通过修配法解此装配尺寸链（摇杆与滑块的公称尺寸为 100mm）。

答：

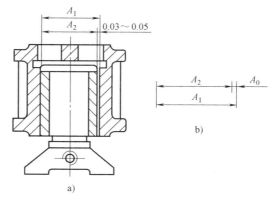

图 4-10

答：先画装配尺寸链简图（图 4-10b），并由简图中分析确定其组成环中的 A_1 为增环、A_2 为减环。若按完全互换装配法，则摇杆槽和滑块的尺寸公差均为 0.01mm。这样由于尺寸精度要求过高（加工困难和不经济），而需先将其公差分别放大到 $T_{A'_1} = 0.10$mm 和 $T_{A'_2} = 0.06$mm，然后再通过装配时修配某个组成环而最终达到装配精度的要求。

1）选取修配环。根据修配环选取原则，在此题中可选取滑块 A_2 为修配环。

2）确定修配环尺寸的上下极限偏差 $B_s A_2$ 及 $B_x A_2$。当修配环是选取组成环中的减环，则计算修配环尺寸时必须要满足各组成环公差放大后的封闭环最大尺寸在任何情况下都不能大于原装配精度所要求的最大间隙，即

$$A'_{0max} = \sum_{i=1}^{m} \overrightarrow{A}_{imax} - \sum_{i=m+1}^{n-1} \overleftarrow{A}_{imin} \leq A_{0max}$$

否则就会出现有的零件不经修配就不合乎装配精度要求的现象。为此，现已知放大后组成环为

$$A'_1 = 100^{+0.10}_{0}\text{mm}$$
$$A'_2 = 100^{+B_s A_2}_{+B_x A_2}\text{mm}$$

原封闭环为

$$A_0 = 0^{+0.05}_{+0.03}\text{mm}$$

代入上述公式为

$$(100 + 0.10)\,\text{mm} - (100 + B_x A_2)\,\text{mm} \leq 0.05\,\text{mm}$$
$$B_x A_2 \geq 0.05$$

故修配环的尺寸为

$$A'_2 = 100^{+0.11}_{+0.05}\text{mm}$$

3）计算可能出现的最大修配量 Z_K。可能出现最大修配量为

$Z_K = T'_{A0} - T_{A0} =$
$[(0.10 + 0.06) - (0.05 - 0.03)]\text{mm} =$
0.14mm。

4-20 某一对配合件，其孔径尺寸为 $\phi 30^{+0.010}_{0}$mm，轴的外径尺寸为 $\phi 30^{-0.005}_{-0.015}$ mm。为使加工经济，故将孔与轴的公差均放大四倍，采用分组装配以达到其要求。试求各组的极限偏差及各组的最大间隙和最小间隙。

答：

4-21 何谓调整法、可动调整法、固定调整法和误差抵消调整法？各有什么优缺点？

答：

4-22 某配合件，要求配合间隙为 0.002 ~ 0.008mm。若按完全互换法装配，

其配合件的配合尺寸应为 $\phi 26_{-0.003}^{\ 0}$ mm 和 $\phi 26_{+0.002}^{+0.005}$ mm。由于难于加工，现将公差都扩大到 0.015mm，采用分组装配法达到要求，试计算各组公差及其极限偏差。

答：

4-23 采用分组装配法时，为什么配合件的公差应相等？公差放大方向应一致？否则会出现什么问题？此时配合件的表面粗糙度和形、位公差是否应进行相应放大？

答：

4-24 在机床主轴的装配中对其前后轴承的精度要求是否一样？为什么？

答：

4-25 采用调整法装配主轴部件时，是否可提高机床主轴的回转精度？为什么？当采用角度调整法使被装配的主轴在某一测量截面上的径向圆跳动为零时，是否说明主轴的回转运动就没有任何误差？为什么？

答：

五、现代加工工艺简介

5-1 试述现代制造技术的一般含义。
答:

5-2 特种加工与传统的切削加工有何不同?
答:

5-3 根据电火花加工原理示意图简述电火花加工的原理和特点。
答:

5-4 画出电解加工原理示意图。
答:

5-5 画出超声加工、电子束加工、激光加工和等离子射流加工原理示意图。
答:

5-6 什么是微细加工、精密测试及微系统技术?
答:

5-7 说明纳米技术主要包括哪些内容?
答:

5-8 说明微细加工工艺主要包括哪些内容?
答:

5-9 简述零件分类的基本原理。
答:

5-10 简述 Opitz 零件分类编码系统。
答:

5-11 简述零件分类成组的方法。
答: